全国高等卫生职业教育创新型人才培养"十三五"规划教材

供医学美容技术等专业使用

中医美容技术

主　编　赵　丽　徐毓华
副主编　陈丽超　邱子津　张　薇　牛　琳
编　者　（以姓氏笔画为序）
于永军　沧州医学高等专科学校
牛　琳　郑州铁路职业技术学院
刘　波　辽宁医药职业学院
邱子津　重庆医药高等专科学校
宋思清　宜春职业技术学院
陈丽姝　宁波卫生职业技术学院
陈丽超　铁岭卫生职业学院
张　薇　重庆三峡医药高等专科学校
赵　丽　辽宁医药职业学院
洪　江　鄂州职业大学
徐毓华　江苏卫生健康职业学院
董　强　白城医学高等专科学校

华中科技大学出版社
http://www.hustp.com
中国·武汉

内容简介

本书是全国高等卫生职业教育创新型人才培养"十三五"规划教材。

全书分上、下两篇,共八章。上篇为中医美容基础理论,共三章,重点介绍中医美容的理论基础、中医美容常用中药与方剂、经络与腧穴;下篇为中医美容技术应用,共五章,重点介绍针灸美容技术、推拿美容技术、中药外治美容技术、其他中医美容技术和常见损容性疾病的中医诊治。

本书主要供医学美容技术等专业使用,也可作为从事医学美容的医师、护士及美容医疗相关工作者的参考书。

图书在版编目(CIP)数据

中医美容技术/赵丽,徐毓华主编.—武汉:华中科技大学出版社,2017.8(2024.12重印)
全国高等卫生职业教育创新型人才培养"十三五"规划教材.医学美容技术专业
ISBN 978-7-5680-3236-0

Ⅰ.①中… Ⅱ.①赵… ②徐… Ⅲ.①美容-中医学-高等职业教育-教材 Ⅳ.①R275②TS974.1

中国版本图书馆 CIP 数据核字(2017)第 189747 号

中医美容技术 赵 丽 徐毓华 主编
Zhongyi Meirong Jishu

策划编辑:	居 颖
责任编辑:	汪飒婷 陈 晶
封面设计:	原色设计
责任校对:	曾 婷
责任监印:	周治超
出版发行:	华中科技大学出版社(中国·武汉) 电话:(027)81321913
	武汉市东湖新技术开发区华工科技园 邮编:430223
录 排:	华中科技大学惠友文印中心
印 刷:	武汉市籍缘印刷厂
开 本:	787mm×1092mm 1/16
印 张:	23.75
字 数:	605 千字
版 次:	2024 年 12 月第 1 版第 10 次印刷
定 价:	69.80 元

本书若有印装质量问题,请向出版社营销中心调换
全国免费服务热线:400-6679-118 竭诚为您服务
版权所有 侵权必究

全国高等卫生职业教育创新型人才培养"十三五"规划教材（医学美容技术专业）编委会

委　员（按姓氏笔画排序）

申芳芳	山东中医药高等专科学校	周　围	宜春职业技术学院
付　莉	郑州铁路职业技术学院	周丽艳	江西医学高等专科学校
孙　晶	白城医学高等专科学校	周建军	重庆三峡医药高等专科学校
杨加峰	宁波卫生职业技术学院	赵　丽	辽宁医药职业学院
杨家林	鄂州职业大学	赵自然	吉林大学白求恩第一医院
邱子津	重庆医药高等专科学校	晏志勇	江西卫生职业学院
何　伦	东南大学	徐毓华	江苏卫生健康职业学院
陈丽君	皖北卫生职业学院	黄丽娃	长春医学高等专科学校
陈丽超	铁岭卫生职业学院	韩银淑	厦门医学高等专科学校
陈景华	黑龙江中医药大学佳木斯学院	蔡成功	沧州医学高等专科学校
武　燕	安徽中医药高等专科学校	谭　工	重庆三峡医药高等专科学校
周　羽	盐城卫生职业技术学院	熊　蕊	湖北职业技术学院

前言

本书是全国高等卫生职业教育创新型人才培养"十三五"规划教材,主要供高职高专医学美容技术等专业使用,也可作为从事医学美容的医师、护士等美容行业工作者的参考书。

中医美容技术课程是医学美容技术专业的核心课程之一,是将中医美容学的技术方法应用于美容实践中。近年来,随着社会的发展,人们对美的要求突出表现在对自然美、健康美、整体美的需要,中医美容技术中的微创、无创美容方法,正在为更多的国内外求美者所接受,并随着中医美容技术的进一步深入研究而日趋完善,中医美容技术在美容保健行业中的应用越来越广泛。为此,我们结合高职、高专学生的特点,在保持知识的系统性基础上,突出实践技能的培养,精心设计教材版面和编写内容,删繁就简,旨在提高医学美容技术专业学生的实践操作水平。

本书在中医基础理论的指导下编写,力求最大限度地掌握操作技能,注重理论与实践、基础与临床的密切结合,做到内容丰富、有效、实用,真正做到学以致用。全书分上、下两篇共八章。上篇为中医美容基础理论,共三章,重点介绍中医美容的理论基础、中医美容常用中药与方剂、经络与腧穴;下篇为中医美容技术应用,共五章,重点介绍针灸美容技术、推拿美容技术、中药外治美容技术、其他中医美容技术和常见损容性疾病的中医诊治。其中,上篇第一章第一节到第五节由于永军编写,上篇第一章第六节到第十节由徐毓华编写,上篇第二章由洪江编写,上篇第三章由宋思清编写,下篇第四章由张薇编写,下篇第五章由牛琳编写,下篇第六章和第七章第一节由陈丽姝编写,下篇第七章第二、三节由董强编写,下篇第八章第一节到第七节由邱子津编写,下篇第八章第八节到第十五节由陈丽超编写,下篇第八章第十六节由赵丽、刘波编写。

虽然编者在编写过程中做了大量工作,但由于本书的编写时间短,且编者水平有限,书中难免有不足之处,恳请使用本书的广大师生、美容界同仁提出宝贵意见,以便今后进一步修订完善。

本书中方剂组成尽量与原方保持一致,但需关注国家重点保护野生药材(如穿山甲等)的应用,此类药物在临床应用中应灵活处理,不可照搬照抄原方。

赵 丽

目录

上篇　中医美容基础理论

第一章　中医美容的理论基础　/3
第一节　阴阳学说　/3
第二节　五行学说　/7
第三节　藏象学说　/11
第四节　气血津液　/20
第五节　经络学说　/24
第六节　病因　/29
第七节　病机　/34
第八节　诊法　/41
第九节　辨证　/58
第十节　养生与防治原则　/70

第二章　中医美容常用中药与方剂　/78
第一节　中医美容常用中药　/78
第二节　中医美容常用方剂　/114

第三章　经络与腧穴　/142
第一节　十四经脉的循行部位及其美容功效　/142
第二节　常用美容腧穴的定位及其美容功效　/164

下篇　中医美容技术应用

第四章　针灸美容技术　/209
第一节　术前准备　/209
第二节　毫针术　/212
第三节　三棱针术　/220
第四节　皮肤针术　/222
第五节　电针术　/223
第六节　皮内针术　/225
第七节　火针术　/226
第八节　水针术　/228
第九节　灸术　/229
第十节　穴位磁疗术　/233

  第十一节 耳针术 /234
  第十二节 常见并发症或意外情况的处理和预防 /236

第五章 推拿美容技术 /241
  第一节 术前准备和术中、术后注意事项 /241
  第二节 美容推拿基本手法 /244
  第三节 躯体美容保健推拿常规操作 /257
  第四节 足部美容保健按摩常规操作 /262
  第五节 常见并发症或意外情况的处理和预防 /272

第六章 中药外治美容技术 /275
  第一节 一般规程 /275
  第二节 外用美容方药剂型与应用 /277
  第三节 常用中药外治法操作技术 /281

第七章 其他中医美容技术 /286
  第一节 穴位埋线技术 /286
  第二节 拔罐技术 /293
  第三节 刮痧技术 /300

第八章 常见损容性疾病的中医诊治 /305
  第一节 黧黑斑 /305
  第二节 雀斑 /313
  第三节 白驳风 /321
  第四节 睑黡 /326
  第五节 粉刺 /330
  第六节 酒渣鼻 /335
  第七节 面游风 /338
  第八节 口吻疮 /341
  第九节 须发早白 /344
  第十节 发蛀脱发 /348
  第十一节 扁瘊 /350
  第十二节 日晒疮 /353
  第十三节 粉花疮 /356
  第十四节 唇风 /359
  第十五节 面部潮红 /362
  第十六节 肥胖症 /364

主要参考文献 /371

上 篇

中医美容基础理论

第一章 中医美容的理论基础

学习目标

掌握：阴阳的概念和阴阳学说的内容；五行的概念和五行学说的内容；藏象的概念，五脏、六腑的生理功能；气的概念、生成、运动、功能及分类；血的概念、生成、运行和功能；津液的概念、代谢和功能；经络的概念、经络系统的组成；六淫的概念及致病特点；七情的概念及致病特点；掌握瘀血和痰饮的含义、形成及致病特点；掌握望神、望色、望舌的意义及方法；掌握问寒热、问汗的意义及方法；八纲辨证的概念；正治、反治的概念。

熟悉：脏、腑、奇恒之腑的生理特点；五脏与形、窍、志、液、时的关系；十二经脉的走向、交接规律及分布规律、流注次序；瘀血和痰饮的含义、形成及致病特点；脉诊的意义及方法；如何辨别表证、里证、寒证、热证、虚证、实证、阴证、阳证；扶正祛邪、调节阴阳、三因制宜的含义。

了解：奇恒之腑的生理特点；经别、别络的概念和生理功能；经络学说的临床应用；饮食失宜、劳逸失度等其他病因；望头颈五官、望皮肤、望小儿指纹的意义及方法；闻诊、按诊的意义及方法；脏腑辨证的临床应用；养生原则及治未病原则。

第一节 阴阳学说

阴阳学说是在气一元论的基础上建立起来的中国古代的朴素的对立统一理论，属于中国古代唯物论和辩证法范畴。阴阳学说认为：世界是物质性的整体，宇宙间一切事物不仅其内部存在着阴阳的对立统一，而且其发生、发展和变化都是阴阳二气对立统一的结果。中医学把阴阳学说应用于医学，形成了中医学的阴阳学说，促进了中医学理论体系的形成和发展。中医学的阴阳学说是中医学理论体系的基础之一和重要组成部分。中医学用阴阳学说阐明生命的起源和本质，用于说明人体组织构造、生理功能及疾病的发生、发展规律，阴阳学说贯穿于中医学理论体系中的各个方面，长期以来一直有效地指导着临床实践。

一、阴阳的基本概念

阴阳是中国古代哲学的基本范畴。阴阳是对自然界相互关联的某些事物和现象对立双方的概括，即包含对立统一的概念。阴和阳，既可代表相互对立的事物，又可用以分析一个事物内部所存在着的相互对立的两个方面。阴阳学说认为世界是物质性的整体,世界本身就是阴阳二气对立统一的结果。宇宙间的阴和阳代表着相互对立又相互关联的事物属性。《素问·阴阳应象大论》说:水火者,阴阳之征兆也。中医学以水火作为阴阳的征象,水为阴,火为阳,反映了阴阳的基本特性。如水性寒而就下,火性热而炎上,其运动状态,水比火相对为静,火较水相对为动,寒热、上下、动静,如此推演下去,即可以用来说明事物的阴阳属性。凡是活动的、外在的、上升的、温热的、明亮的、功能的、兴奋的都属于阳;凡是沉静的、内在的、下降的、寒冷的、晦暗的、物质的、抑制的都属于阴。以日常生活举例,男为阳,女为阴;上方为阳,下方为阴;房子有阴面就有阳面;爱发脾气的人,多称为肝阳上亢,性格内向、喜静沉稳多称为阴。自然界任何相互关联的事物都可以概括为阴和阳两类,任何一种事物内部又可分为阴和阳两个方面,而每一事物中的阴或阳的任何一方,还可以再分阴阳。事物这种相互对立又相互联系的现象,在自然界中是无穷无尽的。所以说:阴阳者,数之可十,推之可百,数之可千,推之可万,万之大不可胜数,然其要一也(《素问·阴阳离合论》)。

二、阴阳学说的基本内容

1. 阴阳的对立制约 阴阳学说认为自然界一切事物或现象都存在着相互对立的两个方面,如天与地、上与下、内与外、动与静、出与入、升与降、昼与夜、明与暗、寒与热、虚与实、散与聚等。阴阳相互对立的两个方面又存在着相互制约关系。例如:在自然界中,春、夏、秋、冬四季有温、热、凉、寒气候的变化。夏季本来是阳热盛,但夏至以后阴气却渐次以生,用以制约火热的阳气;而冬季本来是阴寒盛,但冬至以后阳气却随之而复,用以制约严寒的阴。春夏之所以温热是因为春夏阳气上升抑制了秋冬的寒凉之气,秋冬之所以寒冷是因为秋冬阴气上升抑制了春夏的温热之气。这是自然界阴阳相互制约、相互斗争的结果。在人体,亦用阴阳来表述这种矛盾,就生命物质的结构和功能而言,生命物质为阴(精),生命功能为阳(气),其运动转化过程则是阳化气,阴成形。生命就是生命形体的气化运动。气化运动的本质就是阴精与阳气、化气与成形的矛盾运动,即阴阳的对立统一。阴阳两方面的相互对立、相互制约维持着动态平衡状态,即所谓的"阴平阳秘"。只有这样事物才能正常发展变化,机体才能进行正常的生命活动;否则,事物的发展变化就会遭到破坏,人体就会发生疾病。

2. 阴阳的互根互用 阴和阳两个方面,既是相互对立的,又是相互依存的,任何一方面都不能脱离另一方面而单独存在。如上为阳,下为阴。没有上无所谓下,没有下,也就无所谓上。昼属阳,夜属阴。没有昼之属阳,就无所谓夜之属阴;没有夜之属阴,也就没有昼之属阳。热属阳,寒属阴。没有热之属阳,也就无所谓寒之属阴;没有寒之属阴,也就没有热之属阳。所以说,阳依赖于阴,阴依赖于阳,每一方都以其对立的另一方为自己存在的条件。故说"阳根于阴,阴根于阳",阴阳可分而不可离。

中医学用阴阳互根的观点,阐述人体气与血、功能与物质、脏与腑等在生理、病理上的关系。如气与血,气为阳,血为阴,气和血都是组成人体的基本物质。血,依靠气的运化水谷精微而成,故称为"气能生血";血液的循环,又依靠气的温运,故称为"气能行血";血,又依靠气的固摄作用,故称为"气为血之帅"。但是,人体的气,又赖于血的充分供给营养,故称"气生于血"和"血为气之母"。气沛血旺,面部则红润光泽,两目有神,容光焕发。物质属阴,功能属阳,物质是生命的物质基础,功能是生命的主要标志。物质是功能的基础,功能则是物质的反映。脏腑功能活动健全,就会不断地促进营养物质的化生,而营养物质的充足,才能保护脏腑活动功能的平衡。

如果双方失去了互为存在的条件,有阳无阴谓之"孤阳",有阴无阳谓之"孤阴"。孤阴不生,独阳不长,一切生物也就不能存在,不能生化和滋长了。在生命活动过程中,如果正常的阴阳互根关系遭到破坏,就会导致疾病的发生,乃至危及生命。如失血病人,由于血(阴)的大量损失,气随血脱,往往会出现形寒肢冷的阳虚之候,这可称为阴损及阳的气血两虚证。如果人体内阳气与阴液、物质与功能等阴阳互根关系遭到严重破坏,以致一方已趋于消失,另一方也就失去了存在的前提,呈现孤阳或孤阴状态,即"孤阴不生,独阳不长",甚至造成"阴阳离决,精气乃绝"而死亡。

3. 阴阳的消长平衡 阴阳消长,是说相互对立、相互依存的阴阳双方不是静止不变的状态,而是处于"阳消阴长"或"阴消阳长"的运动变化之中。阴阳在这种量变中保持着动态平衡。例如四季气候的变化,由冬至春及夏,气候由寒逐渐变热,是一个"阴消阳长"的过程;由夏至秋及冬,气候由热逐渐变寒,又是一个"阳消阴长"的过程。阴阳双方在一定范围内的消长,体现了人体动态平衡的生理活动过程。如果这种"消长"关系超过了生理限度(常阈),便将出现阴阳某一方面的偏盛或偏衰,于是人体生理动态平衡失调,疾病就由此而生。在疾病过程中,同样也存在着阴阳消长的过程。一方的太过,必然导致另一方的不及;反之,一方不及,也必然导致另一方的太过。阴阳偏盛,是属于阴阳消长中某一方"长"得太过的病变,而阴阳偏衰,是属于阴阳某一方"消"得太过的病变。阴阳偏盛、偏衰就是阴阳异常消长病变规律的高度概括。

总之,自然界和人体所有复杂的发展变化,都包含着阴阳消长的过程,是阴阳双方对立斗争、依存互根的必然结果。

4. 阴阳的相互转化 事物的阴阳两个方面,当其发展到一定的阶段,还可以各自向着相反的方向转化,即阳可转化为阴,阴可转化为阳。在阴阳消长过程中,事物由"化"至"极",即发展到一定程度,超越了阴阳正常消长的阈值,事物必然向着相反的方面转化。阴阳的转化,必须具备一定的条件,这种条件中医学称之为"重"或"极"。故曰:重阴必阳,重阳必阴……寒极生热,热极生寒(《素问·阴阳应象大论》)。阴阳之理,极则生变。以季节气候变化为例,一年四季,春至冬去,夏往秋来。春夏属阳,秋冬属阴,春夏秋冬四季运转不已,就具体体现了阴阳的互相转化。当寒冷的冬季结束转而进入温暖的春季,便是阴转化为阳;当炎热的夏季结束转而进入凉爽的秋季,则是由阳转化为阴。

总之,阴阳是中国古代哲学的基本范畴之一。事物的对立面就是阴阳。对立着的事物不是静止不动的,而是运动变化的。阴阳是在相互作用过程中而运动变化的。阴阳的对立、互根、消长、转化,是阴阳学说的基本内容。这些内容不是孤立的,而是互相联系、互相影响、互为因果的。

三、阴阳学说在中医美容学上的应用

阴阳学说贯穿于中医理论体系的各个方面,用来说明人体的组织结构、生理功能、病理变化,并指导临床诊断和治疗。

(一)说明人体的组织结构

阴阳学说在阐释人体的组织结构时,认为人体是一个有机整体,是一个极为复杂的阴阳对立统一体,人体内部充满着阴阳对立统一现象。人的一切组织结构,既是有机联系的,又可以划分为相互对立的阴、阳两部分。所以说:人生有形,不离阴阳(《素问·宝命全形论》)。阴阳学说对人体的部位、脏腑、经络、形气等的阴阳属性,都做了具体划分。如就人体部位来说,上半身为阳,下半身属阴;体表属阳,体内属阴;体表的背部属阳,腹部属阴;四肢外侧为阳,内侧为阴;就脏腑而言,心、肺、脾、肝、肾五脏为阴,胆、胃、大肠、小肠、膀胱、三焦六腑为阳。五脏之中,心肺为阳,肝脾肾为阴,而且每一脏之中又有阴阳之分,如心有心阴、心阳,肾有肾阴、肾阳,胃有胃阴、胃阳等。在经络之中,也分为阴阳,经属阴,络属阳,而经之中有阴经与阳经,络之中又有阴络与阳络。就十二经脉而言,就有手三阳经与手三阴经之分、足三阳经与足三阴经之别。在血与气之间,血为阴,气为阳。在气之中,营气在内为阴,卫气在外为阳等。

总之,人体组织结构上下、内外、表里、前后各部分之间,以及每一组织结构自身各部分之间的复杂关系,无不包含着阴阳的对立统一。

(二)说明人体的生理功能

对于人体的生理变化,中医学归纳为升、降、出、入四种最基本的运动形式,以此来说明人体内的气血、脏腑、经络之间的相互关系,并以阴阳属性来归类,如阳主升、主出;阴主降、主入。人体的生理活动过程,就是体内阴阳消长变化的过程,而且认为这种升、降、出、入的运动形式,是相互依存,相互为用的。

中医学应用阴阳学说分析人体健康和疾病的矛盾,提出了维持人体阴阳平衡的理论。人体的正常生命活动,是阴阳两个方面保持着对立统一的协调关系,是阴阳处于动态平衡状态的结果。人体生理活动的基本规律可概括为阴精(物质)与阳气(功能)的矛盾运动。属阴的物质与属阳的功能之间的关系,就是阴阳对立统一关系的体现。营养物质(阴)是产生功能活动(阳)的物质基础,而功能活动又是营养物质所产生的机能表现。人体的生理活动(阳)是以物质(阴)为基础的,没有阴精就无以化生阳气,而生理活动的结果,又不断地化生阴精。没有物质(阴)不能产生功能(阳),没有功能也不能化生物质。这样,物质与功能,阴与阳共处于相互对立、依存、消长和转化的统一体中,维持着物质与功能、阴与阳的相对的动态平衡,保证了生命活动的正常进行。人体正常生命活动中,阴阳两个方面保持对立统一的协调关系,达到"阴平阳秘,精神乃治",表现于形体则肌肤润泽白皙,细腻洁净,无明显皱纹、斑点、色素沉着及瘢痕,且富有弹性,人形体健美,神采奕奕。如果阴阳失调,偏胜或偏衰,就会导致疾病发生。如阴阳不能相互为用而分离,阴精与阳气的矛盾运动消失,升降出入停止,人的生命活动也就终止了。

(三)说明人体的病理变化

人体最基本的病理变化为正与邪两个方面,"邪"又可分为阴邪与阳邪。阴邪致病,可形成阴偏胜,出现寒盛证,表现为寒、静、湿;阳邪致病,可形成阳偏盛,出现实热证,表现为热、动、燥。"正"包括气与阴两方面,阳虚出现虚寒证,阴虚出现虚热证,故多种病理变化,可以概括为"阴胜则寒,阳胜则热,阳虚则寒,阴虚则热"。其根本原因是由于阴阳失调、偏胜或偏衰而致病,从而影响容颜之美。如阳热亢盛,上蒸头面则生痤疮、长斑,阴寒盛则血脉失于温煦、血寒凝滞,阻于经络而肌肤晦暗也易长斑;阴虚体内津液缺乏,血液黏稠度高、血流不畅、瘀血滞于经络可引起黄褐斑;阳虚温煦的作用和推动的作用降低,血流缓慢亦可引起黄褐斑。

(四)用于损容性疾病的诊治

阴阳失调是损容性疾病发生、发展的根本原因。损容性疾病临床表现错综复杂,做出准确诊断的前提是分清阴阳,即"善诊者,察色按脉,先别阴阳"。例如望诊中色泽的阴阳,色泽鲜明者属阳,晦暗者属阴;闻诊中声音的阴阳,高亢洪亮者属阳,低微无力者属阴;问诊中症状之阴阳,口渴喜冷饮者属阳,口淡不渴者属阴;切诊中脉象之阴阳,脉浮、数、洪、滑者属阳,脉沉、迟、细、涩者属阴。各种原因导致体内脏腑失和、阴阳失衡,就会引发体表皮毛、五官、颜面的损容性临床症状,如粉刺湿热蕴结型,证属"阳",患者表现为面部和胸背部皮疹、红肿、疼痛,或有脓疱,伴有口臭、尿黄、便秘等症。治疗用苦寒、淡渗的阴性药物清热化湿,通腑解毒。黧黑斑症见面色晦暗而黑,斑色黧黑伴经血紫块等,中医辨为阳郁血瘀,证属"阴",治疗用属阳的温热药物来温阳、通络、祛斑等。损容性疾病发生的根本原因是由于阴阳失调、偏胜或偏衰,因此,调整阴阳,补其不足,泻其有余,恢复阴阳的相对平衡,采用"热者寒之,寒者热之,虚者补之,实者泻之"等治则,运用药物的阴阳属性来纠正人体阴阳的偏盛、偏衰,从而达到恢复人体健康美之目的。

小结

阴阳是中国古代的哲学思想,属于中国古代唯物论和辩证法范畴。它认为世界是物质的,物质世界是在阴阳二气的相互作用下发生、发展和变化的,都是阴阳二气对立统一的结果。凡是活动的、外在的、上升的、温热的、明亮的、功能的、兴奋的都属于阳;凡是沉静的、内在的、下降的、寒冷的、晦暗的、物质的、抑制的都属于阴。阴阳学说内容包括阴阳对立、阴阳互根、阴阳消长和阴阳转化四个方面。这种哲学思想引入到中医美容学中,用来说明人体的组织结构、生理功能、病理变化及损容性疾病的诊治。

第二节 五行学说

一、五行的基本概念

五行是中国古代哲学的基本范畴之一,是中国上古原始的科学思想。"五",是木、火、土、金、水五种物质;"行",即运动变化,运行不息的意思。五行,是指木、火、土、金、水五种物质的运动变化。五行学说认为:宇宙间的一切事物,都是由木、火、土、金、水五种物质元素所组成,自然界各种事物和现象的发展变化,都是这五种物质不断运动和相互作用的结果。五行学说在对事物进行五行属性归类的基础上,进一步以五行之间的生克乘侮关系来阐释事物之间的相互关系。

二、五行学说的基本内容

(一)五行的特性

五行的特性,是古人在长期生活和生产实践中,对木、火、土、金、水五种物质的朴素认识基础之上,进行抽象思考而逐渐形成的理论概念。五行的特性分述如下。

1. 木的特性 古人称"木曰曲直"。曲,屈也;直,伸也。曲直,即能屈能伸之义。引申为具有生长、升发、调达舒畅等特性的事物或现象,都可归属于"木"。

2. 火的特性 古人称"火曰炎上"。炎,热也;上,向上。火具有发热、温暖、向上的特性。凡具有温热、升腾、茂盛性能的事物或现象,均可归属于"火"。

3. 土的特性 古人称"土爱稼穑"。春种曰稼，秋收曰穑，指农作物的播种和收获。土具有载物、生化的特性，故土载四行，为万物之母。引申为凡具有生化、承载、受纳性能的事物或现象，皆归属于"土"。

4. 金的特性 古人称"金曰从革"。从，顺从、服从；革，革除、改革、变革。金具有能柔能刚、变革、肃杀的特性。引申为肃杀、潜能、收敛、清洁等性能的事物或现象，均可归属于"金"。

5. 水的特性 古人称"水曰润下"。润，湿润；下，向下。水具有滋润、向下的特性。引申为具有寒凉、滋润、向下性能的事物或现象，都可归属于"水"。

（二）事物属性的五行分类

五行学说以天人相应为指导思想，根据五行特性，运用归类和推演等方法，以五行为中心，以空间结构的五方、时间结构的五季、人体结构的五脏为基本框架，将自然界的各种事物和现象，以及人体的生理病理现象，按其属性进行归纳。从而将人体的生命活动与自然界的事物和现象联系起来，形成了联系人体内外环境的五行结构系统，用以说明人体以及人与自然环境的统一性（表1-1）。

表1-1 五行属性归类表

自 然 界							五行	人 体					
五音	五味	五色	五化	五气	五方	五季		五脏	六腑	五官	形体	情志	五华
角	酸	青	生	风	东	春	木	肝	胆	目	筋	怒	爪
徵	苦	赤	长	暑	南	夏	火	心	小肠	舌	脉	喜	面
宫	甘	黄	化	湿	中	长夏	土	脾	胃	口	肉	思	唇
商	辛	白	收	燥	西	秋	金	肺	大肠	鼻	皮	悲	毛
羽	咸	黑	藏	寒	北	冬	水	肾	膀胱	耳	骨	恐	发

（三）五行的生克乘侮

1. 五行相生规律 五行之间互相滋生和促进的关系称作五行相生。五行相生的次序是：木生火，火生土，土生金，金生水，水生木。五行相生次序见图1-1。

在相生关系中，任何一行都有"生我""我生"两方面的关系，《难经》把它比喻为"母"与"子"的关系。"生我"者为母，"我生"者为子。所以五行相生关系又称"母子关系"。以火为例，生"我"者木，木能生火，则木为火之母；"我"生者土，火能生土，则土为火之子。余可类推。

2. 五行相克规律 五行之间相互制约的关系称之为五行相克。五行相克次序是：木克土、土克水、水克火、火克金、金克木。五行相克次序见图1-1。

3. 五行相乘规律 相乘即相克太过，超过正常制约的程度，使事物之间失去了正常的协调关系。五行之间相乘的次序与相克相同，但被克者更加虚弱。相乘现象可分两个方面：其一，五行中任何一行本身不足（衰弱），使原来克它的一行乘虚侵袭（乘），而使它更加不足，即乘其虚而袭之。如以木克土为例，正常情况下，木克土，木为克者，土为被克者，由于它们之间相互制约而维持着相对平衡状态。异常情况下，木仍然处于正常水平，但土本身不足（衰弱），因此，两者之间失去了原来的平衡状态，则木乘土之虚而克它。这样的相克，超过了正常的制

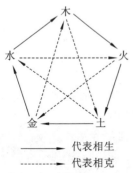

图1-1 五行生克示意图

约关系,使土更虚。其二,五行中任何一行本身过度亢盛,而原来受它克制的那一行仍处于正常水平,在这种情况下,虽然"被克"一方正常,但由于"克"的一方超过了正常水平,所以也同样会打破两者之间的正常制约关系,出现过度相克的现象。如仍以木克土为例,正常情况下,木能制约土,维持正常的相对平衡,若土本身仍然处于正常水平,但由于木过度亢进,从而使两者之间失去了原来的平衡状态,出现了木亢乘土的现象。

"相克"和"相乘"是有区别的,前者是正常情况下的制约关系,后者是正常制约关系遭到破坏的异常相克现象。在人体,前者为生理现象,而后者为病理表现。

4. 五行相侮规律　　侮,即欺侮,有恃强凌弱之意。相侮是指五行中的任何一行本身太过,使原来克它的一行,不仅不能去制约它,反而被它所克制,即反克,又称反侮。

相侮现象也表现为两个方面,如以木为例:其一,当木过度亢盛时,金原是克木的,但由于木过度亢盛,则金不仅不能去克木,反而被木所克制,使金受损,这叫木反侮金;其二,当木过度衰弱时,金原克木,木又克土,但由于木过度衰弱,则不仅金来乘木,而且土亦乘木之衰而反侮之。习惯上把土反侮木称之为"土壅木郁"。

三、五行学说在中医美容学中的运用

五脏生理功能及病理变化会影响到形体,五行学说通过对五脏生理功能及病理变化的说明,进而阐释肌肤与形体间的变化,指导美容保健和美容治疗。

(一)说明脏腑的生理功能及其相互关系

五行学说,将人体的内脏分别归属于五行,以五行的特性来说明五脏的部分生理功能。木性可曲可直,条顺畅达,有生发的特性,故肝喜条达而恶抑郁,有疏泄的功能,所以肝属木;火性温热,其性炎上,心属火,故心阳有温煦之功,所以心属火;土性敦厚,有生化万物的特性,脾属土,脾有消化水谷,运送精微,营养五脏、六腑、四肢百骸之功,为气血生化之源,所以脾属土;金性清肃、收敛,肺属金,故肺具有清肃之性,肺气有肃降的特性,所以肺属金;水性润下,有寒润、下行、闭藏的特性,肾有藏精、主水的功能,所以肾属水。对于肤色,五脏各有所主。肝属木主青色,脾属土主黄色,心属火主赤色,肺属金主白色,肾属水主黑色。

中医五行学说对五脏五行的分属,不仅阐明了五脏的功能和特性,而且还运用五行生克制化的理论,来说明脏腑生理功能的内在联系。五脏之间既有相互滋生的关系,又有相互制约的关系。

用五行相生说明脏腑之间的联系:如木生火,即肝木济心火,肝藏血,心主血脉,肝藏血功能正常有助于心主血脉功能的正常发挥。火生土,即心火温脾土,心主血脉、主神志,脾主运化、主生血统血,心主血脉功能正常,血能营脾,脾才能发挥主运化、生血、统血的功能。土生金,即脾土助肺金,脾能益气,化生气血,转输精微以充肺,促进肺主气的功能,使之宣肃正常。金生水,即肺金养肾水,肺主清肃,肾主藏精,肺气肃降有助于肾藏精、纳气、主水之功。水生木,即肾水滋肝木,肾藏精,肝藏血,肾精可化肝血,以助肝功能的正常发挥。这种五脏相互滋生的关系,就是用五行相生理论来阐明的。

用五行相克说明五脏间的相互制约关系:如心属火,肾属水,水克火,即肾水能制约心火,如肾水上济于心,可以防止心火之亢烈。肺属金,心属火,火克金,即心火能制约肺金,如心火之阳热,可抑制肺气清肃之太过。肝属木,肺属金,金克木,即肺金能制约肝木,如肺气清肃太过,可抑制肝阳的上亢。脾属土,肝属木,木克土,即肝木能制约脾土,如肝气条达,可疏泄脾气之壅滞。肾属水,脾属土,土克水,即脾土能制约肾水,如脾土的运化,能防止肾水的泛滥。

这种五脏之间的相互制约关系,就是用五行相克理论来说明的。

五行将自然界的五方、五季、五味、五色等与人体的五脏、六腑、五体、五官等相应联系起来,这样就把人与自然环境统一起来。这不仅说明了人体内在脏腑的整体统一,而且也反映出人体与外界的协调统一。如春应东方,风气主令,故气候温和,气主生发,万物滋生。人体肝气与之相应,肝气旺于春。这样就将人体肝系统和自然春木之气统一起来,从而反映出人体内外环境统一的整体观念。

(二)说明五脏病变的传变规律

由于人体是一个有机整体,内脏之间又是相互滋生、相互制约的,因而在病理上必然相互影响。本脏之病可以传至他脏,他脏之病也可以传至本脏,这种病理上的相互影响称之为传变。从五行学说来说明五脏病变的传变,可以分为相生关系传变和相克关系传变。

1. 相生关系传变 包括"母病及子"和"子病犯母"两个方面。母病及子,即母脏之病传及子脏,即先有母脏的病变后有子脏的病变。如肾阴虚不能滋养肝木而致的肝阳上亢证,表现为眩晕、消瘦、乏力、肢体麻木,或手足蠕动,甚则震颤抽搐等,即"水不涵木"。子病犯母,即母脏之病传及子脏,先有子脏的病变,后有母脏的病变。如心火亢盛而致肝火炽盛,有升无降,最终导致心肝火旺。心火亢盛,则见心烦或狂躁谵语、口舌生疮、舌尖红赤疼痛等症状;肝火偏旺,则见烦躁易怒、头痛、眩晕、面红目赤等症状。

2. 相克关系传变 包括"相乘"和"反侮"两个方面。相乘就是相克太过为病,如由于肝气横逆,疏泄太过,影响脾胃的消化功能,即"木旺乘土";或先有脾胃虚弱,不能耐受肝气的克伐,即"土虚木乘"。反侮,是反克为害,如由于肝火偏旺,影响肺气清肃,临床表现既有胸胁疼痛、口苦、烦躁易怒、脉弦数等肝火过旺之证,又有咳嗽、咳痰,甚或痰中带血等肺失清肃之候。肝病在先,肺病在后。肝属木,肺属金,金能克木,今肝木太过,反侮肺金,其病由肝传肺,即"木火刑金";如脾土虚衰不能制约肾水,出现全身水肿,称为"土虚水侮"。

(三)用于损容性疾病的诊治

人体是一个有机整体,如果五脏功能异常,可以通过面色、声音、气味、脉象等方面反映出来,借此作为诊断疾病的依据。正如《难经·六十一难》所说:望而知之者,望其五色,以知其病。闻而知之者,闻其五音,以别其病。问而知之者,问其所欲五味,以知其病所起所在也。切脉而知之者,诊其寸口,视其虚实,以知其病,病在何脏腑也。而五脏与五色、五音、五味以及相关脉象的变化,在五行分类归属上有一定的联系,所以在临床诊断疾病时就可以根据四诊所得的资料,根据五行的所属由生克乘侮的变化规律来推断病情。如面色青、喜食酸、脉弦,可以诊断为肝病;面色红、口味苦、脉象洪,可以诊断为心火亢盛;心脏病人,而见黑色,为水来克火;脾虚的病人面色青黄,多为木来乘土;心阳亢盛,使肺不能宣发卫气,不能输精于皮毛,则卫表不固,皮肤易感外邪,皮毛憔悴枯槁,即火克金;脾病及肾,面色黄黑,可致脾肾两虚的黄褐斑,即土克水。

在损容性疾病防治上,除对病变的本脏进行治疗外,还需要根据五行的生克乘侮来调整脏腑间的关系,如肺有病,面白不华,可用"培土生金"法来改善容颜,此为脾资生肺(土生金);对于肾虚面黑、水肿的病人,可用宣肺来通调水道使面色转白、水肿消退,此为肺资生肾(金生水);临床上常见到肝肾阴虚的黄褐斑,通过补肾阴以涵木,使斑退而肤亮,此为肾资生肝(水生木)。

小结

五行学说是中国古代哲学的基本范畴之一。它认为物质世界是在木、火、土、金、水五类物质的运动变化中存在着。五行学说以天人相应为指导思想,以五行为中心,以空间结构的五方、时间结构的五季、人体结构的五脏为基本框架,将自然界的各种事物和现象,以及人体的生理、病理现象,按其属性进行归纳,即凡具有生发、柔和特性者统属于木;具有阳热、上炎特性者统属于火;具有长养、化育特性者统属于土;具有清静、肃杀特性者统属于金;具有寒冷、滋润、向下、闭藏特性者统属于水。从而将人体的生命活动与自然界的事物和现象联系起来,形成了联系人体内外环境的五行结构系统,用以说明人体以及人与自然环境的统一性。这种哲学思想引入到中医学中,用来说明人体的生理功能、病理变化及损容性疾病的诊治。

第三节 藏象学说

"藏象"一词,首见于《素问·六节藏象论》。"藏",指隐藏于体内的脏器;"象",形象或征象也。"藏"是"象"的内在本质,"象"是"藏"的外在反映,两者结合起来就叫作"藏象"。"藏象"今也作"脏象"。藏象是人体内在脏腑的生理活动和病理变化反映于外的征象。藏象学说是中医学理论体系中的重要组成部分,是研究人体脏腑的形态结构、生理功能、病理变化、脏腑相互关系以及与外界环境的关系等方面的学说。藏象学说的内容主要为脏腑、形体和官窍等。其中,以脏腑特别是五脏为重点。

脏腑是内脏的总称,是藏象学说的重要内容。脏腑根据生理功能特点,分为三类:一是五脏,即心、肝、脾、肺、肾;二是六腑,即胆、胃、大肠、小肠、膀胱、三焦;三是奇恒之腑,即脑、髓、骨、脉、胆、女子胞六者,合称奇恒之腑。五脏从形象上看,属于实体性器官,功能是主"藏精气",以藏为主,藏而不泄;六腑从形象上看,属于管腔性器官,功能是主"传化物",即受纳和腐熟水谷,传化和排泄糟粕,传化物而不收藏;奇恒之腑,形多中空,与腑相近,内藏精气,又类于脏,似脏非脏,似腑非腑,故称之为"奇恒之腑"。

形体,其广义者,泛指具有一定形态结构的组织,包括头、躯干和脏腑在内;其狭义者,指皮、肉、筋、骨、脉五种组织结构,又称五体。

官窍中,官指机体有特定功能的器官,如耳、目、口、唇、鼻、舌,又称五官,它们分属于五脏,为五脏的外候;窍指机体的孔窍,是人体与外界相连通的部位。窍有七窍,头面部有七个孔窍,即眼二、耳二、鼻孔二、口一,合称七窍。五脏的精气分别通达于七窍,再加上前阴和后阴,又合称九窍。

藏象学说认为人体是以心、肝、脾、肺、肾五脏为中心,以胆、胃、大肠、小肠、膀胱、三焦等六腑相配合,以气、血、精、津液为物质基础,通过经络内而五脏六腑,外而形体官窍所构成的五个功能活动系统。人体是以五脏为中心的、极其复杂的有机整体。人体各组成部分之间,在形态结构上密不可分,在生理功能上互相协调,在物质代谢上互相联系,在病理上互相影响。人体的生理、病理又与外界环境相通应,体现了结构与功能、物质与代谢、局部与整体、人体与环境的统一。以五脏为中心,从系统整体的观点来把握人体,是藏象学说的基本特点。

藏象学说贯穿在中医学的解剖、生理、病理、诊断、治疗、方剂、药物、预防等各个方面,在中医学理论体系中,处于十分重要的地位。

一、五脏

(一) 心

心位于胸腔偏左,膈膜之上,肺之下,圆而下尖,形如莲蕊,外有心包卫护。心,在五行属火,为阳中之阳脏,主血脉,藏神志,为五脏六腑之大主、生命之主宰。

1. 心主血脉、其华在面、在体合脉 心主血脉,包括主血和主脉两个方面,指心有主管血脉和推动血液循行于脉中的作用。全身的血液,都在脉中运行,依赖于心脏的搏动而输送到全身,使五脏六腑、四肢百骸、肌肉皮毛,整个身体都获得充分的营养。心脏的正常搏动,主要依赖于心之阳气作用。如心气旺盛,血脉充盈,面色就显得红润而有光泽,即所谓"其华在面";心气不足,则可见面色无华、晦滞;心血亏少,则面色显得苍白;血脉瘀滞,则面色青紫;气血两虚,则皱纹满面,呈早衰现象。

2. 心主神志 亦称心主神明或称心藏神。神有广义和狭义之分。广义的神,是指整个人体生命活动的外在表现,如整个人体的形象以及面色、眼神、言语等,无不包含于神的范围之中;狭义的神,即是心所主之神志,是指人的精神、意识、思维活动。人的精神、意识和思维活动,属于大脑的生理功能,是大脑对外界事物的反映。这在中医文献中早已有明确的论述。但藏象学说,则将人的精神、意识和思维活动不仅归属于五脏而且主要归属于心的生理功能。中医学将思维活动归之于心,是依据心血充盈与否与精神健旺程度有密切关系而提出来的。

心主神志的生理功能正常,则精力充沛,精神振奋,神志清晰,思维敏捷。如果心主神志的生理功能异常,不仅可以出现精神意识思维活动的异常,如失眠、多梦、神志不宁,甚至谵妄;或反应迟钝、精神萎靡,甚则昏迷、不省人事等,而且还可以影响其他脏腑的功能活动,甚至危及整个生命。

3. 开窍于舌 心开窍于舌,是指舌为心之外候,又称舌为"心之苗",心气通于舌,心的气血通过经脉而上通于舌。舌的功能有赖于心主血脉和心主神志的生理功能。心的功能正常,则舌体荣润,柔软灵活,语言流利,味觉灵敏。若心有病变,可以从舌上反映出来。心主血脉功能失常时,如心阳不足,则舌质淡白胖嫩;心血不足,则舌质淡白;心火上炎,则舌尖红赤,甚至生疮;心脉瘀阻,则舌质暗紫,甚或出现瘀点、瘀斑;如心主神志的功能异常,则可现舌强、舌卷、语謇或失语等。

4. 在志为喜,在液为汗 心在志为喜,是指心的生理功能和精神、情志的"喜"相关。适当的喜乐,能使血气调和,营卫通利,心情舒畅,有益于心的生理活动。《素问·举痛论》说:喜则气和志达,营卫通利。但过度的喜乐,也可损伤心神。故曰:喜伤心(《素问·阴阳应象大论》)。如心藏神功能过亢,可出现喜笑不休,心藏神功能不及,又易使人悲伤。

在液为汗是指汗液的生成、排泄与心密切相关,汗液是津液通过心的阳气蒸腾气化后形成的液体。"津血同源",故"血汗同源",而心主血脉,故曰"汗为心之液"。阳虚则自汗,阴虚则盗汗,心阳暴脱则冷汗淋漓。

(二) 肺

肺位于胸腔,左右各一,在膈膜之上,上连气道,喉为门户,覆盖着其他脏腑,是五脏六腑中位置最高者,故称"华盖"。在五行属金,为阳中之阴脏。主气、司呼吸,助心行血,通调水道。

1. 主气、司呼吸 肺主气包括主呼吸之气和主一身之气。肺主呼吸之气，是说肺是体内外气体交换的场所。人体通过肺吸入自然界的清气，呼出体内的浊气，通过不断地呼浊吸清，吐故纳新，促进气的生成，调节着气的升降出入运动，从而保证了人体新陈代谢的正常进行。

肺主一身之气是指肺有主持、调节全身各脏腑之气的作用，即肺通过呼吸而参与气的生成和调节气机的作用。肺参与一身之气的生成，特别是宗气的生成。人体通过呼吸运动，把自然界的清气吸入于肺，又通过胃肠的消化吸收功能，把饮食物变成水谷精气，由脾气升清，上输于肺。自然界的清气和水谷精气在肺内相合而成宗气。宗气贯通心脉，以行血气而布散全身，以温养各脏腑组织和维持它们的正常功能活动，在生命活动中占有重要地位，故起到主一身之气的作用。并且肺有节律地一呼一吸，对全身之气的升降出入运动起着重要的调节作用。

2. 肺主宣发与肃降 宣发即宣布、发布的意思。肺主宣发是指肺气向上升宣和向外布散的生理功能。其主要体现在三个方面：其一是吸清呼浊，肺通过本身的气化作用，经肺的呼吸，吸入自然界的清气，呼出体内的浊气；其二是肺将脾所转输的津液和水谷精微，布散到周身，外达于皮毛，以滋养周身、皮肤、毛发、肌肉，即肺外合皮毛；其三是宣发卫气，调节腠理之开阖，并将代谢后的津液化为汗液，由汗孔排出体外。因此，肺气失于宣散，则可出现呼吸不利、胸满、咳喘，以及鼻塞、打喷嚏和无汗等症状。

肺主肃降是指肺气清肃、下降的功能，其生理作用，主要体现在四个方面：其一是吸入清气。肺通过呼吸运动吸入自然界的清气，肺之宣发以呼出体内浊气，肺之肃降以吸入自然界的清气，一宣一肃以完成吸清呼浊、吐故纳新的作用。其二是输布津液和水谷精微。肺将吸入的清气和由脾转输于肺的津液和水谷精微向下布散于全身，以供脏腑组织生理功能之需要。其三清肃洁净。肺气肃降，则能肃清肺和呼吸道内的异物，以保持呼吸道的洁净。其四是使水液代谢产物下输膀胱。因此，肺气失于肃降，则可现呼吸短促、喘促、咳痰等肺气上逆之候。

3. 肺主通调水道 肺通调水道，是指肺气宣发与肃降对于体内水液代谢具有疏通和调节的作用。肺主宣发，就是使水液布散到周身，特别是到皮毛，由汗孔排泄；肃降，就是使无用的水液下归于肾而输于膀胱，排出体外。由于肺有调节水液代谢的作用，因此有"肺主行水""肺为水之上源"的说法。如果肺在水液调节方面失于宣散，就会形成腠理闭塞而出现皮肤水肿、无汗等症状；失于肃降，水液不得通调，就会出现水肿、小便不利等症状。

4. 肺外合皮毛，开窍于鼻 皮毛，指皮肤、汗孔、毛发等组织，是抵御外邪侵袭的屏障。肺主皮毛，是指肺脏通过它的宣发作用把水谷精微输布于皮毛，以滋养周身皮肤、毛发、肌肉，其中宣发到体表的卫气发挥保卫机体的作用，防御外邪入侵。肺气足则皮肤滋润光滑有弹性，毫毛浓密光泽等；肺气虚则皮肤干燥，毛发憔悴枯槁，面色淡白；卫外不固则易发风疹过敏等症；肺热上蒸则发痤疮、酒渣鼻、皮炎等症。

鼻是肺呼吸的通道，所以称"鼻为肺窍"。鼻的嗅觉和通气功能均依赖于肺气的作用。所以，肺气和利，则呼吸通畅，嗅觉灵敏。鼻为肺窍，故鼻又为邪气侵犯肺脏的通路。在病理上，外邪袭肺，肺气不利，常常是鼻塞、流涕、嗅觉不灵，甚则鼻翼煽动与咳嗽喘促并见，故临床上可把鼻的异常表现作为诊断肺脏病变的依据之一。

5. 在志为忧，在液为涕 忧愁是属于非良性刺激的情志活动，尤其是在过度忧伤的情况下，往往会损伤机体正常的生理活动，忧愁对人体的影响，主要是损耗人体之气。因肺主气，所以过度忧愁易于伤肺，所谓"悲则气消"。反之，肺气虚弱时，机体对外来非良性刺激的耐受能力下降，人也较易产生忧愁的情志变化。

涕，即鼻涕，为鼻黏膜的分泌液，有润泽鼻窍的作用。鼻为肺窍，如肺精、肺气充足，则鼻涕润泽鼻窍而不外流。若寒邪袭肺，肺气失宣，肺之精津被寒邪所凝而不化，则鼻流清涕；肺热壅盛，则可见喘咳上气，流涕黄浊；若燥邪犯肺，则又可见鼻干而痛。

（三）脾

脾位于腹腔上部，膈膜之下，与胃以膜相连，与胃、肉、唇、口等构成脾系统。在五行属土，为阴中之至阴。主运化、统血，输布水谷精微，为气血生化之源，人体脏腑百骸皆赖脾以濡养，故有后天之本之称。

1. 主运化、升清气　运，即转运输送，化，即消化吸收。脾主运化，指脾具有将水谷化为精微，并将精微物质转输至全身各脏腑组织的功能。脾主运化包括运化水谷和运化水液两方面。脾运化水谷，是指脾对饮食物的消化和水谷精微的吸收、转输、布散作用。饮食入胃后，对饮食物的消化和吸收，实际上是在胃和小肠内进行的，但必须依赖脾的运化功能作用，才能将水谷化生为精微。同时水谷精微还需靠脾的转输和散精作用而上输于肺，由肺脏注入心脉化为气血，再通过经脉输送全身，以营养五脏六腑、四肢百骸，以及筋肉、皮毛等各个组织。饮食水谷是人出生之后维持生命活动所必需的营养物质的主要来源，也是生成气血的物质基础。饮食水谷的运化则是由脾所主，所以说脾为后天之本，气血生化之源。"脾气健运"，则机体的消化吸收功能才能健全，才能为化生气、血、津液等提供足够的养料，才能使全身脏腑组织得到充分的营养，以维持正常的生理活动。反之，若脾失健运，则机体的消化吸收功能发生异常，就会出现腹胀、便溏、食欲不振以至倦怠、消瘦和气血不足等病理变化。

运化水液也称运化水湿，是指脾对水液的吸收、转输和布散，调节人体水液代谢的作用。在人体水液代谢过程中，脾在运输水谷精微的同时，还把人体所需要的水液（津液），通过心肺而运送到全身各组织中去，以达到滋养、濡润作用，又把各组织器官利用后的水液，及时地转输给肾，通过肾的气化作用形成尿液，送到膀胱，排出体外，从而维持体内水液代谢的平衡。脾运化水液的功能健旺，既能使体内各组织得到水液的充分濡润，又不致使水湿过多而潴留。反之，如果脾运化水液的功能失常，必然导致水液在体内的停滞，而产生水湿、痰饮等病理产物，甚则形成水肿。这也就是脾虚生湿、脾为生痰之源和脾虚水肿的发生机理。

2. 主统血　统，统摄、控制之意。脾主统血就是指脾具有统摄血液，使之在经脉中运行而不溢出脉外的功能。脾的运化功能健旺，则气血充盈，气能摄血；气旺则固摄作用亦强，血液也不会溢出脉外而发生出血现象。反之，脾的运化功能减退，化源不足，则气血虚亏，气虚则统摄功能减退，血离脉道，从而导致皮下出血、便血、尿血、崩漏等各种出血证。

3. 主肌肉、四肢　脾主肌肉，是由于脾具有运化的功能，把水谷之精微输送到全身肌肉为之营养，使其发达丰满、健壮。因此，人体肌肉壮实与否，与脾的运化功能有关。如脾气虚弱，营养亏乏，必致肌肉瘦削，软弱无力，甚至痿弱不用。

四肢，又称四末，是肌肉比较集中的部位。所谓"脾主四肢"，是说人体的四肢，需要脾气运化产生精微营养才能维持其正常的功能活动。脾气健运，营养充足，则四肢轻劲，灵活有力；脾失健运，营养不足，则四肢倦怠乏力，甚或痿弱不用。

4. 脾开窍于口，其华在唇　脾开窍于口，饮食、口味等与脾之运化功能有关。脾主运化，脾气健旺，则津液上注口腔，唇红而润泽，舌下金津、玉液二穴得以泌津液助消化，则食欲旺盛。脾主运化水谷，口与脾功能是统一协调的。脾气健旺，则口味正常，食欲旺盛，口唇红润光泽；脾失健运，则口淡无味，或出现口苦、口甜、口腻等异常口味，食欲不振，口唇淡而无华、萎黄不泽,甚则干裂脱皮等。

5. 脾在志为思,在液为涎　思,即思考、思虑,是人的精神意识思维活动的一种状态。正常思考,对机体的生理活动并无不良的影响,但在思虑过度、所思不遂等情况下,就能影响机体的正常生理活动。脾气健运,化源充足,气血旺盛,则思虑、思考等心理活动正常。若脾虚则易不耐思虑,思虑太过又易伤脾,影响脾的运化功能,导致出现不思饮食、脘腹胀闷,甚则头目眩晕等症状。

涎为口津,唾液中较清稀的称作涎。它具有保护口腔黏膜,润泽口腔的作用,在进食时分泌较多,有助于食品的吞咽和消化。在正常情况下,涎液上行于口,但不溢出口外。若脾胃不和,则往往导致涎液分泌急剧增加,而发生口涎自出等现象。

(四) 肝

肝位于腹部,横膈之下,右胁下而偏左。与胆、目、筋、爪等构成肝系统。在五行属木,为阴中之阳。主疏泄、主藏血,喜条达而恶抑郁。

1. 肝主疏泄　疏泄,升发、发泄、疏通之意。肝主疏泄是指肝具有疏通、畅达全身气机,进而调节情志、消化等生理作用。肝主疏泄功能主要体现在三个方面。

(1) 调畅气机:气机,即气的升降出入运动。人体脏腑经络、气血津液、营卫阴阳,无不赖气机升降出入而相互联系,维持其正常的生理功能。肝的疏泄功能,对全身各脏腑组织的气机升降出入之间的平衡协调,起着重要的疏通调节作用。因此,肝的疏泄功能正常,则气机调畅、气血和调、经络通利,人体的生理活动正常。如肝的疏泄功能异常,则易于发生气滞、气逆等气机失调之病症。

(2) 调节精神情志:情志,即情感、情绪,是指人类精神活动中以反映情感变化为主的一类心理过程。肝通过其疏泄功能对气机的调畅作用,可调节人的精神情志活动。人在正常生理情况下,肝的疏泄功能正常,肝气舒畅条达,则人就能较好地协调自身的精神、情志活动,表现为精神愉快,心情舒畅,理智清朗,思维灵敏。若肝失疏泄,则易于引起人的精神、情志活动异常。疏泄不及,则表现为郁郁寡欢、多愁善感等。疏泄太过,则表现为烦躁易怒、头胀头痛、面红目赤等。

(3) 促进消化吸收:脾胃是人体主要的消化器官。肝主条畅气机,协调脾胃的气机升降,使脾胃能够维持正常的消化吸收功能;并且肝脏的疏泄功能,可促进胆汁的生成和分泌,以助饮食的消化吸收。如肝失疏泄,可影响脾胃的升降和胆汁的分泌,造成消化功能异常,出现食欲不振、消化不良、嗳腐吞酸、腹胀或腹泻等症状。

2. 肝主藏血　肝藏血是指肝脏具有储藏血液、防止出血和调节血量的功能。肝藏血功能发生障碍时,可出现两种情况:一是血液亏虚。肝血不足,则出现血虚失养的病理变化。如目失血养,则两目干涩昏花,或为夜盲;筋失所养,则筋脉拘急,肢体麻木,屈伸不利,以及妇女月经量少,甚至闭经等。二是血液妄行。肝不藏血可发生出血倾向的病理变化,如吐血、衄血、月经过多、崩漏。

3. 肝主筋,其华在爪,开窍于目　筋即筋膜,是一种联络关节、肌肉运动的组织。只有肝血充盈,才能使筋膜得到濡养,保持正常的功能活动。肝血充足则筋力劲强,关节屈伸有力而灵活,肝血虚衰则筋力疲惫,屈伸困难。

爪指爪甲,包括指甲和趾甲。爪甲的营养来源与筋相同,故称"爪为筋之余",爪甲赖肝血以滋养,肝血的盛衰,可以影响爪甲的荣枯。肝血充足,则爪甲坚韧明亮,红润光泽。若肝血不足,则爪甲软薄,枯而色淡,甚则变形或脆裂。

肝的经脉上连于目系,所以说,目为肝之外候,肝开窍于目。肝的功能正常与否,常常在目上反映出来。例如,肝阴不足,则两目干涩;肝火上炎,则目赤肿痛;肝风内动可见两目斜视、上翻等。

4. 肝在志为怒,在液为泪 怒是人们在情绪激动时的一种情志变化。一般说来,当怒则怒,怒而有节,未必为害;若怒而无节,则它对于机体的生理活动是属于一种不良的刺激,可使气血逆乱,阳气升发。大怒可伤肝,使肝的阳气升发太过而致病。反之,肝的阴血不足,阳气偏亢,则稍有刺激,便易发怒。

肝开窍于目,泪从目出,故泪为肝之液。泪有濡润眼睛,保护眼睛的功能。泪的过多过少均属病态,且与肝有关。肝阴不足,泪液分泌减少,则两目干涩,甚可干而作痛;肝经风热而患风火赤眼,又可见目眵增多,或迎风流泪,悲哀伤感,或情绪骤变,累及于肝,可见泪液自流等。

(五)肾

肾左右各一,位于腰部脊柱两侧,外形椭圆弯曲,状如豇豆。与膀胱、骨髓、脑、发、耳等构成肾系统。主藏精,主水液,主纳气,为人体脏腑阴阳之本,生命之源,故称为先天之本。在五行属水,为阴中之阳。

1. 肾藏精,主生长发育与生殖 肾藏精是指肾具有储存、封藏人身精气的作用。肾所藏精气包括先天之精和后天之精。先天之精即禀受于父母的生殖之精,与生俱来,是构成胚胎的原始物质,并具有生殖、繁衍后代的基本功能。后天之精即后天获得的水谷之精,由脾胃化生并灌溉五脏六腑。人出生以后,水谷入胃,经过胃的腐熟、脾的运化而生成水谷之精气,并转输到五脏六腑,使之成为脏腑之精。脏腑之精充盛,除供给本身生理活动所需要的以外,其剩余部分则储藏于肾,以备不时之需。先天之精和后天之精,其来源虽然不同,但却同藏于肾,二者相互依存,相互为用。先天之精为后天之精准备了物质基础,后天之精不断地供养先天之精。先天之精只有得到后天之精的补充滋养,才能充分发挥其生理效应;后天之精也只有得到先天之精的活力资助,才能源源不断地化生。二者相辅相成,在肾中密切结合而组成肾中所藏的精气。

肾精是胚胎发育的原始物质,又能促进生殖机能的成熟。肾精的生成、储藏和排泄,对繁衍后代起着重要的作用。人的生殖器官的发育及其生殖能力,均有赖于肾,故有"肾主生殖"之说。人出生以后,由于先天之精和后天之精的相互滋养,从幼年开始,肾的精气逐渐充盛,发育到青春时期,随着肾精的不断充盛,便产生了一种促进生殖功能成熟的物质,称作天癸。于是,男子就能产生精液,女性则月经按时来潮,性功能逐渐成熟,具备了生殖能力。以后,随着人从中年进入老年,肾精也由充盛而逐渐趋向亏虚,天癸的生成亦随之而减少,甚至逐渐耗竭,生殖能力亦随之而下降,以至消失。这充分说明肾精对生殖功能起着决定性的作用,为生殖繁衍之本。如果肾藏精功能失常就会导致性功能异常,生殖功能下降。

肾所藏之精气为生命的基础,在人的生、长、壮、老、已的过程中起主导作用。幼年时期,肾精逐渐充盛,则有齿更发长等生理现象。青壮年时期,肾精进一步充盛,乃至达到极点,机体也随之发育到壮盛期,则真牙生,体壮实,筋骨强健,头发黑亮。待到老年,肾精衰退,形体也逐渐衰老,全身筋骨运动不灵活,齿摇发脱,呈现出老态龙钟之象。由此可见,肾精决定着机体的生长发育,为人体生长发育之根。如果肾精亏少,影响到人体的生长发育,会出现生长发育障碍,如发育迟缓、筋骨痿软等;成年人则出现未老先衰、齿摇发落等。

2. 肾主水 肾主水是指肾的气化功能,对于调节体内水液平衡中起着极为重要的作用。在正常情况下,水饮入胃,通过脾的运化和转输、肺的宣发和肃降、肾的蒸腾气化,以三焦为通道而输送到全身,发挥其生理作用。代谢后的津液则化为汗液、尿液和气等分别从皮肤汗孔、呼吸道、尿道排出体外,从而维持体内水液代谢的相对平衡。在这一代谢过程中,肾的蒸腾气化作用使肺、脾、膀胱等脏腑在水液代谢中发挥各自的生理作用。而肾的气化作用贯穿于水液代谢的始终,居于极其重要的地位,所以有"肾者主水""肾为水脏"之说。如肾主水功能失调,气化失职,开阖失度,就会引起水液代谢障碍。如可引起尿少、水肿等病理现象,或出现尿多、尿频等症。

3. 肾主纳气 纳,固摄、受纳的意思。肾主纳气,是指肾有摄纳肺吸入之气而调节呼吸的作用。呼吸虽是肺所主,但吸入之气,必然下达于肾,由肾气为之摄纳,呼吸才能通畅、调匀。肾气充沛,摄纳正常,才能使气道通畅、呼吸均匀。反之,肾的纳气功能减退,摄纳无权,吸入之气不能归纳于肾,就会出现呼多吸少、吸气困难、动则喘甚等肾不纳气的病理变化。

4. 肾主骨、生髓,其华在发 肾主藏精,而精能生髓,髓居于骨中,骨赖髓生化有源,骨骼得到髓的充分滋养而坚固有力。如果肾精虚,骨髓化源不足,不能营养骨骼,便会出现骨骼脆弱,甚至发育不良。

发,即头发,又名血余。发之营养来源于血,故称"发为血之余"。因为肾藏精,精能化血,精血旺盛,则毛发壮而润泽,故曰肾"其华在发",发的生长状态与肾的精气盛衰有关,比如少年白头、中年脱发甚至斑秃,多是肾精不足,肾阴不足,虚火上炎引起。肾精不足还易引起皮肤过敏、痤疮等,老年人面部易起色斑、发白脱落等。

5. 开窍于耳,在志为恐、在液为唾 肾藏精,精生髓,髓聚于脑,精髓充盛,髓海得养,则听觉才会灵敏,故称肾开窍于耳,耳的听觉功能,依赖于肾气充养。肾气通于耳,肾精不足,则见耳鸣、听力减退等症。故临床上常常把耳的听觉变化,作为判断肾气盛衰的一个标志。人到老年,肾中精气逐渐衰退,故听力每多减退。

恐,即恐惧、胆怯,是人们对事物惧怕时的一种精神状态,它对机体的生理活动能产生不良的刺激。"恐伤肾",过度的恐惧,有时可使肾气不固,气泄于下,导致二便失禁。

唾与涎一样,为口腔中分泌的一种津液。其清者为涎,稠者为唾。唾为肾精所化,有滋养肾中精气的作用,若多唾或久唾,则易耗伤肾中精气。

二、六腑

(一)胆

胆与肝相连,附于肝之短叶间,内储胆汁。胆与肝又有经脉相互络属,故与肝相表里,肝为脏属阴木,胆为腑属阳木。胆的生理功能主要有:一是储藏和排泄胆汁。胆汁由肝脏形成和分泌出来,然后进入胆腑储藏,排泄进入肠中,以协助促进饮食物的消化。二是主决断,即指胆在精神、意识、思维活动过程中,具有判断事物、做出决定的作用。三是协助肝脏,调节脏腑气机,从而维持脏腑之间的协调平衡。

胆排泄胆汁有助于饮食物的消化,解剖形态与其他的腑相类,故为六腑之一。但又因胆储藏精汁,有藏精之性,似脏,所以胆又属于"奇恒之腑"之一。

(二)胃

胃位于膈下,腹腔上部,上接食管,下通小肠。胃腔称为胃脘,分上、中、下三部:胃的上部为上脘,包括贲门;下部为下脘,包括幽门;上下脘之间为中脘,即胃体部分。胃的生理功能主要为受纳、腐熟水谷。胃主受纳是指胃接受和容纳水谷的作用;腐熟是饮食物经过胃的初步消化,形成食糜的过程。饮食入口,经过食管,容纳并暂存于胃腑,依靠胃的腐熟作用,进行初步消化,将水谷变成食糜。饮食物经过初步消化,其精微物质由脾之运化而营养周身,代谢后糟粕则下传大肠,形成粪便排出体外。胃主通降,以通降为顺,脾升胃降,彼此协调,共同完成饮食物的消化、吸收。脾胃密切合作,才能使水谷化为精微,以化生气血津液,供养全身,故脾胃合称为"后天之本,气血生化之源",故"人以胃气为本"。所以中医学非常重视保护"胃气",即保护脾胃的功能,胃气强则五脏俱盛,胃气弱则五脏俱衰,有胃气则生,无胃气则死。

（三）小肠

小肠居腹中,上端在幽门处与胃相接,下端在阑门处与大肠相连,是一个相当长的管道器官。小肠与心之间有经络相通,二者互相络属,故小肠与心相为表里。小肠的生理功能主要为受盛、化物和泌别清浊。小肠盛受了由胃腑下移而来的初步消化的饮食物,起到容器的作用,即受盛作用。经胃初步消化的饮食物,经过小肠的进一步消化和吸收,清者化生为精微,通过脾之升清散精的作用,输送全身,发挥营养作用,浊者,即残渣糟粕则下输于大肠,形成粪便,排出体外,这一过程就是小肠化物和泌别清浊功能的主要体现。此外,小肠在泌别清浊过程中,也同时参与了人体的水液代谢,将剩余的水分经肾脏气化作用渗入膀胱,形成尿液,经尿道排出体外,故有"小肠主液"之说。若小肠功能失调,清浊不分,水液归于糟粕,即可出现小便短少、便溏泄泻等,所以泄泻初期常用"利小便即所以实大便"的方法治疗。

（四）大肠

大肠居于腹中,其上口在阑门处接小肠,其下端紧接肛门,包括结肠和直肠。大肠与肺有经脉相连,相互络属,故互为表里。大肠主传化糟粕和吸收津液。大肠主传导是指大肠接受小肠下移的饮食残渣,再吸收其中剩余的水分和养料,使之形成粪便,经肛门而排出体外,属于整个消化过程的最后阶段,故有"传导之腑""传导之官"之称。这一过程中,大肠重新吸收水分,参与调节体内水液代谢的功能,称之为"大肠主津"。

（五）膀胱

膀胱位于下腹部,在脏腑中,居最下处。膀胱与肾脏直接相通,二者又有经脉相络属,故膀胱与肾相表里。膀胱主储存尿液及排泄尿液。在人体津液代谢过程中,水液通过肺、脾、肾三脏的作用,布散全身,发挥濡润机体的作用。其被人体利用之后,即是"津液之余"者,下归于肾。经肾的气化作用,升清降浊,清者回流体内,浊者下输于膀胱,变成尿液储存于膀胱,达到一定容量时,通过肾的气化作用,使膀胱开合适度,则尿液可及时地从尿道排出体外。膀胱的储尿和排尿功能,全赖于肾的固摄和气化功能。若肾气的固摄和气化功能失常,则膀胱的气化失司,开合失权,可出现小便不利或癃闭,以及尿频、尿急、遗尿、小便不禁等。

（六）三焦

三焦,是藏象学说中的一个特有名称。三焦是上焦、中焦、下焦的合称,为六腑之一,属脏腑中最大的腑,因五脏与其相表里,故又称孤腑。膈以上为上焦,包括心与肺;横膈以下到脐为中焦,包括脾与胃;脐以下至前后二阴为下焦,包括肝、肾、大肠、小肠、膀胱、女子胞等。

上焦接受来自中焦脾胃的水谷精微,通过心肺的宣发输布,布散于全身,发挥其营养滋润作用,若雾露之溉,故称"上焦如雾";中焦脾胃主要功能是运化水谷,化生气血,因为脾胃有腐熟水谷、运化精微的生理功能,故喻之为"中焦如沤";下焦将饮食物的残渣糟粕传送到大肠,变成粪便,从肛门排出体外,并将体内剩余的水液,通过肾和膀胱的气化作用变成尿液,从尿道排出体外。这种生理过程具有向下疏通、向外排泄之势,故称"下焦如渎"。

三焦关系到饮食水谷受纳、消化、吸收与输布排泄的全部气化过程,所以三焦是通行元气、运行水谷的通道,是人体脏腑生理功能的综合,为"五脏六腑之总司"(《类经附翼·求正录》)。中医学将三焦单独列为一腑,并非仅仅是根据解剖,更重要的是根据生理、病理现象的联系而建立起来的一个功能系统。

三、五脏与美容

人体各部分以五脏为中心,通过经脉、气血、津液与人体皮肤、五官、须发、四肢九窍构成一个有机整体。五脏精气充盈、六腑功能通达是人体健康的标志,也是健美的体现。从中医美容学的角度来看,一个人的相貌、仪表乃至神志、体形等,都是脏腑、经络、气血等反映于外的现象。脏腑气血旺盛则肤色红润有光泽,肌肉坚实丰满,皮毛荣泽光润等。故中医美容学非常重视脏腑气血在美容中的作用,通过滋润五脏、补益气血,使身体健美,容颜常驻。皮肤作为人们身体的一个组成部分,与身体内部其他器官保持着密切联系,只有人体脏腑功能正常,才可能容光焕发;人体的营养物质充足,皮肤才能显得柔嫩、细腻、滋润、富有弹性。因此,强调美由表及里和由里及表就显得尤为重要。

(一) 心与美容的关系

心的生理功能是主血脉、主神明,在体合脉,开窍于舌,其华在面。面部的色泽荣枯是心气、心血盛衰的反映。心的气血充沛,方能使面色红润光泽。若心血不足,脉失充盈,则面色淡白无华,甚至枯槁;心气不足,血不上荣,则面色虚浮㿠白;血行不畅,血脉瘀滞,则面色青紫,枯槁无华;气血两虚,则皱纹满面,呈现早衰现象。

(二) 肺与美容的关系

肺的生理功能是主气、司呼吸,主宣发、肃降,在体合皮,开窍于鼻,其华在毛。肺与美容的关系主要体现在皮肤、毛发、鼻的健美方面。肺通过宣发作用,将气血和津液输布到皮肤毫毛,起滋润营养作用,并调节汗孔开闭,调节体温和抵抗外邪。肺气充沛,则皮毛得到温养而润泽,汗孔开合正常,体温适度并不受外邪侵袭,减少皮毛、五官损容性疾病的发生。反之,若肺的功能失常,肌肤失养,则皮肤粗糙、毛发干枯、面容憔悴,而且代谢不良,易长粉刺。卫外不固则易发风疹、荨麻疹等症;肺热上蒸则发痤疮、酒渣鼻等症。

(三) 脾与美容的关系

脾的生理功能是主运化、主统血,在体合肉,开窍于口,其华在唇。五脏六腑、四肢百骸、皮毛筋肉等全身组织的营养,均需要依靠脾输布和化生营养物质来供养。脾与美容的关系主要体现在四肢肌肉、皮肤毛发健美及人体生长发育方面。脾气健运,则身强体健,容光焕发,肌肉丰满,皮肤、口唇红润光泽。反之,若脾失健运,则气血生化无源,不能发挥荣养之职,出现精神萎靡,面色枯黄,肌肉消瘦,皮肤粗糙,唇色淡白无华等现象,甚至可严重影响形体的生长发育,出现身材矮小,体瘦,或面部较早出现皱纹,呈现早衰征象。

(四) 肝与美容的关系

肝的生理功能是主疏泄、主藏血,在体合筋,开窍于目,其华在爪。筋附于骨节,由于筋的扩张和收缩,全身关节才能活动自如,而筋必须得到肝血濡养才能强健及进行伸缩活动。若肝血充盈,两目光泽有神,视物清晰,爪甲红润饱满,关节活动灵活,动作敏捷;若肝血、肝阴不足,则两目干涩、视物昏花或出现夜盲,爪甲干枯薄脆,关节屈伸不利,动作迟缓;肝经风热,则目赤肿痛,甚或眼睑赤烂等;肝风内动,可见目斜视、上翻、口眼㖞斜等。

肝主调畅情志的功能也对美容具有十分重要的作用。情志条达则七情平和适度,神态安详,眉目舒展;肝气郁结,七情不畅则使人闷闷不乐、愁眉苦脸或烦躁易怒。

(五)肾与美容的关系

肾的生理功能是主藏精、主水,在体合骨,开窍于耳和前后二阴,其华在发。肾精充足,则骨骼健壮,四肢轻劲有力,行动敏捷。若肾精不足,则骨骼发育不良或脆弱、痿软,腰背不能俯仰,腿足痿弱无力。牙齿也必须依赖肾精的滋养才能坚固。如肾精不足,则小儿牙齿发育迟缓,成人牙齿松动易落。"发为血之余",人体的头发为肾的外华,这是由于肾精能化血,头发依赖精血滋养,所以,头发的生长和脱落、润泽和枯槁、茂盛和稀疏、乌黑和枯白等,都与肾精有关。肾精充足,则头发茂盛乌黑;肾精亏虚,则头发枯槁、稀疏、枯白和脱落。肾不主水,则水液代谢障碍,发生水湿泛滥之症,出现颜面、肢体水肿或皮肤干枯不荣。

小结

藏象是人体内在脏腑的生理活动和病理变化反映于外的征象。藏象学说的内容主要为脏腑、形体和官窍等,以脏腑为基础,脏腑可分为五脏、六腑、奇恒之腑三类,其中以五脏为中心。五脏包括心、肺、脾、肝、肾。心,主血脉,藏神志,其华在面,其充在血脉,开窍于舌,与小肠相表里;肺,主气、司呼吸,助心行血,通调水道,其华在毛,其充在皮,开窍于鼻,与大肠相表里;脾,主运化、统血,其华在唇,其充在肌,开窍于口,与胃相表里;肝,主疏泄、主藏血,其华在爪,其充在筋,开窍于目,与胆相表里;肾,主藏精、主水液、主纳气,其华在发,其充在骨,开窍于耳和前后二阴,与膀胱相表里。通过这些联系从而将人体肌表、形体、官窍等外在的形象与内在的脏腑联系为一个有机的整体。脏腑气血旺盛则肤色红润有光泽,肌肉坚实丰满,皮毛荣泽光润等。故中医美容学非常重视脏腑气血在美容中的作用,通过滋润五脏、补益气血,使身体健美,容颜常驻。

第四节 气血津液

气、血、津液是构成人体和维持人体生命活动的基本物质,也是脏腑经络及组织器官生理活动的物质基础。

一、气

(一)气的基本概念

中国古代哲学观点认为,气是一种至精至微的物质,是构成世界万物的本原,宇宙的事物和现象都是由气的运动变化产生的。中医学从"气是宇宙的本原,是构成天地万物的最基本元素"这一基本观点出发,认为气是构成人体的最基本物质,也是维持人体生命活动的最基本物质。

(二)气的生成

人体的气,由禀受于父母的先天之精气和后天摄取的水谷精气与自然界的清气,通过肺、脾胃和肾等脏腑生理活动作用而生成。

1. 先天之精气 先天之精气是生命的基本物质，禀受于父母，是构成胚胎的原始物质。先天之精是构成生命和形体的物质基础，精化为气，先天之精化为先天之气，形成有生命的机体，所以先天之气是人体之气的重要组成部分。

2. 后天之精气 后天之精气包括饮食物中的精微物质和存在于自然界的清气，此类精气是出生之后，从后天获得的，故称后天之气。

（三）气的分类

1. 元气 元气又称为"原气""真气"。元气根源于肾，由先天之精所化生，并赖后天之精以充养而成。元气，分布于全身，内而五脏六腑，外而肌肤腠理，无处不到，以作用于机体各部分。元气具有推动人体的生长和发育，温煦和激发脏腑、经络等组织器官生理功能的作用，为人体生命活动的原动力。元气充沛，则各脏腑、经络活力旺盛，体质强健而少病；如元气生成不足或损耗太过，导致元气亏虚而出现各种病证。

2. 宗气 宗气是积聚于胸中之气。宗气在胸中积聚之处，称作"气海"，又名膻中。宗气是由肺吸入的自然界之清气和由脾吸收、转输而来的水谷之气相结合而生成。宗气主要有两方面功能：一是走息道而司呼吸，所以凡呼吸、言语、声音的强弱，均与宗气的盛衰有关。故临床上对语声低微，呼吸微弱，脉软无力之候，称肺气虚弱或宗气不足。二是贯心脉而行气血。宗气贯注入心脉之中，助心行血，凡心脏的搏动、气血的运行、肢体的寒温以及视听感觉能力都与宗气有关。临床以心尖搏动部位（虚里）的搏动和脉象状况，来测知宗气的盛衰。

3. 营气 营气，又称"荣气"，与卫气相对而言，行于脉内而属阴，故又有"营阴"之称。营气主要来自脾胃运化的水谷精气，由水谷精微中精华部分所化生。营气的主要生理功能包括化生血液和营养全身两个方面。其行于脉中，成为血液的组成部分，而营运周身，发挥其营养作用。

4. 卫气 卫，有"护卫""保卫"之义。卫气与营气相对而言，行于脉外而属于阳，故又称"卫阳"。卫气同营气一样，也主要是由水谷精微所化生。卫气活动力特别强，流动迅速，故不受脉管的约束，可运行于皮肤、分肉之间，散布于全身上下。卫气主要功能有三个方面：一是护卫肌表，防御外邪入侵；二是温养脏腑、肌肉、皮毛等；三是调节控制肌腠的开合以及汗液的排泄。

营气和卫气，都以水谷精微为其主要的物质来源，但在性质、分布和功能上，又有一定的区别。营气，行于脉中，具有化生血液、营养周身之功；而卫气行于脉外，具有温养脏腑、护卫体表之能。营主内守而属于阴，卫主外卫而属于阳，二者之间的运行必须协调，才能发挥其正常的生理作用。

除上述外，还有"脏腑之气"、"经络之气"等，所谓"脏腑之气"和"经络之气"，实际上都是由元气所派生的，元气分布于某一脏腑或某一经络，即成为某脏腑或某经络之气，是构成各脏腑、经络的最基本物质，又是推动和维持各脏腑、经络进行生理活动的物质基础。在中医学中，气的名称还有很多。如正气与邪气；中药的寒热温凉四种性质和作用，称作"四气"等。

（四）气的运行

气的运动，称为"气机"，是自然界一切事物发生、发展变化的根源。升降出入是气运动的基本形式，以此维持机体生命的活动，诸如呼吸运动、水谷的消化吸收、津液代谢、气血运行等，无不赖于气的升降出入运动才能实现。升降出入存在于一切生命过程的始终，一旦升降出入失去协调平衡，就会出现各种病理变化；而升降出入一旦停止，则生命活动也就终止了。

(五) 气的功能

1. 推动作用 气的推动作用,体现为激发和促进人体的生长发育以及各脏腑、经络等组织器官的生理功能,能推动血液的生成、运行,以及津液的生成、输布和排泄等。

2. 温煦作用 气的温煦作用是指气有温暖作用。气的温煦作用是通过激发和推动各脏腑器官生理功能,促进机体的新陈代谢来实现的。人体的体温,各脏腑、经络的生理活动,水液代谢以及血和津液等液态物质的正常循行,都需要在气的温煦作用下实现。

3. 防御作用 防御作用是指气具有护卫肌表、抵御邪气入侵的作用。气和则生机盎然,机能旺盛,抗病能力亦盛,人体不易受邪而患病。否则,气失其和则人体机能低下,抗病能力减弱,易招邪气侵袭而为病。

4. 固摄作用 指气对血、津液、精液等液态物质的稳固、统摄,以防止无故流失的作用。

5. 气化作用 气化,是指通过气的运动而产生的各种变化,就机体而言,就是指物质的新陈代谢和能量转化。具体而言就是指精、气、血、津液等物质的新陈代谢和相互转化。

二、血

(一) 血的基本概念

血,即血液,是循行于脉中的红色的液态物质,是构成人体和维持人体生命活动的基本物质之一,具有营养、滋润作用。

(二) 血的生成

血是水谷精微通过脾的转输升清作用,上输于心肺,再经心肺的气化作用而生成的。胃化生的水谷精微是血液生成的最基本物质,所以有脾胃为"气血生化之源"的说法。饮食营养的优劣,脾胃运化功能的强弱,均直接影响着血液的化生。因此,如长期饮食营养摄入不足,或脾胃的运化功能长期失调,均可导致血液的生成不足而形成血虚的病理变化。

(三) 血的循行

血液循行于脉管之中,流行于全身,发挥营养和滋润作用。血液的正常循行,依赖于气的推动和固摄作用的协调平衡。心主血脉,心气是推动血液循行的根本动力;肺朝百脉,肺司呼吸而主一身之气,调节着全身的气机,辅助心脏,推动和调节血液的运行;肝主疏泄,调畅气机,气行则血行;脾的统血和肝藏血的功能,有利于固摄血液,防止血液溢出脉外。可见血液循行是在心、肺、肝、脾等脏腑相互配合下进行的,其中任何一个脏腑生理功能失调,都会引起血行失常。

(四) 血的功能

血液循行于脉内,沿脉管循行于全身,内而五脏六腑,外而肌肤腠理,为全身各脏腑组织的功能活动提供营养,维持正常生理活动。此外,血液还是机体神志活动的物质基础。血的濡养作用正常,则面色红润,肌肉丰满壮实,肌肤和毛发光泽滑润等。当血的濡养作用减弱时,机体除脏腑功能低下外,还可见到面色无华或萎黄,肌肤干燥,肢体或肢端麻木、运动不灵活等临床表现。

三、津液

(一) 津液的概念

津液是人体一切正常水液的总称。津液包括各脏腑组织的正常体液和正常的分泌物,如胃液、肠液、唾液、关节液等，习惯上也包括代谢产物中的尿、汗、泪等。津液以水分为主体，含有大量营养物质，是构成人体和维持人体生命活动的基本物质。

一般地说，性质清稀，流动性大，主要布散于体表皮肤、肌肉和孔窍等部位，并渗入血脉，起滋润作用者，称为津；其性较为稠厚，流动性较小，灌注于骨节、脏腑、脑、髓等组织器官，起濡养作用者，称之为液。

（二）津液的代谢

1. 津液的生成 津液来源于饮食，通过胃的受纳腐熟、脾的运化、小肠的分清别浊功能，将水谷精微与津液上输于心肺，而后输布全身。

2. 津液的输布 津液的输布主要依靠脾、肺、肾、肝、心和三焦等脏腑生理功能的综合作用而完成的。津液的输布虽与五脏皆有密切关系，但主要是由脾、肺、肾和三焦来完成的。脾将胃肠而来的津液上输于肺，肺通过宣发、肃降功能，经三焦通道，使津液外达皮毛，内灌脏腑，输布全身。

3. 津液的排泄 津液的排泄与津液的输布一样，主要依赖于肺、脾、肾等脏腑的综合作用。其主要排泄形式是尿液，其次是汗液，此外还可通过呼气、粪便等途径排泄。

（三）津液的功能

津液的功能主要包括滋润濡养、化生血液和排泄废物等。

1. 滋润濡养 津液以水为主体，具有很强的滋润作用，富含多种营养物质，具有营养功能。津的质地较为清稀，布散于体表，滋润皮肤，温养肌肉，使肌肉丰润，毛发光泽，输注于孔窍滋润口、眼、鼻等官窍；液的质地较为稠厚，分布于体内，滋养脏腑，充养骨髓和脑髓；流入关节则滑利关节，使关节活动自如。

2. 化生血液 津液渗入血脉之中，成为化生血液的基本成分之一。津液使血液充盈，并濡养和滑利血脉，而血液环流不息。

3. 排泄废物 津液在其自身的代谢过程中，能把机体的代谢产物通过汗、尿等方式不断地排出体外，使机体各脏腑的气化活动正常。若这一作用受到损害和发生障碍，就会使代谢产物潴留于体内，而产生痰、饮、水、湿等多种病理变化。

四、气血津液与美容

气血津液是构成人体的基本物质，它依赖于脏腑功能活动而产生，通过经络运行到全身，以维持人体的各项生命活动，气血津液也是维持健康美容的基础物质。

（一）气与美容

气是人体赖以维持生命活动的重要物质，是不断运动着的具有很强活力的精微物质。气对维持生命活动，保持形体美、容貌美起着非常重要的作用。气的生成充沛、气机条畅，人则精神抖擞，双目炯炯，语声洪亮，生机勃勃，活力四射。

如果气的推动作用减弱，可使各脏腑经络等器官组织的生理功能减弱，血和津液的生成不足，可导致机体衰老、周身疲乏无力、精神不振、面色无华、皮肤面部皱纹、颜面瘀斑、毛发干枯、视物模糊等症。

如果气的温煦作用失常，可导致脏腑功能衰退，血和津液运行输布缓慢，可出现颜面青紫，四肢发冷，手、耳、面易生冻疮。

如果气的防御作用失常，则外邪侵入皮肤，可出现一些影响美容的疾病，如粉刺、酒渣鼻等。

如果气化功能失常,直接影响气血津液的代谢,导致各种有损美容的疾病产生。如血的化生异常导致血虚会出现面色苍白、晦暗,形体消瘦,皮肤干枯少泽,毛发稀疏脱落;水液的代谢异常,水湿泛滥,出现肢体和眼睑浮肿等。

(二) 血与美容

血是构成人体和维持人体生命活动的基本物质之一,具有营养和滋润作用,对保持容貌和体态起着重要作用。血液充足,运行正常则面色红润有光泽,肌肉丰满富有弹性,双目有神,皮肤细腻润泽。血的营养滋润作用减弱,运行失常则面色萎黄或苍白,晦暗无光泽,肌肤粗糙干燥,毛发干枯稀少或脱落,两目干涩,视物昏花,关节活动不利,四肢麻木等。

(三) 津液与美容

津液是构成人体和维持人体生命活动的基本物质,具有濡养和滋润作用。渗入血脉的津液,具有充养、滑利血脉的作用;注入内脏、组织、器官的津液,濡养脏腑器官、骨髓、筋、脉、脑、肌肉;注于孔窍的津液,滋润和保护眼、耳、口、鼻等官窍;输布于肌表的津液则滋润皮毛、肌肤。津液的生成、输布、排泄正常,则人体的皮肤润泽细腻有光泽,肌肉丰满结实,口唇红润,双目有神。如果津液不足,可出现皮肤粗糙,肌肉无弹性,双目干涩,口唇干裂,毛发干枯无泽等;若津液输布、排泄障碍,可出现形体浮肿,肥胖,眼胞肿胀等症状。

小结

气、血、津液,是构成人体生命的基本物质。机体的脏腑、经络等组织器官,进行生理活动所需要的能量,来源于气、血、津液;它们的生成和代谢,又依赖于机体的脏腑、经络等组织器官的正常生理活动。人体的气,由禀受于父母的先天之精气和后天摄取的水谷精气与自然界的清气,通过肺、脾胃和肾等脏腑生理活动作用而生成,包括元气、宗气、营气和卫气。升降出入是气运动的基本形式。气对于人体具有推动、温煦、防御、固摄及气化作用。血,即血液,是水谷精微通过脾、胃、心、肺的综合作用而生成的红色的液态物质,是构成人体和维持人体生命活动的基本物质之一。其循行于脉管之中,流行于全身,发挥营养和滋润作用。津液是指除血液外人体一切正常水液的总称,包括各脏腑组织的正常体液和正常的分泌物如胃液、肠液、唾液、关节液等。性质清稀者称为津;其性质较为稠厚者称为液。津液的功能主要包括滋润濡养、化生血液、调节阴阳和排泄废物等。

第五节 经络学说

一、经络的概念

经络,是经和络的总称。经,又称经脉,有路径之意,经脉贯通上下、沟通内外,是经络系统中纵行的主干;络,又称络脉,有网络之意,络脉是经脉别出的分支,较经脉细小。经络相贯,遍布全身,形成一个纵横交错的联络网,通过有规律的循行和复杂的联络交会,组成了经络系统,把人体五脏六腑、肢体官窍及皮肉筋骨等组织紧密地联结成统一的有机整体,从而保证了人体生命活动的正常进行。所以说,经络是运行全身气血、联络脏腑肢节、沟通内外上下、调节人体功能的一种特殊的通路和网络系统。

经络学说是研究人体经络系统组成、循行分布、生理功能、病理变化,以及与脏腑、气血等相互关系的学说,是中医学理论体系的重要组成部分。

二、经络系统组成

经络系统,由经脉、络脉及其连属部分所组成。

(一)经脉系统

经脉主要由正经、奇经和经别组成。

1. 正经 正经共有十二条,即手三阴经、足三阴经、手三阳经、足三阳经,共四组,每组三条经脉,合称十二经脉。

2. 奇经 奇经有八条,即督脉、任脉、冲脉、带脉、阴跷脉、阳跷脉、阴维脉、阳维脉,故称奇经八脉。奇经八脉主要起统率、联络和调节全身气血盛衰的作用。

3. 经别 经别是从十二经脉别行分出的重要支脉,又称"十二经别"。十二经别主要起到加强十二经脉中相为表里的两经之间的联系的作用。

(二)络脉系统

络脉是经脉的分支,其循行部位较经脉为浅。络脉有别络、浮络、孙络之分。

1. 别络 别络有本经别走邻经之意,共有十五支,包括十二经脉在四肢各分出的络,躯干部的任脉络、督脉络及脾之大络,故称"十五别络"。其主要功能是加强表里阴阳两经的联系与调节作用。

2. 浮络 浮络是浮行于浅表部位而常浮现的络脉。

3. 孙络 孙络是络脉中最细小的分支。

(三)经络连属部分

1. 经筋 经筋是十二经脉之气"结、聚、散、络"于肌肉、关节的体系,是十二经脉的附属部分,是十二经脉循行部位上分布于筋肉系统的总称,故称"十二经筋"。它具有联络四肢百骸,主司关节运动的作用。

2. 皮部 皮部是十二经脉在体表一定部位上的反映区。全身的皮肤是十二经脉的功能活动反映于体表的部位,所以把全身皮肤分为十二个部分,分属于十二经,称为"十二皮部"。

三、十二经脉

(一)十二经脉的命名与分布规律

十二经脉是根据各经所联系的脏腑的阴阳属性以及在肢体循行部位的不同,结合阴阳、脏腑、手足三方面而命名的。循行分布于上肢的称手经,循行分布于下肢的称足经。分布于四肢内侧的(上肢是指屈侧)称为阴经,属脏。肢体内侧面的前、中、后,分别称为太阴、厥阴、少阴;分布于四肢外侧(上肢是指伸侧)的称阳经,属腑。肢体外侧面的前、中、后分别称为阳明、少阳、太阳。据此十二经脉的具体名称分别是:手太阴肺经、手厥阴心包经、手少阴心经、手阳明大肠经、手少阳三焦经、手太阳小肠经、足太阴脾经、足厥阴肝经、足少阴肾经、足阳明胃经、足少阳胆经、足太阳膀胱经。具体见表1-2。

表 1-2　十二经脉名称分类表

	阴经（属脏）	阳经（属腑）	循行部位（阴经行于内侧，阳经行于外侧）	
手	太阴肺经	阳明大肠经	上肢	前线
	厥阴心包经	少阳三焦经		中线
	少阴心经	太阳小肠经		后线
足	太阴脾经	阳明胃经	下肢	前线
	厥阴肝经	少阳胆经		中线
	少阴肾经	太阳膀胱经		后线

（二）十二经脉的走向和交接规律

1. 十二经脉的走向规律　手三阴经从胸部始，经上臂内侧肌肉走向手指端；手三阳经从手指端上行于头面部；足三阳经，从头面部下行，经躯干和下肢而止于足趾间；足三阴经，从足趾间上行而止于胸腹部。"手之三阴，从胸走手；手之三阳，从手走头；足之三阳，从头走足；足之三阴，从足走腹。"这是对十二经脉走向规律的高度概括。

2. 十二经脉的交接规律

（1）阴经与阳经在四肢部交接：如手太阴肺经在食指端与手阳明大肠经相交接；手少阴心经在小指端与手太阳小肠经相交接；手厥阴心包经由掌中至无名指端与手少阳三焦经相交接；足阳明胃经从跗（即足背部）上至大趾端与足太阴脾经相交接；足太阳膀胱经从足小趾斜走足心与足少阴肾经相交接；足少阳胆经从跗上分出，至足大趾端与足厥阴肝经相交接。

（2）同名的手足三阳经在头面部相交接：如手、足阳明经交接于鼻旁，手、足太阳经交接于目内眦，手、足少阳经交接于目外眦。

（3）阴经与阴经交接：阴经在胸腹相交接。如足太阴经与手少阴经交接于心中，足少阴经与手厥阴经交接于胸中，足厥阴经与手太阴经交接于肺中等。

走向与交接规律之间亦有密切联系，两者结合起来，则是：手三阴经，从胸走手，交手三阳经；手三阳经，从手走头，交足三阳经；足三阳经，从头走足，交足三阴经；足三阴经，从足走腹（胸），交手三阴经，构成一个"阴阳相贯，如环无端"的循行路径，这就是十二经脉的走向和交接规律。

（三）十二经脉的流注次序

经络是人体气血运行的通道，而十二经脉则为气血运行的主要通道。十二经脉的流注次序（图 1-2）为：自内从手太阴肺经开始，依次流至足厥阴肝经，再流至手太阴肺经。这样就构

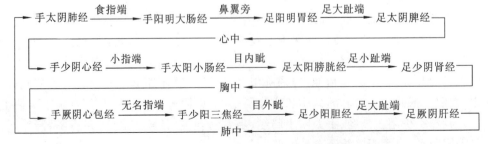

图 1-2　十二经脉的流注次序示意图

成了一个"阴阳相贯,如环无端"的十二经脉整体循行系统。

四、奇经八脉

(一) 奇经八脉的概念

奇经八脉是指十二经脉之外的八条经脉,包括任脉、督脉、冲脉、带脉、阴跷脉、阳跷脉、阴维脉、阳维脉。奇者,异也。因其有别于十二正经,故称"奇经"。

(二) 奇经八脉的生理功能

1. 进一步加强十二经脉之间的联系 如督脉能总督一身之阳经;任脉总任一身之阴经;冲脉能调节十二经脉气血;带脉约束纵行诸脉;二跷脉主宰一身左右的阴阳;二维脉维络一身表里的阴阳。即奇经八脉进一步加强了机体各部分的联系。

2. 调节十二经脉的气血 十二经脉气血有余时,则蓄藏于奇经八脉;十二经脉气血不足时,则由奇经溢出及时给予补充。

五、经络的生理功能

(一) 联系作用

人体是由五脏六腑、四肢百骸、五官九窍、皮肉脉筋骨等组成的,它们虽各有不同的生理功能,但又共同进行着有机的整体活动,使机体内外、上下保持协调统一,构成一个有机的整体。这种有机配合,相互联系,主要是依靠经络的沟通、联络作用实现的。经络系统在人体中纵横交错,沟通内外,联系上下,加强了人体脏与脏之间、脏与腑之间、脏腑与肢体和五官之间的联系,使人体成为一个有机的整体。

(二) 濡养作用

人体生命活动的物质基础是气血,其作用是濡润全身脏腑组织器官,使人体完成正常的生理功能。经络是人体气血运行的通道,可将营养物质输送到周身,发挥其营养脏腑组织器官、抵御外邪、保卫机体的作用。

(三) 感应作用

经络不仅有运行气血营养物质的功能,而且还有传导信息的作用。经络的这种感应传导作用,可以传递各种生命活动信息,沟通人体各部之间联系,引导气至病所,达到治疗作用。当肌表受到某种刺激时,刺激就沿着经脉传于体内有关脏腑,使该脏腑的功能发生变化,从而达到疏通气血和调整脏腑功能的目的。脏腑功能活动的变化也可通过经络而反映于体表。经络循行至机体每一个局部,从而使每一局部成为整体的缩影。针刺中的"得气"和"行气"现象,就是经络传导感应作用的表现。

(四) 调节作用

经络能运行气血和协调阴阳,使人体机能活动保持相对的平衡。当人体发生疾病时,出现气血不和及阴阳偏胜偏衰的症候,可运用针灸等治法以激发经络的调节作用,针刺有关经络的穴位,可对各脏腑起到调节作用,即原来亢进的可使之抑制,原来抑制的可使之兴奋,从而达到协调平衡。

六、经络学说的临床应用及在美容方面的应用

(一)阐释病理变化

由于经络是人体通内达外的一个通道,在生理功能失调时,其又是病邪传注的途径,具有反映病候的特点,故临床某些疾病的病理过程中,常常在经络循行通路上出现明显的压痛或结节状、条索状等反应物,相应的部位皮肤色泽、形态、温度等发生变化。通过望色、循经触摸反应物和按压等,可推断疾病的病理变化。

在正常生理情况下,经络有运行气血、感应传导的作用。所以在发生病变时,经络就可能成为传递病邪和反映病变的途径。经络是外邪从皮毛腠理内传于五脏六腑的传变途径。由于脏腑之间由经脉沟通联系,所以经络还可成为脏腑之间病变相互影响的途径。如足厥阴肝经挟胃、注肺中,所以肝病可犯胃、犯肺;足少阴肾经入肺、络心,所以肾虚水泛可凌心、射肺。至于相为表里的两经,更因络属于相同的脏腑,因而使相为表里的一脏一腑在病理上常相互影响,如心火可下移小肠;大肠实热,腑气不通,可使肺气不利而喘咳胸满等。

经络不仅是外邪由表入里和脏腑之间病变相互影响的途径。通过经络的传导,内脏的病变可以反映于外,表现于某些特定的部位或与其相应的官窍。如肝气郁结常见两胁、少腹胀痛,这就是因为足厥阴肝经抵小腹、布胁肋;真心痛,不仅表现为心前区疼痛,且常引及上肢内侧尺侧缘,这是因为手少阴心经行于上肢内侧后缘;其他如胃火炽盛见牙龈肿痛,肝火上炎见目赤等。

(二)指导疾病的诊断

由于经络有一定的循行部位及所络属的脏腑及组织器官,故根据体表相关部位发生的病理变化,可推断疾病的经脉和病位所在。临床上可根据疾病所出现的症状,结合经络循行的部位及所联系的脏腑,作为诊断疾病的依据。例如:头痛一证,痛在前额者,多与阳明经有关;痛在两侧者,多与少阳经有关;痛在后头部及项部者,多与太阳经有关;痛在巅顶者,多与厥阴经有关。

在临床实践中,还发现在经络循行的通路上,或在经气聚集的某些穴位处,有明显的压痛或有结节状、条索状的反应物,或局部皮肤的形态变化,也常有助于疾病的诊断。如肺脏有病时可在肺俞穴出现结节或中府穴有压痛,肠痈可在阑尾穴有压痛,长期消化不良的病人可在脾俞穴见到异常变化等。

(三)指导疾病的防治

由于经络内属脏腑,外络肢节,因而经络学说在临床上被广泛地用于指导临床各科的治疗。特别是对针灸、推拿和药物治疗,更具有重要指导意义。

针灸与推拿疗法,主要是根据某一经或某一脏腑的病变,而在病变的邻近部位或循行的远隔部位上取穴,通过针灸或推拿,以调整经络气血的功能活动,从而达到治疗的目的。而穴位的选取,就必须按经络学说进行辨证,断定疾病属于何经,根据经络的循行分布路线和联系范围来选穴,这就是"循经取穴"。

药物治疗也要以经络为渠道,通过经络的传导转输,才能使药到病所,发挥其治疗作用。在长期临床实践的基础上,根据某些药物对某一脏腑经络有特殊作用,确定了"药物归经"理论。如头痛用药,属太阳经的可选羌活,属阳明经的可选白芷,属少阳经的可选柴胡。

气血是人体生命的物质基础,必须依靠经络的传注,才能输布全身,以温养、濡润全身各

脏腑组织器官。因此气血借助经气的推动，上行到面部，面部得到濡养，才能红润而有光泽。如果经气运行不畅，气血运行失调，面部血供受阻，则致面部淡白无华，皮肤粗糙，形容枯槁，产生损容性皮肤病。通过对经络和经络上穴位的适当推拿、针灸等刺激，可促使经气旺盛，气血运行流畅，脏腑功能正常，面部则保持红润而有光泽，皮肤健康而充满活力，从而达到保健强身、美容驻颜的目的。

小结

经络是运行全身气血、联络脏腑肢节、沟通内外上下、调节人体功能的一种特殊的通路和网络系统。经脉可分为正经和奇经两类。正经有十二，即手足三阴经和手足三阳经，合称十二经脉，是气血运行的主要通道。奇经有八条，即督、任、冲、带、阴跷、阳跷、阴维、阳维脉，合称"奇经八脉"，有统率、联络和调节十二经脉的作用。十二经别，是从十二经脉别出的经脉，主要是加强十二经脉中相为表里的两经之间的联系。络脉是经脉的分支，有别络、浮络、孙络之分。由于经络内属脏腑，外络肢节，因而经络学说在临床上被广泛地用于指导疾病的诊断、治疗，具有重要指导意义。

第六节 病 因

凡是破坏人体相对平衡状态而引起疾病的原因就是病因。病因可分为外感病因、内伤病因、病理产物性病因以及其他病因四大类。

一、外感病因

外感病因，是指由外而入，或从肌表，或从口鼻侵入机体，引起外感疾病的致病因素。外感病因大致分为六淫和疠气两类。

1. 六淫 六淫是最常见的外感病因，即风、寒、暑、湿、燥、火六种外感病邪的统称。淫，有太过和浸淫之意。风、寒、暑、湿、燥、火，在正常的情况下称为"六气"，是自然界六种不同的气候变化。正常的六气不至于使人生病，只有气候异常急骤的变化或人体的抵抗力下降时，六气才能成为致病因素，侵犯人体发生疾病，这种情况下的六气就称为"六淫"。由于六淫是不正之气，所以又称"六邪"。

六淫致病，一般具有下列几个特点：①外感性：六淫致病，其发病途径多侵犯肌表，或从口鼻而入，故称之为"外感病"。②季节性：六淫致病多与季节气候有关，如春季多风病，夏季多暑病，长夏多湿病，秋季多燥病，冬季多寒病等。③地域性：六淫致病多与居住的地域、环境有关。如久居潮湿之地常有湿邪为病，高温环境作业又常有燥热或火邪为病等。④相兼性：六淫邪气既可单独侵袭人体，又可两三种同时侵犯人体而致病。如风寒感冒、湿热泄泻、风寒湿痹等。⑤转化性：六淫在发病过程中，在一定条件下其证候性质可发生转化。如寒邪入里可以化热，暑湿日久可以化燥伤阴等。

（1）风邪：四季皆有风，但春季多风，风为春季的主气。故风邪致病四季皆可发生，但春季多见。风邪为外感发病的一种极为重要的致病因素。

风邪的性质和致病特点：①风为阳邪，其性开泄。风邪善动不居，具有升发、向上、向外的特性,故属于阳邪。其性开泄,是指易使腠理疏泄张开。正因其能升发,并善于向上、向外,所以风邪侵袭常伤害人体的上部(头面)和肌表,使皮毛腠理开泄,常出现头痛、汗出、恶风等症状。②风性善行而数变。善行,是指风邪致病具有病位行无定处的特性。如风寒湿三气杂至而引起的"痹证",若见游走性关节疼痛,痛无定处,即属于风气偏盛的表现,故又称为"风痹"或"行痹"。数变,是指风邪致病具有变幻无常和发病迅速的特性。如风疹就有皮肤瘙痒发无定处、此起彼伏的特点。同时,由风邪为先导的外感疾病,一般发病多急,传变也较快。③风为百病之长。风邪为六淫病邪中主要的致病因素,是外邪致病的先导,其他病邪多依附于风而侵犯人体。如外感风寒、风热、风湿等。

(2)寒邪:寒为冬季的主气。

寒邪的性质及致病特点:①寒为阴邪,易伤阳气。寒为阴气盛的表现,其性属阴,故寒邪致病,最易损伤人体阳气。如寒邪袭表,卫阳被遏,可见恶寒;寒邪直中脾胃,脾阳受损,可见脘腹冷痛、呕吐、腹泻等症。②寒性凝滞。凝滞,即凝结阻滞之意。寒邪伤人可使人之经脉气血凝滞,运行不畅而出现种种疼痛。③寒性收引。收引,即收缩牵引之意。寒邪侵入人体,可使气机收敛,腠理、经络、筋脉收缩而挛急。如寒邪侵袭肌表,毛窍腠理闭塞,卫阳被郁,不得宣泄,可见恶寒、发热、无汗;寒客血脉,则气血凝滞,血脉挛缩,可见头身疼痛、脉紧;寒客经络关节,筋脉拘急收引,则见肢节屈伸不利、拘挛作痛。

(3)暑邪:暑为夏季的主气,乃火热所化。暑邪有明显的季节性,独见于夏季。

暑邪的性质及致病特点:①暑为阳邪,其性炎热。暑为夏季的火热之气所化,火热属阳,故暑为阳邪。暑邪伤人,多出现壮热、烦渴、面赤、脉洪等症。②暑性升散,伤津耗气。升散,即上升发散之意。暑邪伤人,易使腠理开泄而多汗。出汗过多则耗伤津液,津液亏损,即可出现口渴喜饮、尿赤短少等。在大量汗出的同时,往往气随津泄而致气虚,出现气短乏力,甚则突然昏倒、不省人事。③暑多挟湿。暑季多雨而潮湿,热蒸湿动,使空气的湿度增加,故暑邪为病,常兼挟湿邪以侵犯人体,在发热烦渴的同时,常兼见四肢困倦、胸闷呕恶、大便溏泻不爽等症。

(4)湿邪:湿为长夏的主气,夏秋之交,为一年中湿气最盛的季节。

湿邪的性质及致病特点:①湿为阴邪,易伤阳气,阻遏气机。湿性重浊,其性类水,故为阴邪。其侵犯人体,最易损伤阳气。湿邪困脾,脾阳不振,运化无权,水湿停聚,发为泄泻、尿少、水肿等症。湿邪侵及人体,留滞于脏腑经络,最易阻遏气机,使其升降失常,经络阻滞不畅,出现胸闷脘痞、小便短涩、大便不爽等症。②湿性重浊趋下。重,即沉重或重着之意。常指湿邪为病,多见头身困重、四肢酸懒沉重等症状。浊,即秽浊,多指分泌物或排泄物秽浊不清而言。如面垢眵多、大便溏泻、小便混浊、妇女白带过多、湿疹流水等症。趋下,是指湿邪为病,其症状多见于下部,如带下、淋浊、泻痢等症。③湿性黏滞。黏,即黏腻;滞,即停滞。湿性黏滞主要表现在两方面:一是湿病症状多黏腻不爽,如分泌物及排泄物多滞涩而不畅;二是湿邪为病多缠绵难愈,病程较长或反复发作,如湿痹、湿疹、湿温病等。

(5)燥邪:燥为秋季的主气。此时气候干燥,水分匮乏,故多燥病。

燥邪的性质及致病特点:①燥为阳邪,其性干涩,易伤津液。燥邪为干涩之病邪,故外感燥邪最易耗伤人体的津液,造成阴津亏虚的病变,而出现种种津亏干涩的症状和体征,如口鼻干燥、咽干口渴、皮肤干涩甚则皲裂、毛发不荣、小便短少、大便干结等症。②燥易伤肺。肺为娇脏,喜润而恶燥。肺主气、司呼吸,外合皮毛,开窍于鼻,故燥邪伤人,多从口鼻而入,伤及肺津,影响肺的宣发、肃降功能,出现干咳少痰,或痰液较黏难咳,或痰中带血以及喘息胸痛等症。

（6）火邪：火热为阳盛所生，故火热常可并称。但火与热，同中有异，热为温之渐，火为热之极。

火邪的性质及致病特点：①火为阳邪，其性炎热。阳主躁动而向上，火热之性，燔灼焚焰，升腾上炎，故属于阳邪。因此，火热伤人，多见高热、烦渴、汗出、脉洪数等症。②火性炎上。火邪致病，证候多表现在人体的上部，如头面部位。如火热阳邪常可上炎扰乱神明，出现心烦失眠、狂躁妄动、神昏谵语等症。若心火上炎，则见舌尖红、口舌生疮；胃火炽盛，可见齿龈肿痛；肝火上炎，常见目赤肿痛。③火易伤津耗气。火邪为患，最易迫津外泄，消灼津液，耗伤阴津，故常兼有口渴喜饮、咽干舌燥、小便短赤、大便秘结等津伤症状。火邪最能损伤人体的正气，故火邪致病，还可兼见少气懒言、肢倦乏力等气衰之症。④火易生风动血。火热之邪侵袭人体，往往灼伤肝经，劫耗阴液"热极生风"，表现为高热、神昏谵语、四肢抽搐、目睛上视、项背强直、角弓反张等。同时，火热之邪，可以加速血行，灼伤脉络，甚则迫血妄行，而致各种出血，如吐血、衄血、便血、尿血、皮肤发斑及妇女月经过多、崩漏等。⑤火易致肿疡。火热之邪入于血分，可聚于局部，腐蚀血肉，发为痈肿疮疡，表现为红肿热痛，甚则化脓溃烂。

2. 疠气 疠气是一类具有强烈传染性的外邪。在中医文献记载中，又有"瘟疫""疫毒""戾气""异气""毒气""乖戾之气"等名称。

疠气致病具有发病急骤、病情较重、症状相似、传染性强、易于流行等特点。疠气病邪可通过空气或接触感染，多从口鼻侵入人体。

疠气致病既可散在发生，也可形成瘟疫流行。如大头瘟、疫痢、白喉、烂喉丹痧、天花、霍乱、鼠疫等，这些实际包括了现代医学中的许多传染病。

疠气的发生与流行多与下列因素有关：①气候因素。自然气候的反常变化，如久旱、洪涝、酷热、湿雾瘴气以及地震等自然灾害之后。②环境与饮食。如空气、水源或食物受到污染。③社会因素。战乱、贫穷落后、社会动荡及不良卫生习惯，现代战争中的细菌战，均可导致疠气流行。④没有及时做好预防隔离工作。

二、内伤病因

1. 七情 七情即喜、怒、忧、思、悲、恐、惊七种情志变化，是机体的精神情绪状态。七情是人体对客观事物的不同反映，在正常情况下，一般不会使人致病。只有突然、强烈或长期持久的情志刺激，超过了人体的生理活动调适范围，使人体气机紊乱，脏腑阴阳气血失调，才会导致疾病的发生，由于它是造成内伤病的主要致病因素之一，故又称"内伤七情"。七情的致病特点为七情致病直接影响相应的内脏，使脏腑气机逆乱，气血失调，导致各种病变的发生。

（1）直接伤及内脏：怒伤肝，喜伤心，思伤脾，忧伤肺，恐伤肾。由于心主神志，为五脏六腑之大主，心神受损可涉及其他脏腑。心主血藏神，肝主疏泄藏血，脾主运化而位于中焦，是气机升降的枢纽，又为气血生化之源。故情志所伤的病证，以心、肝、脾三脏和气血失调为多见。如思虑劳神过度，常损伤心脾，导致心脾气血两虚，出现神志异常和脾失健运等证；郁怒伤肝，怒则气上，血随气逆，可出现肝经气郁的两胁胀痛、善太息等症，或气滞血瘀，出现胁痛、妇女痛经、闭经，或癥瘕等症。此外，情志内伤还常会化火，即"五志化火"，而致阴虚火旺等或导致湿、食、痰诸郁为病。

（2）影响脏腑气机：由于导致各种情志变化的刺激因素不同，脏腑气机的变化也不一样，常表现为与各种情志相关的特殊的气机变化,即"怒则气上,喜则气缓,悲则气消,恐则气下,惊则气乱,思则气结"。

怒则气上,是指过度愤怒可使肝气上冲,血随气逆。临床可见气逆,面红目赤,或呕血,甚则昏厥。

喜则气缓,包括缓和紧张情绪和心气涣散两个方面。在正常情况下,喜能缓和精神紧张,使营卫通利,心情舒畅。但暴喜过度,又可使心气涣散,神不守舍,出现精神不集中,甚则失神狂乱等症状。

悲(忧)则气消,是指过度悲忧,使肺气抑郁耗伤,可见意志消沉、精神萎靡、少气乏力等症状。

恐则气下,是指恐惧过度,使肾气失于固摄,气泄而下。临床可见大小便失禁,或因恐惧不解则伤精,而发生遗精等症。

惊则气乱,是指突然受惊,以致心无所倚、神无所归、虑无所定、惊慌失措。

思则气结,是指思虑劳神过度,伤神损脾导致气机郁结。思虑过度不但耗伤心神,也会影响脾气。阴血暗耗,心神失养则心悸、健忘、失眠、多梦;气机郁结阻滞,脾失运化,胃的受纳腐熟失职,便会出现纳呆、脘腹胀满、便溏等症。

情志异常波动,可使病情加重,或迅速恶化。在许多疾病的过程中,病情常因较剧烈的情志波动而加重,或急剧恶化。如有眩晕病史的病人,若遇事恼怒,肝阳上亢,血压可迅速升高,发生头晕目眩,甚则突然昏厥,或昏仆不语、半身不遂、口眼㖞斜,也常因情志波动使病情加重或迅速恶化。

2. 饮食失宜 饮食物主要靠脾胃消化,故饮食不节主要伤及脾胃,而使脾胃功能失职,升降失常,并可聚湿、生痰、化热或变生他病。饥饱失宜、饮食不洁及饮食偏嗜,是导致疾病发生的重要原因。

(1)饥饱失宜:饮食以适量为宜,过饥、过饱均可发生疾病。过饥即摄食不足,气血生化之源匮乏,气血得不到足够的补充,久则气血衰少而为病。同时,气血衰少则正气虚弱,抵抗力降低,易于感受外邪,继发其他病证。过饱即饮食摄入过量,超过了脾胃的消化、吸收和运化能力,可导致饮食积滞,脾胃受伤,出现脘腹胀满、嗳腐泛酸、厌食呕吐、泻下臭秽等症。

(2)饮食不洁:进食不洁的食物,可引起多种胃肠道疾病,出现腹痛、吐泻、痢疾等。或引起寄生虫病,如蛔虫、蛲虫、寸白虫等,临床见腹痛、嗜食异物、面黄肌瘦等症。若蛔虫窜入胆道,还可出现上腹部剧痛,时发时止,四肢厥冷,甚或吐蛔的蛔厥证。若进食腐败变质的有毒食物,常出现剧烈腹痛、吐泻等中毒症状,重者可出现昏迷或死亡。

(3)饮食偏嗜:饮食要适当调节,才能起到全面营养人体的作用。若任其偏嗜,则易引起部分营养物质缺乏或机体阴阳的偏盛偏衰,从而发生疾病,如佝偻病、夜盲症等就是某些营养物质缺乏的表现。过食生冷,则易损伤脾阳,寒湿内生,发生腹痛、泄泻等症。过食肥甘厚味,或嗜酒无度,以致湿热痰浊内生,气血壅滞,常可发生痔疮下血,以及痈疮等。

3. 劳逸失度 劳逸,包括过度劳累和过度安逸。正常的劳动和体育锻炼,有利于气血流通,增强体质;必要的休息可以消除疲劳,恢复体力和脑力,不会使人发生疾病。只有比较长时间的过度劳累,或过度安逸,劳逸失常才作为致病因素而使人发病。

(1)过劳:指过度劳累。包括劳力过度、劳神过度和房劳过度。

①劳力过度:指较长时间的体力劳动过度而积劳成疾。劳力过度则伤气,久则气少力衰。表现为四肢困倦、懒于言语、少气乏力、精神疲惫,动则气喘、汗出等症。

②劳神过度：是指脑力劳动过度，思虑太过，劳伤心脾而言。劳神过度，耗伤心血，损伤脾气，可出现心神失养的心悸、健忘、失眠、多梦及脾不健运的纳呆、腹胀、便溏等症。

③房劳过度：是指性生活不节，房事过度而言。房事过频则肾精耗伤，出现腰膝酸软、眩晕耳鸣、精神萎靡，或男子遗精、滑泄、阳痿，女子月经不调、带下等病证。

（2）过逸：是指过度安逸，不参加劳动，又缺乏运动。人体每天需要适当的活动，气血才能流畅。若长期不劳动，缺乏锻炼，可使气血不畅，脾胃呆滞，表现为精神不振、肢体软弱、食少乏力，动则心悸、气喘、汗出，或发胖臃肿，抗病能力低下，易受外邪侵袭。

三、病理产物性病因

痰饮、瘀血等都是在疾病过程中所形成的病理产物。这些病理产物形成后，又会直接或间接作用于人体某一脏腑组织，发生多种病证，故痰饮、瘀血等又属致病因素之一。

1. 痰饮

（1）痰饮的含义：痰和饮都是水液代谢障碍所形成的病理产物。一般以较稠浊的称为痰，较清稀的称为饮。痰不仅是指咯吐出来的有形可见的痰液，还包括瘰疬、痰核和停滞在脏腑经络等组织中而不能排出的痰浊，临床上可通过其所表现的证候来确定，这种痰称为"无形之痰"。饮即水液停留于人体局部者，因其所停的部位和症状不同而有不同的名称。有"痰饮""悬饮""溢饮""支饮"的区分。

（2）痰饮的形成：痰饮多由外感六淫，或饮食及七情内伤等，使肺、脾、肾及三焦等脏腑气化功能失常，水液代谢障碍，以致水津停滞而成。水湿内停，受阳气煎熬则为痰，得阴气凝聚则为饮。痰饮形成后，饮多留积于肠胃、胸胁及肌肤，而痰则随气升降流通运行，内而脏腑，外至筋骨皮肉，形成多种病证。

（3）痰饮的致病特点有如下方面。①阻滞气血运行：痰饮为有形之邪，若阻滞于经络，可致气血运行失畅；若停滞于脏腑，可使脏腑气机升降失常。②影响水液代谢：痰饮停滞于脏腑，可影响脏腑气机，导致脏腑功能失调，气化不利，水液代谢障碍。③易蒙蔽心神：心神以清明为要。痰饮为浊物，随气上逆，易蒙蔽清窍，扰乱心神。④致病广泛，变幻多端：痰饮可随气流通运行，内至脏腑，外至肌肤，产生各种不同的病变。

2. 瘀血

（1）瘀血的含义：瘀血，指体内有血液停滞，包括溢出脉外尚未消散之血，或血行不畅所致的瘀滞之血。瘀血是在疾病过程中形成的病理产物，又是某些疾病的致病因素。

（2）瘀血的形成：一是由于气虚、气滞、血寒、血热等原因，使血行不畅所致。气为血之帅，气虚或气滞，不能推动血液的正常运行；或寒邪客于血脉，使经脉挛缩拘急，血液凝滞不畅；或热入营血，血热搏结等，均可形成瘀血。二是因内外伤、气虚失摄或血热妄行等原因造成离经之血，未能及时消散而停留体内，形成瘀血。

（3）瘀血的致病特点有如下方面。①阻碍气血运行：血能载气，瘀血形成后，必定导致气机失畅；气能行血，气机失畅，进而引起血行不畅。②影响新血生成：瘀血内阻，气血运行失畅，脏腑失于濡养，功能失常，可影响新血的生成。③病位固定，病证繁多：瘀血常停留在人体某一部位，不易及时消散，表现出病位相对固定的特征，如疼痛、肿块、出血等。

四、其他病因

导致疾病发生的原因，除外感病因、内伤病因和病理产物之外，还有胎传、寄生虫、外伤等。

1. 胎传　胎传是指在胎儿发育过程中形成或由父母遗传给胎儿,导致出生后发病的因素,又可称先天性病因。

胎传可由于父母精气不足,或在母亲妊娠之时,因情志、饮食、起居调摄失常,影响胎儿的正常生长发育,导致出生以后发生的各种疾病。常见有五软(头项软、口软、手软、足软、肌肉软),五迟(立迟、行迟、齿迟、发迟、语迟),解颅(囟门迟闭),胎儿抽搐,胎寒,胎热等。

2. 寄生虫　进食被寄生虫卵污染的食物,或接触疫水、疫土等,寄生虫(或卵)侵入人体,内聚寄生于脏腑,即可导致多种疾病发生,因此寄生虫也可归属于病因范围。常见的寄生虫有蛔虫、钩虫、蛲虫、绦虫、血吸虫等。

3. 外伤　外伤指金创伤、烧烫伤、冻伤、雷电击伤、溺水、虫兽伤等直接侵害人体的损伤。

(1) 金创伤:包括枪弹伤、金刃伤、跌打损伤、持重努伤、压轧撞击伤等。这些外伤,均能直接损伤人体的皮肤、肌肉、筋脉、骨骼以及内脏。

(2) 烧烫伤:主要由高温物品、火焰、火器所引起的灼伤。烧烫伤属火毒致病,机体受到火毒伤害,受伤部位立即可以出现水疱、皮焦、疼痛等症状。

(3) 冻伤:是指人体遭受低温侵袭引起的全身性或局部性损伤。一般来说,温度越低,冻伤时间越长,则冻伤程度越重。冻伤可分全身和局部两种,局部冻伤多发生在手、足、耳廓、鼻尖和面颊部位。

(4) 雷电击伤:是指雷电对人体造成的伤害。

(5) 溺水:由于各种原因沉溺水中,可导致人体窒息,甚则死亡。

(6) 虫兽伤:包括毒蛇、猛兽、疯狗咬伤,或蝎、蜂蜇伤等。机体被虫兽所伤,轻则损伤皮肉,重则损伤内脏,或导致死亡。

小结

人体各脏腑组织之间,以及人体与外界环境之间,在不断地产生矛盾而又解决矛盾的过程中,既对立又统一。维持着相对的动态平衡,从而保持着人体正常的生理活动。当这种动态平衡因某些原因而遭到破坏,又不能立即自行调节恢复时,人体就会发生疾病。破坏人体相对平衡状态而引起疾病的原因就是病因。

第七节　病　机

病机,是疾病发生、发展与变化的机制。病机包括发病原理、发病类型和基本病机三个方面。

一、发病原理

在正常的情况下,人体脏腑经络的生理功能正常,气血阴阳协调平衡,即所谓"阴阳平衡"。在致病因素的作用下,人体的脏腑、经络的生理功能失常,气血阴阳协调平衡关系被破坏,导致"阴阳失调",出现种种临床症状,也就导致了疾病的发生。

1. 疾病的发生关系到正气和邪气两个方面　正气,是指人体的机能活动(包括脏腑、经络、气血等功能)和抗病、康复能力,简称为"正"。邪气,泛指各种致病因素,简称为"邪"。疾病的发生与变化,就是在一定条件下邪正斗争的反映。

(1) 正气不足是疾病发生的内在根据:中医发病学很重视人体的正气。在一般情况下,人体的正气旺盛,气血充盈,卫外固密,邪气就不易侵入,人体就不会得病。只有人体的正气相对虚弱,卫外不固,抗邪无力,邪气才会乘虚而侵犯人体,发生疾病。体质强壮,则脏腑机能活动旺盛;体质虚弱,则脏腑机能活动减退,精、气、血、津液不足,其正气虚弱。情志舒畅,精神愉快,则气机畅通,气血调和,脏腑功能协调,正气旺盛;若情志不畅,精神抑郁,则使气机逆乱,阴阳气血失调,脏腑功能失常,正气减弱。

(2) 邪气是发病的重要条件:邪气是发病条件,在一定的条件下,甚至起着主导作用,例如疠气、外伤致病就是如此。所以《素问遗篇·刺法论》在谈到预防各种传染病时,就提出了不仅要保持机体正气的旺盛,还要做好"避其毒气"的预防工作。

2. 邪正斗争的胜负决定发病与否 邪正斗争不仅关系着疾病的发生,而且影响疾病的发展与转归。

(1) 正能胜邪则不发病:在邪正斗争过程中,若正气强盛,抗邪有力,则病邪难以侵入,或侵入后即被正气及时消除,就不会发生疾病。如自然界中经常存在着各种各样的致病因素,但并不是所有接触的人都会发病,此即正能胜邪的结果。

(2) 邪胜正负则发病:在正邪斗争过程中,若邪气偏胜,正气相对不足,邪胜正负,使脏腑阴阳气血失调,气机逆乱,而导致疾病的发生。正气强,邪正斗争剧烈,多表现为实证;正气虚,抗邪无力,多表现为虚证,或虚实错杂证。

二、发病类型

由于致病邪气的性质、感邪的轻重和致病途径等不同,以及人体体质和正气强弱的差异,因此发病类型上各不一样,主要有感而即发、徐发、伏而后发、继发、复发等发病类型。

1. 感而即发 感而即发,又称"猝发"或"顿发",是指机体感邪后立即发病。多见于以下几种情况:一是新感外邪,外感六淫病邪致病,大多是感而即发的外感病;二是疫疠邪气致病,某些疫疠邪气,其致病性和传染性强,病多猝发,而且所致病情也较危重;三是情志骤变,如暴怒、大悲等剧烈的情志波动,可致气血逆乱而猝发病变;四是中毒,如误食误服有毒的食品、药物或吸入秽毒之气,或毒虫、毒蛇咬伤,可迅速引起中毒反应而发病,甚者致人死亡;五是急性外伤,如金刃、枪弹、坠落、跌打、烧烫伤、冻伤、电击等,均直接迅速致病。

2. 徐发 徐发,又称缓发,指徐缓发病。徐发是与感而即发相对而言的。如外感病中的湿邪致病,因湿性黏滞,故湿邪为病,多发病缓,病程长。某些年高体弱之人,正气较虚,虽感外邪,但由于机体反应能力低下,常可徐缓发病。思虑过度、忧愁不释、房事不节、嗜酒成癖、嗜食膏粱厚味等致病,往往是积时日久,经渐进性病理变化过程,方可表现出明显的病变特征。

3. 伏而后发 伏而后发,又称伏邪发病,是指机体感受某些病邪后,病邪潜伏于体内某些部位,经过一段时间之后,在一定的诱因作用下发病,如破伤风、狂犬病、艾滋病及中医"伏气温病"等。

4. 继发 继发是指在原有疾病的基础上继发新的病变。继发病变必然以原发病为前提,两者之间有着密切的病理联系。如肝病胁痛、黄疸,若失治或久治不愈,日久可继发"癥积""臌胀";疟疾反复发作,日久可继发"疟母"(脾脏肿大);小儿脾胃虚弱,消化不良或虫积日久,则可继发"疳积"病等。

5. 复发 疾病的复发是指原病再度发作或反复发作。这是一种特殊的发病形式,也是一定条件下邪正斗争的反映。任何疾病的复发,应是原有疾病的基本病理变化和主要病理特征的重现。疾病的复发,大多较原病有所加重,且复发次数越多,病情越复杂。复发大都与一定的诱发因素有关,如进食过多,或进食不易消化的食物,既不利于正气恢复,又可因宿食、酒热等而助余邪之势,以致疾病复发。过早操劳,动形耗气;或房事不节,精气更伤;或劳神思虑,损及气血,均可致阴阳不和,气血失调,正气损伤,使余邪再度猖獗而疾病复发。病后药物调理不当,或滥施补药,或补之过早、过急,则易导致邪留不去,引起疾病复发。疾病将愈而未愈之际,复感外邪。疾病的复发还与精神因素、地域环境、护理不当等有关。

三、基本病机

1. 邪正盛衰 正气与病邪的斗争不仅关系着疾病的发生,而且影响着疾病的发展与转归,同时还直接影响着疾病的虚实变化。因此,从某种意义上来说,许多疾病的过程,也就是正邪斗争,邪正盛衰的过程。

(1) 正邪斗争与虚实变化:正邪双方在斗争过程中是互为消长的。一般来说,正气增长则邪气消退,而邪气增长则正气消减。随着邪正的消长,患病机体就反映出虚实两种不同的病机与证候,如《素问·通评虚实论》曰:邪气盛则实,精气夺则虚。

实主要指邪气亢盛,是以邪气盛为矛盾主要方面的一种病理反映。其病理特点是:邪气亢盛而正气未衰,正气足以与邪气抗争,故正邪斗争激烈,临床表现为反应剧烈的实证。

虚主要指正气不足,是以正气虚为矛盾主要方面的一种病理反映。其病理特点是:正气已虚,无力与邪气抗争,病理反应不剧烈,临床可出现一系列虚弱、不足的症候。

正邪的斗争消长,不仅决定着虚或实的病理变化,而且在某些长期的、复杂的疾病中,由于病邪久留,损伤正气,或正气本虚,无力祛邪而致痰、食、血凝结阻滞而成虚实错杂的病变,以致实邪结聚,阻滞经络,气血不能畅达,或脏腑气血不足,运化无力而致的真实假虚、真虚假实的病变,也是临床常见的。

(2) 邪正盛衰与疾病转归:在疾病过程中,正气与邪气不断进行斗争的结果或为正胜邪退,疾病趋于好转而痊愈,或为邪胜正衰,疾病趋于恶化甚或死亡。若正邪斗争势均力敌,任何一方都不能即刻取得胜利,便会在一定的时间内出现正邪相持。

2. 阴阳失调 阴阳失调,是指机体在病因的作用下,所发生的阴阳双方失去相对平衡,从而形成阴阳偏胜、阴阳偏衰、阴阳互损、阴阳格拒以及阴阳亡失等病理状态。

(1) 阴阳偏胜:阴或阳的偏胜,主要是指"邪气盛则实"的实证。病邪侵入人体,必从其类,即阳邪侵入人体,可导致阳偏胜;阴邪侵入人体,会导致阴偏胜。

阳偏胜是指机体在疾病过程中,所出现的阳气偏胜、机能亢奋、热量过剩的病理状态。其病机特点多表现为阳盛而阴未虚的实热证。阳偏胜形成的主要原因,多由于感受温热阳邪,或虽感受阴邪,但从阳化热;也可由于情志内伤,五志过极化火;或因气滞、血瘀、食积等郁而化热所致。阳偏胜,表现为壮热、面红、目赤、烦躁不安、舌红、苔黄燥,或腹部胀满、腹痛拒按、潮热、谵语等实热证。由于阳胜则阴病,故阳偏胜还可兼见口渴、喜冷饮、大便秘结、小便短少等阴伤症状。

阴偏胜是指机体在疾病过程中,所出现的阴气偏胜、机能障碍或减退、产热不足,以及病理性代谢产物积聚的病理状态。其病机特点多表现为阴盛而阳未虚的实寒证。阴偏胜多由感受寒湿阴邪,或过食生冷,寒滞中阻,阳不制阴而致阴寒内盛。阴偏胜多表现为形寒、肢冷、舌淡、脘腹冷痛拒按、大便溏泻等实寒证。由于阴胜则阳病,故阴偏胜还可兼见畏寒、神疲倦卧等阳虚症状。

（2）阴阳偏衰：阴或阳的偏衰,是指"精气夺则虚"的虚证。由于某些原因,出现阴或阳的某一方面物质减少或功能减退时,必然不能制约对方而引起对方的相对亢奋,形成阳虚则阴盛、阳虚则寒(虚寒),阴虚则阳盛、阴虚则热(虚热)的病理现象。

阳偏衰是指机体在疾病过程中所出现的阳气虚损、机能减退或衰弱,温煦不足的病理状态。其病机特点多表现为机体阳气不足,阳不制阴,阴相对亢盛的虚寒证。阳虚则寒,故临床多表现为畏寒肢冷、神疲倦卧、腹痛喜温喜按、大便稀溏、小便清长、脉迟无力等虚寒症状。

阴偏衰是指机体在疾病过程中所出现的精、血、津液等物质亏耗,以及阴不制阳,导致阳相对亢盛,机能虚性兴奋的病理状态。其病机特点多表现为阴液不足,滋养、宁静和制约阳热的功能减退,阳气相对偏盛的虚热证。临床表现为五心烦热、骨蒸潮热、消瘦、盗汗、咽干口燥、舌红少苔、脉细数无力等虚热症状。

（3）阴阳互损：指在阴或阳任何一方虚损的前提下,病变发展影响到相对的另一方,形成阴阳两虚的病理状态。

阴损及阳是指由于阴液亏损,累及阳气生化不足或无所依附而耗散,从而在阴虚的基础上又导致的阳虚,形成了以阴虚为主的阴阳两虚病理状态。如肾阴不足,出现头晕目眩、腰膝酸软,一旦累及肾阳的化生,会同时兼见阳痿、肢冷等肾阳虚的症状,转化为阴损及阳的阴阳两虚证。

阳损及阴是指由于阳气虚损,累及阴液的生化不足,从而在阳虚的基础上又导致的阴虚,形成了以阳虚为主的阴阳两虚的病理状态。如阳虚水泛的水肿,一旦累及阴精的生成,可同时兼见消瘦、心烦,甚则癥瘕等阴虚症状,转化为阳损及阴的阴阳两虚证。

（4）阴阳格拒：为阴阳失调中比较特殊的一类病机,包括阴盛格阳和阳盛格阴两方面。形成阴阳格拒的机制,主要是由于某些原因引起阴或阳的一方偏盛至极,因而壅遏于内,将另一方排斥格拒于外,使阴阳之间不相维系,出现真寒假热或真热假寒等复杂的病理现象。

阴盛格阳是指阴寒之邪壅盛于内,逼迫阳气浮越于外,使阴阳之气不相顺接,相互格拒的一种病理状态。阴寒内盛是疾病的本质,但由于格阳于外,在临床上会出现面红、烦热、口渴、脉大等假热之象,故称之为真寒假热证。

阳盛格阴是指阳热内盛,深伏于里,阳气被遏,郁闭于内,不能外达于肢体而格阴于外的一种病理状态。阳热内盛是疾病的本质,但由于格阴于外,在临床上会出现四肢厥冷、脉象沉伏等假寒之象,故称之为真热假寒证。

（5）阴阳亡失：阴阳亡失包括亡阴和亡阳两大类,是指机体阴液或阳气突然大量地亡失,导致生命垂危的病理状态。

亡阳是指机体的阳气发生突然性脱失,而致全身机能突然衰竭的病理状态。亡阳多由于邪盛,正不敌邪,阳气突然脱失所致；或素体阳虚,正气不足,疲劳过度,耗气过甚；或误用、过用汗、吐、下法,阳随津泄；或慢性消耗性疾病而致亡阳等,使虚阳外越所致,临床表现为大汗淋漓、肌肤手足逆冷、倦卧、神疲、脉微欲绝等危重症候。

亡阴是指由于机体阴液发生突然性大量消耗或丢失,而致全身机能严重衰竭的病理状态。亡阴多由于热邪炽盛,或邪热久留,煎灼阴液所致。也可由于其他因素大量耗损阴液而致亡阴,临床表现为喘渴烦躁、手足虽温而汗多欲脱的危重症候。

亡阴、亡阳虽病机不同,表现各异,但由于阴阳互根互用,阴亡,则阳无所依附而耗散;阳亡,则阴无以化生而耗竭。故亡阴可迅速导致亡阳,亡阳亦可继而出现亡阴,最终导致"阴阳离决"而死亡。

3. 气血失常 气血失常是指在疾病过程中,由于正邪斗争的盛衰,或脏腑功能的失调,导致气或血的不足、运行失常和各自生理功能及其相互关系的失常而产生的病理状态。

(1) 气的失常:是指气的生化不足或耗散过多而致气的不足,或气的功能减退,以及气机失调的病理状态。

①气虚:是指在疾病过程中,气的生化不足或耗散太过而致气的亏损,从而使脏腑组织功能活动减退、抗病能力下降的病理状态。气虚的形成多因先天禀赋不足,元气衰少;或后天失养,生化不足;或久病劳损,耗气过多;或肺、脾、肾等脏腑的功能失调,以致气的生成减少。由于气具有推动、固摄、气化等作用,所以气虚的病变,常表现为推动无力,固摄失职,气化不足等异常改变,如精神疲乏、全身乏力、自汗及易于感冒等。气虚的进一步发展,还可导致精、血、津液的生成不足,运行迟缓,或失于固摄而流失等。

②气机失调:是指在疾病过程中,由于致病邪气的干扰,或脏腑功能失调,导致气的升、降、出、入运动失常所引起的病理变化。可概括为气滞、气逆、气陷、气闭、气脱五个方面。

气滞是指气运行不畅而郁滞的病理状态。主要是由于情志郁结不舒,或痰湿、食积、瘀血等有形实邪阻滞,或因外邪困阻气机,或因脏腑功能障碍,影响气的正常流通,引起局部或全身的气机不畅或阻滞所致。闷、胀、痛是气滞病变最常见的临床表现。

气逆是指气的升降运动失常,升之太过,降之不及,以致气逆于上的病理状态。多由情志所伤,或因饮食寒温不适,或因外邪侵犯,或因痰浊壅滞所致。气逆病变以肺、胃、肝等脏腑最为多见,如外邪犯肺,或痰浊阻肺,可致肺失肃降而气机上逆,出现气喘、短息等症;饮食寒温不适,或饮食积滞不化,可致胃失和降而气机上逆,出现恶心、呕吐、嗳气、呃逆等症;情志所伤,怒则气上,或肝郁化火,可致肝气升动太过,气血冲逆于上,出现面红目赤、头胀头痛、急躁易怒,甚至吐血、昏厥等病症。

气陷是在气虚的基础上表现以气的升举无力为主要特征的病理状态,也属于气的升降失常。由于脾胃居于中焦,为气血生化之源,脾气主升,胃气主降,为全身气机升降之枢纽,所以气陷病变与脾胃气虚关系密切,通常称气陷为"中气下陷"或"脾气下陷"。因脾气亏虚,升清不足,无力将水谷精气充分上输至头目等,则上气不足,头目失养,常表现为头晕眼花、耳鸣耳聋等。由于脾虚升举无力,则气陷不举,常表现有小腹坠胀、便意频频,或见脱肛、子宫脱垂、胃下垂等病变。

气闭是气机郁闭,外出受阻,出现突然闭厥的病理状态。多因情绪过极,肝失疏泄,阳气内郁,不得外达,气郁心胸;或外邪闭郁,痰浊壅滞,肺气闭塞,气道不通等所致。气闭病变大多病情较急,常表现为突然昏厥、不省人事、四肢欠温、呼吸困难、面唇青紫等。

气脱是气虚之极而有脱失消亡之危,主要是正不敌邪,或正气持续衰弱,气虚至极,气失内守而外脱,出现全身性功能衰竭的病理状态。气脱是各种虚脱性病变的主要病机。多因疾病过程中邪气亢盛,正不敌邪;或慢性疾病,长期消耗,气虚至极;或大汗出、大出血、气随津血脱失所致。多表现为面色苍白、汗出不止、口开目闭、全身软瘫、手撒、大小便失禁等危重征象。

(2) 血的失常:血的失常是指血的生化不足或耗伤太过而致血虚,或血的濡养功能减退,以及血的运行失常的病理状态。

①血虚：是指血液不足，或血的功能减退的病理状态。由于心主血，肝藏血，故血虚的病变以心、肝两脏最为多见。其原因，一是大出血等导致失血过多，新血未能及时生成补充；二是化源不足，如脾胃虚弱，运化无力，血液生化减少，或肾精亏损，精髓不充，精不化血等；三是久病不愈，日渐消耗营血等。血虚时，血脉空虚，濡养作用减退，就会出现全身或局部的失荣失养，功能活动逐渐衰退，神志活动衰惫等一派虚弱表现，如面色、唇色、爪甲淡白无华，头晕健忘，神疲乏力，形体消瘦，心悸，失眠，手足麻木，两目干涩，视物昏花等。

②血瘀：是指血液运行迟缓或运行不畅的病理状态。常见的有气滞而血行受阻；气虚而推动无力，血行迟缓；寒邪入血，血寒而凝滞不通；邪热入血，煎熬津血，血液黏稠而不行；痰浊等阻闭脉络，气血瘀阻不通，以及"久病入络"等，影响血液正常运行而瘀滞。血瘀既可见于某一局部，又可见于全身。血液瘀滞于脏腑、经络等某一局部，不通则痛，可出现局部疼痛，固定不移，甚至形成癥积肿块等。如果全身血行不畅，则可出现面、唇、舌、爪甲、皮肤青紫色暗等症。

③出血：是指在疾病过程中，血液运行不循常道，溢出脉外的病理变化。其常见病因有外感阳热邪气入血，迫使血液妄行和损伤脉络；气虚固摄无力，血液不循常道而外溢；各种外伤，破损脉络；脏腑阳气亢奋，气血冲逆；或痰血阻滞，以致脉络破损等。出血，主要有吐血、咳血、便血、尿血、月经过多，以及鼻衄、齿衄、肌衄等。

（3）气血关系失调：气血关系失调是指气与血相互依存、相互为用的关系被破坏，而产生的病理状态。

①气滞血瘀：是指气滞和血瘀同时存在的病理状态。气的运行阻滞，可以导致血液运行的障碍，而血液瘀滞又必将进一步加重气滞。由于肝主疏泄而藏血，肝的疏泄在气机调畅中起着关键性作用，关系到全身气血的运行，因而气滞血瘀多与肝的功能密切相关。由于心主行血，肺朝百脉，主司全身之气，所以心、肺两脏的功能失调也可形成气滞血瘀病变。

②气不摄血：是指因气的不足，固摄血液的功能减弱，血不循经，溢出脉外，导致各种出血的病理状态。其病变多与脾气亏虚有关。由于脾主统血，若脾气亏虚，统血无力，则易致血不循常道而外溢，甚至中气不举，血随气陷于下。

③气虚血瘀：是指气虚无力推动血行，致使血液瘀滞的病理状态。

④气血两虚：是气虚与血虚同时存在的病理状态。多因久病消耗，渐致气血两伤；或先有失血，气随血脱；或先因气虚，血液生化无源而日渐衰少等所致。

⑤气随血脱：是指在大量出血的同时，气也随着血的流失而耗脱的病理状态。血为气之母，血能载气，大量出血，则气无所依附，气也随之耗散而亡失。

4. 津液代谢失常　津液代谢失常是指津液的生成、输布、排泄失常，引起体内津液不足，或在体内滞留的病理状态。

（1）津液不足：津液不足是指津液的亏少，导致脏腑、组织官窍失于濡润、滋养而干燥枯涩的病理状态。多由外感阳热病邪，或五志化火，消灼津液；或多汗、剧烈吐泻、多尿、失血，或过用辛燥之物等引起津液耗伤所致。

（2）水液停聚：水液停聚是对津液的输布、排泄障碍导致水湿痰饮积聚的病理概括。津液的输布和排泄障碍主要与肺、脾、肾、膀胱、三焦的功能失常有关，并受肝失疏泄病变的影响。如脾失健运，则津液运行迟缓，清气不升，水湿内生；肺失宣降，则水道失于通调，津液不行；肾阳不足，气化失职，则清者不升，浊者不降，水液内停；三焦气机不利，则水道不畅，津液输布障碍；膀胱气化失司，浊气不降，则水液不行；肝失疏泄，则气机不畅，气滞则水停，影响三焦水液运行等。

汗和尿是体内津液代谢后排泄的重要途径，津液化为汗液，主要是肺的宣发布散作用；津液化为尿液，并排出体外，主要是肾阳的蒸腾气化功能和膀胱的开合作用。因此肺、肾、膀胱的生理功能衰退，不仅影响到津液的输布，还明显地影响着津液的排泄过程。

（3）津液与气血关系失调：津液的生成、输布和排泄，依赖于脏腑的气化和气的升降出入，而气之循行亦以津液为载体，通达上下内外，遍布全身。津液与气血的功能协调是保证人体生理活动正常的重要方面。一旦关系失调，可出现如下几种病理变化。

①水停气阻：指水液停聚于体内，导致气机阻滞的病理状态。其病理表现因津气阻滞部位不同而异，如痰饮阻肺，则肺气壅滞，宣降不利，可见胸满咳嗽、痰多、喘促不能平卧等症；水湿停留中焦，则阻遏脾胃气机，导致清气不升，浊气不降，可见脘腹胀满、嗳气食少等症；水饮泛溢四肢，则可阻滞经脉气机，而见肢体沉重、胀痛不适等症。

②气随津脱：指由于津液大量亡失，气随津液外泄，致使阳气暴脱的病理状态。多由高热伤津，或大汗出，或严重吐泻、多尿等，耗伤津液，气随津脱所致。由于津能载气，所以凡在吐下等大量亡失津液的同时，必然导致不同程度伤气的表现。如暑热邪气致病，迫使津液外泄而大汗出，不仅表现出口渴饮水、尿少而黄、大便干结等津伤症状，而且常伴有疲倦乏力、少气懒言等耗气的表现。

③津枯血燥：指津液和血同时出现亏损不足的病理状态。由于津血同源，津伤可致血亏，失血可致津少。如高热大汗、大吐、大泻等大量耗伤津液的同时，可导致不同程度的血液亏少，形成津枯血燥的病变，常表现出心烦、肌肤甲错、皮肤瘙痒等症。

④津亏血瘀：指因津液亏损而导致血液运行瘀滞不畅的病理状态。如因高热、大面积烧烫伤，或大吐、大泻、大汗出等，引起津液大量耗伤，则可致血量减少，血液浓稠而运行涩滞不畅，发生血瘀病变。其临床表现除津液不足的症状外，还可见到面色紫暗、皮肤紫斑、舌体紫暗，或有瘀点、瘀斑等血瘀表现。

5. 内生五邪 内生五邪或称内生五气，是指在疾病的发展过程中，由于脏腑阴阳失调，气、血、津液代谢异常所产生的类似风、寒、湿、燥、火（热）五种外邪致病特征的病理变化。由于病起于内，所以分别称为"内风""内寒""内湿""内燥""内火（热）"。"内生五邪"不是致病邪气，而是脏腑阴阳失调，气、血、津液失常所形成的综合性病理变化。

（1）风气内动：风气内动简称"内风"，是指机体阳气亢逆变动而形成的一种病理状态。

①肝阳化风：多是情志所伤，操劳太过等耗伤肝肾之阴，筋脉失养，阴虚阳亢，水不涵木所形成的病理状态。其临床表现，轻则肢体麻木、震颤、眩晕欲仆，或为口眼㖞斜，或为半身不遂；甚则血随气逆于上，出现猝然昏倒、不省人事等。

②热极生风：又称热甚动风。多见于外感热性病的热盛阶段，是因邪热炽盛，煎灼津液，伤及营血，燔灼肝经，使筋脉失养，阳热亢盛而化风的病理状态。其临床表现为高热、神昏谵语、四肢抽搐、目睛上吊、角弓反张等症。

③阴虚风动：是指机体阴液枯竭，无以濡养筋脉，筋脉失养而变生内风的病理状态。多由热性病后期，阴津亏损，或慢性久病阴液耗伤所致。其动风之状多较轻、较缓，常表现为手足蠕动等症。

④血虚生风：是指血液亏虚，筋脉失养，或血不荣络而变生内风的病理状态。多由于失血过多，或血液生化减少，或久病耗伤阴血，或年老精血亏少，以致肝血不足所引起。其动风之状亦较轻、较缓，多表现为肢体麻木、肌肉跳动、手足拘挛等症。

(2) 寒从中生：寒从中生即是内寒，是指机体阳气虚衰，温煦气化功能减退，虚寒内生，或阴寒之邪弥漫的病理状态，多与脾肾阳气虚衰有关。其病理变化主要表现在三个方面：一是阳气不足，机体失于温煦，如畏寒肢冷等；二是气化功能减退，津液代谢障碍导致病理产物在体内聚积，如痰饮、水湿等；三是阳不化阴，蒸化无权，津液不化，如尿频清长、痰涎清稀等。

(3) 湿浊内生：湿浊内生，即是"内湿"，是指因体内津液输布、排泄障碍，导致水湿痰饮内生并蓄积停滞的病理状态。其病理变化主要表现在两个方面：一是由于湿性重浊黏滞，多易阻滞气机，出现胸闷、腹胀、大便不爽等症；二是湿为阴浊之物，湿邪内阻，可进一步影响肺、脾、肾等脏腑的功能活动。如湿阻于肺，则肺失宣降，可见胸闷、咳嗽、吐痰等症；若湿浊内困日久，进一步损伤脾、肾阳气，则可致阳虚湿盛的病理改变。

(4) 津伤化燥：津伤化燥，即是"内燥"，是指体内津液不足，导致人体各组织器官失于濡润而出现一系列干燥枯涩症状的病理状态。多由久病耗伤阴津，或大汗、大吐、大下，或亡血、失精等导致阴液亏少，或某些外感热性病过程中热盛伤津等所致。由于津液亏少，内不足以灌溉脏腑，外不足以润泽肌肤官窍，则出现一系列干燥失润的症状，如肌肤干燥、口燥咽干、大便燥结等。

(5) 火热内生：火热内生，即是"内火"，又称"内热"，是指由于阳盛有余，或阴虚阳亢，或五志化火等而致的火自内扰，机能亢奋的病理状态。其病理变化主要有四个方面：一是阳气化火，阳气过于亢奋，亢烈化火，可使机能活动异常兴奋，这种病理性的阳亢，亦称为"壮火"。二是邪郁化火，包括两个方面，外感风、寒、湿、燥等病邪，在病理过程中，郁久而化热化火；体内的病理性产物，如痰湿、瘀血、饮食积滞等，郁久而化火。三是五志过极化火，指由于精神情志刺激，影响脏腑气血阴阳，导致脏腑阳盛，或气机郁结，气郁日久而从阳化火所形成的病理状态。四是阴虚火旺，指阴液大伤，阴不制阳，阴虚阳亢，虚热内生的病理状态。多见于慢性久病之人，如阴虚而引起的牙龈肿痛、咽喉疼痛、骨蒸颧红等均为虚火上炎所致。

小结

各种致病因素作用于人体，引起病变的机制就是病机，即疾病发生、发展与变化的机制。病机包括发病原理、发病类型和基本病机三个方面。

第八节 诊 法

一、望诊

望诊是医者运用视觉观察病人的神色形态、局部表现、舌象、分泌物和排泄物色、质的变化，以获得与疾病相关的辨证资料的一种诊察方法。望诊的内容包括全身望诊、局部望诊、舌诊、望排泄物、望小儿指纹五个部分。望诊须结合病情，有步骤、有重点地仔细观察，一般先诊察全身情况，再局部望诊，进而望排泄物和望舌。

(一) 望神

神有广义和狭义之分，广义是指人体生命活动总的外在表现，狭义指精神、意识、思维活动。神以精气作为物质基础，通过人体的形态、动静、面部表情、语言气息等方面表现出来。

它对估计病情轻重、预后有较大的意义。望神一般分为"有神""失神""假神"及"神气不足"等。

1. 有神　表现为神志清楚,目光明亮,反应灵敏,语言清晰,动作自如,运动灵活等,称为有神。表明正气未伤,脏腑功能未衰,病情较轻,预后良好。

2. 失神　表现为精神萎靡,目光晦暗,反应迟钝,呼吸微弱,甚则神志昏迷,语言不清,循衣摸床,撮空理线或卒倒而目闭口张,手撒遗尿等。表明正气大伤,脏腑功能衰竭,病情严重,预后较差。

3. 假神　常见于久病、重病、精神极度衰竭的垂危病人。如病人原来神志模糊,突然精神转"佳",神志清醒;原来面色晦暗,突然两颧泛红如妆;或病人原来语声低微,时断时续或不言语,突然语声响亮,言语不休等,这是脏腑精气衰竭已极,阴不敛阳,以致虚阳外越,出现精神一时好转的假象,因此称为假神,俗称"回光返照",预后不良。

4. 神气不足　表现为精神不振,两目乏神,面色少华,少气懒言,倦怠乏力,动作迟缓等,多见于轻病或恢复期病人,亦可见于体质虚弱者。此是轻度失神的表现,乃正气不足,精气轻度损伤之故。

(二) 望色

望色主要是观察病人面部和全身皮肤的颜色与光泽变化来诊察病情的方法。面部的颜色变化反映脏腑病变性质,色泽变化反映脏腑精气盛衰,所以望面色能够了解脏腑功能状态和气血盛衰情况。正常情况下人体精、气、血、津液充足,脏腑功能正常,因而精气含于内,容光发于外,面色应表现为光明润泽。黄种人的正常面色为红黄隐隐、明润含蓄,称为"常色"。病色指疾病状态时出现的异常色泽,分为五色,即青、黄、赤、白、黑。根据面部五色的异常变化判断疾病的性质和脏腑的病变,称为"五色诊"或"五色主病"。

1. 青色　主寒证、痛证、瘀血、惊风。青色为气血运行不畅,经脉瘀阻所致。如面色苍白而带青,多见于阴寒内盛、心腹疼痛等症;若面色青灰、口唇青紫,则为气血瘀滞。小儿高热,面部青紫,为惊风或惊风先兆。

2. 赤色　主热证。赤色为气血充盈脉络所致。热证有虚实之分,满面通红者,多见于实热证;午后两颧红赤者,则见于虚热证。

3. 黄色　主虚证、湿证。黄色为脾虚湿蕴之征象。面色淡黄、枯槁无华称为"萎黄",多为脾胃气虚;面色黄而虚浮称为"黄胖",多是脾虚而有湿邪内蕴所致;如身目俱黄为黄疸,黄色鲜明如橘色者,称为"阳黄",为湿热熏蒸;黄色晦暗如烟熏者,称为"阴黄",为寒湿郁阻。

4. 白色　主虚证、寒证、失血证。阳气虚衰,气血运行无力或耗气失血,脉络空虚。如面色㿠白而虚浮,为阳虚水泛;面色淡白而消瘦,为营血亏虚;暴病面色苍白伴冷汗淋漓,多属阳气暴脱。

5. 黑色　主肾虚证、水饮证、血瘀证。面黑暗淡者,多属肾阳虚衰;面色黑而干焦,为肾精亏耗;黑而肌肤甲错,为血瘀日久;目眶周围发黑,多见于肾虚水饮或寒湿带下。

(三) 望形态

望形态是观察病人形体的强弱胖瘦、体质形态和异常表现等来诊察病情的方法。

1. 望形体　发育良好,形体壮实,表示正气充盛;发育不良,形体消瘦,多为气血虚弱;若形体肥胖,疲乏无力,多为形盛气虚之痰湿体质;形体干瘦,皮肤干焦,多为阴血不足或虚劳。

2. 望姿态　病人的动静姿态与疾病有密切关系。喜动者属阳证,喜静者属阴证;卧而喜加衣被者,多属寒证;仰面伸足,去衣被者,多属热证;咳喘,坐而仰首,多为痰涎壅盛的实证;坐而俯首,气短不足以息,多是肺气虚或肾不纳气证。半身不遂,口眼㖞斜,多是风痰阻络;颈项强直,角弓反张,四肢抽搐,是动风之象;关节肿胀屈伸困难,行动不便,多属痹证;四肢痿弱无力,不能握物或行动迟缓,多属痿证。

(四)望头颈、五官

1. 望头颈 头颅过大或过小均为异常,多由先天不足所致,常伴有智力发育不全。囟门高突,多属实证、热证;囟门下陷,多属虚证;囟门迟闭,多为肾气不足、发育不良。头不自主地摇动,多属风证。

2. 望五官

(1) 望眼:除观察眼神外,还应注意眼的外形、目睛颜色及动态等方面的变化。目赤肿痛多属实热证;眼睑浮肿为水肿;眼窝凹陷,为伤津耗液;白睛发黄为黄疸;目眦淡白,为血虚、失血;两目上视、斜视、直视,均为肝风内动;瞳孔散大,为精气衰竭;瞳孔缩小多为肝胆火炽或中毒。

(2) 望耳:观察耳轮色泽、形态及分泌物等的变化。正常耳轮红润、丰满、厚薄适中。若耳轮红肿或耳内流脓,则为肝胆湿热或热毒上攻;耳轮瘦小而薄,色淡白,为正气虚;耳轮萎缩或干枯焦黑,为肾精亏损。耳轮甲错,色青紫,为久病血瘀证。

(3) 望鼻:主要望鼻的外形及分泌物。若鼻流黄浊涕,属外感风热;鼻流清涕,多为外感风寒;久流浊涕,色黄稠,香臭不闻,多是"鼻渊",为胆经蕴热所致。鼻翼煽动,发病急骤,多见于风热痰火或实热壅肺。

(4) 望口唇:观察唇颜色、润燥和形态的变化,正常唇色红润有光泽。若唇色深红,则属热证、实证;唇色暗淡,多为寒证、虚证或血瘀;口唇干裂,则为燥热伤津;唇舌糜烂,为脾胃湿热或阴虚火旺;口角流涎,多为脾虚湿盛。

(5) 望齿龈:主要观察齿、龈的色泽、润燥及形态的异常变化。如齿龈淡白,多属血虚或失血;齿龈红肿疼痛,多为胃火上炎;齿缝出血,为胃火、脾不统血,或虚火上炎。牙齿光燥如石,多是胃热炽盛,津液大伤;牙齿燥如枯骨,多是肾阴枯竭;牙齿稀疏松动,多为肾虚或虚火上炎。

(五)望皮肤

1. 望形色 皮肤肿胀,按之有凹痕者,为水肿;皮肤干瘪枯槁者,是津液耗伤;皮肤甲错,按之涩手者常为血瘀。皮肤面目俱黄,为黄疸。

2. 望斑疹 观察斑疹的颜色及外形的变化。一般斑重于疹,多为温热病邪郁于肺胃,内迫营血所致。斑色或红或紫,平摊于肌肤之上,抚之不碍手;疹则色红,形如粟米,稍高出皮肤,摸之有碍手感。斑疹均有顺逆之分,色红润泽,分布均匀,疏密适中为顺证,预后良好;色紫红稠密,紧束有根,压之不易褪色,或色深红如鸡冠,为逆证,预后不良。

(六)望排泄物

望排泄物是观察病人的排泄物和某些排出体外的病理产物的形、色、质、量的变化来诊察病情的方法。观察排出物变化总的规律是:凡色黄、稠浊者,多属实证、热证;凡色白、质清稀者,多属虚证、寒证。

(七)望舌

望舌是观察病人的舌质和舌苔的变化以诊察疾病的方法,为中医望诊中的重要组成部分。望舌主要是观察舌质和舌苔的变化，舌质是舌的肌肉和脉络组织，舌苔是附着于舌面的一层苔状物，由胃气上蒸而成。正常舌象的特征是：舌质淡红明润，舌体大小适中，柔软灵活；舌苔均匀薄白，简称"淡红舌，薄白苔"。

人体五脏六腑主要通过经络经筋的循行与舌联系起来。五脏六腑之精气，通过经络、经筋上荣于舌，从而与舌有着密切的联系，尤以心和脾胃与舌的关系更为密切。舌为心之苗，手少阴心经之别系舌本。舌质的血络最丰富，与"心主血脉"的功能有关，通过望舌色，可以了解人体气血盛衰运行情况。因此，舌象首先可反映心的功能状态。而舌又为脾之外候，足太阴脾经连舌本、散舌下，脾主肌肉，舌为肌体，故舌与脾密切相关，舌又为胃之外候，苔是胃气蒸化谷气上承于舌面而生成，与脾胃运化功能相应；舌体赖气血充养，而脾胃为后天之本，是气血生化之源。所以舌象不仅反映了脾胃的功能状态，而且也代表了全身气血的盛衰。肾藏精，为先天之本，足少阴肾经挟舌本；肝藏血、主筋，其经脉络舌本。所以，脏腑的精气可上营于舌，脏腑的病变则可从舌质与舌苔变化反映出来。一般认为，舌尖反映心肺的病变；舌边反映肝胆的病变；舌中反映脾胃的病变；舌根反映肾的病变(图1-3)。

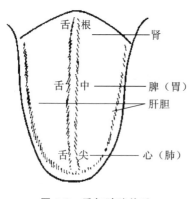

图1-3 舌与脏腑关系

望舌一般要求病人取正坐姿势，自然地将舌伸出口外，充分暴露舌体，舌尖略向下，舌面向两侧展平，不要太过用力，以免影响舌质的颜色。光线应以充足而柔和的自然光线为佳。此外，还要注意某些食物或药物可使舌苔着色，称为"染苔"；饮食可使厚苔变薄；吸烟等可使舌苔变厚或腻；刺激性食物可使舌质变红。望舌时医生应循舌尖、舌中、舌侧、舌根顺序察看，先看舌质、后看舌苔。

1. 望舌质

(1) 望舌色：舌体的颜色。主要有淡白、红、绛、青紫四种。

①淡白舌：舌色比正常舌色浅淡，称淡白舌，主虚证、寒证。多为阳虚血少，气血不足所致。若舌色淡白而舌体胖嫩，多为阳虚寒湿；若淡白而舌体瘦薄，多为气血两虚。

②红舌：舌色较正常舌色红，呈鲜红色，称红舌。主热证。血得热则行，热盛气血上涌，舌体脉络充盈，致舌色鲜红。若鲜红起芒刺，多属实热证；若舌红少苔或无苔，则为阴虚发热；若鲜红而干，多为热盛伤津。

③绛舌：舌色深红为绛舌。舌色红绛有苔者，多由外感热病热盛期或内伤杂病，脏腑阳热偏盛，为实热证；舌色红绛而少苔或无苔者，多由热病后期阴液受损，胃、肾阴伤，或久病阴虚火旺所致，为虚热证。

④青紫舌：舌呈均匀青色或紫色均称为青紫舌。主寒证、热证、瘀血。舌淡紫或青紫湿润，多系阴寒内盛、血脉瘀滞所致。紫红或绛紫色深，干枯少津，多为邪热炽盛证。舌面或舌边见紫色斑点、斑块，称瘀点或瘀斑，属血瘀证。

(2) 望舌形

①胖大舌：舌体较正常舌大而厚，伸舌满口，为胖大舌。若舌体胖嫩、色淡，多属脾肾阳虚。舌体肿胀满口，色深红多为心脾热盛。舌体肿胀，色青紫而暗，多见于中毒。

②瘦薄舌：舌体比正常舌瘦小而薄，为瘦薄舌，是舌失濡养的表现。舌瘦薄且色淡，属气血两虚。舌瘦薄且色红绛而干，少苔或无苔者，多见于阴虚火旺。

③裂纹舌:舌面上有各种形状的裂纹、裂沟,称为裂纹舌。若舌色红绛而裂者,多属热盛伤津,阴津耗损;舌色浅淡而裂者,多属气血不足。

④齿痕舌:舌边有齿痕印,称为齿痕舌。常与胖大舌并见,多属气虚或脾虚。若舌质淡白而湿润边有齿痕,则为寒湿内蕴。若舌质淡红胖嫩而有齿痕,多属脾虚水湿停滞。

⑤芒刺舌:舌乳头增生和肥大,高起如刺,称为芒刺舌,多属热盛。根据芒刺所生部位,可辨邪热所在脏腑。如舌尖生芒刺,多属心火亢盛;舌中生芒刺,多属胃火炽盛。

(3) 望舌态

①痿软舌:舌体软弱无力,不能随意伸缩回旋者,称为痿软舌。多为伤阴或气血虚极。

②强硬舌:舌体失其柔和,屈伸不利,或板硬强直,不能转动,称为强硬舌。见于外感热病,则多属于热入心包,痰浊内阻,或高热伤津,邪热炽盛;见于杂病者,多为中风先兆。

③颤动舌:舌体不自主地颤动,动摇不定者,称为颤动舌。轻者仅伸舌时颤动;重者不伸舌时亦抖颤难安。舌色淡白而颤动,多属心脾两虚,气血不足;舌绛紫而颤动,多为热极生风;舌红少苔而颤动,多见于阴虚。

④歪斜舌:伸舌时舌体偏向一侧,称为歪斜舌。一般舌歪在前半部明显,多是中风或中风之先兆。

⑤短缩舌:舌体卷缩、紧缩,不能伸长,称为短缩舌。多为病情危重的征象。若舌淡或青而湿润,为寒凝经脉;若舌红而干,为热盛伤津;若舌胖苔腻,为痰浊内阻。

⑥吐弄舌:舌伸出口外,不即回缩者,称为吐舌。舌体反复伸出口唇,旋即缩回者,称为弄舌。两者主病均为心、脾二经热盛。弄舌多见于小儿智力发育不全,或动风先兆。

2. 望舌苔 望舌苔要注意苔色和苔质两方面的变化。舌苔侧重反映病邪的深浅,疾病的性质,病势的趋向。

(1) 望苔色

①白苔:主表证、寒证。苔薄白而润,可为正常象,或为表证;苔白厚,多见于里寒证;苔白厚腻多为湿浊内停或食积;苔白如积粉,是暑湿秽浊之邪内蕴。

②黄苔:主里证、热证。由于热邪熏灼使舌苔变黄。黄色越深,热邪越重。淡黄为热轻,深黄为热重,焦黄为热极。若苔薄黄常为风热在表;若苔黄腻为湿热或食滞;若外感病舌苔由白转黄,为表邪入里化热,说明表证转为里证。黄苔常与红舌、绛舌并见。

③灰苔:即浅黑苔。主里证、寒证、热证。舌质淡紫,苔灰黑而湿润,多由白苔转化而来,属内寒;舌质绛紫,苔灰黑干燥乏津,多由黄苔转化而来,属燥热伤津或阴虚内热。灰黑苔一般属病情深重之征象。

④黑苔:主里热极证,又主寒盛证。苔黑而干燥,为热极;苔黑而润滑,为阴寒内盛。

(2) 望苔质

①厚薄:主要反映病邪的浅深和轻重。透过舌苔能隐约见到舌体的苔,为薄苔,表示邪气在表,病轻邪浅。不能透过舌苔见到舌体之苔,为厚苔,表示邪入脏腑,病较深重。舌苔由厚变薄,提示正气胜邪,为病退;舌苔由薄变厚,提示邪气渐盛,为病进的征象。

②润燥:主要反映机体津液盈亏和输布情况。润苔是正常舌苔的表现之一,病中见之为体内津液未伤,如寒湿、食滞、瘀血等。若舌苔干燥乏津,甚则干裂,为燥苔,多见于热盛伤津或阴液亏耗的病证。若舌面水分过多,扪之湿而滑利,为润苔,多为水湿之邪内聚。舌苔由润转燥则表示热势加重,津液耗伤。如苔由燥转润,表示热邪渐退,津液渐复。

③腐腻:主要反映中焦湿浊及胃气的盛衰情况。苔质颗粒细小,致密,不易刮去,为腻苔,

多因湿浊内盛,阳气被遏所致,常见于痰饮、湿温等证。若苔质颗粒粗大,苔厚疏松,易于刮脱,称为"腐苔",多为体内阳热有余,实热蒸化脾胃湿浊所致,常见于食积肠胃,或痰浊内蕴。

④剥脱:少苔、剥苔或无苔,表示胃气受损,或胃阴亏耗。其损耗程度为少苔较轻,剥苔较重,无苔更重。

一般情况下舌质与舌苔的变化是一致的,其主证为两者意义的综合:如舌红苔黄而干,主实热证;舌淡苔白而润,主虚寒证。但也常有舌质与舌苔变化不一致的情况,如红绛舌白干苔,多为燥热伤津,化火迅速,苔色未能转黄,便已进入营分阶段所致。

3. 望舌的临床意义 由于舌质与舌苔都从不同的方面反映着病情,所以在辨证时,要把两方面情况都考虑进去,并加以综合分析,才能为诊断提供可靠的依据。

(1) 判断正气的盛衰:舌质的变化能反映气血盈亏,脏腑虚实,正气的盛衰。舌色淡红润泽,说明气血充盈;舌色淡白,甚至全无血色,则气血亏虚或阳气虚衰。舌苔的厚薄反映邪气的盛衰,舌苔薄白而润,正气充盛;舌光无苔,胃之气阴不存。

(2) 区别病邪的性质:病邪的性质主要从舌苔上反映出来。白苔多主寒邪;黄苔多主热邪;黄厚腻苔多主湿热;腐腻苔多为痰浊、食积。病邪的性质也可从舌体的变化反映以来,如舌偏歪或强硬多为风邪。

(3) 分辨病位的浅深:病邪侵入人体后病变部位的浅深,可从舌质的色泽,舌苔的厚薄反映出来。外感热病,见舌边略红,为邪热在表;舌色红者,为邪热入里;舌色红绛,为热入营血。舌苔薄白,为病在表,病邪较浅;舌苔厚者,为病位在里,病邪较深。

(4) 推断病情的进退:舌体由正常到发生各种神色形态的改变,说明病情进展;若舌体由病理状态转为正常,说明病情好转。舌苔由薄变厚,说明病邪深入,病情加重;反之,舌苔由厚变薄,病邪渐退。

(5) 判断疾病的转归与预后:通过舌象变化,可以估计病情的预后。舌体适中,活动自如,为正气未伤,邪气未盛,预后良好。舌质干枯、舌苔骤剥、舌态异常为正气亏损,胃气衰败,病多危重,预后不佳。

(八)望小儿指纹

望小儿指纹,就是望小儿食指掌侧前线浅表络脉的形色变化来诊察病情的方法。因食指掌侧前缘络脉是寸口脉的分支,所以望小儿食指络脉与诊寸口脉的意义相同。指纹按部位可分为三关,即食指第一节为"风关",第二节为"气关",第三节为"命关"。望指纹仅适用于3岁以内的小儿,主要是观察指纹的浮沉、颜色、长短、形状的变化,以推断病情和预后。

1. 望指纹的手法 抱小儿向光,医生用左手食指和拇指握住小儿食指末端,然后用右手拇指从指尖向指根部推擦数次,用力要适中,指纹即可显现。

2. 望指纹的内容 主要是观察指纹显现的部位、浮沉、色泽等情况。正常指纹为浅红微黄,隐现于风关之内。

(1) 三关辨轻重:一般说来,指纹显于风关,是邪气入络,邪浅病轻;指纹达于气关,是邪气入经,邪深病重;指纹达于命关,是邪入脏腑,病情严重;若指纹直达指甲端,叫做"透关射甲",则病属凶险,预后不良。

(2) 浮沉辨表里:指纹浮显者,主病在表,多见于外感表证;指纹沉隐者,主病在里,多见于内伤里证。

(3) 色泽辨病性:指纹色泽鲜红,主外感表证;色紫红,主内热;色青紫,主风、主惊、主痛;色紫黑,主血络郁闭,病情危重;指纹色淡而细,多属虚证;指纹色浓而粗大,主邪盛病重;若指纹增粗、弯曲、多支,多属热证、实证;若指纹变细、单支、斜形,多属虚证、寒证。

二、闻诊

闻诊是通过听声音和嗅气味来诊察疾病的方法。听声音是指听病人语言、呼吸、咳嗽、呃逆等各种声响的变化;嗅气味是指嗅病人发出的各种气味,以及分泌物、排泄物等的异常气味。人体的声音和气味都是在脏腑生理和病理活动中产生的,所以声音和气味的变化能反映脏腑的生理功能和病理变化,能判断正邪的盛衰、疾病的性质等。

（一）听声音

1. 语声 正常的语声发声自然,语声有力,柔和圆润,语言流畅,应答自如,言与意符,无其他病理声音。常因性别、年龄和禀赋等各有不同。此外,语言的多寡缓急与性情有关;语声的变化亦与情志变化有关。语声的强弱和语言的错乱,既反映正气的盛衰,也反映邪气的性质。

一般语声响亮有力,多言而躁动,属实证、热证;语声低微无力,寡言而沉静者,属虚证、寒证;语声重浊,常见于外感风寒、湿浊阻滞。若声音暴哑,甚则出音不能,称为"失音",属实证,多由外邪袭肺、肺气不宣、气道不畅所致;声音逐渐嘶哑,属虚证,多为肺肾阴虚,津液不能上承。

若神志不清、语无伦次,声高有力,为"谵语",多属热扰心神之实热证;神志不清,语言重复,时断时续,话声低弱模糊,为"郑声",是心气大伤,精神散乱之虚证。临床见谵语或郑声等危重症候。若精神错乱,语无伦次,狂躁妄动,哭笑无常,多因痰火内扰,属狂证;若精神抑郁而沉闷,自言自语,多因痰气郁闭,属癫证。

2. 气息 气息主要与肺肾病变有关。呼吸有力,声高气粗而促,多属实证和热证,为邪热内盛所致;呼吸声低气息微弱而慢,多属虚证和寒证。呼吸急促而气息微弱,为元气大伤的危重症候。呼吸困难,短促急迫,甚则鼻翼煽动,或张口抬肩不能平卧,称为"喘"。喘有虚实之分,若发作较急,喘息气粗声高,呼出为快,属实喘,多因肺有实邪,气机不利所致;若来势较缓,喘声低微息短,呼多吸少,气不得续,吸入为快,属虚喘,由肺肾气虚,摄纳无力所致。喉中有哮鸣声,称为"哮"。

3. 咳嗽 咳嗽多见于肺部疾病,由肺失宣发肃降、肺气上逆所致,且与其他脏腑也有密切关系。根据咳嗽的声音和兼证,可以鉴别病证之寒热虚实。咳声重浊有力,多属实证;咳声低微无力,多属虚证;痰白而清稀者,多为外感风寒;痰黄而黏稠者,多为肺热;干咳无痰或少量稠痰,多属燥邪伤肺,或阴虚肺燥;咳声阵发,发则连声不绝,甚则呕恶、咳血,为"顿咳",又称"百日咳",常见于小儿,多因风邪与伏痰搏结,即而化热,阻遏气道所致;咳声如犬吠,注意是否为白喉,多属肝肾阴虚、火毒攻喉所致。

4. 呃逆、嗳气

（1）呃逆:呃逆俗称"打嗝",由胃气上逆,从咽喉而出,声短而频,不能自主,呃呃作响。呃声高亢而短,响亮有力,常见于实证;呃声低沉而长,声弱无力,多属虚寒证;久病、重病呃逆不止,呃声低微无力,是胃气衰败的危重症。

（2）嗳气:嗳气是胃中气体上出咽喉而发出的声音,也是胃气上逆的一种表现。饮食之后,偶有嗳气,并非病态。如果嗳气带有酸腐气味,兼胸脘胀闷,多属宿食停滞,或胃脘气滞;嗳声响亮,频繁发作,得嗳气或矢气后,则脘腹胀满减轻者,多为肝气犯胃,肝胃不和,常随情志变化而增减;嗳气低沉,纳谷不馨,为脾胃虚弱,多见于久病或老人。

（二）嗅气味

嗅气味主要是嗅辨病人的口气、排泄物与分泌物的气味。

1. 口气　正常人不会出现口臭。若有口臭,多与消化不良或龋齿、口腔不洁有关,属胃肠积滞;口出臭秽气,多是胃热;口气腐臭,是内有溃腐脓疡;口气酸馊,多是胃有宿食。

2. 排泄物与分泌物　排泄物与分泌物主要包括大小便、痰涎、脓液、带下等。

有恶臭者多属实热证;略带腥味者,多属虚寒证。如咳吐浊痰脓血,伴腥臭气者,多属肺痈。大便臭秽,多属大肠湿热;大便有腥气者,多为寒证;矢气奇臭,多属宿食停滞。小便黄赤、臊臭者,多为下焦湿热。白带黄稠,有恶臭,多是湿热下注;白带清稀,臭味轻者,多属虚寒证。

三、问诊

问诊是医生通过对病人或家属进行有目的的询问,了解疾病的起始、发展及治疗经过、现在症状和其他与疾病有关的情况以诊察疾病的方法。在四诊中占重要地位,可为医生分析病情、判断病位、掌握病性、辨证治疗提供可靠依据,又为医生有目的、有重点地检查病情提供线索。

问诊的范围很广,归纳起来主要有问寒热、问汗、问疼痛、问饮食口味、问睡眠、问大小便、问经带、问小儿等方面。明代张景岳的《景岳全书·传忠录》在总结前人问诊经验的基础上写成《十问篇》,经后世医家补充修改:一问寒热二问汗,三问头身四问便,五问饮食六问胸,七聋八渴俱当辨,九问旧病十问因,再兼服药参机变,妇女尤必问经期,迟速闭崩皆可见。再添片语告小儿,天花麻疹全占验。

问诊应选择较安静适宜的环境进行,首先要抓住病人的主要症状,然后围绕主要症状,进行有目的、有步骤的深入询问,既要突出重点,又要全面了解。同时医生要有和蔼可亲,认真负责的态度,进行详细询问。

（一）问寒热

问寒热是询问病人有无怕冷或发热的感觉。寒与热是疾病常见的症状之病邪性质和机体阴阳盛衰的重要依据,是问诊的重点内容。

寒热是疾病过程中常见的症状。寒有恶寒和畏寒之分。病人自觉怕冷,多加衣被或近火取暖,仍不缓解的,称为恶寒;若久病体弱怕冷,加衣覆被或近火取暖而寒冷有所缓解的,称为畏寒。

发热,包括体温高于正常的发热和体温正常而病人自觉发热两种情况。热有实热和虚热之分,当机体受外邪侵袭,体温升高者,为外感发热,属实热证;若病人阴血不足引起的发热,兼见其他虚性症状者,属于虚热证。临床常见的寒热症状有以下四种。

1. 恶寒发热　恶寒发热是指病人自觉寒冷,同时伴有体温升高。多见于外感病初期,是表证的特征。外邪犯表,影响卫阳"温分肉"的功能,肌肤失煦则恶寒;邪气外束,玄府闭塞,卫阳失于宣发则郁而发热。根据恶寒发热的轻重不同,可见三种类型。

（1）外感风寒表证:常表现为恶寒重,发热轻。寒为阴邪,束表伤阳,故恶寒重,发热轻。

（2）外感风热表证:常表现为发热重,恶寒轻。热为阳邪,易致阳盛,故发热重,恶寒轻。

（3）太阳中风证:发热轻而恶风自汗,是外感风邪所致。风性开泄,腠理疏松,玄府张开,故自汗恶风明显而发热恶寒均轻。

外感表证的寒热轻重,不仅与病邪性质有关,而且和邪正盛衰关系密切,感邪轻者,恶寒发热俱轻;感邪重且正不虚者,恶寒发热俱重;感邪重正气不足者,恶寒重而发热轻。

2. 但寒不热 但寒不热是指病人只感怕冷而不觉发热的症状。根据发病缓急、病程长短和有关兼证可见以下表现。

(1)虚寒证:久病体虚畏寒或肢冷踡卧、脉沉迟无力者,为虚寒证,此即所谓"阳虚则寒"。多为久病阳气虚衰不能温煦肌表所致。

(2)实寒证:新病脘腹或其他局部冷痛剧烈、脉沉迟有力者,为实寒证,此即所谓"阴盛则寒"。由于寒邪直接侵袭机体,损伤脏腑或其他局部阳气所致。

3. 但热不寒 但热不寒是指病人只发热而不恶寒,或反恶热的症状,多属里热证。

(1)壮热:是指病人高热持续不退,不恶寒反恶热,属里热实证,多因表邪入里化热或风热内传,里热亢盛,蒸腾于外所致。里热实证常兼有面红目赤、烦渴、大汗出、脉洪大等症。

(2)潮热:是指发热如潮汐,定时发热或定时热甚。

①阴虚潮热:每当午后或入夜低热,甚至有热从深层向外透发的感觉,兼见颧红、盗汗、五心烦热、口干不欲饮等症,属阴虚证。因午后阳气渐衰,机体抗病能力低下,邪气独居于身,故病情加重而发热。夜间卫阳之气入内而蒸于外,故感觉热从骨内向外透发。

②湿温潮热:午后热甚,其特点是身热不扬,兼见头身困重、舌苔腻等症,属湿温病。因湿邪黏腻,湿遏热伏,热难透发,故身热不扬,午后机体阳气渐衰,抗病能力减弱,故午后热甚。

③阳明潮热:其特点是热势较高,日晡(申时,即下午3—5时)热甚,兼见腹胀、便秘等症,属阳明腑实证。由于邪热结于阳明胃与大肠,而日晡又为阳明经气旺盛之时,加之胃肠热盛,邪正剧烈交争,故此时热甚,并见口渴饮冷,腹满硬,大便秘结,舌苔黄,脉沉等。

④低热:指发热持续时间较长,而热仅较正常体温稍高,即微热。临床常见于阴虚潮热、气虚发热。

4. 寒热往来 寒热往来是指恶寒与发热交替发作,可见于少阳病和疟疾。若病人时冷时热,一日发作多次,无时间规律,兼见口苦、咽干、头晕目眩、胸胁苦满、脉弦等,可见于少阳病,多因外感病邪达半表半里阶段正邪交争所致。若寒战与壮热交替发作,发有定时,每日发作一次或二三日发作一次,兼见头痛、口渴、多汗等症,常见于疟疾。疟邪侵入人体,潜伏于半表半里的膜原部位,内入与阴争则寒,外出与阳争则热。

(二)问汗

汗是阳气蒸化津液出于腠理而成。正常的汗液有调和营卫、滋润皮肤等作用。问汗主要询问有汗或无汗、出汗时间、出汗部位、汗量的多少及兼证等。

1. 有汗无汗

(1)表证有汗:若兼见发热重恶寒轻、咽红、头痛、脉浮数者,为外感风热所致的表热证,兼见发热恶风、脉浮缓者,多属外感风邪所致太阳中风表虚证。风性开泄,热性升散,风热袭表,腠理玄府开张,津液外泄,故有汗。

(2)表证无汗:若兼见恶寒重、发热轻、头项强痛、脉浮紧,多属外感寒邪所致的伤寒表实证。寒为阴邪,其性收敛,寒邪束表,腠理致密,玄府闭塞,因而无汗。

(3)里证大汗:病人大量出汗,兼见发热、面赤、口渴喜饮、尿赤便秘、舌红苔黄燥、脉洪数者,因外邪入里或其他原因导致里热亢盛,属里热实证。若冷汗淋漓,兼见面色苍白、四肢厥冷、脉微欲绝,称为绝汗,属亡阳证,因阳气暴脱,不能固密津液,津无所依而随阳气外泄所致。

(4) 里证无汗:指里证病人当汗出而不出汗,多见于久病者,常因阳气不足、蒸化无力或阴液亏损、生化无源所致。

2. 出汗时间

(1) 自汗:时时汗出,汗出不止,活动后更甚者,称为自汗,多见于气虚证或阳虚证。常伴有神疲乏力、畏寒肢冷等症。阳气亏虚,不能固护肌表,玄府不密,津液外泄,故汗出,活动则更加耗伤阳气故而汗出甚。

(2) 盗汗:睡后汗出,醒则汗止,称为盗汗。常伴有潮热、颧红、舌红少苔、脉细数等症,多属阴虚证。入睡时,卫阳入里,肌表不固,虚热蒸液外泄,故睡时汗出;醒后卫阳复归于表,肌肤固密,虽内热,也不能蒸液外出,故醒后汗止。

3. 汗出部位

(1) 头汗:指病人仅见头部或头颈部汗出较多者。头汗出,兼见面赤、烦渴、舌尖红、苔黄、脉数者,为上焦热盛;头汗出,兼肢体困重、身热不扬、脘闷纳呆、舌红、苔黄腻者,是湿热蕴结;头额冷汗不止、面色苍白、四肢厥冷、脉微欲绝者,是亡阳的危症。

(2) 半身汗:即指身体一半出汗(或左侧或右侧,或上侧或下侧),而另一半无汗,无汗的半身是病变的部位。多因风痰或痰瘀、风湿之邪阻闭经络,营卫不调,或气血不和所致,多见于中风病、痿证或截瘫病人。

(3) 手足心汗:手足心微汗出者,一般为生理现象。如汗出过多,伴口咽干燥、五心烦热、脉细数者,多为阴经郁热;手足心汗,连绵不断,兼烦渴饮冷、尿赤便秘、脉洪数者,多属阳明热盛;若汗出过多,伴头身困重、身热不扬、苔黄腻者,多为湿热郁蒸。

(三)问疼痛

疼痛是临床上最常见的一种自觉症状,往往是病人就诊的主要因素。疼痛在机体的各个部位都可发生,性质及种类不尽相同,但疼痛产生的机制,不外虚、实两个方面,前者为"不荣则痛",后者为"不通则痛"。问疼痛,应注意问问了解疼痛的部位、性质、程度、时间、喜恶等。

1. 疼痛的性质 产生疼痛的病因、病机不同,疼痛性质也各具特征。询问疼痛的不同性质特点,了解疼痛的病因与病机。

(1) 胀痛:疼痛并有胀的感觉,是气滞作痛的特征。如胸胁脘腹等处胀痛,走窜不定,嗳气或矢气后痛可减轻,多为相关脏腑气机阻滞;如头目胀痛,则多见于肝阳上亢或肝火上炎。

(2) 刺痛:疼痛如针刺之状,固定不移,拒按,为瘀血致病的特征之一。刺痛以头部及胸胁脘腹等处较常见,多为相关部位的血行瘀阻所致。

(3) 绞痛:指疼痛剧烈如刀绞,为实证的疼痛特征。多因有形实邪闭阻气机,或寒邪凝滞气机而成。如心脏痹阻引起的"真心痛";蛔虫窜扰或寒邪内侵肠胃所致的腹痛;结石阻塞尿路引起的小腹痛等。

(4) 隐痛:疼痛不甚剧烈,尚可忍耐,但绵绵不休,为虚证的疼痛特征。常见于头、脘、腹等部位。多因精血亏损,或阳气不足;阴寒内盛,机体失于充养、温煦所致。

此外还有重痛,即疼痛并有沉重感,多因湿邪困阻气机所致;冷痛,即疼痛伴有冷感并喜暖,多因寒邪阻络或阳气不足,脏腑经络不得温养所致;灼痛,指疼痛有灼热之感,而且喜冷恶热,多为火邪窜络或阴虚火旺。

2. 疼痛的部位

(1) 头痛:头为诸阳之会,疼痛部位与经络分布有密切关系。头痛连及颈项者,属太阳经头痛;两侧头痛者,属少阳经头痛;前额连眉棱骨痛者,属阳明经头痛;巅顶痛者,属厥阴经头痛。实证者,多出现头暴痛无休止;虚性头痛,多为久痛,而时发时止。外感头痛,多发病较急,痛势较剧,并伴恶寒发热。阴虚头痛,多见头痛头晕,伴五心烦热;阳虚头痛,多伴畏寒肢冷;瘀血头痛,多为夜间痛甚,因久病入络,脉络瘀阻所致;痰浊头痛,多为头痛而昏蒙,或伴视物旋转,因脾失健运,痰浊内生,上蒙清窍所致。

(2) 胸痛:胸居上焦,内藏心肺,故心肺的病变可致胸痛。阳气不足、寒邪侵袭、瘀血阻滞、痰湿停聚、火热伤络等,均可导致气血不畅而发生胸痛。胸痛伴高热、咳吐脓血痰者,多属肺痈;胸痛、咳嗽、吐痰、潮热盗汗,多属肺阴虚。如胸闷痛而痞满者,多为痰饮所致;胸胀痛而走窜,嗳气后痛减者,多为气滞所致。胸痛彻背,背痛彻胸,多属心阳不振,痰湿阻滞的胸痹;若胸闷疼痛如刺或刀绞,是心血瘀阻。

问诊首先应注意分辨胸痛的确切部位,如胸前"虚里"部位作痛,或痛彻臂内,病多在心;胸膺部位作痛,病位多在肺。

(3) 胁痛:指胁的一侧或两侧疼痛。因肝胆居于右胁部,又为肝胆二经循行的部位,故胁痛多与肝胆病关系密切。肝气郁结,可见两胁胀痛或走窜痛;肝火郁滞,可见两胁灼痛,伴面目红赤,脾气暴躁易怒;瘀血阻滞,则出现胁部刺痛;肝阴不足,胁部隐痛,悠悠不休。

(4) 脘痛:胃脘是指上腹部,在剑突下,胃腑所在的部位,可分为上脘、中脘、下脘。脘痛亦称胃痛,多因寒、热、食积、气滞等所致。实证,进食后疼痛加剧,拒按;虚证,进食后疼痛缓解,而喜按者。如果脘痛伴干呕、吐涎、遇冷发作,多是胃寒证;胃脘胀满、嗳腐吞酸,为食滞。

(5) 腹痛:腹部的范围较广,分为大腹、小腹和少腹。横膈以下,脐以上为大腹,包括胃脘部,属脾胃与肝胆;脐以下耻骨毛际以上为小腹,包括肾、膀胱、大小肠及胞宫;小腹两侧为少腹,是肝经循行之处。所以不同部位的腹痛,可反映不同脏腑病变:若大腹隐痛,喜暖喜按,大便稀,多属脾胃虚寒;小腹痛,小便不利,则称"癃闭";少腹冷痛,牵引阴部,多属寒凝肝脉;腹痛绕脐,起包块,按之可移者,多为虫积。临床腹痛问诊常与按诊密切配合。首先明确疼痛的部位,判断病变所属脏腑,然后结合疼痛的性质,辨别病证虚实。

(6) 背痛:背部中央为脊骨,脊骨内有髓,督脉行于脊内,脊背两侧为足太阳膀胱经循行部位,背痛不可俯仰者,多由督脉损伤所致;背痛连及项部,常因风寒之邪客于太阳经;肩背作痛,多为风湿阻滞、经气不利所引起。

(7) 腰痛:腰为肾之府,腰痛多属肾的病变。若腰脊部疼痛,多属寒湿痹痛,或为瘀血阻络,或肾虚所致;腰痛以两侧为主者,则多由肾虚引起;若腰脊疼痛连及下肢者,多属经络阻滞;腰痛连腹,绕如带状,则为带脉损伤。

(8) 四肢痛:指四肢部位疼痛,痛在肌肉、关节或经络、筋脉等。多由风寒湿邪侵袭,或因湿热蕴结,阻滞气机运行而引起;亦有脾胃虚弱,水谷精微不能充养四肢而作痛者。若独见足跟痛或膝酸痛者,多属肾虚,以年老或体虚多见。

总之,问疼痛,除需询问其不同性质特征和疼痛部位外,还应结合起病的急缓,病程的新久,疼痛的时间、程度等进行辨证;一般新病疼痛,持续不止,痛势较剧,痛而拒按者,多属实证;久病疼痛,时痛时止,痛势较轻,痛而喜按者,多属虚证。

(四)问饮食口味

问饮食口味是询问病理情况下的进食、饮水、口味、呕吐与否,口中有无异常味觉和气味等,以判断胃气有无及脏腑虚实寒热。注意有无口渴、饮水多少、喜冷喜热,了解体内津液的盈亏及输布是否正常、脾胃及有关脏腑功能的盛衰等,对临床诊断有重要作用。

1. 食欲与食量 食欲是指进食的要求和欣快感觉,食量是指实际的进食量。询问患者的食欲与食量,对判断脾胃功能的盛衰以及疾病的预后转归有重要意义。如无饥饿感,可食可不食,甚则恶食,称为纳呆,为脾失健运所致;食少纳呆,伴有头身困重,脘闷腹胀,舌苔厚腻者,多属湿盛困脾,运化失健;若久病食欲减退,兼有神疲倦怠,面色萎黄,舌淡,脉虚者,多属脾胃虚弱;厌食脘胀,嗳腐吞酸,多为食停胃脘;喜热食或食后常感饱胀,多为脾胃虚寒;厌食油腻,胁胀呕恶,可见于肝胆湿热;消谷善饥,多食易饿,多属胃火炽盛;伴有多饮多尿者,可见于消渴病;饥不欲食,虽有饥饿感,但不欲食,或进食不多,是胃阴不足。喜食异物,如生米、泥土、纸片等,多是虫积之证,常见于小儿;疾病过程中,食欲恢复,食量渐增,是胃气渐复,疾病向愈之兆;久病重病,厌食日久,突然思食、暴食、多食,多为脾胃之气将绝,称"除中"。

2. 口渴与饮水 口渴是指口干渴的感觉,饮水指实际饮水的多少。口渴与饮水是体内津液的盛衰和输布情况的反映,两者密切相关。临床应注意询问口渴特点及其兼症。在病变过程中口不渴,为津液未伤的表现,多见于寒证或没有明显热邪;若口渴,多为津液损伤,或因水湿内停,津液不能上承所致;口干微渴,兼发热,微恶风寒,咽喉肿痛者,多见于外感温热病初期,伤津较轻;大渴喜冷饮,兼有面赤,汗出,脉洪数者,多属里热炽盛,热盛伤津;喜热饮者,为寒湿内停,气化受阻;渴不多饮,或水入即吐者,是营阴耗损或津液输布障碍的表现,多见于阴虚、湿热、痰饮等。若渴喜热饮,饮水不多,多为痰饮内停,或阳气虚弱,水津不能上承;口干但欲漱水不欲咽者,多为瘀血之象;多饮多尿者,多食易饥,体渐消瘦者,可见于消渴。

3. 口味 口味是指病人口中有异常味觉或气味。由于脾开窍于口,其他脏腑之气亦可循经脉上至口,异常味觉或气味,常是脾胃功能失常或其他脏腑病变的反映。口淡乏味,口中无味,舌上味觉减退,多为脾胃气虚,或见于寒证;口甜,多属脾胃湿热,多因过食肥甘,滋生湿热,或外感湿热,蕴结于脾胃;口苦,多见于心火、肝胆火旺、胆气上逆;口酸,多为肝胃不和,多由脾胃消化不良,食滞不化;口咸,多与肾虚及寒水上泛有关;口腻,常伴舌苔厚腻,多见于湿浊停滞或痰饮食积;口臭,多见于胃火炽盛,或肠胃积滞,是口中有异常的味觉或气味。

(五)问睡眠

睡眠是人体生理活动的重要组成部分,人体为了适应自然界昼夜节律性变化,维持体内阴阳的协调平衡,睡眠具有一定的规律。通过询问睡眠时间的长短、入睡难易、有无多梦等情况,便可了解机体阴阳气血的盛衰、心肾等脏腑功能的强弱。临床常见的睡眠异常有以下两种情况。

1. 失眠 失眠又称不寐或不得眠,是以经常不易入睡,或睡后易醒不能再睡或睡而不实易惊醒,甚至彻夜不眠为特征的症候,且常见多梦。失眠是阳不入阴、心神不安,神不守舍的病理表现。其常见的病因如下。

(1)营血亏虚:营血不足,不能上荣以养神,或阴虚火旺,内扰心神,皆可导致失眠。如睡后易醒,兼见心悸、健忘,纳少便溏,乏力倦怠,舌淡脉虚者,为心脾气血两虚;难以入睡,兼见心烦多梦,腰膝酸软,潮热盗汗,舌红少苔,脉细数者,属心肾不交。

(2)邪气干扰:如痰热扰乱心神之失眠,食滞内停,"胃不和则卧不安"等皆是。失眠而时时惊醒,噩梦纷纭,兼见眩晕胸闷,胆怯心烦,口苦恶心,舌红苔黄腻,脉弦数或滑数者,属胆郁痰扰;胃脘胀痛,夜卧不安,兼见嗳气,吞酸呕恶,舌苔厚腻者,为食滞胃脘。

2. 嗜睡 嗜睡是以神疲乏力,睡意很浓,经常不自主地入睡为特征,又称"多眠"或"多寐"。实证多见于痰湿内盛,瘀阻清阳;虚证多由阳虚阴盛或气血不足所致。困倦嗜睡,伴有头目昏沉,胸闷脘痛,肢体困重者,为痰湿困脾,清阳不升;饭后嗜睡,兼有神疲倦怠,食少纳呆者,为中气不足,脾失健运;大病之后,精神疲乏而嗜睡,是正气未复的表现;若见精神极度疲惫,欲睡而未睡,似睡而非睡者,系心肾阳气虚衰,阴寒内盛;热性病出现高热昏睡,是热入心包。

(六)问大小便

问大小便主要询问其性状、颜色、气味、时间、量的多少、排便次数、排便时的感觉以及兼有症状等。

大便的排泄,虽直接由大肠所司,但与脾胃的腐熟运化、肝的疏泄、命门的温煦、肺气的肃降等有密切的关系。小便的排泄,虽直接由膀胱所司,但亦与肾的气化,脾的运化转输,肺的肃降和三焦的通调等功能有关。问大小便的情况,不仅可以直接了解消化功能和水液代谢的情况,也是判断疾病寒、热、虚、实的重要依据。

1. 大便 健康人一般每日排便一次,排便通畅,成形不燥,干湿适中,多呈黄色,便内无脓血或脓液及未消化的食物等为正常。

(1)便秘:若大便秘结不通,排出困难,便次减少,或排便时间延长,欲便而艰涩不畅者,为便秘。多因热结肠道,或津液亏少,或阴血不足,以致肠道燥化太过,肠失濡润,传导失常而引起。亦有出于气虚运化无力,或阳虚寒凝,以致肠道气机滞塞。若新病便秘、腹胀、发热,多见于实证、热证;若久病、老人、孕妇或产后便秘者,多属虚证。

(2)泄泻:指便次增多,便质稀薄不成形,甚至便稀如水样者。多因内伤饮食、感受外邪、机体阳气不足、情志失调等原因,以致脾失健运,小肠不能分清别浊,水湿直趋于下,大肠传导失常而引起泄泻。如见大便清稀如水或兼有恶寒发热者,为外感寒湿;大便黄褐、热臭、肛门灼热者多为大肠湿热;大便溏泻,兼纳少腹胀、隐痛者,属脾胃气虚;呕恶酸腐,脘闷腹痛,泻下臭秽,泻后痛减者,为伤食;黎明前腹痛作泻,泻后则痛减,形寒肢冷,腰膝酸软者,称为"五更泻",多属命门火衰,脾阳不振;大便中夹有较多未消化的食物,多见于脾胃虚寒或肾虚命门火衰所致。腹痛即泻,泻后痛减者为肝郁乘脾;便下脓血,里急后重,称为痢疾。一般地说,新病泻急者,多属实证,病久泻缓者,多属虚证。

2. 小便 小便由津液所化生,与肺、脾、肾三脏的气化功能有关,询问小便有无异常变化,以诊察体内津液的盈亏和有关脏腑的气化功能是否正常。一般应询问尿量的多少,排尿的次数及排尿时情况等。

成人在一般情况下,日间排尿3~5次,夜间排尿0~1次,每昼夜的总尿量为1000~1800mL。尿次和尿量受饮水、温度、出汗、年龄等因素的影响。

尿量过多,小便清长量多,畏寒喜暖者,其病在肾,多属虚寒证。尿量增多,伴口渴、多饮、多食,而且消瘦,属消渴病。小便短少,色赤,多属实热证。尿少水肿,为水肿病,多因肺、脾、肾功能失常,气化不利,水湿内停。排尿次数增多称为尿频;排尿急迫不能控制称为尿急;排尿时感尿道疼痛称为尿痛。尿频、尿急、淋漓不畅或涩痛,多属下焦湿热。小便频数,量多色清,夜间尤甚,为下焦虚寒,多因肾阳不足,肾气不固,膀胱失约所致。小便不畅、点滴而出为"癃";小便不通,点滴不出为"闭",一般统称为"癃闭"。多因湿热下注,或瘀血、结石阻塞者,多属实证;若肾阳不足,不能气化,或肾阴亏损,多属虚证。不能自主地排尿称为尿失禁,多由肾气不固、膀胱失约所致。不自主排尿称为遗尿,多属肾气不足。小便后点滴不尽,又称尿后余沥,多因肾气虚弱,肾关不固。

(七)问小儿

小儿科古称"哑科",不仅问诊困难,而且也不一定准确,医生主要通过询问陪诊者,以获得有关病情资料。除一般内容外,还应注意其出生前后,如妊娠期及产育期母亲的营养健康状况,有何疾病,曾服何药,分娩时是否难产、早产等,以了解小儿的先天情况。询问婴幼儿的喂养情况及喂养方法;婴幼儿坐、爬、立、走、出牙、学语等发育过程;预防接种,有否患过传染病或接触史,以及兄妹父母健康状况,有无遗传性疾病等。

此外,询问病史时,应注意询问发病诱因,如有无受寒、受惊、伤食等情况。

(八)问妇女

经、带、胎、产是妇女特有的生理现象,妇女月经、带下的异常,不仅是妇科常见疾病,也是全身病理变化的反映。

1. 月经 应询问病人的月经周期、经量、经色、经质、行经有无疼痛等情况。

(1)月经周期:月经周期一般为28日左右,行经3~5日,月经的颜色正红,经质不稀不稠,无血块。若月经周期经常提前八九日以上,连续发生2次以上,称为月经先期,多属血热迫血妄行或气虚统摄无权,冲任不固,不能摄血所致。周期经常错后八九日以上,连续发生2次以上者,称为月经后期,多属营血亏损,血源不足;或阳气虚衰,生化不足,运血无力,血海不能按时满溢,或气滞、瘀血阻滞经脉所致。月经或前或后,经期不定,差错在八九日以上,连续发生3次以上者,称经期错乱或月经先后无定期,多因肝气郁滞、气机不畅或脾胃虚弱,或瘀血内阻所致。

(2)经量:经期排出的血量一般为50~100 mL,由于个体素质、年龄的不同,经量的多少略有差异。若经量较以往明显增多,周期基本正常者,多属血热、冲任受损,或脾虚不能摄血,或由瘀血内阻、络伤血溢所致。经量过少,多因精亏血少、血海空虚或寒凝、血瘀等所致。

(3)经行异常:一般情况下,正常月经,每月一次,经常不变,称月经。也有特殊现象,如两月一行的称并月;三月一行为居经;一年一行为避年;终身不来月经,而能受孕,称暗经,以上表现都为生理性异常,不作病论。临床常见的病理性经行异常主要有以下几种。

①崩漏:若不在行经期间,阴道内大量出血,或持续下血、淋漓不止者,称为崩漏。大量出血,来势急,血量多,称为"崩";来势缓,出血持续淋漓不断者,称为"漏"。多因血热迫血妄行、气虚不能摄血或阴虚而虚热内扰、瘀阻胞宫等所致。

②闭经:若停经3个月以上非妊娠者,称为闭经,多因气血亏虚,血海空虚,或血寒不通,或寒湿凝滞等所致。

③痛经:指正值经期或经期前后,出现周期性小腹疼痛,或病引腰骶,甚至剧痛难忍者,亦称经行腹痛。若经前或经期小腹胀痛或刺痛,多属气滞或血瘀;小腹冷病,遇温则减轻,多属寒凝或阳虚;经期或经后小腹隐痛,多属气血两虚,胞脉失养。

(4)经色、经质:经色淡红质稀,为血少不荣;经色深红质稠,多为热证;经色紫暗,夹有血块属血瘀。

2. 带下 正常妇女阴道内有少量乳白色、无臭味的分泌物,有润泽阴道的作用。如果带下过多,淋漓不断,或有色、质的改变,或有臭味,均为病理性带下,临床以黄带、白带、赤白带较为多见。

(1)黄带:指带下量过多,色黄,黏稠臭秽,多属湿热证。

(2)白带:指带下量多,色白,质稀如涕,淋漓不绝,无臭味,多属脾肾阳虚,寒湿下注。

(3)赤白带:白带中混有血液,赤白杂见,多属肝经郁热或湿热下注。

(4)赤色带:绝经后又见赤色带下,气味臭秽者,应警惕患有癌症的可能,须及早做专科检查。

四、切诊

切诊，就是医生运用手指或手掌的触觉，对病人体表的一定部位进行触、摸、按、压，以了解病情的一种方法，包括脉诊和按诊。

（一）脉诊

脉诊，医生用手指切按病人的动脉，根据脉动应指的形象，以了解病情、辨别病证的一种诊察疾病方法。它是四诊的重要组成部分，也是中医学的一种独特诊病方法。

1. 诊脉的部位　诊脉部位历来就有多种。目前，临床普遍运用寸口诊法（图1-4），即切按病人桡骨茎突内侧一段桡动脉的搏动明显处。

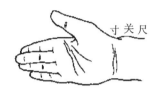

图1-4　寸口诊法

通常以腕后高骨（桡骨茎突）为标记，其内侧的部位为关部，关之前（腕侧）为寸部，关之后（肘侧）为尺部。两手各有寸、关、尺三部，共称六部脉。它们分候的脏腑是：寸部候上焦，即膈以上胸部及头部的疾病，其中左寸候心，右寸候肺；关部候中焦，即膈以下至脐以上部位的疾病，其中左关候肝胆，右关候脾胃；尺部候下焦，即脐以下及足部疾病，两尺部均候肾。

2. 诊脉的方法　诊脉的时间以环境安静、气血平和为佳。病人正坐或仰卧，前臂平伸，掌心向上，与心脏同高，腕下垫脉枕。多数情况下是病人在左侧以左手诊脉，在右侧以右手诊脉。切脉时医者要呼吸均匀，清心宁神，认真反复体察，每次诊脉不应少于五十动。

诊脉时的要领：中指定关，三指平齐，运用指腹，布指同身。即先中指按在掌后高骨（桡骨茎突）内侧动脉处，称为中指定关，再用食指按在关部前定寸部，无名指按在关部后定尺部。三指呈弓形，为三指在诊脉中举按一致，力度均匀，必须将三指屈曲，使指端平齐。以指腹触按脉体，布指的疏密应与病人手臂的长短和医生手指的粗细相适应。小儿寸口部甚短，可用"一指（拇指或食指）定关法"，而不细分寸、关、尺三部。3岁以下小儿，还可用望指纹代替切脉。

切脉时常用指法为举、按、寻、总按、单按。即用较轻的指力按在皮肤上为"举"，又称浮取；用中等指力按在肌肉上为"寻"，又称中取；用重力按至筋骨为"按"，又称沉取。三指平齐同时用力诊脉，称为"总按"，是诊脉的常法。为了有重点地了解某一部脉象，也可用一个手指诊察一部脉象，叫做"单按"。根据临床需要，可用举、寻、按反复触按体察脉象。寸、关、尺三部每部有浮、中、沉三候，合称三部九候。

切脉主要是体察脉象，即体察脉动应指的征象，包括显现的部位（浮、沉）、频率（迟、数）、力量的强弱（虚、实）、充盈度（洪、细）、紧张度（濡、弦、紧）、通畅的程度（滑、涩）、节律（促、结、代）等辨别病证的部位、病邪的性质以及正邪盛衰等情况。

3. 正常脉象　正常人在生理条件下出现的脉象称为正常脉象，又称"平脉""常脉"。其基本脉象表现为寸、关、尺三部均有脉，尺脉沉取有一定力量，一息四五至，节律一致，不浮不沉，不大不小，从容、和缓、有力。正常脉象随生理活动和气候环境有相应正常变化，即脉象可受年龄、性别、体质、气候、精神状况等因素影响，而有一定的差异。如春季脉多弦，夏季脉多洪，秋季脉多浮，冬季脉多沉；小儿脉多数，老人脉多缓，瘦人脉多浮，胖人脉多沉，运动员脉多迟缓而有力等，均属正常脉象。

此外，有的人脉不见于寸口部位，而从尺部斜向手背后称为"斜飞脉"；若脉出现在寸口背侧的称为"反关脉",这是桡动脉位置异常所致,均不属病脉。

4. 常见病脉及主病 疾病反映于脉象的变化称病脉。不同的病证表现出不同的脉象,所以诊察脉象,可以判断疾病,但临床应用时,不能单凭脉象来诊断疾病,必须"四诊合参"(表1-3)。

表1-3 16种常见脉象表现及主病简表

脉名	脉 象	主 病
浮	轻取即得,重按稍减而不空	表证
沉	轻取不应,重按方得	里证
迟	脉来迟缓,一息不足四至	寒证
数	脉来急促,一息脉来五至以上	热证
虚	举之无力,按之空虚	虚证
实	脉来充盛有力,举按皆然	实证
滑	往来流利,应指圆滑,如珠走盘	痰饮,实热,食滞
涩	脉细行迟,往来艰涩	气滞血瘀,精伤血少,痰食内停
弦	端直而长,如按琴弦	肝胆病、诸痛、痰饮
紧	脉来绷紧有力,状如牵绳转索	寒证,痛证
濡	浮而细软,应指无力	诸虚,湿证
洪	脉形宽大,来盛去衰	热盛
细	脉如细线,应指明显	诸虚劳损、湿证
代	脉来一止,止有定数,良久方来	脏气衰微、风证、痛证、惊恐、跌仆损伤
结	脉来迟缓,时而一止,止无定数	阴盛气结,痰滞血瘀
促	脉来急数,时见一止,止无定数	阳盛实热、邪实阻滞

5. 相兼脉象与主病 引起疾病的原因是多方面的,疾病发展变化是错综复杂的,因此在脉象表现上也是多种多样的。临床上可以单见一种脉象,但往往是两种或两种以上脉象同时并见。所谓相兼脉象是指几种脉象同时并见的综合脉象,这种几种脉象同见的,就是相兼脉。相兼脉象的主病,往往是各脉象主病的总和。如浮脉主表证,数脉主热证,紧脉主寒证,浮数脉相兼即主表热证;浮紧脉相兼主表寒证。又如沉脉主里证,细脉主虚证,数脉主热证,沉细数相兼即主虚热证;弦脉主肝胆病,数脉主热证,滑脉主痰湿,弦数滑脉相兼,其主病为肝胆湿热或肝火挟痰。余可类推。

(二)按诊

按诊是医生用手直接触摸或按压病人某些部位,以了解局部冷热、润燥、软硬、压痛、肿块或其他异常变化,从而推断疾病的病位、病性和病情的一种诊病方法。它是切诊的一部分,特别是对于脘腹部的病变,如疼痛、肿胀、痰饮、肿块等的辨证,提供确切的依据。

1. 按胸胁 按胸胁是指根据病情需要,有目的地对前胸和胁肋部进行触摸、按压或叩击,以了解局部及内脏的病变。胸内藏心肺,胁内包括肝胆,所以按胸胁不仅可以排除局部的病变,而且可以诊察心、肺、肝、胆等脏腑的病变。

虚里位于左乳下心尖搏动处,反映宗气的盛衰。若微动不显,多为宗气内虚;动而应衣,为宗气外泄;若洪大不止,或绝而不应,为危重之象。若动而欲绝而无恶兆,多为悬饮;前胸高起,叩之有膨膨清音者,为肺胀,亦见于气胸;若按之疼痛,叩之实音,多为痰热气结或水饮内停;胸部外伤则见局部青紫肿胀而拒按。

胁痛喜按,右胁下肿块,按之表面凹凸不平,应排除肝癌;胁下肿块,刺痛拒按为气滞血瘀;胁下按之空虚无力为肝虚;疟疾日久,胁下痞块为疟母。

2. 按脘腹　按脘腹是通过触按胃脘部及腹部,了解寒热、软硬、胀满、肿块、压痛等情况,以辨别不同脏腑的病变及其寒热虚实的诊察方法。

脘腹疼痛,腹痛隐隐,喜按,局部柔软者,多属虚证;按压后疼痛加剧,并且局部坚硬者,多属实证。若腹痛喜按而且喜暖者则为虚寒证;若腹部灼热,喜冷拒按,则为实热证。腹部胀大,绷急如鼓状者,称为鼓胀,是一种严重疾病。如果按之发现有包块,应注意肿块的大小、形态、硬度、压痛等。包块按之有形,痛有定处,则此包块为癥或积,病在血分;若包块按之可散,痛无定处,聚散不定,为瘕或聚,病属气分。如果腹痛绕脐,腹内有块,按之硬,且可移动聚散者,应考虑有虫积;若右下腹部按之疼痛,尤以重按后,突然放手而疼痛剧烈者,应考虑肠痈初起;左下腹痛,按之有块累累,多为燥屎内结。

3. 按肌肤　按肌肤是指触按某些部位的肌肤,了解肌肤的寒热、润燥、疼痛及肿胀等情况来分析疾病的寒热虚实及气血阴阳盛衰的诊察方法。

按肌表的寒热,以辨别邪正的盛衰。一般肌肤灼热者,多为阳证、热证;肌肤寒凉者,常见于阴证、寒证;若手足心灼热者,多属阴虚内热;若肌肤柔软而喜按者,多为虚证。

触皮肤的润燥,从而诊察病人有汗、无汗和津液损伤与否。若皮肤润滑,多属津液未伤;皮肤枯槁干燥或皮肤甲错者,多属津液已伤或有瘀血。

按压肌肤肿胀,可用于辨别水肿和气肿。若肌肤肿而发亮,按之凹陷,不能即起者,多为水肿;若肌肤绷紧,按之凹陷,举手即起无痕者,多为气肿。在外科疮疡方面,触之病变局部肿硬不热者,常为寒证;肿处灼手压痛者多为热证。

4. 按手足　按手足指按触手足以诊察寒热情况。按掌心与掌背温凉可诊察是外感还是内伤,如手心热盛,多为内伤;若手背热盛,多属外感。手足俱热,多为阳热证;手足俱冷,多为阴寒证。但是,如果阳郁于里,不能外达,而见手足厥冷,为里热实证。

小结

中医诊法是从整体观念出发,综合识别判断病证。在运用各种诊法收集病人的临床资料时,对病证进行详细的询问、诊察,要了解寒热、饮食、大小便、睡眠、精神状况、舌象、脉象等全身情况,以及病史、体质、环境、时令、气候等因素对疾病的影响。对病情资料的收集分析,也必须做到全面、准确,四诊并重,诸法参用。望、闻、问、切四诊是从不同的角度来检查病情和收集临床资料,各有其独特的方法与意义,不能互相取代。在诊察时,抓住主要矛盾,有步骤、有重点地收集资料,快速而准确地完成诊断过程。

第九节 辨 证

一、八纲辨证

八纲辨证是各种辨证的总纲。八纲,即指阴、阳、表、里、寒、热、虚、实这八类证候。

(一) 表里

表里辨证是辨别病变部位和病势的一对纲领。通常病在皮毛、肌腠,部位浅在者属表证,病在脏腑、血脉、骨髓,部位深在者属里证。

1. 表证 表证指六淫之邪从皮毛、口鼻侵入人体而引起的病位在皮毛、肌腠的一类证候,多见于外感病初起阶段,通常具有发病急、病程短、病位浅的特点。其临床表现以发热恶寒(或恶风)、舌苔薄白、脉浮为主,常兼见头身疼痛、鼻塞、咳嗽等症状。

表证以发热恶寒(或恶风)、脉浮为辨证要点。

2. 里证 里证是与表证相对而言的,指病位深在于内(脏腑、气血、骨髓等)的一类证候。由于表邪不解,内传于里,或外邪直中脏腑,或七情、饮食、劳逸等因素伤于内,直接损伤脏腑气血,使其功能失调,气血紊乱所致。里证包括的范围广泛(详见虚实寒热辨证及脏腑辨证),具有发病缓、病程长、病位深的特点。

3. 表证和里证的关系 表里同病即表证和里证在同一时期出现。如表证未罢,又及于里;本有内伤,又加外感;先有外感,又伤饮食等。

表里转化:表证和里证可以相互转化,即由表入里或由里出表。一般机体抗邪能力降低,或邪气过盛,或护理不当,或失治、误治等因素,可导致表证不解,内传入里,侵犯脏腑就转为里证,病势加重;反之,如加强护理,提高抗病能力,病邪可由里出表,病势减轻。

(二) 寒热

寒热是判断疾病性质的两个纲领。

1. 寒证 寒证是感受寒邪,或阳虚阴盛,机体的机能活动衰减所表现的证候。常见恶寒喜暖、口淡不渴、面色苍白、肢冷踡卧、小便清长、大便稀溏、舌淡苔白而润滑、脉迟或紧等症状。

寒证以冷、凉为特点,机能减退为辨证要点。

2. 热证 热证多由外感火热之邪,或因七情过激,郁而化火,或饮食不节,积蓄为热,或房室劳倦,劫夺阴精,阴虚阳亢,或阳盛阴虚,表现为机体的机能活动亢进的症候。常见发热喜凉,口渴饮冷,面红目赤,烦躁不宁,小便短赤,大便燥结,舌红苔黄而干燥,脉数等。

热证以温、热为特点,机能活动亢进为辨证要点。

3. 寒证和热证的鉴别 寒证属阴盛,多与阳虚并见;热证属阳盛,常有津液燥涸的症候出现(表 1-4)。

表 1-4 寒证和热证的鉴别表

鉴别要点	面色	四肢	寒热	口渴	大便	小便	舌象	脉象
寒证	苍白	清凉	但寒不热	不渴或热饮不多	稀溏	清长	舌淡苔白润	迟
热证	红赤	烦热	但热不寒	口渴喜冷饮	干结	短赤	舌红苔黄干	数

4. 寒证和热证的关系　寒证和热证可以互相转化,一般由寒证转化为热证,是人体正气尚盛,若由热证转化为寒证,多属正不胜邪。

(三) 虚实

虚实辨证是分析辨别邪正盛衰的两个纲领。

1. 虚证　虚证是正气不足所表现的证候。有阴虚、阳虚、气虚、血虚的区分,其形成有先天不足和后天失养,以后天失于调养为主,如饮食失调、七情劳倦、房室过度或久病及失治、误治等均可损伤正气,内伤脏腑气血导致虚证。其症状表现总以不足、无力、松弛、衰退为特征,各种虚证临床表现不同又相互联系,气虚兼有寒象则为阳虚证,血虚证兼有热象则为阴虚证,气虚也可导致血虚,血虚亦可导致气虚。

虚证以不足、虚弱为辨证要点(表1-5)。

表1-5　气虚与阳虚、血虚与阴虚的鉴别表

	临床表现		
气虚	面色无华,少气懒言,语声低微,疲倦乏力,自汗,动则加剧,舌淡,脉虚弱	畏寒肢冷,小便清长,大便溏泻,舌淡苔白润,脉沉迟	阳虚
血虚	面色萎黄,唇甲色淡,头晕眼花,心悸失眠,手足麻木,经量少,延期或经闭,舌淡,脉细弱无力	五心烦热,两颧潮红,午后潮热,夜间盗汗,舌红少津,脉象细数	阴虚

2. 实证　实证是由邪气过盛所反映出来的一类证候。其形成原因,一则外邪侵袭,二则内脏功能失调,代谢障碍,以致痰饮、水湿、瘀血等病理产物停留在体内所致。实证往往表示邪正斗争处于激烈的阶段,症状表现总以有余、强盛、结实、亢进为特征。

实证以有余、亢盛为辨证要点。

3. 虚证和实证的鉴别　一般外感初期,证多属实;内伤久病,证多属虚(表1-6)。

表1-6　虚证和实证的鉴别表

	特点	发病	精神	形体	声息	疼痛	大便	小便	舌象	脉象
虚证	不足无力松弛衰退	内伤久病起病缓病程长	神疲乏力	喜静倦卧	声低气微	隐痛喜按	大便稀溏	小便清长	舌淡嫩少苔	细弱
实证	有余强盛结实亢进	新病初起起病缓病程长	烦躁难静	喜动仰卧	声高息粗	剧痛拒按	大便秘结	小便短赤	舌质苍老舌苔厚腻	实而有力

4. 虚证和实证的关系　虚证和实证互相联系,在一定的条件下亦可相互转化,也可以同时并存。

虚实转化:实证状态下,由于失治或误治,如大汗、大吐、大下之后,耗伤阴液,损伤正气就有可能转为虚证;若身体虚弱,脏腑功能失调,代谢障碍,以致痰、血、水、湿等病理产物滞留,则可形成虚实夹杂证。而虚证转为实证相对较少。

虚实夹杂:指虚证和实证同时出现,有以实证为主而夹杂有虚证,有以虚证为主而夹杂有

实证,也有虚实并重的。

5. 虚实和表里、寒热的关系 表证和里证各有寒热虚实之证,即表寒证、表热证、表虚证、表实证、里寒证、里热证、里虚证、里实证。除此在里证中还有虚寒、虚热、实寒和实热证的证候,虚寒证即阳虚证,虚热证即阴虚证,实寒证即里寒证,实热证即里热证。

(四)阴阳

阴阳是八纲辨证的总纲,用以统括其余的六个方面,即表、热、实证属阳证;里、寒、虚证属阴证。

1. 阴证 阴证是阳气虚衰或寒邪凝滞的证候。多由于年老体衰、内伤久病或外邪内传五脏,常表现为机能衰减、脏腑功能降低,见于里证的虚寒证。其临床常表现为无热恶寒,四肢逆冷,息短气乏,身体沉重,精神不振,但欲卧寐,呕吐,下利清谷,小便色白,爪甲色青,面白舌淡,脉沉微等。

阴证以见寒象为辨证要点。

2. 阳证 阳证是体内热邪壅盛或阳气亢盛的证候。多由于邪气盛而正气未衰,处于正邪斗争阶段,常表现为机能亢盛、脏腑功能亢进,常见于里证的实热证。其临床常表现为身热,热不恶寒,心烦口渴,躁动不安,气高而粗,口鼻气热,视物模糊或目赤多眵,面唇色红,小便红赤,大便或秘或干,舌质红绛,脉滑数有力等。

阳证以见热象为辨证要点。

3. 阳证和阴证的鉴别

(1)阳证见热象,以身热、恶热、烦渴、脉数为要点;阴证见寒象,如身寒肢冷、无热恶寒、精神萎靡、脉沉微无力等。

(2)阴阳本身的病变,即阴阳的相对平衡遭到破坏所引起的病变,还有阴虚、阳虚、亡阴、亡阳等证候。

阴虚与阳虚:是机体阴阳亏损而导致的阴不制阳、阳不制阴的证候。其临床表现,阴虚证除见形体消瘦、口燥咽干、眩晕失眠、脉细、舌少津等阴液不足的证候外,还伴见五心烦热、潮热盗汗、舌红绛、脉数等阴不制阳、虚热内生的证候;阳虚证除见神疲乏力、少气懒言、蜷卧嗜睡、脉微无力等气虚机能衰减的证候外,还兼见畏寒肢冷、口淡不渴、尿清便溏或尿少肿胀、面白舌淡等阳不制阴、水寒内盛的证候。

亡阴与亡阳:是属于疾病过程中的危重证候,大都出现在高热大汗、剧烈吐泻、失血过多等阴液或阳气迅速亡失的情况下。亡阴指阴液大量消耗所致阴液衰竭的证候,常见大汗淋漓,汗出如油,呼吸短促,身热,手足温,面色潮红,脉细数无力;亡阳指体内阳气严重耗损所致阳气虚脱的证候,常见大汗淋漓,汗出如水,肌肤凉,手足冷,蜷卧神疲,脉微欲绝。

二、脏腑辨证

脏腑辨证是以脏腑学说为基础,运用四诊的方法,根据脏腑的生理功能、病理表现分析各种病证,推究病机,判断病位、病性、邪正盛衰状况,是内伤杂病最主要的辨证方法,指导着临床治疗与护理。

(一)心病辨证

1. 心气虚

临床表现:心悸,气短,自汗,活动或劳累后加重,面色淡白,体倦乏力,舌质淡,苔白,脉虚。

证候分析：心主血脉，心气虚，推动无力，气血不能正常运行，故心悸，气短；汗为心之液，气虚肌表不固则自汗；动则耗气，故活动或劳累后加重；气虚，推动无力则体倦乏力；气虚，运血无力，血不上荣，故面色淡白；舌淡苔白脉虚为气虚之象。

辨证要点：心脏及全身机能活动衰弱。

2. 心阳虚

临床表现：心悸，气短，自汗，活动或劳累后加重，形寒肢冷，心胸憋闷，面色苍白，舌淡，舌体胖嫩，脉细弱或结代。

证候分析：心气虚故心悸，气短，自汗，活动或劳累后加重；阳虚，温煦无力，故形寒肢冷；心主血脉，心阳亏虚，推动血液运行无力，心脉受阻，故心胸憋闷，舌紫暗，脉结代；气虚，血不上荣，故面色苍白，舌淡，舌体胖嫩，脉细弱。

辨证要点：心气虚证的基础上出现虚寒症状。

如出现心阳虚脱，除有心阳虚的症状外，兼见大汗淋漓，四肢厥冷，口唇青紫，呼吸微弱，脉微欲绝。

3. 心血虚

临床表现：心悸失眠，健忘多梦，头晕目眩，面色不华，唇甲色淡，舌淡，脉细弱。

证候分析：心主血脉，心血不足则心悸；心藏神，心血不足，心失所养，心不藏神，故失眠，健忘多梦；血不能荣上，故头晕目眩，面色不华，唇舌色淡；甲为筋之余，筋失所养，则爪甲色淡；血虚，脉管不能充盈，故脉细。

辨证要点：心的常见症状与血虚证共见。

4. 心阴虚

临床表现：心悸失眠，健忘多梦，头晕目眩，五心烦热，两颧潮红，午后潮热，夜间盗汗，口干，舌红少津，脉细数。

证候分析：心血亏虚，则心悸失眠，健忘多梦，头晕目眩；心阴不足，阴不制阳，虚热内扰，故五心烦热，两颧潮红，午后潮热，夜间盗汗，口干，舌红少津，脉细数。

辨证要点：心血虚症状与虚热证共见。

心血虚与心阴虚的共同症状是：心悸失眠，健忘多梦。

5. 心血瘀阻

临床表现：心悸，心胸憋闷疼痛，并常引臂内侧疼痛，尤以左臂痛厥为多见，一般痛势较剧，时作时止，重者并有面、唇、指甲青紫，四肢逆冷，舌质暗红，或见紫色斑点，苔少，脉微细或涩。

证候分析：心主血脉，邪阻心脉，气血运行不畅，故心胸憋闷疼痛；心经循行于肩背及上臂内侧，故痛引肩背及内臂；血脉痹阻，血运不畅，阳气不能外达，故四肢逆冷；面、唇、指甲青紫，舌质暗红，有斑点，脉涩，均为瘀血阻滞之象。

辨证要点：胸部憋闷疼痛，痛引肩背内臂，时发时止。

6. 心火亢盛

临床表现：心中烦热，失眠多梦，口舌糜烂疼痛，口渴，舌红，脉数，甚则发生吐血、衄血。

证候分析：心藏神，心火炽盛，热扰神明，故心烦，失眠多梦；心开窍于舌，心火炽盛，故口舌糜烂疼痛；热灼津伤，故口渴；心火炽盛，迫血妄行，故吐血、衄血；舌红，脉数乃内热之象。

辨证要点：神志异常及内热炽盛并见。

(二)肺病辨证

1. 肺气虚

临床表现:咳喘无力,痰液清稀,气短乏力,自汗,动则加重,声音低微,或语言断续无力,面白无华,或畏风、易感冒,舌质淡嫩,脉虚弱。

证候分析:肺气虚,宗气不足,呼吸功能减弱而致咳喘无力;肺气虚,通调水道功能减退,水液停聚于肺,故痰液清稀;肺气虚不能宣发卫气,固护肌表,致腠理不密、卫表不固,故自汗畏风、易感冒;气虚则面白无华,乏力,声音低微,舌淡,脉虚。

辨证要点:咳喘无力,气少不足以息和全身机能活动减弱。

2. 肺阴虚

临床表现:干咳无痰,或痰少而黏,或痰中带血,并有咽喉干痒,或声音嘶哑,身体消瘦,口燥咽干,五心烦热,两颧潮红,午后潮热,夜间盗汗,口干,舌红少津,脉细数。

证候分析:肺阴不足,肺失肃降,故干咳无痰,或少痰;虚火灼肺,热灼津伤,炼液为痰,故痰少而黏;虚火灼伤肺络,故痰中带血;虚火灼肺,热灼津伤,津液不能上润咽喉,故声音嘶哑,口燥咽干;五心烦热,两颧潮红,午后潮热,夜间盗汗,口干,舌红少津,脉细数为阴虚内热之象。

辨证要点:肺病常见症状伴阴虚内热表现。

3. 风寒束肺

临床表现:咳嗽或气喘,痰白而质稀,多泡沫,口不渴,常伴有鼻塞流清涕,或兼见发热恶寒、头痛、全身酸楚等症状,舌苔薄白,脉浮紧。

证候分析:风寒之邪袭肺,肺失宣发,故咳嗽或气喘,痰色白而质稀;鼻为肺窍,肺失宣发,鼻窍不利,故鼻塞流清涕;肺合皮毛主卫表,风寒袭肺,卫气郁遏,故发热恶寒、头痛、全身酸楚;舌苔薄白、脉浮紧为风寒束表之象。

辨证要点:咳嗽、痰稀兼见风寒表证。

4. 风热犯肺

临床表现:咳嗽,痰色黄质稠,不易咳出,甚则咳吐脓血臭痰,伴咽喉疼痛,鼻流浊涕,口渴欲饮,舌尖红,脉浮数。病重者气喘鼻煽,烦躁不安。

证候分析:风热犯肺,肺失宣肃则咳嗽;热灼津液为痰,故痰色黄质稠,不易咳出;热盛肉腐,肉腐则为脓,故咳吐脓血臭痰,鼻流浊涕;风热上扰,故咽喉肿痛;热灼津伤,故口渴欲饮;热盛气随津伤,肺气不足故气喘鼻煽;热扰神明故烦躁不安;舌尖红,脉浮数为外感风热之象。

辨证要点:咳嗽与风热表证共见。

5. 风燥犯肺

临床表现:干咳无痰,或痰少而黏,或痰中带血,缠喉难出,鼻燥咽干,口干舌燥,皮肤干燥;伴有胸痛,恶寒发热头痛,周身酸楚等,舌红,苔薄白少津,脉浮细。

证候分析:燥伤肺津,肺失宣肃,故干咳无痰,或痰少而黏,缠喉难出或伴胸痛;燥邪化热,灼伤脉络,可见痰中带血;燥伤肺津,肺失滋润,津液不布,故鼻燥咽干,口干舌燥,皮肤干燥;燥邪外袭,肺卫失宣,故恶寒发热头痛,身体酸楚,苔薄白脉浮;津液受损故脉细。

辨证要点:肺系症状及干燥少津。

6. 痰浊阻肺

临床表现:咳嗽,痰量多,色白而黏,容易咳出,或见气喘,胸闷,痰鸣,呕恶等,舌苔白腻,脉滑。

证候分析：痰浊阻肺，肺气上逆，故咳嗽，痰量多，色白而黏，容易咳出；痰湿阻滞气道，肺气不利，故气喘，胸闷，痰鸣；苔白腻、脉滑均为痰湿之象。

辨证要点：咳嗽及痰多质黏色白易咳。

(三) 脾病辨证

1. 脾气虚

临床表现：食纳减少，食后作胀，或肢体水肿，小便不利，或大便溏泻，时息时发，四肢倦怠，少气懒言，面色萎黄，身体消瘦，舌质淡嫩，苔白，脉缓弱。

证候分析：脾气虚弱，运化无力，故食纳减少，食后作胀；脾虚水湿不运，流注肠中，则大便溏泻，时息时发；脾气虚弱，水湿运化无力，故肢体水肿，小便不利；脾失健运，气血生化不足，四肢肌肉及全身失于充养，故四肢倦怠，少气懒言，面色萎黄，身体消瘦；苔淡脉弱为气虚之象。

辨证要点：运化功能减退和气虚证共见。

2. 中气下陷

临床表现：脘腹坠胀，便溏久泻，肛门坠胀，甚至脱肛，或子宫脱垂，胃下垂，尿如米泔，伴食纳减少，食后作胀，体倦少气，头晕目眩，气短懒言，面色萎黄，舌淡苔白，脉虚。

证候分析：脾气虚弱，运化无力，故食纳减少，食后作胀；脾气虚弱，升清无力，故便溏久泻；脾虚精微输布不利，清浊不分，故尿如米泔；脾失健运，气血生化不足，四肢肌肉及全身失于充养，故四肢倦怠，头晕目眩，少气懒言，面色萎黄，身体消瘦；脾虚升举脏器无力，脘腹坠胀，肛门坠胀，甚至脱肛，或内脏下垂；舌淡苔白、脉虚为气虚之象。

辨证要点：脾气虚和内脏下垂表现。

3. 脾不统血

临床表现：面色苍白或萎黄，饮食减少，倦怠无力，少气懒言，肌衄，便血以及妇女月经过多，或崩漏，舌质淡，脉细弱。

证候分析：脾气虚弱，运化无力，气血生化不足，故面色苍白或萎黄，饮食减少，倦怠无力，少气懒言；脾气虚弱，摄血无力，血溢脉外，故肌衄，便血以及妇女月经过多，或崩漏，脉细；舌质淡、脉弱为气虚之象。

辨证要点：脾气虚并见出血证。

4. 脾阳虚

临床表现：食少纳差，脘腹冷痛，腹满时减、得温则舒，大便溏薄，甚则下利清谷，口淡不渴，甚则口泛清水，四肢不温，气怯形寒，肢体浮肿，小便短少。妇女则见白带清稀量多，小腹下坠，腰酸沉等。舌淡苔白，脉沉迟无力。

证候分析：脾阳不足，脾失健运，故食少纳差；阳虚阴盛，寒从中生，寒凝气滞，故脘腹冷痛，腹满时减、得温则舒，口泛清水，四肢不温，气怯形寒；阳虚水湿不运，流注肠中，则大便溏泻，甚则下利清谷，小便短少；水湿溢于肌肤，故肢体水肿；流注下焦，则白带清稀量多；中焦虚寒，则口淡不渴，甚则口泛清水；舌淡苔白、脉沉迟无力均为阳虚之象。

辨证要点：脾失健运的基础上伴有寒象。

5. 寒湿困脾

临床表现：脘腹胀满，头身困重，食纳减少，泛恶欲吐，口淡不渴，腹痛便溏，小便不利，妇女白带量多，或水肿，身目发黄，面黄晦暗。舌淡胖，苔白腻或白滑，脉濡缓。

证候分析：寒湿困脾，脾失健运，故食纳减少；脾失健运，气机升降失常，故脘腹胀满，腹痛便溏;中阳受困,胃失和降,故泛恶欲吐;脾主肌肉,湿性重浊,故头身困重;湿泛于上,故口淡不渴;脾为湿困,水湿不运,故小便不利;水湿泛溢肌肤则水肿;寒湿下注,则白带量多;寒湿困脾,肝胆失于疏泄,胆汁外溢,故身目发黄,面黄晦暗;舌淡胖、苔白腻或白滑、脉濡缓为寒湿内盛之象。

辨证要点:脾失健运又见寒湿中遏表现。

6. 脾胃湿热

临床表现:面目皮肤发黄,鲜明如橘色,脘腹胀满,不思饮食,厌恶油腻,恶心呕吐,体倦身重,水肿,身目发黄,面黄晦暗,身热不扬,口苦,尿少而黄。舌苔黄腻,脉濡数。

证候分析:湿热蕴结脾胃,脾失健运,湿遏气机,故脘腹胀满,不思饮食,恶心呕吐;湿性重浊,则体倦身重;脾不运湿,湿溢肌肤则水肿;湿热困脾,熏蒸肝胆,肝失于疏泄,胆汁外溢,故身目肌肤发黄;舌淡胖、苔黄腻或滑数、脉濡数为湿热内盛之象。

辨证要点:脾失健运和湿热内阻并见。

(四)肝病辨证

1. 肝血虚

临床表现:眩晕耳鸣,面白无华,两目干涩,视物不清或雀目,爪甲不荣。或见肢体麻木,关节拘急不利,手足震颤,肌肉跳动,妇女常见月经量少、色淡,甚则经闭。舌淡,脉弦细。

证候分析:肝经血虚,不能上荣,故眩晕耳鸣,面白无华,两目干涩,视物不清或雀目;肝主筋,肝血不足,血不濡筋,故爪甲不荣,肢体麻木,关节拘急不利,手足震颤,肌肉跳动;冲为血海,肝血不足,血不盈脉,故经量少、色淡,甚则经闭;舌淡脉细为血虚之象。

辨证要点:筋脉、爪甲、两目、肌肤等失去血之濡养与血虚证共见。

2. 肝阴虚

临床表现:眩晕耳鸣,胁痛目涩,面部烘热,口咽干燥,五心烦热,潮热盗汗,手足蠕动,舌红少津,脉弦细数。

证候分析:肝阴亏虚,阴不制阳,虚热上扰,故眩晕耳鸣,面部烘热;阴虚,两目失于濡润,故目涩;筋失濡润,故手足蠕动;阴虚则内热,故五心烦热,潮热盗汗,舌红少津,脉弦细数。

辨证要点:头目、筋脉、肝络等失于濡润及虚热证共见。

3. 肝阳上亢

临床表现:头目胀痛、眩晕耳鸣,面红目赤,头重脚轻,口苦咽干,烦躁易怒,失眠健忘多梦,腰膝酸软,舌红少津,脉弦有力。

证候分析:肝阴亏虚,阴不制阳,阳亢于上,故头目胀痛,眩晕耳鸣,面红目赤;肝阳亢盛于上,阴液亏于下,故头重脚轻;肝阳化火,故口苦咽干,烦躁易怒;阴虚阳亢,心失所养,故失眠、健忘、多梦;肝肾阴虚,筋脉失养,故腰膝酸软;舌红少津,脉弦而有力为阴虚阳亢之象。

辨证要点:肝阳亢于上与肾阴亏于下并见。

4. 肝风内动

风有内外之分,一般所称肝风常指内风。主要以抽搐、震颤、麻木等为主要表现。

(1)肝阳化风

临床表现:眩晕欲仆,头痛头摇,肢麻或震颤,舌体抖动,舌红脉弦,甚则猝然昏倒,口眼㖞斜,舌强语謇,或半身不遂。

证候分析:肝肾阴亏于下,肝阳亢盛于上,肝阳化风,风性轻扬,上扰头目,故眩晕欲仆,头痛头摇;肝主筋,阴虚筋失濡润,故肢麻或震颤,舌体抖动;肝阳亢盛,炼液为痰,风痰上扰,蒙蔽心窍,则猝然昏倒,不省人事;风痰阻络,气血运行不畅,故口眼㖞斜,舌强语謇,半身不遂;舌红脉弦为肝阳亢盛之象。

辨证要点:肝阳上亢及肝风内动的症状。

(2) 热极生风

临床表现:高热烦躁,颈项强直,肢体抽搐,两目上视,甚则神志昏迷,牙关紧闭,角弓反张,舌红苔黄,脉弦数。

证候分析:邪热炽盛,故高热不退;热灼肝经,筋脉失养则动风,故颈项强直,肢体抽搐,两目上视,甚则牙关紧闭,角弓反张;热入心包,心神被扰,故烦躁不安,重则神志昏迷;舌红苔黄,脉弦数为热盛之象。

辨证要点:高热与肝风共见。

(3) 血虚生风

临床表现:头晕目眩,视物模糊,面色萎黄,经常手臂发麻,或突然手足抽搐,牙关发紧,舌淡少苔,脉弦细。

证候分析:血虚,血不上荣,头目失于濡养,故头晕目眩,视物模糊,面色萎黄;筋脉失养,故手臂发麻,或突然手足抽搐,牙关发紧;舌淡少苔脉细为血虚之象。

辨证要点:筋、甲、目、肌肤等失于濡养并见血虚表现。

5. 肝气郁结

临床表现:情志抑郁,胁肋、少腹胀满窜痛,胸闷不舒,善太息,不欲饮食。或见口苦善呕,头目眩晕。或妇女则有月经不调,痛经或经前乳房作胀等症。或咽部异物感,瘿瘤、瘰疬。舌苔白滑,脉弦。

证候分析:肝气郁结,肝失疏泄,情志失于条畅,故情志抑郁;气机不畅,故胁肋、少腹胀满窜痛,经前乳房作胀,胸闷不舒,善太息;肝气犯脾,脾失健运,故不欲饮食;肝郁气滞,气血不畅,冲任失调,则月经不调,痛经;气机阻滞,津液不布,聚而成痰,痰随气逆,痰气搏结于咽喉,故咽部异物感,瘿瘤、瘰疬,舌苔白滑,脉弦为肝郁之象。

辨证要点:情志抑郁,肝经所过部位发生胀闷疼痛,妇女则有月经不调等。

6. 肝火上炎

临床表现:胸胁灼痛,急躁易怒,头痛眩晕,耳聋耳鸣,面红目赤,口苦咽干,尿黄便秘。甚则咳血,吐血,衄血。舌红苔黄,脉弦数。

证候分析:肝火内炽,壅滞经脉则胸胁灼痛;肝火炽盛,肝失疏泄,故急躁易怒;火性上炎,循经上扰,故头痛眩晕,耳聋耳鸣,面红目赤,口苦咽干;肝火灼伤脉络则咳血,吐血,衄血;尿黄便秘,舌红苔黄、脉弦数为肝火内盛之象。

辨证要点:肝脉循行部位见到实火炽盛症状。

7. 肝胆湿热

临床表现:胁肋胀痛,口苦纳呆,呕恶腹胀,厌油腻,小便短赤,或小便黄而混浊,大便不调。或身目发黄,或带下色黄腥臭,外阴瘙痒,或睾丸肿痛,红肿灼热。舌红苔黄腻,脉弦数。

证候分析:湿热蕴结,肝胆疏泄失常,气机郁滞,故胁肋胀痛;湿热熏蒸,胆气上溢则口苦;湿热郁阻,肠胃升降失常,故纳呆,呕恶腹胀,厌油腻;湿热下注,故小便短赤,或小便黄而混浊,大便不调,或带下色黄腥臭,外阴瘙痒,或睾丸肿痛,红肿灼热;湿热熏蒸,胆汁外溢肌肤则身目发黄;舌红苔黄腻、脉弦数为肝胆湿热之象。

辨证要点:右胁肋部胀痛,纳呆,尿黄,舌红苔黄腻。

8. 寒滞肝脉

临床表现：少腹胀痛，牵引睾丸，或睾丸胀大下坠，或阴囊冷缩，遇寒则重，遇暖则轻。畏寒肢冷，舌润苔白，脉多沉。

证候分析：肝经绕阴器抵少腹，寒邪侵袭肝经，经气凝滞而不通畅，故少腹胀痛，牵引睾丸，或睾丸胀大下坠，或阴囊冷缩；寒则气血凝滞，热则气血流通，故遇寒则重，遇暖则轻；寒邪易伤阳气，故畏寒肢冷；舌润苔白、脉沉为寒邪内盛之象。

辨证要点：少腹牵引阴部坠胀冷痛。

（五）肾病辨证

1. 肾阳虚

临床表现：形寒肢冷，头晕耳鸣，腰膝酸冷，精神萎靡，或阳痿不举，宫寒不孕，小便频数清长，夜尿多，或尿少水肿，或五更泻。舌淡苔白，脉沉迟或两尺无力。

证候分析：腰为肾之府，肾主骨，生髓，通脑，开窍于耳，肾阳虚，故头晕耳鸣，腰膝酸冷；阳气虚不能温煦肌肤，故形寒肢冷；肾主生殖，肾阳虚，生殖功能减退，故阳痿不举，宫寒不孕；肾阳不足，气化失常，故小便频数清长，夜尿多；肾主水，肾阳虚，气化无权，水湿内停，溢于肌肤，故尿少水肿；肾阳不能温煦脾阳，故五更泻；舌淡苔白、脉沉迟或两尺无力为阳虚之象。

辨证要点：全身机能低下伴见寒象。

2. 肾阴虚

临床表现：腰膝酸软，头晕耳鸣，牙齿松动，失眠遗精，经少、经闭或崩漏，咽干口燥，五心烦热，两颧潮红，午后潮热，夜间盗汗。舌红，脉细数。

证候分析：肾阴虚，不能充骨养脑，故腰膝酸软，头晕耳鸣，牙齿松动；肾阴亏虚，肾精不足，故精少，经少、经闭；肾阴不足，失于滋润，故咽干口燥；虚热内扰，则遗精，崩漏；五心烦热，两颧潮红，午后潮热，夜间盗汗，舌红脉细数均为虚热之象。

辨证要点：肾病的主要症状和阴虚内热同见。

3. 肾精不足

临床表现：男子精少不育，女子经闭不孕，性机能减退。小儿发育迟缓，身材矮小，智力和动作迟钝，囟门迟闭，骨骼痿软。成人早衰，发脱齿摇，耳鸣耳聋，健忘恍惚，动作迟缓，足痿无力，精神呆钝等。

证候分析：肾藏精，主生长发育和生殖，肾精不足，生殖机能减退，故精少不育，经闭不孕；精不养骨充脑，故小儿发育迟缓，成人早衰。

辨证要点：小儿生长发育迟缓，成人早衰，生殖机能减退。

4. 肾气不固

临床表现：滑精早泄，尿后余沥，小便频数而清，甚则不禁，腰脊酸软，面色淡白，听力减退，舌淡苔白，脉细弱。

证候分析：肾气不足，精关不固，故滑精早泄；肾气不固，膀胱失约，不能储藏尿液，故小便频数而清，甚则不禁；余则皆为肾气虚衰之象。

辨证要点：肾与膀胱不能固摄的症状。

5. 肾不纳气

临床表现：气短喘促，呼多吸少，动则喘甚，腰膝酸软，自汗神疲，舌淡脉虚。甚则喘息加剧，面青肢冷，冷汗淋漓，脉大无根。

证候分析：肾主纳气，肾气不足，肾不纳气，故气短喘促，呼多吸少，动则喘甚；腰为肾之府,肾主骨,肾气虚,故腰膝酸软;肺主一身之气,肺气虚,卫外失职,故自汗神疲;肾气虚极则肾阳虚衰,故喘息加剧,面青肢冷;阳气欲脱,故冷汗淋漓,脉大无根;舌淡脉虚为气虚之象。

（六）腑病辨证

1. 胃病辨证

（1）胃寒

临床表现:胃脘冷痛,阵阵发作,遇寒则重,遇暖则轻,呕吐清水,舌苔白滑,脉沉迟或沉紧。

证候分析:寒性凝滞,寒邪犯胃,则胃阳受损,气机阻滞不通,故胃脘冷痛,阵阵发作,遇寒则重,遇暖则轻;寒邪伤阳,阳气不化,寒湿内盛,故呕吐清水,舌苔白滑;脉沉迟或沉紧为寒邪内犯之象。

辨证要点:胃脘冷痛和寒象同见。

（2）胃热（火）

临床表现:胃脘灼热而疼痛,烦渴多饮或渴欲饮冷,消谷善饥,牙龈肿痛,口臭,泛酸嘈杂,舌红苔黄,脉滑数。

证候分析:胃热炽盛,胃络气血壅滞,故胃脘灼热而疼痛;热盛伤津,故口渴饮冷;火能消谷,故消谷善饥;胃络于龈,胃火循经上炎,气血壅滞不通而致牙龈肿痛;胃中浊气上逆,故口臭;若肝火犯胃,则泛酸嘈杂;舌红苔黄,脉滑数为热盛之象。

辨证要点:胃病常见症状和热象共见。

（3）食滞胃脘

临床表现:脘腹胀满,呕吐酸腐,嗳气泛酸,或矢气酸臭,不思饮食,大便泄泻或秘结。舌苔厚腻,脉滑。

证候分析:食滞胃脘,阻滞气机,故脘腹胀满;宿食化腐,浊气上逆,故呕吐酸腐,嗳气泛酸;浊气下行,积于肠道,故矢气酸臭;食积于内,拒绝受纳,故不思饮食;食滞肠胃,传导失常,故大便泄泻或秘结;苔腻脉滑为食滞之象。

辨证要点:胃脘胀闷疼痛,嗳腐吞酸。

（4）胃阴虚

临床表现:胃脘灼痛,嘈杂似饥,饥不欲食,干呕作呃,口燥咽干,大便干结,多以睡后明显,并有心烦、低热、舌红少苔或无苔,脉细数。

证候分析:胃阴不足,虚热内扰,胃气不和,故胃脘灼痛,嘈杂似饥,饥不欲食,干呕作呃;胃阴亏虚,不能滋润咽喉则口燥咽干;不能滋润大肠则大便干结;余则为阴虚虚热之象。

辨证要点:胃病常见症状伴有阴虚之象。

2. 大肠病辨证

（1）大肠湿热

临床表现:腹痛,里急后重,下痢脓血,肛门灼热,小便短赤,或发热口渴,舌苔黄腻,脉多弦滑而数。

证候分析:湿热蕴结大肠,气机阻滞,故腹痛下利,里急后重;湿热熏灼肠道,脉络受损,热盛肉腐,故下痢脓血;热灼肛门,故肛门灼热;水液从大便外泻,故小便短赤;热盛津伤,故发热口渴;苔黄腻、脉多弦滑而数为湿热之象。

辨证要点:腹痛,排便次数增多,或下痢脓血,或下黄色稀水。

(2) 大肠液亏

临床表现：大便燥结，甚如羊粪，难于排出，往往数日一次，口燥咽干，可兼见头晕、口臭等症。舌红少津或可见黄燥苔，脉涩或细。

证候分析：大肠津液不足，失去濡润，故大便燥结，甚如羊粪，难于排出，往往数日一次；阴伤于内，故口燥咽干；腑气不通，浊气上逆，故头晕、口臭；脉涩或细、舌红少津或苔黄燥均为阴虚津伤之象。

辨证要点：大便干燥难以排出。

3. 膀胱病辨证

临床表现：小便不畅，尿频尿急，尿痛或小便淋沥不尽，小便黄赤，尿色混浊，或有脓血，或有砂石。舌苔黄腻，脉数。

证候分析：湿热蕴结，膀胱气化失常，排尿困难，故小便不畅，尿频尿急，尿痛或小便淋沥不尽，尿色混浊；湿热熏蒸，故小便黄赤；热灼脉络，热盛肉腐则有脓血；热盛煎熬津液，故有砂石；舌苔黄腻、脉数为湿热之象。

辨证要点：尿频，尿急，尿痛，尿黄。

（七）脏腑兼病辨证

1. 心肺气虚

临床表现：心悸气短，咳嗽气喘，动则尤甚，咳痰稀薄，面色淡白，头晕乏力，自汗懒言，舌淡，脉细弱。甚者可见口唇青紫，舌质暗淡或有瘀斑，脉结代。

辨证要点：心悸咳喘与气虚证共见。

本证多由劳累过度，久咳不愈，久病体虚，年老体弱所致。中气不足导致气血生化不足为主要病机。

2. 心脾两虚

临床表现：心悸怔忡，失眠多梦，健忘，食纳减少，腹胀，大便溏泻，面色萎黄，倦怠乏力，舌质淡嫩，脉细弱。

辨证要点：心悸失眠，面色萎黄，神疲食少，腹胀便溏。

3. 心肾不交

临床表现：心烦失眠，心悸健忘，头晕耳鸣，咽干，腰膝酸软，多梦遗精，潮热盗汗，小便短赤。舌红无苔，脉细数。

辨证要点：心烦失眠，腰膝酸软，多梦遗精，以心肾阴虚为关键。

本证多因思虑过度，或情志忧郁，郁而化火，耗损心肾之阴；或因虚劳久病、房事不节等导致肾阴不足，虚热内生，上扰心神；或外感热病心火独亢所致。

4. 肺脾两虚

临床表现：久咳不已，短气乏力，痰多清稀，食纳减少，腹胀便溏，声低懒言，甚则足面水肿。苔白舌淡，脉细弱。

辨证要点：咳喘，纳少，腹胀便溏，伴见气虚症状。

本证多由久咳耗伤肺累及于脾，子病及母；或饮食不节，劳倦伤脾，不能布津于肺，母病及子，终致肺脾气虚。

5. 肝火犯肺

临床表现：胸胁灼痛，咳嗽阵作，甚则咳吐鲜血，性急善怒，烦热口苦，头眩目赤。舌红苔黄，脉弦数。

辨证要点：胸胁灼痛，急躁易怒，目赤口苦，咳嗽。

本证多因情志郁结，肝郁化火，上逆犯肺，肺失宣肃所致。

6. 肺肾阴虚

临床表现：咳嗽痰少，动则气促，间或咳血，腰膝酸软，消瘦，骨蒸潮热，盗汗遗精，颧红，口干咽燥。舌红少苔，脉细数。

辨证要点：久咳痰血，腰膝酸软，遗精等症与阴虚症状同见。

本证多因久咳损肺，病久累及肾；或因房劳过度，肾阴亏虚，津不上承，而肺失濡润所引起。

7. 肝脾不调

临床表现：胸胁胀痛，常喜叹息，腹胀肠鸣，大便稀薄，矢气多，精神抑郁，性情急躁，食纳减少，或腹痛欲泻，舌苔白，脉弦或缓。

辨证要点：胸胁胀满窜痛，易怒，纳呆腹胀便溏。

本证多由情志不遂，肝气郁结影响脾之健运；或饮食不节，劳倦伤脾，脾虚湿盛影响肝之疏泄所导致。

8. 肝胃不和

临床表现：胸胁胀满，善叹息，精神抑郁或性情急躁，胃脘胀满作痛，嗳气吞酸，嘈杂或呕恶，苔薄黄，脉弦。

辨证要点：脘胁胀痛，吞酸嘈杂为辨证要点。

本证多因情志不遂，肝气郁结，横逆犯胃，引起胃失和降而产生。

9. 脾肾阳虚

临床表现：畏寒肢冷，面色㿠白，腰膝或腹部冷痛，食少纳差，久泻不止或五更泄泻，完谷不化，或见小便不利，水肿，甚则腹满膨胀。舌质淡，苔白润，脉细弱。

辨证要点：腰膝，下腹冷痛，久泻不止，水肿，与寒证并见。

本证多因久病耗伤阳气；或久泻，脾阳衰微不能充养肾阳；或水邪久居，肾阳虚衰不能温煦脾阳所致。

10. 肝肾阴虚

临床表现：头晕目眩，耳鸣，胁痛，腰膝酸软，咽干，颧红，盗汗，五心烦热，男子或见遗精，女子或见月经不调。舌红无苔，脉细数。

辨证要点：胁痛，腰膝酸软，耳鸣遗精与阴虚内热症状同见。

本证多因久病失调，阴血内耗；或房劳过度肾精亏耗；或七情内伤肝之阴血暗耗所致。肝肾同源，肝肾之阴相互滋生，相互影响，肝阴不足导致肾阴不足，肾阴不足亦可导致肝阴不足，最终形成肝肾阴虚。

小结

辨证是将四诊收集的资料进行分析、综合，判断疾病在这一阶段的病因、病位、性质和邪正关系，从而确定具体证候的过程。常用的辨证方法主要有八纲辨证、脏腑辨证、气血津液辨证、六经辨证、卫气营血辨证、三焦辨证等。其中，八纲辨证是各种辨证的总纲，而脏腑辨证则是最常用的辨证方法。

第十节　养生与防治原则

一、养生原则

在针对疾病所采取的措施中,中医理论强调防重于治,两千多年前就提出了"治未病"的观点,《素问·四气调神大论》指出:是故圣人不治已病,治未病,不治已乱,治未乱,此之谓也。夫病已成而后药之,乱已成而后治之,譬犹渴而穿井,斗而铸锥,不亦晚乎。养生是积极的预防措施,是预防疾病的重要内容。

(一)顺应自然

人与天地相参,与日月相应,人体的生理活动与自然的变化规律是相适应的。所谓朝则为春,日中为夏,日入为秋,夜半为冬。白昼阳气主事,入夜阴气主事。四时与昼夜的阴阳变化,人亦应之。因此,生活起居要顺应四时昼夜的变化,动静和宜,衣着适当,饮食调配合理,体现春夏养阳、秋冬养阴的原则。此外,亦应重视社会环境对人的影响。

(二)形神兼养

形神合一是中医学的生命观。中医养生方法很多,但从本质上看,不外"养神"与"养形"两方面。神为生命的主宰,宜于清静内守,中医养生观以调神为第一要义,守神以全形;形体是生命的基础,主张动以养形,以形劳而不倦为度。动静结合,刚柔相济,以动静适宜为度。形神共养,动静互涵,才符合生命运动的客观规律,有益于强身防病。

(三)保精护肾

精是构成人体和促进人体生长发育的基本物质,精气神是人身"三宝",精是气形神的基础,为健康长寿的根本。精禀于先天,养于水谷,藏于五脏。五脏安和,精自得养。五脏中肾为先天,主藏精,故保精重在保养肾精,强调节欲以保精,使精气充盛,有利于身心健康。若纵情泄欲,则精液枯竭,真气耗散而未老先衰。

(四)调养脾胃

脾胃为后天之本,气血生化之源,故脾胃强弱是决定人之寿夭的重要因素。脾胃健旺,水谷精微化源充盛,则精气充足,脏腑功能强盛,神自健旺。脾胃为气机升降之枢纽,脾胃协调,可促进和调节机体新陈代谢,保证生命活动的正常进行。因此必须重视调养脾胃,以达到调养后天、延年益寿的目的。

先天之本在肾,后天之本在脾,先天生后天,后天养先天,两者相互促进,相得益彰。调补脾肾是培补正气之大旨,也是防早衰的重要途径。

二、治未病原则

(一)未病先防

未病先防是指在未病之前,采取各种措施,做好预防工作,以防止疾病的发生。中医学强调正气不足是疾病发生的内在原因,邪气是发病的重要条件,因此,未病先防主要是增强人体正气,此外,也要"避其毒气"。

1. 调养身体,扶助正气

(1) 调畅情志:人的情志活动与身体健康的关系密切,七情太过,不仅可直接伤及脏腑,引起气机紊乱而发病,也可损伤人体正气,使人体的自我调节能力减退。所以调养精神情志是养生的一个重要方面。《素问·上古天真论》说:恬淡虚无,真气从之,精神内守,病安从来。即言心的生理特征是喜宁静,心静则神安,神安则体内真气和顺,就不会生病。在调畅情志方面,一是要注意避免来自内外环境的不良刺激;二是要提高人体自身心理的调摄能力。

(2) 锻炼健身:古人养生,注重"形神合一""形动神静"。"形动",即加强形体的锻炼。华佗就以"流水不腐,户枢不蠹"的观点,模仿虎、鹿、熊、猿、鸟五种动物的状态创五禽戏。"形不动则精不流,精不流则气郁",锻炼形体可以促进气血流畅,使人体肌肉筋骨强健,脏腑功能旺盛,并可借形动以济神静,从而使身体健康,益寿延年,同时也能预防疾病。传统的健身术如太极拳、易筋经、八段锦等都具此特色。形体锻炼的要点有三:一是运动量要适度,要因人而异,做到"形劳而不倦";二是要循序渐进,运动量由小到大;三是要持之以恒,方能收效。

(3) 饮食有节:饮食调摄,一是提倡饮食的定时定量,不可过饥过饱;二是注意饮食卫生;三是克服饮食偏嗜。如五味要搭配适合,不可偏嗜,以防某脏之精气偏盛。食物与药性一样,也有寒温之分,故食性最好是寒温适宜,或据体质而调配,如体质偏热之人,宜食寒凉而忌温热之品,体质偏寒之人则反之。而各种食物含不同的养分,故要调配适宜,不可偏食。正如《素问·藏气法时论》曰:五谷为养,五果为助,五畜为益,五菜为充。气味合而服之,以补益精气。

(4) 起居有常:人的生活起居必须遵循自然规律,适应自然变化,即"故四时阴阳者,万物之终始也,死生之本也。逆之则灾害生,从之则苛疾不起"(《素问·四气调神大论》)。此外,养生还要注意劳逸结合,适当的体力劳动,可以使气血流通,促进身体健康。否则,过劳以耗伤气血,过逸又可使气血阻滞,而发生各种疾病。

(5) 药物、推拿、针灸调养:药物调养指服食对身体有益的药物以扶助正气,平调体内阴阳,从而达到健身、防病、益寿的目的。其对象多为体质偏差较大或体弱多病者,前者则应根据患者的阴阳气血的偏颇而选用有针对性的药物,后者则以补益脾胃、肝肾为主。药物调养,往往长期服食才能见效。推拿是通过各种手法,作用于体表的特定部位,以调节机体生理病理状况,达到治疗效果和保健强身的一种方法。其原理有三:一是纠正解剖位置异常,二是调整体内生物信息,三是改变系统功能。针灸包括针法和灸法,即通过针刺手法或艾灸的物理热效应及艾绒的药性对穴位的特异性刺激作用,通过经络系统的感应传导及调节机能,而使人身气血阴阳得到调整而恢复平衡,从而发挥其治疗保健及防病效能。

2. 采取措施,避其邪气

(1) 慎避邪气:邪气是导致疾病发生的重要条件,故未病先防除了养生以增强正气,提高抗病能力之外,还要注意避免病邪的侵害。《素问·上古天真论》说:虚邪贼风,避之有时。就是说要谨慎躲避外邪的侵害。其中包括顺应四时,防六淫之邪的侵害,如夏日防暑,秋天防燥,冬天防寒等;避疫毒,防疠气之染易;注意环境,防止外伤与虫兽伤;讲卫生,防止环境、水源和食物的污染等。

(2) 药物预防及人工免疫:服食某些药物,提高机体的免疫功能,能有效地防止病邪的侵袭,从而起到预防疾病的作用。这在预防疠气的流行方面尤有意义。对此,古代医家积累了很多成功的经验。《素问·刺法论(遗篇)》有"小金丹……服十粒,无疫干也"的记载。16世纪发明了人痘接种术预防天花,开人工免疫之先河,为后世的预防接种免疫学的发展作出了极大的贡献。近年来,中草药预防疾病的方法也很多,如贯众消毒饮水,茵陈、山栀预防肝炎等。

(二) 既病防变

既病防变指的是在疾病发生的初始阶段,应力求做到早期诊断、早期治疗,以防止疾病的发展及传变。

1. 早期诊治 在疾病的过程中,疾病的发展,可能会出现由浅入深,由轻到重,由单纯到复杂的发展变化。早期诊治,其原因就在于疾病的初期,病位较浅,病情多轻,正气未衰,病较易治,因而传变较少。故《素问·阴阳应象大论》说:故邪风之至,疾如风雨,故善治者治皮毛,其次治肌肤,其次治筋脉,其次治六腑,其次治五脏。治五脏者,半死半生也。诊治越早,疗效越好,如不及时诊治,病邪就有可能步步深入,使病情愈趋复杂、深重,治疗也就愈加困难了。

早期诊治的时机在于要掌握好不同疾病的发生、发展变化过程及其传变的规律,病初即能及时做出正确的诊断,从而进行及时有效和彻底的治疗。

2. 防止疾病传变

(1) 截断疾病传变途径:不同的疾病都有其自身的传变规律和途径。如伤寒病六经传变,病初多在肌表的太阳经,病变发展则易往他经传变,因此,太阳病阶段就是伤寒病早期诊治的关键,在此阶段的正确有效的治疗,是防止伤寒病发展的最好措施。

(2) 先安未受邪之地:疾病的传变,可以五行的生克乘侮规律、五脏的整体规律、经络相传规律等为指导。如脏腑有病,有及子、犯母、乘、侮等传变,因此,根据不同病变的传变规律,实施预见性治疗,当可控制其病理传变。如《金匮要略·脏腑经络先后病脉证》说:见肝之病,知肝传脾,当先实脾。临床上在治疗肝病的同时,常配以调理脾胃的药物,使脾气旺盛而不受邪,确可收到良效。又如温热病伤及胃阴时,其病变发展趋势将耗及肾阴,清代医家叶天士据此传变规律提出了"务在先安未受邪之地"的防治原则,主张在甘寒以养胃阴的方药中,加入咸寒滋养肾阴的药物,以防止肾阴的耗损。

三、治疗原则

治疗原则,是治疗疾病时所必须遵循的基本原则。

(一) 治病求本

"治病必求于本"见于《素问·阴阳应象大论》,治病求本,就是在治疗疾病时,必须寻找出疾病的根本原因,抓住疾病的本质,并针对疾病的根本原因进行治疗。它是中医学治病的主导思想,是中医治疗中最基本的原则。

任何疾病的发生和发展,总是通过若干症状和体征等现象表现出来,只有仔细观察,综合分析,透过表面现象,抓住疾病的本质,并针对其本质进行治疗。只有从根本上去除了发病的原因,疾病的各种症状才会得以消除。疾病的外在表现与其内在本质一定有着某种联系,但"本"有的显而易见,有的幽而难明,有的似假幻真,因而寻求疾病的本质,就十分重要。治本的目的是解决疾病的主要矛盾,主要矛盾解决后,其表现在外的症状、体征也会随之而消解。

1. 治标与治本 标与本是相对而言的,标本关系常用来概括说明事物的现象与本质,在中医学中常用来概括病变过程中矛盾的主次先后关系。不同情况下标本之所指不同,如就病机与症状而言,病机为本,症状是标;就邪正而言,正气为本,邪气为标;就疾病先后言,旧病、原发病为本,新病、继发病是标;就病位而言,脏腑精气病为本,肌表经络病为标等。掌握疾病的标本,就能抓住治疗的关键,有利于从复杂的疾病矛盾中找出和处理其主要矛盾或矛盾的主要方面。在复杂多变的疾病过程中,常有标本主次的不同,因而治疗上就有先后缓急之分。

(1) 缓则治本:病情缓和,无急重病状的情况下,必须着眼于疾病本质的治疗。因标病产生于本病,本病得治,标病自然也随之而去。如痨病肺肾阴虚之咳嗽,肺肾阴虚是本,咳嗽是标,此时标病不至于危及生命,故治疗不用单纯用止咳法来治标,而应滋养肺肾以治本,本病得愈,咳嗽也自然会消除;此外,先病宿疾为本,后病新感为标,新感已愈而转治宿疾,也属缓则治本。

(2) 急则治标:病证急重时的标本取舍原则是标病急重,则当先治,急治其标。标急的情况多出现在疾病过程中出现的急重,甚或危重症状,或猝病而病情非常严重时。如大出血病人,大出血会危及生命,故不论何种原因的出血,均应紧急止血以治标,待血止,病情缓和后再治其病本。又如水臌病人,就原发病与继发病而言,臌胀多由肝病导致,则肝血瘀阻为本,腹水为标,如腹水不重,则宜化瘀为主,兼以利水;但若腹水严重,腹部胀满,呼吸急促,大小便不利时,则为标急,此时当先治标病之腹水,待腹水减退,病情稳定后,再治其肝病。此外,先病为本而后病为标,有时标病虽不危急,但若不先治将影响本病整个治疗方案的实施时,当先治其标病。如胸痹的治疗过程中,病人得了轻微感冒,也当先将后病感冒治好,方可使先病即胸痹的治疗方案得以实施。

(3) 标本同治:标病和本病俱重的情况下,当标本兼治。如在热性病过程中,阴液受伤而致大便燥结不通,此时邪热内结为本,阴液受伤为标,治当泻热攻下与滋阴通便同用。又如素体气虚,无力抵御病邪而致反复感冒,如单补气则易留邪,纯发汗解表则易伤正,此时治宜益气解表。

总之,病证之变化有轻重缓急、先后主次之不同,因而标本的治法运用也就有先后与缓急、单用或兼用的区别,这是中医治疗的原则性与灵活性有机结合的体现。区分标病与本病的缓急主次,有利于从复杂的病变中抓住关键,做到治病求本。

2. 正治与反治 在错综复杂的疾病过程中,病有本质与征象一致者,有本质与征象不一致者,故有正治与反治的不同。正治与反治,是指所用药物性质的寒热、补泻效用与疾病的本质、现象之间的从逆关系而言。即《素问·至真要大论》所谓"逆者正治,从者反治。"

(1) 正治:是指采用与疾病的证候性质相反的方法进行治疗。由于采用的方法与疾病证候性质相逆,如热证用寒药,故又称"逆治"。正治适用于疾病的征象与其本质相一致的病证。实际上,临床上大多数疾病的外在征象与其病变本质是相一致的,如热证见热象、寒证见寒象等,故正治是临床最为常用的治疗原则。

正治主要包括以下几个方面:①寒者热之:指寒性病证出现寒象,用温热方药来治疗。即以热药治寒证。如里寒证用辛热温里的方药等。②热者寒之:指热性病证出现热象,用寒凉方药来治疗。即以寒药治热证。如热证用苦寒清里的方药等。③虚则补之:指虚损性病证出现虚象,用具有补益作用的方药来治疗。即以补益药治虚证。如气虚用益气的方药等。④实则泻之:指实性病证出现实象,用攻逐邪实的方药来治疗。即以攻邪泻实药治实证。如食滞用消食导滞的方药,水饮内停用逐水的方药等。

(2) 反治:是指顺从病证的外在假象进行治疗。由于采用的方法性质与病证中假象的性质相同,故又称为"从治"。反治适用于疾病的征象与其本质不完全吻合的病证。究其实质,用药虽然是顺从病证的假象,却是逆反病证的本质,故仍是针对疾病的本质而进行的治疗。

反治主要包括以下几个方面:①热因热用:指用热性药物来治疗具有假热征象的病证,适用于阴盛格阳的真寒假热证。如格阳证,阴寒充塞于内,逼迫阳气浮越于外,故见身反不恶寒,面赤如妆等假热之象,但由于阴寒内盛是病本,故同时也见下利清谷,四肢厥逆,脉微欲绝,舌淡苔白等内真寒的表现。因此,当用温热方药以治其本。②寒因寒用:是指用寒性药物来治疗具有假寒征象的病证。适用于阳盛格阴的真热假寒证。如热厥证,由于里热盛极,阳气郁阻于内,不能外达于肢体,并格阴于外而见手足厥冷,脉沉伏之假寒之象。但躯干部有壮热而欲掀衣揭被,或见恶热、烦渴饮冷、小便短赤、舌红绛、苔黄等里真热的征象,是阳热内盛,深伏于里所致。外在寒象是假,内热盛极才是病之本质,故须用寒凉药清其内热。③塞因塞用:是指用补益药物来治疗具有闭塞不通症状的虚证。适用于因体质虚弱,脏腑精气功能减退而出现闭塞症状的真虚假实证。如血虚而致经闭者,由于血源不足,故当补益气血而充其源,则无须用通药而经自来。以补开塞,主要是针对病证虚损不足的本质而治。④通因通用:指用通利的药物来治疗具有通泻症状的实证。适用于因实邪内阻出现通泻症状的真实假虚证。如对泄泻、崩漏、尿频等通泻症状,出现在实性病证中,则当以通治通。如食滞内停,阻滞胃肠,致腹痛泄泻,泻下物臭如败卵时,不仅不能止泻,相反当消食而导滞攻下,推荡积滞,使食积去而泻自止。这是针对邪实的本质而治的。

(二)扶正祛邪

正邪相搏中双方的盛衰消长决定着疾病的发生、发展与转归,正能胜邪则病退,邪能胜正则病进。因此,治疗疾病的一个基本原则,就是要扶助正气,祛除邪气,改变邪正双方力量的对比,使疾病早日向好转、痊愈的方向转化。

1. 扶正与祛邪

(1)扶正:扶助正气,增强体质,提高机体的抗邪及康复能力。适用于各种虚证,即所谓"虚则补之"。而益气、养血、滋阴、温阳、填精、增髓以及补养各脏的精气阴阳等,均是扶正治则下确立的具体治疗方法。在具体治疗手段方面,除内服汤药外,还可有针灸、推拿、气功、食疗、形体锻炼等。

(2)祛邪:祛除邪气,消解病邪的侵袭和损害、抑制亢奋有余的病理反应。适用于各种实证,即所谓"实则泻之"。而发汗、涌吐、攻下、消导、化痰、活血、散寒、清热、祛湿等,均是祛邪治则下确立的具体治疗方法。其具体使用的手段也同样是丰富多样的。

2. 扶正与祛邪的运用原则 扶正与祛邪两者相互为用,相辅相成,扶正增强了正气,有助于机体祛除病邪,即所谓"正胜邪自去";祛邪则在邪气被祛的同时,减免了对正气的侵害,即所谓"邪去正自安"。扶正祛邪在运用上要掌握好以下原则。

(1)攻补应用合理:扶正适用于虚证或真虚假实证,一般宜缓,少用峻补,免成药害。祛邪适用于实证或真实假虚证,应注意中病则止,以免用药太过而伤正。

(2)把握先后主次:对虚实错杂证,应根据虚实的主次与缓急,决定扶正祛邪运用的先后与主次。扶正与祛邪的同时使用,攻补兼施,应分清虚实主次,攻补同时使用时亦有主次之别。扶正与祛邪先后运用,应根据虚实的轻重缓急而变通使用。先补后攻,适应于正虚为主,机体不能耐受攻伐者。先攻后补,适应于以下两种情况:一是邪盛为主,兼扶正反会助邪;二是正虚不甚,邪势方涨,正气尚能耐攻者。

(3)扶正不留邪,祛邪不伤正。

(三)调整阴阳

阴阳失调是疾病的基本病机,调整阴阳,即指纠正疾病过程中机体阴阳的偏盛偏衰,损其有余、补其不足,恢复人体阴阳的相对平衡。

1. 损其有余　损其有余,即"实则泻之",适用于人体阴阳中任何一方偏盛有余的实证。

(1) 泻其阳盛:"阳胜则热"的实热证,宜用寒凉药物泻其偏盛之阳热,即"热者寒之"之意。阳偏盛的同时,易导致阴气的亏减,因而须兼顾阴气的不足,即清热的同时,配以滋阴之品。

(2) 损其阴盛:"阴胜则寒"的寒实证,宜用温热药物消解其偏盛之阴寒,即"寒者热之"之意。若在阴偏盛的同时,易导致阳气的不足,因而须兼顾阳气的不足,即在散寒的同时,配以补阳药。

2. 补其不足　补其不足,即"虚则补之",适用于人体阴阳中任何一方虚损不足的病证。阴阳两虚者则宜阴阳并补。

(1) 阳病治阴,阴病治阳:当阴虚不足以制阳而致阳气相对偏亢的虚热证时,治宜滋阴以抑阳,称之为"阳病治阴"。"阳病"指的是阴虚则阳气相对偏亢,治阴即补阴之意。当阳虚不足以制阴而致阴气相对偏盛的虚寒证时,治宜扶阳以抑阴。"阴病"指的是阳虚则阴气相对偏盛,治阳即补阳之意。

(2) 阳中求阴,阴中求阳:阴阳偏衰的虚热及虚寒证的治疗,补阳时适当佐以补阴药谓之阴中求阳,补阴时适当佐以补阳药谓之阳中求阴。其意是使阴阳互生互济,不但能增强疗效,同时亦能限制纯补阳或纯补阴时药物的偏性及副作用。此即阴阳互济的方法。

(3) 阴阳并补:阴阳两虚之证可采用阴阳并补之法治疗。但须分清主次而用,阳损及阴者,以阳虚为主,则应在补阳的基础上辅以滋阴之品;阴损及阳者,以阴虚为主,则应在滋阴的基础上辅以补阳之品。

(四) 三因制宜

"人以天地之气生",指人的生理活动、病理变化必然受着时令气候节律、地域环境等因素的影响。患者的性别、年龄、体质等个体差异,也对疾病的发生、发展与转归产生一定的影响。因此,在治疗疾病时,就必须根据这些具体因素作出分析,区别对待,从而制订出适宜的治法与方药,即所谓因时、因地和因人制宜。

1. 因时制宜　根据时令气候节律特点,来制订适宜的治疗原则,称为"因时制宜"。"时",一是指自然界的时令气候特点,二是指年、月、日的时间变化规律。

以季节而言,由于季节间的气候变化幅度大,故对人的生理病理影响也大。如夏季炎热,机体当此阳盛之时,腠理疏松开泄,则易于汗出,即使感受风寒而致病,辛温发散之品亦不宜过用,以免伤津耗气或助热生变。至于寒冬时节,人体阴盛而阳气内敛,腠理致密,同是感受风寒,则辛温发表之剂用之无碍;但此时若患热证,则当慎用寒凉之品,以防损伤阳气。如《素问·六元正纪大论》所说:用寒远寒,用凉远凉,用温远温,用热远热,食宜同法。

以月令而言,《素问·八正神明论》指出:月生无泻,月满无补,月郭空无治,是谓得时而调之,提示治疗疾病时须考虑每月的月相盈亏圆缺变化规律,该原则在针灸及妇科的月经病治疗中较为常用。

以昼夜而言,日夜阴阳之气比例不同,人亦应之。因而某些病证,如阴虚的午后潮热,湿温的身热不扬而午后加重,脾肾阳虚之五更泄泻等,也具有日夜的时相特征,亦当考虑在不同的时间实施治疗。针灸中的"子午流注针法"即是根据不同时辰而有取经与取穴的相对特异性,是择时治疗的最好体现。

2. 因地制宜　根据不同的地域环境特点,来制订适宜的治疗原则,称为"因地制宜"。不同的地域,地势有高下,气候有寒热湿燥,水土性质各异,在不同地域长期生活的人就具有不同的体质差异,加之其生活与工作环境、生活习惯与方式各不相同,使其生理活动与病理变化亦不尽相同,因而在疾病的治疗上也应有所区别。如我国东南一带,气候温暖潮湿,阳气容易外泄,人们腠理较疏松,易感外邪而致感冒,且一般以风热居多,故常用桑叶、菊花、薄荷一类辛凉解表之剂;即使外感风寒,也少用麻黄、桂枝等温性较大的解表药,而多用荆芥、防风等温性较小的药物,且剂量宜轻。而西北地区,气候寒燥,阳气内敛,人们腠理闭塞,若感邪则以风寒居多,以麻黄、桂枝之类辛温解表多见,且剂量也较重。

3. 因人制宜 根据病人的年龄、性别、体质等不同特点,来制订适宜的治疗原则,称为"因人制宜"。不同的患者有其不同的个体特点,应根据每个患者的年龄、性别、体质等不同的个体特点来制订适宜的治则。

(1)年龄:年龄不同,则生理功能、病理反应各异,治宜区别对待。小儿生机旺盛,但脏腑娇嫩,气血未充,发病则易寒易热,易虚易实,病情变化较快。治疗小儿疾病,药量宜轻,疗程多宜短,忌用峻剂。青壮年则气血旺盛,脏腑充实,病发则由于邪正相争剧烈而多表现为实证,可侧重于攻邪泻实,药量亦可稍重。而老年人生机减退,气血日衰,脏腑功能衰减,病多表现为虚证,或虚中夹实。因此,多用补虚之法,或攻补兼施,用药量应比青壮年少,中病即止。

(2)性别:妇女生理上以血为本,以肝为先天,病理上有经、带、胎、产诸疾及乳房、胞宫之病。月经期、妊娠期用药时当慎用或禁用峻下、破血、重坠、开窍、滑利、走窜及有毒药物;带下以祛湿为主;产后诸疾则应考虑是否有恶露不尽或气血亏虚等情况。男子生理上则以精气为主,以肾为先天,病理上精气易亏而有精室疾病及男性功能障碍等特有病证,如阳痿、早泄、遗精、滑精以及精液异常等,宜在调肾基础上结合具体病机而治。

(3)体质:因先天禀赋与后天生活环境的不同,个体体质存在着差异,一方面不同体质有着不同的病邪易感性;另一方面,患病之后,由于机体的体质差异与反应性不同,病证就有寒热虚实之别或"从化"的倾向。因而治法方药也应有所不同:偏阳盛或阴虚之体,当慎用温热之剂;偏阴盛或阳虚之体,则当慎用寒凉之品;体质壮实者,攻伐之药量可稍重;体质偏弱者,则应采用补益之剂。

三因制宜的原则,体现了中医治疗上的整体观念以及辨证论治在应用中的原则性与灵活性,只有把疾病与天时气候、地域环境、个体诸因素等加以全面的考虑,才能使疗效得以提高。

小结

健康和长寿是人类一直渴求的愿望,医学的任务就是认识生、老、病、死的自然规律,据此确立正确的养生与防治原则,保障人们身体健康和长寿。中医学在长期的发展过程中,形成了一整套比较完整的养生及防治理论,至今仍有重要的指导意义。

能力检测

一、名词解释
1. 六淫
2. 七情
3. 痰饮
4. 瘀血

5. 假神
6. 自汗
7. 潮热
8. 浮脉
9. 八纲
10. 表证
11. 辨证
12. 寒证
13. 正治
14. 反治

二、问答题

1. 请简述阴阳的概念及阴阳学说的基本内容。
2. 试述阴阳学说、五行学说在中医学中的指导意义。
3. 请简述藏象的含义及藏象学说。
4. 请说出五脏、六腑、奇恒之腑的生理特点及具体器官。
5. 试述五脏的主要生理功能。
6. 请简述何为五脏外华及其临床意义。
7. 试述气的生成、分类及生理功能。
8. 试述血的生成及功能。
9. 试述津液的含义、代谢及主要功能。
10. 简述经络的组成。
11. 试述十二经脉名称、循行走向及交接规律。
12. 试述风邪的致病特点。
13. 试述热邪的致病特点。
14. 试述瘀血的形成原因以及致病特点。
15. 阴阳偏胜和阴阳偏衰各产生什么病证?
16. 试述白色、青色、红色、黑色和赤色的主病。
17. 试述浮脉、沉脉、数脉、迟脉、虚脉及实脉的脉象特点及主病。
18. 寒证和热证如何鉴别?
19. 表证和里证如何鉴别?

(于永军　徐毓华)

第二章 中医美容常用中药与方剂

掌握：美容中药基本理论知识以及重点美容中药的功效、应用。
熟悉：能够运用中医辨证的观点，指导临床合理选用美容中药。
了解：学会应用美容中药的配伍原则及禁忌进行安全用药指导。经络学说的临床应用。

第一节 中医美容常用中药

中药美容是以中医的基本理论为指导，采用中药进行美容的方法，是中医美容技术重要的组成部分。中医认为人体是一个统一的整体，人体各系统组织之间，在生理上有着密切的关系。"治外必本诸内"是整体观的体现，因此，治疗损容性疾病，必须注重整体功能的调节，从而达到理想的疗效。

中药美容法是指以中医基础理论为指导通过内服或外用美容中药来美容肌肤、延缓衰老、治疗损容性疾病或养护机体的一种中医美容技术。

一、解表类

解表药多味辛，其性轻扬，能疏散经肌肤或口鼻内犯的邪气，或开腠发汗，使表邪随汗而解；主入肺、膀胱经，肺合皮毛，开窍于鼻，足太阳膀胱经亦主一身之表，外邪多从皮毛口鼻而入，故本类药物多用于治疗外感风寒、风热表证，症见恶寒发热，头痛身疼，脉浮等。风为百病之长，易伤人的上部、阳经及体表，可致丘疹、鼃黑斑、痤疮及皮肤瘙痒等损容性疾病。

使用解表药时注意：①本类药物多为芳香辛散之品，易于挥发散失药性，故入汤剂不宜久煎；②对于发汗力强的解表药，用量不宜过大，以微汗出为宜；③体虚多汗、疮疡日久、淋证、失血病人虽有表证，亦应慎用；④冬季或北方严寒地区，用量宜重，夏季或南方炎热地区，用量宜轻。

桂　枝

【功效】　发汗解肌，温通经脉，助阳化气，平冲降逆。

【性味】　辛、甘，温。

【应用】 治疗阴阳气血不足,脉弦气弱,皮毛枯槁,头发脱落,常配黄芪、炙甘草、生姜;治疗手足冻疮,常配伍花椒、生地黄、红花煎汤熏洗患处。

紫 苏 叶

【功效】 解表散寒,行气和胃,解鱼蟹毒。
【性味】 辛,温。
【应用】 治疗湿疹,本品研极细末,涂搽患处;寻常疣,可将疣及皮肤周围消毒,每日用新鲜的紫苏叶摩擦患部。

香 薷

【功效】 发散风寒、化湿和中、利水消肿。
【性味】 辛,微温。
【应用】 治疗水肿、夏日呕吐、腹泻、脚气、口臭等。

荆 芥

【功效】 祛风解表,透疹,消疮,止血。
【性味】 辛,微温。
【应用】 皮肤痒疹、麻疹、瘾疹。治疗痤疮,配伍防风、浮萍、皂角刺等;酒渣鼻,常与防风、白蒺藜、白僵蚕等配伍。另外还可治疗吐血、衄血、便血、痔血、崩漏等多种出血病证。

防 风

【功效】 祛风解表,胜湿止痛,止痉。
【性味】 辛、甘,微温。
【应用】 本品可治疗一切风邪,是风病的首选药。可用于治疗风疹、面斑、扁平疣等多种风邪所致皮肤病。如治头面部湿疹、皮炎,配羌活、白芷;下半身湿疹、皮炎则配伍独活;治玫瑰糠疹、多形红斑,配伍当归、牡丹皮祛血中之风;治酒渣鼻,配荆芥、栀子、黄连、薄荷等,如清上防风汤;治白癜风,配地骨皮、荆芥、栀子、人参等。另外还可以治疗单纯性肥胖症,配伍大黄、栀子等共同起到利湿通便、减肥降脂的功效。

白 芷

【功效】 解表散寒,祛风止痛,宣通鼻窍,燥湿止带,消肿排脓。
【性味】 辛,温。
【应用】 瘾疹、面斑、痤疮、疮痈肿毒。本品为外科常用药,治疗瘾疹,配伍菊花、白附子、绿豆;黄褐斑,配伍荆芥、黄芩、何首乌等;治疗痤疮,配黄芩、荆芥、何首乌等;治疗疮痈初起,红肿热痛,多与金银花、当归等同用。另外,治疗牙齿黑黄,配伍白蔹、细辛等为末,揩牙;口臭,配葛根、藿香等煎汤漱口。

> **知识链接**
>
> 本品能生肌润泽、祛斑白面,对黑斑、皱纹、皮肤粗糙疗效尤佳。治疗黄褐斑,如七白散,常与白蔹、白附子、白茯苓等研末,早晚洗脸用;或桃花 250 g,白芷 30 g,浸于 1000 mL 酒内,内服加外搽。但外用本品美白祛斑时,应以晚间为宜。因本品所含呋喃香豆素类化合物为光活性物质,一旦受到日光或紫外线照射,则可使受照射处皮肤发生日光性皮炎,使色素增加、表皮增厚,临床可用于光化学疗法治疗白癜风及银屑病。

辛 夷

【功效】 发散风寒,通鼻窍。

【性味】 辛,凉。

【应用】 入面脂,生光泽,治疗头痛、面尘、齿痛、狐臭、面上瘢痕。

细 辛

【功效】 祛风散寒,通窍止痛,温肺化饮。

【性味】 辛,温。

【应用】 使皮肤白净,香口辟秽,疗齿疾。治疗口气臭秽,配豆蔻含之,或单用本品煮浓汁,含漱;牙齿黄黑,配升麻、防风等;口舌生疮,单用本品研末,敷于脐部。

羌 活

【功效】 发表散寒,祛风湿,止痛。

【性味】 辛、苦,温。

【应用】 适用于血虚风燥的脱发,既可防止头发再落,又可促使新发更生,也可治头面生疮、手足皲裂、顽癣。治疗瘾疹、顽癣,配伍白鲜皮、蛇床子等;面斑,配白芷、川芎、桃仁等养颜祛斑之品。

生 姜

【功效】 发散风寒,温中止呕,温肺止呕。

【性味】 辛,温。

【应用】 用于头发、眉毛脱落,风寒感冒、流涕,须发早白或黄赤、发落不生。治面斑,以生姜酊或生姜汁外搽;冻疮,生姜干浸膏、辣椒素,配凡士林调搽;治白癜风,用生姜一片,切面在患处反复涂抹,至皮肤灼热为度;治斑秃、脱发,鲜生姜或姜汁擦涂患处,产生热感及痒感为度。

> **知识链接**
>
> 生姜是较好的保健食品,民间流传着许多关于生姜的谚语,如"早上三片姜,胜过饮参汤""一杯茶,一片姜,驱寒健胃是良方"等,说明吃生姜具有温中暖胃、祛病养生的作用。

汉代张仲景用生姜止呕达 25 方之多,正因如此,古人称之为"呕家圣药"。清代医家黄宫绣曾称赞生姜"真药中之神圣也"。明代李时珍,有两点妙用生姜经验:其一,用鲜生姜捣汁和黄明胶同熬治风湿痛,对缓解疼痛颇有效;其二,凡早行、山行时,口中含生姜一片,不犯雾露清湿之气及山岚不正之邪。

早在春秋战国时期,孔子就已认识到食用生姜有抗衰防老的功效。在当时,孔子饱尝战祸却活了 73 岁,这可能与孔子一生中重视食用生姜有密切的关系。但生姜辛辣助热伤阴,凡阴虚内热、热病、疮疡、痔疾者忌之。如果久食,也会蕴热生病。

薄 荷

【功效】 疏散风热,清利头目,利咽,透疹,疏肝行气。

【性味】 辛,凉。

【应用】 头面五官诸疾。治口疮、舌疮,配伍冰片、黄柏、硼砂为末;治肺经风热粉刺,配枇杷叶、黄芩等;治麻疹初起,风热外束,疹出不透,常与蝉蜕、牛蒡子等同用;治风疹瘙痒,可与苦参、白鲜皮同用,以祛风透疹止痒;疗肝郁气滞型黄褐斑,兼胸闷胁痛、月经不调,配伍柴胡、白芍、当归等。

葛 根

【功效】 解肌退热,生津止渴,透疹,升阳止泻,通经活络,解酒毒。

【性味】 甘、辛,凉。

【应用】 头面诸疾。治面色黧黑,常配伍防风、白芷、人参等;治脂溢性脱发、斑秃,与首乌藤、生地黄、菟丝子、当归等同用。

柴 胡

【功效】 疏散退热,疏肝解郁,升举阳气。

【性味】 苦、辛,微寒。

【应用】 皮肤科常用于治疗因内分泌紊乱引起的皮肤病。治疗气滞血瘀型黄褐斑,配伍栀子、赤芍、红花等同用;治扁平疣,以柴胡、蝉蜕、木贼、苍耳子及薏苡仁浸于 75% 酒精中,搽患处。

菊 花

【功效】 散风清热,平肝明目,清热解毒。

【性味】 甘、苦,微寒。

【应用】 治疗面部皱纹渐多、色素沉着及肝阳上亢所致目眩,用菊花末、粳米熬粥,久服;疗眼部皱纹、眼袋,用鲜菊花、冬蜜适量捣烂敷眼部;肺经血热瘀滞之痤疮,配伍牡丹皮、生地黄、黄芩;治黄褐斑,配绿豆、白附子、白芷、冰片等;治脱发,以鲜菊花瓣,水熬透,去渣再熬浓汁,炼蜜收膏,每日冲服,可令须发由白变黑。

桑　叶

【功效】　疏散风热,清肺润燥,平肝明目。

【性味】　甘、苦,寒。

【应用】　痤疮、色斑等多种皮肤病。痤疮,配伍石膏、牡丹皮、赤芍;扁平疣,配伍紫草、升麻、代赭石等;色斑,每日用桑叶代茶饮;脱发,本品与黑芝麻同用;银屑病,将桑叶制成注射液肌内注射。

蝉　蜕

【功效】　疏散风热,利咽,透疹,明目退翳,解痉。

【性味】　甘,寒。

【应用】　黄褐斑、白癜风、扁平疣等多种皮肤病。治黄褐斑,配伍红花、月季花、金银花、合欢花、菊花等;治白癜风,与苏木、赤芍、何首乌等同用;治扁平疣,以柴胡、蝉蜕、木贼、苍耳子及薏苡仁浸于75%酒精中,搽患处。另外,还可以治疗风疹、湿疹、皮肤瘙痒,常配伍荆芥、防风、苦参等。

升　麻

【功效】　发表透疹,清热解毒,升举阳气。

【性味】　辛、微甘,微寒。

【应用】　可用于头面部的疾病及美容保健。面唇紫黑,配伍防风、白芷、黄芪等补气祛风之品;面色黧黑,不思饮食,配伍葛根、人参、白芷等。另外还可以治疗胃热口臭,配伍黄芩、黄连、檀香等。

蔓荆子

【功效】　疏散风热,清利头目,止痛。

【性味】　甘,苦。

【应用】　用于头风、头昏目痛。头痒、屑多,皮肤粗糙,面皱、雀斑,眉发脱落,久服可轻身耐老。

牛蒡子

【功效】　疏散风热,宣肺透疹,解毒利咽。

【性味】　辛、苦,寒。

【应用】　治疗麻疹不透,常配薄荷、蝉蜕、荆芥等解表透疹药;治疗气血不足之脂溢性脱发,配伍党参、黄芪、当归。还可以治疗疮痈肿毒、痄腮、丹毒、痤疮等损容性疾病。

二、清热类

本类药物药性寒凉,味多苦,部分兼有甘味或咸味。药性皆主沉降。归经则多依所清脏腑气血不同而异。主要用于里热证,如外感热病、高热烦渴、湿热泻痢、温毒发斑、疮痈肿毒、阴虚发热等。清热类美容中药是通过寒凉性药物清热泻火、凉血解毒的方法以清泻体内热毒而达到美容保健与美容治疗的目的,主要用于内热炽盛所致的酒渣鼻、痤疮、口疮、湿疹、银屑病、白癜风、荨麻疹、带状疱疹、丹毒等损容性疾病。

使用清热药时,应注意:①首应辨热之真假,勿被假象所迷惑,阴盛格阳、真寒假热者禁用;②清热药性多寒凉,易伤脾胃,故脾胃气虚、食少便溏者慎用;③本类药物苦寒,易化燥伤阴,故热证伤阴或阴虚病人慎用;④甘寒生津,但甘寒易助湿恋邪,湿热者慎用,寒湿证忌用;⑤中病即止,防止过量,以免克伐太过,损伤正气。

石　　膏

【功效】　清热泻火,除烦止渴;外用收敛生肌。

【性味】　辛、甘,大寒。

【应用】　治酒渣鼻(红斑期),常与枇杷叶、黄芩等同煎;治口臭、齿黄不洁,则常与白芷、细辛、沉香等共研细末,涂于牙上;治湿疹、痤疮,常与黄柏、枯矾等同用;治水火烫伤,常与青黛、黄柏等同用;治银屑病,可与煅蛤粉、黄柏、轻粉、青黛共研细末,用香油、茶水各半调成糊状,涂于患处。

知　　母

【功效】　清热泻火,滋阴润燥。

【性味】　苦、甘,寒。

【应用】　治疗痤疮,常与黄柏等同用,还可用于肺肾阴虚导致之头发枯黄,甚或早白,以及唇焦口燥等症。

栀　　子

【功效】　泻火除烦,清热利湿,凉血解毒;焦栀子凉血止血。

【性味】　苦,寒。

【应用】　治肌肤疮疡或外伤肿痛,常以生栀子粉用水或醋调成糊状外敷,或与金银花、连翘等解毒消肿之品配伍;治酒渣鼻(红斑期),可与枇杷叶、桑白皮等配伍;还可以治疗湿热黄疸、湿热淋证。

> **知识链接**
>
> "神州有玉花,美名牡丹栀。绿波绕冰馨,暑夏最销魂。"这是对我国传统名花——栀子花的赞美。栀子花,又名玉荷花,《滇南本草》言其"泻肺火,止肺热咳嗽,止鼻衄血,消痰"。《本草纲目》言其"悦颜色"。《千金翼》面膏即选栀子花制成。此外,栀子的花朵可提香精,有人甚至将花朵作为食品的添加剂,果实可作黄色染料。

天　花　粉

【功效】　清热泻火,生津止渴,消肿排脓。

【性味】 甘、微苦,微寒。

【应用】 治疮疡初起,热毒炽盛,未成脓者可使之消散,脓已成者可溃疮排脓,常与金银花、白芷等同用;治外伤红肿热痛,本品研极细末,米醋调糊外敷;治缠腰火丹,与冰片共研末,以生理盐水调涂患处。

芦　根

【功效】 清热生津,除烦止呕,清热利尿。

【性味】 甘,寒。

【应用】 治齿衄,本品水煎代茶饮;治口疮,常与生地黄、升麻、黄柏等同用。

淡 竹 叶

【功效】 清热除烦,利尿。

【性味】 甘、淡,寒。

【应用】 治心、胃火盛之口舌生疮及小肠移热之热淋涩痛,可配白茅根、滑石等药。

黄　芩

【功效】 清热燥湿,泻火解毒,止血,安胎。

【性味】 苦,寒。

【应用】 治酒渣鼻,常与枇杷叶、天花粉等配伍;治痤疮初起,可配伍防风、连翘等;或痤疮日久,内热壅盛,见有红肿结节,有脓头,便秘,口苦,舌红,苔黄者,可配伍黄连、蒲公英等;本品亦可用于痤疮的外治,常与轻粉、白芷、白附子、防风为细末,蜜调为丸,每日洗面时擦数遍。

黄　连

【功效】 清热燥湿,泻火解毒。

【性味】 苦,寒。

【应用】 治皮肤湿疹,可用本品制成软膏外敷;治耳道疖肿、耳痛流脓,可用黄连浸汁涂患处,或配枯矾、冰片,研粉外用;治胃火上攻所致口臭、口疮舌烂、唇齿干燥等,常与生地黄、升麻等药同用;治粉刺、酒渣鼻,与木兰皮、猪肚等蒸熟,晒干,研细末服用,或与牡蛎研末外敷。

黄　柏

【功效】 清热燥湿,泻火解毒,退虚热。

【性味】 苦,寒。

【应用】 治口舌生疮,每与硼砂、薄荷为丸服;治湿疹疮疡,阴痒阴肿,可配土茯苓、苦参、白鲜皮等,内服、外洗均可,亦可与滑石、甘草研末外敷;治热毒内蕴所致酒渣鼻,可用本品研末调敷,或与黄芩、栀子等同用。另外还可以治疗皮肤干燥、眼圈发黑者,常与知母相须为用。

苦 参

【功效】 清热燥湿,杀虫止痒,利尿。

【性味】 苦,寒。

【应用】 治风疹瘙痒,可与荆芥、防风等药同用;治疥癣,可配花椒煎汤外搽,或配硫黄、枯矾制成软膏外涂;治湿疹、湿疮,单用或配黄柏、蛇床子煎水外洗;治酒渣鼻,可与当归同用;治面上痤疮,可与紫参、沙参、人参配伍。

白 鲜 皮

【功效】 清热燥湿,祛风解毒。

【性味】 苦,寒。

【应用】 治湿疹、风疹、疥癣,可配苦参、防风、地肤子等煎汤,内服、外洗;治扁平疣,与白矾同煎,药液温后擦洗患处;治黄褐斑,面黑不净,配伍白芷、白附子、土瓜根、白僵蚕、杏仁、细辛等,同捣匀为细末,洗面外敷。

金 银 花

【功效】 清热解毒,疏散风热。

【性味】 甘,寒。

【应用】 治面部湿疹和痤疮,常与土茯苓、薏苡仁等药同用;治小儿热疖、痱子,常予本品加水蒸馏制成金银花露内服。

> **知识链接**
>
> 金银花有养生保健之用。由于金银花具有解暑、醒酒、清脑、解渴、清除体内有毒物质、降脂减肥、美容洁肤、延缓衰老和延年益寿的养生保健作用,近年来,金银花在制药、香料、化妆品、保健品等领域逐渐被广泛应用。在制药方面,已开发出了市场知名度较高的中成药,如银翘解毒丸、银黄口服液、双黄连胶囊等;在工业方面,已研制开发出金银花香水、金银花香波、金银花牙膏、金银花香皂、金银花花露水等;在保健品方面,已研制开发出金银花露、金银花茶、忍冬酒、忍冬可乐、金银花汽水、银花糖果、金银花消毒手纸和银麦啤酒等。

大 青 叶

【功效】 清热解毒,凉血消斑。

【性味】 苦,大寒。

【应用】 治疮痈、丹毒、红皮病、银屑病、药疹等皮肤血热毒盛证,可用鲜品捣烂外敷,或与蒲公英、紫花地丁、蚤休等配伍,煎汤内服;治咽喉肿痛、口舌生疮,用鲜品捣汁服,或配玄参、牛蒡子等同用;治扁平疣,可与紫草、薏苡仁、白花蛇舌草等配伍。

蒲 公 英

【功效】 清热解毒,清肝明目,利湿通淋。

【性味】 苦、甘,寒。

【应用】 治乳痈肿痛,可单用本品浓煎内服,或以鲜品捣汁内服,渣敷患处,也可与全瓜蒌、金银花等药同用;治痄腮,可配伍岗梅根、大黄、乳香等制成药膏外敷,或用鲜蒲公英捣碎另加鸡蛋清1个,白糖少许调糊外敷;治疣,可用鲜品外敷涂于患处,反复擦洗。

鱼 腥 草

【功效】 清热解毒,消痈排脓,利尿通淋。

【性味】 辛,微寒。

【应用】 治疥癣、瘾疹、疔疮作痛,可单用鲜品捣烂外敷。

土 茯 苓

【功效】 解毒除湿,通利关节。

【性味】 甘、淡,平。

【应用】 治梅毒,可单用本品水煎服,也可与金银花、白鲜皮等同用;若因服汞剂中毒而致肢体拘挛者,常与薏苡仁、木瓜等药配伍;治阴痒带下,单用本品水煎服,或与黄柏、苦参等同用;治湿疹瘙痒,每与地肤子、白鲜皮、茵陈等配伍。

生 地 黄

【功效】 清热凉血,养阴生津。

【性味】 甘、苦,寒。

【应用】 治血热内蕴之银屑病、日晒疮及热毒斑疹色紫黯者,常与水牛角、赤芍、牡丹皮等配伍。治精血不足之须发早白,常与枸杞、旱莲草等同用;治斑秃,可与当归、侧柏叶、赤芍等配伍;治风疹瘙痒,常与荆芥、牡丹皮、白蒺藜等合煎。

牡 丹 皮

【功效】 清热凉血,活血散瘀。

【性味】 苦、辛,微寒。

【应用】 用于瘟毒发斑,吐血衄血,夜热早凉,无汗骨蒸,经闭、痛经,痈肿疮毒,跌仆伤痛。治疗面黑、发白等,也可护发驻颜。治皮肤湿疹瘙痒,用5%丹皮酚霜(用牡丹皮加工提取而成的白色微黄霜剂)外涂患处。

赤 芍

【功效】 清热凉血,散瘀止痛。

【性味】 苦,微寒。

【应用】 治目赤、疮痈、疥癣、黄褐斑、雀斑、酒渣鼻,以健肤美容。治黄褐斑、雀斑,常与生地黄、桃仁、红花、牛膝等同用。治酒渣鼻,常与陈皮、当归、熟地黄、川芎等配伍研末外用。

马　勃

【功效】　清热解毒,利咽,止血。

【性味】　辛,平。

【应用】　可以治疗失音、咽喉肿痛、腮腺炎、咳血、鼻衄、外伤性出血、湿疹、疮疡、冻疮、急慢性中耳炎等症。多用于治疗性美容方中。

马齿苋

【功效】　清热解毒,凉血止血,止痢杀虫。

【性味】　酸,寒。

【应用】　用于治疗热痢脓血,热淋,血淋,带下,痈肿恶疮,丹毒,瘰疬,湿疹,蛇虫咬伤等。作膏涂之,可治疗湿癣,白秃,疣子等。

鸦胆子

【功效】　清热解毒,止痢,截疟。

【性味】　苦,寒。

【应用】　常用于治疗鸡眼、寻常疣。取鸦胆子仁捣烂涂敷患处,或用鸦胆子油局部涂敷皆能使赘疣脱落,治疗痢疾、久泻、疟疾、痔疮、疔毒等。

紫　草

【功效】　清热凉血,活血,解毒透疹。

【性味】　甘、咸,寒。

【应用】　治疗斑疹紫黯,麻疹不透,疮疡,湿疹,水火烫伤。治温病血热毒盛,斑疹紫黯者,常配赤芍、蝉蜕等药用;治麻疹不透,疹色紫黯,兼咽喉肿痛者,常与牛蒡子、山豆根等同用;治麻疹气虚,疹出不畅,配黄芪、升麻等;治痈肿疮疡,可与金银花、连翘等同用;治疮疡久溃不敛,常与当归、白芷、血竭等相伍,用麻油、白蜡制成膏剂外敷;治湿疹,可与黄连、黄柏、漏芦等同用;治水火烫伤,可用本品以植物油浸泡,滤取油液,外涂患处,或配黄柏、牡丹皮、大黄等药。

青　蒿

【功效】　清透虚热,凉血除蒸,解暑,截疟。

【性味】　苦、辛,寒。

【应用】　治日晒疮,本品捣碎,冲冷水,饮汁,渣敷疮上;治疥癣瘙痒,可与蛇床子、苦参等相配。

地骨皮

【功效】　凉血除蒸,清肺降火。

【性味】 甘,寒。

【应用】 治肾阴不足,牙齿黄黑,须发早白,配伍生地黄、覆盆子等。治肺热口臭,常配桑白皮、栀子等。还可以治疗青年扁平疣、泛发性湿疹等。

白　薇

【功效】 清退虚热,清热凉血,利尿通淋,解毒疗疮。

【性味】 苦、咸,寒。

【应用】 治疗疮痈肿毒,常与天花粉、赤芍等同用;治虚火上灼所致口疮,可与生地黄、熟地黄、黄柏等配伍;另外还可以治疗粉刺等皮肤病。

三、攻下类

泻下药大多味苦而泄,或质润而滑,药性寒、温有异,或性平,主入大肠经。主要具有泻下通便作用,以排除胃肠积滞和燥屎等;或有清热泻火,使实热壅滞之邪通过泻下而起清解作用;或有逐水退肿,使水湿停饮随大小便排出,达到祛除停饮、消退水肿的目的。主要适用于大便秘结、胃肠积滞、实热内结及水肿停饮等里实证。在美容方面,泻下药可以消脂减肥,抗衰老,排毒养颜,洁肤消斑;并可用于头面丹毒、酒渣鼻、痤疮等伴随便秘的症状,既能泻热通便,也可以成膜外用,使皮损得以修复;某些有毒之品外用具有杀虫疗疮、以毒攻毒之功,多用于皮肤恶疮、顽癣等。

使用泻下药中的攻下药、峻下逐水药时:①因其作用峻猛,或具有毒性,当奏效即止,切勿过剂,以免损伤正气及脾胃;②对年老体虚、脾胃虚弱者当慎用;③妇女胎前产后及月经期应当忌用;④应用峻下逐水药时,一定要严格遵循炮制法度,控制用量,确保用药安全;⑤在选择和配伍使用本类药物时要注意表里先后,虚实兼顾。

大　黄

【功效】 泻下攻积,清热泻火,凉血解毒,逐瘀通经,清热利湿。

【性味】 苦,寒。

【应用】 治肠胃实热之痤疮、酒渣鼻、大便秘结者,可与硫黄研末倒入石灰水中混合,外涂患处;治疮痈、丹毒,常与蒲公英、紫花地丁等同用;治蛇串疮,常以大黄加雄黄、冰片共研细末,以米醋调糊外敷皮损;或配伍青黛、冰片,菜油调糊频搽患处;治烧烫伤,可单用粉,或配地榆粉、麻油调敷患处。治因瘀血内阻、肌肤失养而致的黄褐斑、鱼鳞病、结节性痒疹、扁平苔藓、银屑病、硬皮病等。另外还能治疗湿热黄疸和脚气、湿疹等皮肤病。

芒　硝

【功效】 泻下攻积,润燥软坚,清热消肿。

【性味】 咸、苦,寒。

【应用】 用于治疗咽痛、口疮、目赤及疮痈肿痛。治咽喉肿痛、口舌生疮,可与硼砂、冰片等同用;治丹毒,可单用本品外敷,又可与冰片配用;治痔疮肿痛可单用本品煎汤外洗。

芦 荟

【功效】 泻下通便,清肝,杀虫。

【性味】 苦,寒。

【应用】 治口舌糜烂,常与栀子、牛蒡子等同用;治湿癣,搔之有黄汁者,可用本品捣汁外涂,亦可与甘草研末外敷;治黄褐斑,将去皮芦荟、绿豆研末,治痤疮,在普通膏剂化妆品中(除药性化妆品外)加入5%～7%的芦荟天然汁液,早晚涂擦;治日晒疮,用鲜品取汁,边搅边兑入阿拉伯胶,待成乳白色,再加入桉叶油搅匀,外涂。

火 麻 仁

【功效】 润肠通便,祛风活血。

【性味】 甘,平。

【应用】 可用于治疗皮肤风痹、疮癣、丹毒。治皮肤风痹顽麻者,可单用本品炒香研末,小便浸汁服;治疮癣、丹毒,亦可单用本品捣烂外敷;治发落不生,将本品熬黑,压油敷头。

四、祛湿类

湿邪为病,具有黏滞、重着、易阻气机、损伤阳气的特点。湿有内湿、外湿之分。外湿郁于皮肤,结滞不散,或湿邪郁久化热,可引发多种损容性疾病,如扁平疣、痤疮、皮癣、黄水疮、湿疹等。内湿困阻脾胃,湿郁化热亦可引发如黄褐斑、酒渣鼻、脂溢性皮炎、眼睑水肿、眼睑下垂等损容性疾病;痰湿聚集则可致肥胖症、面色萎黄、皮下脂肪瘤等。祛湿类美容中药可以通过祛除体内湿邪而达到美容目的,其美容功效为祛湿化痰、轻身减肥、驻颜悦色、祛斑增白、香体除臭等。常用于治疗面黑皯、肥胖症、痤疮、痱子、酒渣鼻及体臭等。

使用祛湿药应注意:①本类药易耗伤津液,对阴亏津少者慎用;②芳香化湿药多含挥发油,故入煎剂时须后下,不宜久煎;③祛风湿药为了服用方便,可制成酒剂或丸散剂常服,且酒剂还能增强祛风湿药的功效。

独 活

【功效】 祛风除湿,通痹止痛。

【性味】 辛、苦,微温。

【应用】 治疗疮痈痒疹、白癜风,以及消除多种瘢痕。治痈疽初起,红肿热痛者,可与黄芩、大黄、赤芍等煎汤洗疮;治风湿瘾疹,皮肤肿痒时痛者,可与防风、蒺藜等合用。

威 灵 仙

【功效】 祛风湿,通经络。

【性味】 辛、咸,温。

【应用】 用于阴疮痒疹,治男女阴部红疹、水疱、瘙痒、疼痛等症,可以本品单用或与苦参、黄柏配伍煎汤外洗患处。另外,本品浓煎与陈醋混合,用于泡脚,可治疗跟骨骨刺及足跟痛。

木 瓜

【功效】 舒筋活络,和胃化湿。

【性味】 酸,温。

【应用】 治疗吐泻转筋,湿痹,脚气,水肿,痢疾,头发失泽,发白等症。治湿痹,常与萆薢、薏苡仁等同用;治筋急项强、不能转侧等,常配乳香、没药等活血伸筋药。

> **知识链接**
>
> 木瓜含木瓜酵素,不仅可以分解蛋白质、糖类,更可分解脂肪,去除赘肉,促进新陈代谢,及时把多余脂肪排出体外。木瓜酵素还能促进肌肤代谢,帮助溶解毛孔中堆积的皮脂及老化角质,让肌肤显得更明亮、更清新。木瓜中的凝乳酶有通乳作用,番木瓜碱具有抗淋巴性白血病之功,故可用于通乳及治疗淋巴性白血病。木瓜含有胡萝卜素和丰富的维生素C,它们有很强的抗氧化能力,帮助机体修复组织,消除有毒物质,增强人体免疫力和延缓衰老。

蕲 蛇

【功效】 祛风,通络,止痉。

【性味】 甘、咸,温。有毒。

【应用】 用于治疗麻风,疥癣,皮肤瘙痒。治疗麻风,可与大黄、蝉蜕等同用;治疥癣,常配荆芥、薄荷等;治皮肤瘙痒,常与刺蒺藜、地肤子等配用。此外,本品以毒攻毒,还可用于治疗瘰疬、梅毒、恶疮等。

防 己

【功效】 祛风止痛,利水消肿。

【性味】 苦,寒。

【应用】 治一身肌肤悉肿、小便短少之皮水证,则配茯苓、黄芪等;治疗脾虚水停之肥胖,四肢沉重,汗多,易疲劳,常与黄芪、白术配用;治脚气肿痛,则配木瓜、吴茱萸、槟榔等;治湿疹、疮毒,常配苦参、白鲜皮等;治下肢丹毒,配伍金银花、蒲公英;治结节性红斑,配伍白茅根、紫草。

桑 寄 生

【功效】 祛风湿,补肝肾,强筋骨,安胎元。

【性味】 苦、甘,平。

【应用】 治疗筋骨痿弱,除头面部风湿,令头发速生及黑润。

广 藿 香

【功效】 芳香化浊,发表解暑,和中止呕。

【性味】 辛,微温。

【应用】 治湿热上壅,口中臭秽或酒后、烟后口臭者,可与薄荷、石膏相佐;治湿浊内盛之面色晦暗,可与沉香、丁香、白芷等配伍,研末洗面;治疗暑湿引起的皮肤病,如全身红痱、银屑病、日晒疮、脓疱病、丘疹性荨麻疹等,可配伍茵陈、黄芩、滑石等。

苍 术

【功效】 燥湿健脾,祛风散寒,明目。

【性味】 辛、苦,温。

【应用】 治脾虚湿重,形体肥胖臃肿,体重倦怠,白带多者,可与薏苡仁、半夏、陈皮等同用;治急慢性湿疹、脂溢性皮炎、手足汗疱疹、阴汗瘙痒,本品与炒黄柏等分为末,姜汁调服;治白癜风,可与刺蒺藜、女贞子、重楼等相配。另外还可以用于颜面苍老,须发早白,眼目昏涩,腿脚无力。

茯 苓

【功效】 利水渗湿,健脾,宁心。

【性味】 甘、淡,平。

【应用】 治心脾两虚,形容憔悴,面色萎黄、口唇色淡、眼圈发黑,健忘失眠者,多与酸枣仁、龙眼肉等同用;脾虚湿盛,形体肥胖,肌肉松软下坠,多与泽泻、山楂、薏苡仁等配用;治疗斑秃,面部黑斑,以本品烘干,研细末内服。治疗面部黑斑,多与白芷、白附子等研细末外涂。

泽 泻

【功效】 利水渗湿,泻热,化浊降脂。

【性味】 甘,寒。

【应用】 治疗湿热蕴于肌肤之天疱疮、疱疹样皮炎,可配伍茯苓皮、冬瓜皮、猪苓;治阴部湿疹,可与薏苡仁、土茯苓等配伍。另外还可以用于面色萎黄,毛发枯槁,加入化妆品中,可使皮肤光滑柔嫩,皱纹舒展,头发易于梳理。

薏 苡 仁

【功效】 利水渗湿,健脾止泻,除痹,排脓,解毒散结。

【性味】 甘、淡,凉。

【应用】 治扁平疣及各种皮肤疣,可用薏苡仁水煎为粥服用,或用本品研细末,用适量雪花膏调和,早晚洗脸后用此霜搽患处;治痤疮,可配紫背天葵鲜品作粥,内服,并取热汁擦洗患处;治黄褐斑,可与苍术、黄柏同用,如祛斑饮;治唇肿,可配防风、赤小豆,水煎温服;治脾虚不运,水湿外泛肌肤之湿疹、天疱疮者,可与人参、山药、白扁豆等同用。另外有防晒增白功效,其提取物对紫外线有较好的吸收能力,以很低浓度配入化妆品中,可以起到防晒效果。

> **知识链接**
>
> 薏苡仁中的薏米酯、亚油酸是重要的抗癌成分,能减轻肿瘤患者放、化疗的毒副作用,在日本被称为"抗癌食品"。现代研究表明,薏苡仁中蛋白质的含量比米、面高出很多,并含有人体必需的八种氨基酸,可以及时补充体力消耗,增强免疫力。《本草纲目》谓薏苡仁"健脾益胃,补肺清热,祛风胜湿,养颜驻容,轻身延年"。对于脾胃虚弱而导致颜面多皱、面色晦暗的人,建议用薏苡仁与山药、大枣、小米一起煮粥喝,或将薏苡仁炒熟后研末冲服。

猪 苓

【功效】 利水渗湿。

【性味】 甘、淡,平。

【应用】 治天疱疮或湿疮湿邪浸淫者,可与苍术、茯苓等健脾药同用;治形体肥实,痰湿下注,小便白浊者,可与半夏相佐,以化痰利湿。

冬 瓜 皮

【功效】 利水消肿,轻身减肥。

【性味】 甘,凉。

【应用】 治暑湿证,可与生薏苡仁、滑石、扁豆花等同用;治瘾疹,可与荆芥、金银花等配伍,煎服,同时配合药汁洗浴。

荷 叶

【功效】 清暑化湿,升发清阳,凉血止血。

【性味】 苦,平。

【应用】 治湿盛肥胖症,本品能化湿轻身,治肥胖湿盛之证,单用本品 15 g,水煎沸 5 min,或沸水浸泡 10 min,饮用;亦可用荷叶、车前草制成泡茶剂,每日饭前饮用。常用本品沐浴,可治遍身瘙痒,令皮肤光泽。

赤 小 豆

【功效】 利水消肿,解毒排脓。

【性味】 甘、酸,平。

【应用】 治单纯性肥胖,用本品 120 g,粳米适量,煮粥,早晚服用,能利水消肿,轻身减肥,健脾益胃,亦可配伍山楂;治疗疮疡肿毒初起,单用本品研末,醋调敷患处;若已成脓,与伍当归同用;治痄腮腮颊热肿者,可与芙蓉叶末调涂;治痤疮,本品配红花、金银花、茯苓、车前子等煎汤代茶饮,并用煎液外洗患部;治风瘙瘾疹,可与荆芥等分,研细末,鸡子清调涂患处。

滑　石

【功效】　利尿通淋,清热解暑,外用敛疮。

【性味】　甘、淡,寒。

【应用】　治湿疮,湿疹,可单用或与枯矾、黄柏等共为末,撒敷患处;治痱子,则可与薄荷、甘草等配合制成痱子粉外用;治口疮、腋臭,以本品配冰片等研细末涂患处;治烧伤,以滑石粉为主配制成九华膏外涂,有较好疗效。

地　肤　子

【功效】　清热利湿,祛风止痒。

【性味】　辛、苦,寒。

【应用】　治风湿热邪蕴结皮肤,症见风疹,湿疹,皮肤瘙痒,常与白鲜皮、蝉蜕、黄柏等同用;若下焦湿热,外阴湿痒者,可与苦参、龙胆草、白矾等煎汤外洗患处;治风热疮,可与防风、黄芩、猪胆汁配伍外用。

茵　陈

【功效】　清热利湿,利胆退黄。

【性味】　苦、辛,微寒。

【应用】　治湿疹、湿疮,可单味煎汤外洗,也可与黄柏、苦参、冰片、青黛同用;治疗痤疮偏于湿热者,与桑白皮、丹参等煎服,也可用茵陈煎汤内服外洗并用;治风瘙瘾疹,则与荷叶同施,研末,冷蜜水调服;黄褐斑属脾胃湿热,可用茵陈蒿汤配伍健脾利湿之品。

金　钱　草

【功效】　利湿退黄,利尿通淋,解毒消肿。

【性味】　甘、咸,微寒。

【应用】　治恶疮肿毒、毒蛇咬伤等,可用鲜品捣汁内服或捣烂外敷,或与蒲公英、紫花地丁、白花蛇舌草等同用。此外,鲜品捣汁涂患处,可治疗烧、烫伤;鲜品捣烂,加入清凉油调匀外敷,可治疗带状疱疹;以本品配紫草,制成浓缩液外用,治疗瘢痕疙瘩。

五、温里类

本类药物多味辛而性温热,以其辛散温通、偏走脏腑而能温里散寒、温经止痛,个别药物还能助阳、回阳,故用以治疗里寒证。本类药物能鼓舞阳气,促进颜面气血运行,以保持颜面肌肤的光泽、红润,美容方面临床用于治疗脾肾阳虚型黄褐斑、肥胖症、胞虚如球等损容性疾病;个别药物气味芳香,能避秽抑菌,可治疗湿疹、体癣等。

本类药物性多辛热燥烈,易耗阴助火,凡实热证、阴虚火旺、精血亏虚者忌用;孕妇及气候炎热时慎用。

附　子

【功效】　回阳救逆,补火助阳,散寒止痛。

【性味】 辛、甘,大热。

【应用】 治疗雀斑,与茯苓、白芷等为末,蜜调搽面,次日洗去;治疗鼻面酒渣疮及恶疮,配川椒、野葛根等醋浸,去滓时涂之;治疗脱发,本品配侧柏叶、猪胰为丸,洗发时纳一丸入水中,久之发不落;治疗冻疮,用白酒浸泡半小时后,文火慢煎,外涂;现代皮肤科配肉桂、车前子、菟丝子治疗红斑狼疮性肾炎。

干 姜

【功效】 温中散寒,回阳通脉,温肺化饮。

【性味】 辛,热。

【应用】 可用于治疗压疮、手足皲裂。治压疮:干姜粉(高压灭菌),用新鲜蛋清调敷。治手足皲裂:20%干姜酊 30 mL,干姜粉 5 g,氯化钠 0.5 g,甘油 30 mL,香精 3 滴,加水至 100 mL,摇匀,局部涂抹。

肉 桂

【功效】 补火助阳,引火归元,散寒止痛,温经通脉。

【性味】 辛、甘,大热。

【应用】 可用于治疗风疹,髭发枯槁,冻疮等。治疗牛皮癣,配伍高良姜、细辛、斑蝥浸酒一周,加入甘油外搽;治疗髭发枯槁,配墨旱莲、白芷、菊花等;治疗神经性皮炎,肉桂研末,米醋调敷,2 h 糊干即除去,不愈,隔周再涂;治疗冻疮,配伍樟脑、山莨菪碱研细末,加凡士林调匀外敷;轻身驻颜,配伍泽泻、茯苓、枸杞等炼蜜为丸。

吴 茱 萸

【功效】 散寒止痛,降逆止呕,助阳止泻。

【性味】 辛、苦,热。有小毒。

【应用】 治疗湿疹、湿疮:单用或配伍乌贼骨、硫黄研末,干粉散布患处;治疗口疮、高血压,单用研末,米醋调敷足心(涌泉穴)。

花 椒

【功效】 温中止痛,杀虫止痒。

【性味】 辛,温。

【应用】 治湿疹瘙痒,单用或与苦参、蛇床子、地肤子、黄柏等,煎汤外洗;治顽癣,配紫皮大蒜研成泥,每日揉擦患处;治脱疽、冻疮,配伍肉桂、当归、干姜、樟脑浸酒,揉擦患部。治秃头发稀,本品酒浸,日日搽之,则自然长出;治齿痛,配伍蜂房、细辛、白芷等。

> **知识链接**
>
> 花椒以其独特的麻香味,成为人们日常饮食生活的重要调料。早在 2600 多年前的春秋时期,人们就知道食用花椒入酒,是荆楚风尚。汉代诗歌云:"过腊一日,谓之小岁,

拜贺君亲,进椒酒。"以椒涂室,亦是古楚民朴素利用之举,但到汉代,汉室后宫用花椒涂四壁,大修"椒房",取其气香性温也亦取花椒多子之意也。花椒作调料能与生姜、肉桂媲美,并且有去除异味的作用。现代药理研究表明本品有抑菌作用,其所含挥发油对皮肤癣菌和深部真菌均有一定的抑制和杀灭作用,其中对羊毛样小孢子菌和红色毛癣菌最敏感,实验证实其挥发油进入真菌细胞内能加速细胞死亡。

六、理气类

本类药多辛香苦温,主归脾、肝、肺经。具有理气健脾、疏肝解郁、理气宽胸、行气止痛、破气散结等功效,主要适用于气机不畅导致的气滞、气逆证。部分药物能燥湿化痰、降逆止呕、破气散结。气机不畅多与脾、肝、肺等脏腑有关:①脾胃气滞,气机升降失司,则见脘腹胀痛、呕恶泛酸、便秘或腹泻、浮肿虚胖、胞虚如球;②肝气郁滞,症见胸胁闷痛、乳房胀痛、疝气疼痛、月经不调、黧黑斑、睑魇;③肺气壅滞,症见胸闷不畅、咳嗽气喘。因肺与大肠相表里,肺失宣降,大肠传导失司则引发便秘,诱发或加重一系列损容性疾病。

使用注意:①本类药物多辛香温燥,易耗气伤阴,故阴亏气虚者慎用;②作用峻猛的破气药则孕妇慎用;③理气药多含挥发油成分,入汤剂一般不宜久煎,以免影响疗效。

陈　　皮

【功效】　理气健脾,燥湿化痰。
【性味】　辛、苦,温。
【应用】　治疗湿疹、神经性皮炎、皮肤瘙痒、银屑病以及其他疱疹性和渗出性皮肤病,常配伍苍术、泽泻、白术等同用;治疗皮肤瘙痒、色素性紫癜性苔藓样皮炎,配伍白鲜皮、地肤子、苦参等同用。另外,橘皮汁外搽可治癣。

木　　香

【功效】　行气止痛,健脾消食。
【性味】　辛、苦,温。
【应用】　用治狐臭、黑斑、口臭。治疗狐臭,醋浸木香,置腋下夹之;治疗黑斑,本品配伍白附子、香附、白芷等制膏,敷面作妆,令面光悦,却老去皱;治口臭,与公丁香、藿香、葛根、白芷,每日一剂,煎汤代水漱口。

香　　附

【功效】　疏肝解郁,理气宽中,调经止痛。
【性味】　辛、微苦、微甘,平。
【应用】　用于治疗面部皱皮、黑斑、疣等损容性疾病。治疗面部皱皮、黑斑,本品配白芷、茯苓、麝香等制成面脂,每晚涂之;治寻常疣、扁平疣,以香附、乌梅、木贼水煎,浸泡或湿敷;治口臭,香附炒去毛为末,早晚揩少许涂牙上。

七、消食类

消食药多味甘性平,主归脾胃二经。具有消食化积导滞、健脾开胃和中之功,主治宿食停留,饮食不消所致食积证。症见脘腹胀满、嗳气吞酸、恶心呕吐、不思饮食、大便失常,以及脾胃虚弱、消化不良等证。部分消食药具有化浊降脂之功,常用于治疗肥胖症及皮脂腺分泌过盛的痤疮等。

本类药多属渐消缓散之品,适用于病情较缓、积滞不甚者,但仍不乏有耗气之弊,故气虚无积滞者慎用。

山　楂

【功效】　消食健胃,行气散瘀,化浊降脂。
【性味】　酸、甘,微温。
【应用】　可健脾胃、消积滞、行结气,可强心、降压。

> **知识链接**
>
> 山楂能增加胃中消化酶的分泌而促进消化,所含脂肪酸可促进脂肪消化,有确切的降血脂作用,对胃肠功能有一定调整作用。其提取物具有强心、降压、扩张血管、增加冠状动脉血流量、抗心律失常作用。临床报道:山楂、决明子代茶饮,配合饮食疗法,治疗高脂血症30例,总有效率为96.67%;地龙决明饮(生山楂、决明子、玉竹、地龙、生地等)治疗高血压合并高脂血症58例,总有效率为91.4%,提示本品具有降压、降脂功能,并有较好减肥作用。

鸡内金

【功效】　健胃消食,涩精止遗,通淋化石。
【性味】　甘、平。
【应用】　可以用于治疗脱发、白发、扁平疣。脱发:用本品炒后研细末,每次服1.5 g,每日3次,饭前以温开水送服,20天后头发脱落即明显减少,毛发干枯不泽、形体消瘦、目黯神疲等症状也日渐好转;扁平疣:鸡内金20 g,加水200 mL,浸泡2~3天搽患处,每日5~6次,10日为1个疗程。

八、理血类

心主血,肝藏血,本类药物多归心、肝二经,药性或寒或温或平,具有活血化瘀或止血的功效,主要治疗血行不畅、瘀血阻滞之证或各种原因导致的出血之证。血是构成人体和维持人体生命活动的基本物质之一,周流不息地循行于脉中,灌溉五脏六腑,濡养四肢百骸,全身无不受其营养。一旦瘀血阻滞、血行不畅或血不循经而外溢,或亏损不足,均可造成血瘀、出血或血虚之证。中医认为女子以血为本,血液濡养肌肤、毛发、五官,更是美丽之本。调血是女性美容的重要方法。理血药可用于治疗因瘀血、出血等所致皮肤色斑、丹毒、痤疮、皮疹、脱发、肌肤甲错等证。

使用理血药时应注意：①治疗血证，应分清标本缓急，正确运用急则治其标、缓则治其本或标本兼治的原则；②部分止血易留瘀，应配合活血之品；③活血药易耗血、动血，妇女月经过多、血虚经闭等证不宜使用；④某些药能催产下胎，孕妇宜慎用或忌用；⑤要做到"祛瘀不伤正"，可酌情配伍补虚药；⑥活血药不宜久服。

地　榆

【功效】　凉血止血，解毒敛疮。

【性味】　苦、酸、涩，微寒。

【应用】　用于烧、烫伤，单用研末，或配大黄粉，或配黄连、冰片研末调敷；治湿疹及皮肤溃烂，多配苦参、大黄，以药汁湿敷，或配煅石膏、枯矾研末加凡士林调涂患处；治疮疡痈肿，无论成脓与否均可运用。若初起未成脓者，可单用地榆煎汁浸洗，或湿敷患处；若已成脓者，可用单味鲜地榆叶，或配伍其他清热解毒药，捣烂外敷。

槐　角

【功效】　凉血止血，清肝泻火。

【性味】　苦，微寒。

【应用】　用治银屑病，用本品炒黄研成细粉内服，或配伍防风、白蒺藜等同用；治皮肤瘙痒、毛囊炎，与核桃仁、白酒配伍。

侧　柏　叶

【功效】　凉血止血，化痰止咳，生发乌发。

【性味】　苦、涩，寒。

【应用】　用治须发早白，以本品为末，以麻油调和涂之；治血热脱发，可配伍当归、熟地黄、女贞子等，如生发丸，或生柏叶、附子研末，猪脂为丸。

> **知识链接**
>
> 侧柏叶的美容保健研究表明，本品主要含挥发油，油中主要成分为侧柏酮、侧柏烯、小茴香酮等，叶中还含钾、钠、氮、磷、钙、镁、锰和锌等微量元素，具有止血、镇咳、祛痰、平喘、镇静等作用，对金黄色葡萄球菌、痢疾杆菌、伤寒杆菌、白喉杆菌等均有抑制作用。
>
> 在美容方面，本品还具有乌须发和美白功效，其药理作用主要在于抑制酪氨酸酶的活性，从而抑制黑色素的合成。侧柏叶总黄酮作为美容护肤化妆品的添加剂，具有药性稳定、药力持久，以及对皮肤作用温和、刺激性小、安全性高、疗效显著等特点。将其制成水包油型的乳化产品，安全性好，使肌肤自然、美白亮泽。

白　茅　根

【功效】　凉血止血，清热利尿。

【性味】 甘,寒。

【应用】 用于治疗银屑病、急性过敏性紫癜、过敏性皮炎等损容性疾病。另外,还可以用于治疗肥胖症。治单纯性肥胖症,配栀子、荷叶、陈皮等;治过度肥胖症,配淫羊藿代茶常饮之。

三 七

【功效】 散瘀止血,消肿定痛。

【性味】 甘、微苦,温。

【应用】 治脱发、白发,配人参、当归制成护发品,能增加头发的营养和韧性,减少断发和脱发,保持头发柔润光泽;治皮肤色斑,可用本品提取物制成护肤化妆品,有滋润和美白之功;本品磨成粉,和蜂蜜拌匀后做面膜,长期使用祛除色斑效果明显。

> **知识链接**
>
> 三七的美容保健研究表明,三七中含有五加皂苷 A 和五加皂苷 B。另外,还含有黄酮苷、氨基酸等。现代药理研究证实,三七能缩短凝血酶原时间,扩张血管,降低毛细血管通透性,增加毛细血管张力,抑制血小板聚集及溶栓,以及对各种药物诱发的心律失常有保护作用;三七对皮肤真菌有抑制作用。此外,还有增强肾上腺皮质功能、调节糖代谢、保肝、延缓衰老、抗肿瘤的作用,并能滋润和清洁皮肤,对面部黄褐斑有一定的疗效。

茜 草

【功效】 凉血,祛瘀,止血,通经。

【性味】 苦,寒。

【应用】 治疗阴疮,用本品阴干研细为末,酒煎服;治荨麻疹,配伍地肤水煎,黄酒冲服。另外,茜草有延缓衰老之效,还可制成粉刺露、脚气露等。

白 及

【功效】 收敛止血,消肿生肌。

【性味】 苦、甘、涩,微寒。

【应用】 治痈肿初起,单用或与金银花、乳香等同用;治痈肿已溃,久不收口,多与黄连、贝母等研粉外敷;治烫伤、肛裂、手足皲裂,多研末外用,以麻油调敷;治痤疮,配白芷各等分,研成极细粉末,用蜂蜜调成糊状外敷于面。另外,本品外用具有美白祛斑之效,用于面部皮肤粗黑、黑斑,可配伍白丁香、砂仁、升麻等。

仙 鹤 草

【功效】 收敛止血,截疟,止痢,解毒,补虚。

【性味】 苦、涩,平。

【应用】 治痈肿疮毒,阴痒带下,可配蛇床子、苦参、枯矾等煎汤外用;治阴虚内热所致皮肤红斑、痤疮、各种皮疹,配地榆、龟甲、枸杞等水煎服;治劳力过度所致的脱力劳伤,症见神疲乏力、面色萎黄而纳食正常者,常与大枣同煮,食枣饮汁。

艾 叶

【功效】 温经止血,散寒止痛,安胎,外用祛湿止痒。

【性味】 辛、苦,温。有小毒。

【应用】 治皮肤湿疹、疥癣,单用或配黄柏、花椒等水煎外洗,或配枯矾研末外敷;治烧伤瘢痕增生,创面瘙痒,配伍威灵仙、老松皮、红花等煎汤外洗;治寻常疣、扁平疣,用鲜艾叶,揉汁,在疣表面摩擦至皮肤微热或微红,每日数次,直至脱落。

> **知识链接**
>
> 本品主要含挥发油、倍半萜类、环木菠烷型三萜及黄酮类化合物等。现代药理研究证实:①本品能明显缩短出血和凝血时间;②艾叶油对多种过敏性哮喘有对抗作用,具有明显的平喘、镇咳、祛痰作用,其平喘作用与异丙肾上腺素相近;③艾叶油对肺炎球菌、溶血性链球菌、奈瑟球菌有抑制作用,艾叶水浸剂或煎剂对炭疽杆菌、D-溶血性链球菌、B-溶血性链球菌、白喉杆菌、肺炎双球菌、金黄色葡萄球菌及多种致病真菌均有不同程度的抑制作用;④对腺病毒、鼻病毒、疱疹病毒、流感病毒、腮腺炎病毒等亦有抑制作用。

川 芎

【功效】 活血行气,祛风止痛。

【性味】 辛,温。

【应用】 治疮疡痈肿、脓成难溃者,配当归、皂角刺等;治粉刺齄疱,多与生地、赤芍、黄芩、山栀等同用;治手足冻疮,可与生姜、白芷、防风、花椒等同用;治口臭齿痛,可单用,亦可配伍白芷、细辛、石膏、升麻等药。另外,还可以用于单纯性肥胖症,配伍荷叶、玫瑰花、玳玳花、茉莉花,研末,开水冲服,代茶饮,每次服 5 g,每日 2~3 次,有活血降脂、利水消肿之功。

丹 参

【功效】 活血祛瘀,通经止痛,清心除烦,凉血消痈。

【性味】 苦,微寒。

【应用】 治酒渣鼻及囊肿型痤疮,痤疮较重者,常配姜半夏、连翘、茯苓、贝母等同用;治面部瘢痕及黄褐斑,常与羊脂合用;陈旧性增生性瘢痕,可用丹参注射液在皮损周围做封闭;治疮疡肿毒,与蒲公英、金银花、连翘等同用。

桃 仁

【功效】 活血祛瘀,润肠通便,止咳平喘。

【性味】 苦、甘,平。有小毒。

【应用】 用于治疗面皱及黄褐斑,常配黑芝麻、白芷、白附子等,亦可制成药膳粥服用。

治疗痰瘀凝结型痤疮,配伍山楂、贝母、荷叶煎汤,去渣后加入粳米煮粥,每日1剂;治疗气滞血瘀型黄褐斑,配伍柴胡、当归、香附、红花等同用。

> **知识链接**
>
> 　　本品含挥发油、脂肪油,其中主要含油酸甘油酯和少量亚油酸甘油酯及苦杏仁酶等,能改善血液流动的性质,解除血液浓黏凝聚的状态,从而达到抗血栓形成、抗炎、抗过敏等作用,对荨麻疹、过敏性皮炎均有较好的疗效。古籍论述:悦泽人面、去皱皱、悦皮肤。现代将桃仁添加于各种化妆品中,如中药面膜、面霜等,还可以将其制成药膳、茶饮等,令肌肤润泽光滑、美白细腻、去皱淡斑。能改善皮肤微循环,补充皮肤表皮层含水量,使肤色白嫩,光滑有弹性。同时,本品中的维生素E和亚油酸,能增强肌肤的抗氧化能力,抑制黄褐斑生成。

红　花

【功效】　活血通经,祛瘀止痛。

【性味】　辛,温。

【应用】　用于治疗血瘀型黄褐斑,可配伍桃仁、当归等;血瘀气滞型黄褐斑、女子颜面黑皮病,可与柴胡、薄荷、栀子、当归等合用;瘀热郁滞之斑疹色黯者,常配伍清热凉血透疹的紫草、大青叶等同用。还可用于荨麻疹,可与乌梅、山楂浸酒调服;扁平疣,与桃仁、苦参、板蓝根等煎煮擦于患处,15 min后再把冰片和玄明粉调成糊状,外敷即可;脱发、斑秃,配当归、赤芍、白芷、丹参等同用,煎煮内服。

牛　膝

【功效】　逐瘀通经,补肝肾、强筋骨,利水通淋,引火(血)下行。

【性味】　苦、甘、酸,平。

【应用】　治肝肾亏虚所致须发早白、头发脱落,常配杜仲、何首乌、熟地黄、黑芝麻、当归、枸杞等同用;治胃火上炎之齿龈肿痛、口舌生疮,常配地黄、石膏、知母等。

益　母　草

【功效】　活血调经,利水消肿,清热解毒。

【性味】　苦、辛,微寒。

【应用】　治疗痤疮,本品烧灰30 g和肥皂30 g捣为丸,每日洗3次,忌姜酒;疮疡肿毒、皮肤痒疹,单用鲜品捣敷或煎汤外洗,或配苦参、黄柏等煎汤内服;血虚或失血之面色萎黄,可配黄芪、当归、熟地黄等;黄褐斑,本品与醋调和,再用炭火煅,蜜调后均匀涂于面部。

乳　香

【功效】　活血定痛,消肿生肌。

【性味】　辛、苦,温。

【应用】 治疮疡肿毒初起,常配金银花、没药、白芷等;用于疮疡溃后久不收口,常配没药研末外用;治瘰疬、痈疽、痰核,与雄黄、麝香、没药等同用;配没药、冰片共研末,用蜂蜜调成糊状,外涂治Ⅰ～Ⅱ度烧烫伤。

麝 香

【功效】 活血通经,消肿止痛,开窍醒神,催产。
【性味】 辛,温。
【应用】 用于经络不通所致的面䵟、痤疮、目赤肿痛、口臭、体臭(腋臭)等,内服、外用均可配伍使用。面枯不荣,配猪胰、蔓荆子、桃仁等,酒浸涂面。

泽 兰

【功效】 活血祛瘀,利水消肿,生发润发乌发。
【性味】 苦,辛,微温。
【应用】 治经闭,产后瘀滞腹痛,身面浮肿,关节水肿,金疮,跌打损伤,痈肿,头发脱落、失泽等症。

骨 碎 补

【功效】 活血续伤,补肾强骨。
【性味】 苦,温。
【应用】 治疗肾虚久泻及腰痛、风湿痹痛、齿痛、耳鸣、骨伤、斑秃、毛发不生等症。

九、化痰止咳平喘类

凡以祛痰或消痰为主要作用,治疗痰证的药物称为化痰药;以减轻或制止咳嗽、喘息为主要作用,治疗咳喘证的药物,称为止咳平喘药。一般咳喘每多挟痰,痰多亦必致咳喘。两类药化痰、止咳平喘功效兼具,故总称为化痰止咳平喘药。在美容方面,由于痰湿内停易导致肥胖、面色暗黄、痤疮、黧黑斑等损容性疾病,故通过本类药物的合理配伍应用,具有减肥瘦身、美白消斑、抗衰老等功用。

使用化痰止咳平喘药时应注意"无形之痰",如瘿瘤、瘰疬、癫痫、惊厥、中风等;咳嗽兼咳血者,不宜使用作用强烈而有刺激性的化痰药;有毒性的药物,应注意其炮制、用法、用量及不良反应的防治。

半 夏

【功效】 燥湿化痰,降逆止呕,消痞散结;外用消肿止痛。
【性味】 辛,温。有毒。
【应用】 用于治疗瘿瘤、痰核、结节型痤疮、痈疽肿毒及毒蛇咬伤。治瘰疬、痰核、结节型痤疮,常配伍昆布、海藻等;治痈疽肿毒、毒蛇咬伤,常以生品研末调敷或鲜品捣烂外敷。

白 附 子

【功效】 祛风痰,定惊搐,解毒散结,止痛。

【性味】 辛、甘,温。

【应用】 治颜面无光、面皱,配白芷、杏仁等研末,以鲜奶调匀涂面;治雀斑,配白及、白芷、白茯苓等以蛋清调和涂面;治酒渣鼻,常配青木香、细辛等外用。

芥 子

【功效】 温肺化痰,利气散结,通络止痛。

【性味】 辛,温。

【应用】 各种疮痈肿毒初起者以本品为末、醋调涂之消肿效果显著。另外用于肥胖症,在美体界作为按摩油应用能通经活络、减肥瘦身。

旋 覆 花

【功效】 降气,消痰,行水,止呕。

【性味】 苦、辛、咸,微温。

【应用】 小儿眉癣,耳后生疮。小儿眉毛睫毛因生过癣后不能复生及耳后生疮,与天麻苗、防风等研末,以油调敷于患处;治雀斑,可单用本品煎汤外洗;治口臭、体臭,可与白芷、葛根等同用,煎汤内服或外洗。

> **知识链接**
>
> 本品含大花旋覆花内酯、单乙酰基大花旋覆花内酯、二乙酰基大花旋覆花内酯等。旋覆花另含旋覆花佛术内酯、杜鹃黄素、胡萝卜苷、肉豆蔻酸等;欧亚旋覆花另含天人菊内酯、异槲皮苷、咖啡酸、绿原酸等。具有镇咳、祛痰、抗菌、保肝、杀原虫等作用。此外,实验证实旋覆花提取物可提高皮肤角质层含水量,具有保湿作用,并可有效减轻或改善皮肤的干燥、粗糙、皲裂、瘙痒等症状。同时能抑制黑色素细胞的增殖及酪氨酸酶的活性,从而对黄褐斑、雀斑等具有治疗作用。

桔 梗

【功效】 宣肺,利咽,祛痰,排脓。

【性味】 苦、辛,平。

【应用】 治肺经郁热所致的粉刺、面斑等,常与黄芩、天花粉等合用;治白癜风,常与防风、郁金等配伍;治寻常疣,多与地榆、葶苈子合用,患处在上肢者加桑枝,在下肢者加牛膝。还可与其他天然植物合用制成药膳、茶饮等,具有美白润肤之效。

瓜 蒌

【功效】 清热涤痰,宽胸散结,润燥滑肠。

【性味】 甘、微苦,寒。

【应用】 治面黑,可配杏仁、白芷、皂荚等煎汤外洗;治面皱,可配杏仁等同研为膏,令皮肤光润;治肥胖症,常配荷叶、薏苡仁等,亦可将其与其他药物合用制成各种药膳,或者养颜茶、减肥茶等。

海　藻

【功效】　消痰软坚散结,利水消肿。
【性味】　咸,寒。
【应用】　治瘿瘤,常配伍昆布、贝母等;治疗瘰疬,常与夏枯草、玄参等同用。

竹　茹

【功效】　清热化痰,除烦,止呕。
【性味】　甘,微寒。
【应用】　治酒渣鼻红斑期,配鲜芦根、粳米等;治面皱,配白茯苓、竹叶等研末,以蔓荆油搅拌成糊状后敷面。

苦　杏　仁

【功效】　降气止咳平喘,润肠通便。
【性味】　苦,微温。有小毒。
【应用】　皮肤枯涩无华,可与杏仁粉、杏花末、红枣等药同研外敷;治雀斑,可与云母粉同用;治头面疖疮、粉刺,可与荆芥穗、枳壳、甘草等药同用。同时还可以作为化妆品添加剂以及与其他天然药物合用制成各种药膳、养颜粥等。

桑　白　皮

【功效】　泻肺平喘,利水消肿。
【性味】　甘,寒。
【应用】　治疗瘢痕、发枯不泽、头屑、头痒等。治增生肥厚性瘢痕和瘢痕疙瘩,配大黄、藏红花、白蒺藜等制成膏剂外用;治发枯不泽,配侧柏叶、木瓜、地骨皮、制何首乌、麻子仁等以润发、乌发;治头屑、头痒,配甘菊花、附子、藁本、蔓荆子等。

枇　杷　叶

【功效】　清肺止咳,降逆止呕。
【性味】　苦,微寒。
【应用】　用于治疗酒渣鼻、毛囊虫皮炎,另外本品还具有抗炎美容之效。用于酒渣鼻、毛囊虫皮炎,可与生地黄、牡丹皮、甘草等同用。

十、安神类

神志不安主要表现为心悸怔忡、失眠多梦、健忘、烦躁易怒,以及惊风、癫痫等。人的神志变化与心、肝两脏的生理功能有着密切联系,心藏神,肝藏魂,心、肝两脏主宰着人的精神、意识、思维活动。在美容方面,经常失眠多梦会导致脂肪和糖代谢紊乱,容易形成肥胖征,而且还易诱发痤疮、各种色斑、黑眼圈、毛发容颜枯槁等损容性疾病。故通过本类药物的合理配伍应用,具有美白润肤、解毒消痈、抗皱驻颜之功。

使用安神药时应注意:①应根据不同的病因病机选择适宜的药物,并做相应的配伍;②矿石、介壳类安神药易伤胃气,不宜久服,可酌情配养胃健脾药,入煎剂时,应先打碎、先煎、久煎;③部分药物具有毒性,更须慎用,不宜过量,以防中毒;④至于癫痫、惊狂等证,多以化痰开窍或平肝息风药为主,本类药只作辅助之品。

朱 砂

【功效】 清心镇惊,安神,明目,解毒。

【性味】 甘,微寒。有毒。

【应用】 治疮疡肿毒,常与雄黄、山慈菇、大戟等同用;治咽喉肿痛、口舌生疮,可与冰片、硼砂等制成散剂外用;治面枯不荣,可与白蜜调敷于面,亦可配乌梅肉、川芎等共为细末涂于面;治粉刺,常与桃花、雄黄、麝香等配伍,敷于面。

酸 枣 仁

【功效】 养心补肝,宁心安神,敛汗,生津。

【性味】 甘、酸,平。

【应用】 可用于治疗面色暗黄、黑眼圈,可与冰糖、粳米等熬成养颜粥,常食可安神明目、美白肌肤、消除黑眼圈等。

远 志

【功效】 安神益智,交通心肾,祛痰,消肿。

【性味】 苦、辛,温。

【应用】 治雀斑、黄褐斑等损容性疾病,常与附子、白芷等配伍以淡化色斑;治须发早白,配以熟地黄、麦冬等药合枣肉为丸。

柏 子 仁

【功效】 养心安神,润肠通便。

【性味】 甘,平。

【应用】 治面鼻疮,可与冬瓜子、白茯苓共研为末,以温酒调服;治面枯不泽,可与何首乌、肉苁蓉、牛膝等共研为丸,或与粳米、白蜜合用熬粥;阴虚血燥脱发者,可与全当归、蜂蜜合用。亦可与多味天然药物合用,制成各种药膳或茶饮,共奏美容保健养生之功。

珍 珠

【功效】 安神定惊,明目消翳,解毒生肌,润肤祛斑。

【性味】 甘、咸,寒。

【应用】 治口舌生疮,须配伍硼砂、黄连等;治咽喉肿痛溃烂,与牛黄同用;治疮疡溃烂,久不收口,常与炉甘石、黄连、血竭等配伍,研极细末外敷;另外,将其研细粉直接服用,或与蜂蜜、茶叶等合服。亦可添加于各类化妆品中,如面霜、眼霜、防晒霜、营养水、洗发水、洗面奶、沐浴乳及面膜等。

> **知识链接**
>
> 本品含20多种氨基酸、大量碳酸钙以及多种微量元素,具有镇静、镇痛、明目、增强免疫功能、抗衰老、抗肿瘤、抗辐射等作用。本品所富含的硒、锗元素是世界上公认的难得的防癌、抗衰老物质。珍珠粉有良好的抗辐射作用,可保护皮肤免于日晒的损伤。珍珠所含的水解蛋白质,与正常人体皮肤的蛋白质结构十分相近,相对分子质量较低,所以易被皮肤吸收。同时又是一种天然调理因子,能吸附于干燥的皮肤上形成保水性较好的薄膜,具有良好的营养和保护肌肤的作用。加之其促进局部血液循环和抗感染的功能,可以有效地减少皱纹和色斑的发生,为常用养颜护肤之品。

十一、平肝潜阳类

本类药物主入肝经,性多寒凉,多为介类、昆虫等动物药物及矿石药物,"介类潜阳,虫类搜风"。此类药物主要具有平肝潜阳、息风止痉的功效。在美容方面,本类药可用以治疗肝阳上亢、风痰阻络所致之目赤头痛、面瘫、手足震颤及火热上炎所致之口疮、面斑、粉刺、酒渣鼻等。

使用本类药物应注意其有性偏寒凉或偏温燥之不同,故当区别使用。若脾虚慢惊者,不宜用寒凉之品;阴虚血亏者,当忌用温燥之品。平肝息风药中的矿物及介类药物,入汤剂有效成分不易煎出,故应打碎先煎或久煎;入丸、散则有碍胃之弊,故应适当配伍开胃益脾药物。

牡　蛎

【功效】　重镇安神,潜阳补阴,软坚散结,收敛固涩。
【性味】　咸,微寒。
【应用】　用于面色黧黑。单用牡蛎研末内服即可,或以牡蛎配伍土瓜根,共研细末,白蜜和之,夜涂晨洗,有祛斑增白作用;治疗汗斑,以牡蛎配以胆矾、冰片共研末,以醋调糊状涂患处;治疗痤疮,以牡蛎配以黄连等量共研细末,水调糊状上膜;治疗湿疮痒疹、接触性皮炎、脂溢性皮炎、足癣等,以牡蛎配以龙骨、海螵蛸、雄黄、滑石粉共研细末,外敷,或以麻油调涂患处。

蒺　藜

【功效】　平肝解郁,活血祛风,明目,止痒。
【性味】　辛,苦,微温。
【应用】　治风疹瘙痒,常配防风、荆芥、地肤子等同用;治白癜风,可单用本品研末冲服;治酒渣鼻,常配赤芍、黄芩、薄荷等同用;治面上瘢痕,以本品配以栀子共研细末,醋调泥状,夜涂晨洗;治色斑、雀斑,常配白茯苓、白僵蚕等。

僵　蚕

【功效】　息风止痉,祛风止痛。

【性味】 咸、辛,平。

【应用】 面上黑斑,以本品配伍黑牵牛、细辛各等分,为末,敷面;或配伍白丁香、白附子、白芷、白茯苓、白蒺藜、白牵牛、白蔹,洗面增白。治疗粉刺、酒渣鼻,以本品配伍白附子、冰片等,研极细末,洗脸擦面。本品中含有蛋白质、脂肪,与营养丰富的山药搭配做成面膜,能加强滋润保湿作用,有增白肌肤的功效。

十二、补益类

补益药多具甘味,能补益人体阴阳气血之不足,增强机体的活动功能。而补益类美容药主要是通过中药的传统功效达到美容治疗和美容保健的目的。尤其在美容保健、抗衰老延年方面运用颇广,如驻颜、防皱、润肤、悦色、明目、固齿、乌发、生发、轻身健体等。

使用补益药时,应注意:①本类药物多味甘质腻,易于滋腻呆胃,影响脾胃运化功能,故脾胃虚弱、大便溏泻者或有积滞者忌服。②补益药味厚者居多,如以汤剂服用,宜文火久煎,使药味尽出。③补益药原为虚证而设,凡身体健康,并无虚弱表现者,不宜滥用;实证、热证、正气未虚者,以祛邪为主,不宜用本类药,以免"闭门留寇"。④虚证一般病程较长,常须久服,故补益药可制成蜜丸剂、膏滋剂、片剂或酒剂等,少量服用,以便持续而缓和地发挥药效作用。

人 参

【功效】 大补元气,补脾益肺,生津止渴,安神益智。

【性味】 甘、微苦,平。

【应用】 用于治疗虚羸消瘦,面容憔悴,白发、脱发,乳房发育不良,常与白术、当归、川芎等配伍治疗因气血亏虚,容颜、毛发、机体失养所致面容憔悴,面色苍白,皮肤干燥粗糙,皱纹增多,虚羸消瘦,须发早白,毛发干枯、稀疏脱落,乳房发育不良等症。

> **知识链接**
>
> 人参自古被称为"百补之王",更为中医学界推崇为"固本回元,护命强身,延年益寿"之佳品。所含人参皂苷、人参多糖等成分,作用于皮肤,可扩张表皮血管,增加血流量,增加皮肤营养,刺激皮肤细胞再生。可防止面部皮肤脱水、硬化、起皱,从而起到抗皱、去皱功效;作用于头皮,可增加头发的营养,提高头发的韧性,减少脱发、断发,使白发变青丝。人参浸出液还可抑制黑色素的还原性,使皮肤光滑、柔软、白嫩。人参制剂已经被添加到许多的护肤品、洗发剂中。日常亦可将适量人参浸泡入甘油中,用之搽脸,或直接用人参煮水,搽面,均有美白抗皱作用。

党 参

【功效】 补脾益肺,生津养血。

【性味】 甘,平。

【应用】 治气血两虚,面色苍白,四肢不温,毛发干枯易于脱落,白发等,常与白术、当归、肉桂等同用;治气血亏虚,肌肤失养之面色萎黄或生黄褐斑等,常与当归、熟地黄、赤芍等同用。

黄　芪

【功效】　补气升阳,益气固表,利水消肿,托毒生肌。
【性味】　甘,微温。
【应用】　用于内伤劳倦,气虚血脱,痈疽不溃或溃久不敛,面上雀斑,头发枯黄。

白　术

【功效】　补气健脾,燥湿利水,固表止汗,安胎。
【性味】　苦、甘,温。
【应用】　治形体肥胖,肌肉松软,常与防己、黄芪等同用;治水肿,常与茯苓、泽泻等同用;治面油风、湿疮,常与赤茯苓、苍术同用。

山　药

【功效】　健脾养胃,益肺养阴,补肾涩精。
【性味】　甘,平。
【应用】　用于治疗脾虚泄泻、消渴、遗精、黄褐斑等。治脾虚湿盛、形体肥胖、肌肉松弛、眼袋等,常与薏苡仁、苍术、茯苓等同用;治肾阴亏虚、骨蒸潮热、面生鼃黑斑等,常与熟地黄、山茱萸等同用。

> **知识链接**
>
> 现代研究发现,山药重要的营养成分薯蓣皂苷是合成女性激素的先驱物质,有滋阴补阳、增强新陈代谢、滋养皮肤、润泽毛发的功效;山药对人体有特殊的保健作用,能预防心血管系统的脂肪沉积,保持血管的弹性,防止动脉粥样硬化过早发生,减少皮下脂肪沉积,避免出现肥胖;山药中含锰等多种微量元素,可提高人体过氧化物酶及歧化酶的活性,增强抗氧化作用,去除自由基对机体的损伤,延缓衰老。

甘　草

【功效】　补脾益气,清热解毒,祛痰镇咳,缓急止痛,调和药性。
【性味】　甘,平。
【应用】　治脾虚湿热内蕴所致的口臭、腋臭、酒渣鼻,常与杏仁、薏苡仁、黄柏等同用。可治皮肤皲裂等皮肤病。

大　枣

【功效】　补中益气,养血安神,缓和药性。
【性味】　甘,温。
【应用】　津液不足所致之面色淡白、皮肤干枯无泽;气血两虚所致之面色淡白或萎黄,爪甲苍白等症。

> **知识链接**
>
> 大枣含有蛋白质、脂肪、糖、有机酸、钙、多种氨基酸及多种维生素,特别因其维生素含量之高,有天然维生素之称,民间"一日吃三枣,终生不显老"的说法,就是对大枣的美颜功效的称赞。大枣能使血中含氧量增加、促进气血生化,气血充足便可面色红润,皮肤润泽,肌肉结实,故可以治疗面色不荣、皮肤干枯、形体消瘦;大枣含丰富的维生素C,有很强的抗氧化活性及促进胶原蛋白合成的作用,对雀斑、粉刺、口角炎、脂溢性皮炎等损容性疾病有一定的治疗作用。大枣所含的维生素E和环磷酸腺苷可防止黑色素沉积,使皮肤滋润美白、毛发光泽、皱纹平展。

蜂 蜜

【功效】 补中缓急,润燥,解毒。

【性味】 甘,平。

【应用】 治脾气虚弱、肌肉松弛、面生皱纹者,常与人参、白术等同用;治肠燥便秘、面生褐斑,可单用,大量冲服,或与生地黄、当归、火麻仁等配伍;面部皱纹、黄褐斑,与蛋清调匀涂于面部,有润肤除皱、消斑之功;与酸奶或橄榄油、蛋黄调匀,做成面膜,外敷面部,可使肌肤细嫩。

杜 仲

【功效】 补肝肾,强筋骨,安胎。

【性味】 甘,温。

【应用】 治疗因肝肾不足所致之面色晦黯、须发早白、牙齿松动等,常与山茱萸、续断等配伍。

肉 苁 蓉

【功效】 补肾阳,益精血,润肠通便。

【性味】 甘、咸,温。

【应用】 可用于治疗肾阳不足、精血亏虚所致的阳痿早泄、须发早白、黑眼圈等,常配熟地黄、菟丝子、五味子等;治肾阳不足、精血亏虚所致面色晦黯或粉刺等症,单用,大剂量煎服即效,亦常配当归、枳壳等同用。

补 骨 脂

【功效】 补肾助阳,固精缩尿,暖脾止泻,纳气平喘。

【性味】 辛、苦,温。

【应用】 以本品制成注射液,肌内注射,治疗白癜风,银屑病,趾、指甲癣;以本品研末浸酒制成20%~30%酊剂,外涂患处,可治白癜风;用生姜蘸取此酊剂外搽斑秃处,可助生发。

当 归

【功效】 补血和血,调经止痛,润肠通便。

【性味】 甘、辛,温。

【应用】 血虚引起的头晕眼花、面色萎黄、爪甲薄脆、头发稀疏黄软或易于脱发、斑秃、须发早白、记忆力下降等,常配熟地黄、川芎、白芍;治血虚风燥所致皮肤干燥、粗糙、瘙痒、脱屑等,常与生地、何首乌、白蒺藜等配伍;若气血两虚、面色苍白者,常与黄芪、人参等同用;治痈疽疮疡、粉刺、蛇串疮初期,常配金银花、连翘、炮山甲等;治脓成不溃或溃后久不收口,常配黄芪、金银花等;治慢性湿疹、酒渣鼻,常与生地黄、赤芍同用;治血虚寒厥冻疮、四肢逆冷、麻木疼痛,常配桂枝、细辛等。

> **知识链接**
>
> 当归内服、外敷,均有护肤美容作用,其机理主要为能扩张皮肤毛细血管,加快血液循环。当归含有挥发油及多种人体必需的微量元素,能营养皮肤,防止粗糙;当归内服可活血补血调经,使皮肤光泽红润;敷脸可活血淡斑,促进皮肤新陈代谢,使皮肤细嫩有光泽;当归还能扩张头皮毛细血管、促进血液循环,并含有丰富的微量元素,能防治脱发和白发,使头发乌黑光亮;因此我国唐代医家、长寿老人孙思邈在《千金翼方》中详细阐述了当归抗衰老、消斑、美容、健肤的功效,并将其称为"妇人面药"。

熟 地 黄

【功效】 补血滋阴,益精填髓。

【性味】 甘,微温。

【应用】 治肝肾精血亏虚之须发早白、形容早衰、视物不清、牙齿松动等,常与制何首乌、枸杞、菟丝子等同用;治肝肾阴虚之黄褐斑、肤色晦黯不泽、皮肤皱皮、黑眼圈等,常与山药、山茱萸等同用。

白 芍

【功效】 养血调经,柔肝止痛,敛阴止汗,平抑肝阳。

【性味】 苦、酸、甘,微寒。

【应用】 治肝郁血虚脾弱所致面色萎黄、无光泽,或生黄褐斑,常与当归、白术、柴胡等同用。

何 首 乌

【功效】 补肝肾,益精血,乌须发。

【性味】 甘、涩,微温。

【应用】 治血虚所致面色萎黄、脱发、头晕眼花、肢体麻木、失眠健忘等,常与党参、熟地黄、当归等配伍;治血虚风燥所致皮肤干燥、脱屑、瘙痒、皮肤皲裂等,常与生地黄、当归、白蒺藜等配伍；治肝肾精血亏虚之遗精带下、不孕不育、须发早白、脱发、耳鸣耳聋等，常与当归、枸杞、菟丝子等同用。

阿 胶

【功效】 补血止血，滋阴润肺。

【性味】 甘，平。

【应用】 治血虚所致面色不华、皮肤干燥、唇甲色淡等，可单用，亦可配熟地黄、当归等同用。

龙 眼 肉

【功效】 补益心脾，养血安神。

【性味】 甘，温。

【应用】 本品为食疗佳品，可直接嚼服、水煎服，也可制成果羹、浸酒，与白糖熬膏服用，也可与当归、枸杞、红枣、莲子等配伍炖鸡、熬粥、煮鸡蛋等，以滋肝补血，治疗血虚面色萎黄、月经不调等。

麦 冬

【功效】 养阴润肺，益胃生津，清心除烦。

【性味】 甘、微苦，微寒。

【应用】 治燥咳痰黏、鼻燥咽干及皮肤干燥等，常与桑叶、杏仁、阿胶等配伍；治唇干皲裂、结痂脱屑、口干渴等，常与麦冬、玉竹等同用；治热病津伤之肠燥便秘、面生粉刺或黧黑斑、形体消瘦等，常与玄参、生地黄等配伍。

百 合

【功效】 养阴润肺，清心安神。

【性味】 甘，微寒。

【应用】 治面部扁平疣、痤疮，可加薏苡仁、红豆熬粥，久服有效。

枸 杞 子

【功效】 滋补肝肾，明目，润肺。

【性味】 甘，平。

【应用】 治肝肾不足之未老先衰、头晕目眩、面部生斑、面容憔悴、须发早白等，常与怀牛膝、菟丝子等同用；治白内障目昏、肤色沉黯、黄褐斑等，常配菊花、生地黄等同用。

> **知识链接**
>
> 枸杞的药用历史有3000余年。枸杞中所含枸杞多糖和甜菜碱具有调节血脂和血糖、抗脂肪肝作用，能促进和调节免疫功能，抑制肿瘤的生长和细胞突变；所含丰富的维生

素 C、β-胡萝卜素及叶黄素,为眼睛提供了营养,也为养肝明目提供了依据,对用眼过度和老人的视物昏花以及夜盲症都有很好的疗效;枸杞还能激发性功能,长期食用,对性功能减退有治疗作用。枸杞作为药食两用的抗衰老养生佳品,既可入药、嚼服、泡酒,又可被加工成各种食品、饮料、保健品等,具有广阔的市场前景。

女 贞 子

【功效】 滋补肝肾,乌须明目。
【性味】 甘、苦,凉。
【应用】 治肝肾阴虚所致眩晕耳鸣,须发早白,毛发干枯稀疏易于脱落,黄褐斑等,常与墨旱莲同用。

黄 精

【功效】 滋肾润肺,补脾益气。
【性味】 甘,平。
【应用】 治肾精亏虚之阳痿遗精、耳鸣耳聋、早衰发白、牙齿松动等,可单用,如黄精膏方,亦可与枸杞、何首乌等同用;治脾脏气阴两虚之面色萎黄、体虚羸瘦或肥胖、口干食少、大便干燥等,可单用或与补气健脾药同用。

桑 椹

【功效】 滋阴补血,生津润肠。
【性味】 甘,寒。
【应用】 治肝肾不足、阴血亏虚所致头昏目眩、须发早白、目黯不明、眼圈发黑等,可单用熬膏,或与何首乌、女贞子、墨旱莲等同煎;治阴亏血虚之肠燥便秘,常与何首乌、当归、黑芝麻等同用。

墨 旱 莲

【功效】 滋阴益肾,凉血止血。
【性味】 甘、酸,寒。
【应用】 用于肝肾阴虚之视物昏花、须发早白等,常与女贞子同用;治肾虚之牙齿松动,以本品适量,焙干研末,搽于齿龈上,连口水吞下;治风火牙痛,将本品研末,与盐混合涂搽牙齿。

黑 芝 麻

【功效】 滋补肝肾,补益精血,润燥滑肠。
【性味】 甘,平。
【应用】 治肝肾精血不足之头昏目眩、须发早白、毛发干枯、皮肤燥涩,可单用本品蒸用或炒香研末服用,或与大枣、蜂蜜为丸。

十三、收涩类

本类药物多酸涩,性温或平,主入肺、肾、大肠、脾、胃经。酸主收敛固涩,有敛耗散、固滑脱之功效。主要具有固表止汗作用,以治气虚自汗、阴虚盗汗等;或能敛肺止咳,以治肺虚久咳虚喘、失音等;在美容方面,收涩药用于阴津亏虚、肌肤失养所致粉刺、黄褐斑、皮肤粗糙、疮疡久溃不愈或水湿浸淫性皮肤疾病,以达到润洁肌肤、收湿敛疮的功效。外用有轻微的剥脱作用,可去除皮肤上角质层,临床常与其他药配伍制成面膜,用以治疗色素性皮肤病,及改善皮肤粗糙状况。

使用本类药物时,应注意:①本类药多属治标之品,临床应用时须注意治病求本,合理配伍补虚药,以期标本兼顾。②收涩药酸涩易于敛邪,凡表邪未解、咳嗽初起、痰多壅肺之咳喘,湿热内蕴所致之泻痢、带下,血热出血以及郁热未清者,均不宜使用,以免"闭门留寇"。

五 味 子

【功效】 生津敛汗,敛肺滋肾,涩精止泻,宁心安神。

【性味】 酸、甘,温。

【应用】 治阴精亏虚、肌肤失养所致黄褐斑,常与麦冬、人参、女贞子、旱莲草等配伍;治疮疡溃烂、皮肉欲脱,以五味子炒焦,研末,敷之;治烂弦风眼,与蔓荆子同用,煎汤洗之。

乌 梅

【功效】 敛肺止咳,涩肠止泻,生津止渴,安蛔止痛,固崩止血。

【性味】 酸、涩,平。

【应用】 治黑痣、雀斑、老年斑,将本品捣烂局部涂敷,或和盐水、米醋研烂涂敷;治白癜风,用95%酒精浸泡乌梅一两日后,取出乌梅蘸药用力搽患处,每次5 min,每日4次;③治寻常疣、扁平疣、胼胝、鸡眼,将乌梅烧灰,研末敷患处或与香附、木贼煎水浸泡或湿热敷皮损处。

莲 子

【功效】 补脾止泻,固精止带,养心安神。

【性味】 甘、涩,平。

【应用】 用于治疗失眠、遗精、淋浊、久痢、泄泻、崩漏带下及须发早白等症,久服可轻身不老。

山 茱 萸

【功效】 补益肝肾,收敛固涩。

【性味】 酸、涩,微温。

【应用】 治肝肾阴虚之腰膝酸软、头晕耳鸣、毛发焦枯、视力下降、黑眼圈、黧黑斑等,常配伍熟地黄、山药等。

十四、攻毒杀虫、去腐敛疮类

主要适用于痈疽疮疡溃后脓出不畅,或溃后腐肉不去,伤口难以愈合之证,以及疥癣、瘰疬、湿疹、水火烫伤、虫蛇咬伤、五官疾病及痔漏等。在皮肤方面可见有面部或指甲白斑、无痛性皮下结节、丘疹、水疱、象皮肿等；迁延日久，则见面色萎黄、肌肉消瘦、腹部膨大、青筋浮露、周身浮肿等症。

药物多为矿石、金属类，大多有剧毒，使用时应注意：①孕妇禁用或慎用；②应用时严格掌握剂量和用法，不可过量和持续使用，以防中毒；③一些有剧毒的重金属类药物（如轻粉），不宜在头面部使用，以防损容；④应严格遵守炮制和制剂规范，以减轻其毒性，确保用药安全。

苦楝皮

【功效】 杀虫，疗癣。

【性味】 苦，寒；有毒。

【应用】 治疥疮、头癣、湿疹瘙痒等，常单用研末，以醋或猪脂调涂患处，亦可烧灰外敷或与猪膏和涂；治浸淫疮，将苦楝根晒干，烧存性，为末，猪脂调敷。

冰　片

【功效】 开窍醒神，清热止痛。

【性味】 辛、苦，微寒。

【应用】 治目赤肿痛，单用点眼即可；也可与炉甘石、硼砂、熊胆等制成眼药水。治咽喉肿痛、口舌生疮，常与硼砂、朱砂、玄明粉等共研细末，吹敷患处；治粉刺，与朱砂、乌梅肉、川芎等研细末，以温水调和，涂于面部。治水火烫伤，可与香油制成膏药用；治疮疡溃后久不收敛，可与血竭、乳香等同用；治体臭、口臭、腋臭可加丁香、木香、沉香、薄荷以含化、外洗、外敷等。

炉甘石

【功效】 解毒明目祛翳，收湿止痒敛疮。

【性味】 甘，平。

【应用】 治皮肤湿疮、湿疹，配黄连、龙骨等同用；治疮疡不敛、脓水淋漓，配龙骨，研细末，撒患处。

雄　黄

【功效】 解毒杀虫，燥湿祛痰。

【性味】 辛，温；有毒。

【应用】 治粉刺，配硫黄、蛇床子各等份为细末，临睡前洗面；治酒渣鼻，用黄丹、雄黄末，以桐油调敷；治白癜风，本品与密陀僧各等份研细末，醋调外搽。

轻　粉

【功效】 外用攻毒杀虫、祛腐敛疮；内服逐水通便。

【性味】 辛，寒；有毒。

【应用】 治疮疡溃烂，配伍当归、紫草、血竭，与麻油制成膏药外贴；治顽癣、湿疹瘙痒，配伍风化石灰、铅丹、硫黄等为细末，生油调涂；治酒渣鼻、痤疮，本品少量与硫黄、大黄研末，水调涂敷面；治梅毒，与大枫子各等份，研细末涂患处。

硫 黄

【功效】 外用：解毒疗疮，杀虫止痒；内服：壮阳通便。

【性味】 酸，温；有毒。

【应用】 治疥疮，单用硫黄为末，泡水洗浴或以麻油调涂；治顽癣、湿疹瘙痒，常与轻粉、斑蝥、冰片为末，同香油、面粉为膏，涂敷患处；治疮疽，可与白面为末贴敷患处；治酒渣鼻、粉刺，常与大黄等份为末，每次 5 g，以凉水调糊，睡前外敷；治疣目（寻常疣），取本品 30 g，研细末，醋调涂；治脱发，以 20％硫黄软膏、生半夏粉 15 g、松节适量，混合调匀，涂患处。

小结

中药是在中医药理论指导下认识和使用的药物总称，具有独特的理论体系和应用形式，充分反映了中华民族历史、文化、自然资源等方面的特点。中药大多来源于自然界，包括植物、动物、矿物，少量为化学加工品。中药是天然的美容剂，具有安全、毒性小、疗效好等特点。具备美容作用的中药有解表类、清热类、泻下类、祛湿类、温里类、理气类、消食类、理血类、化痰止咳平喘类、安神类、平肝息风类、补益类等。中药美容是在中医理论指导下，选用各种具有美容功效的中药内服、外用，以损容性疾病的防治和损容性生理缺陷的掩饰或矫正，以达到防病健身、延衰驻颜、维护人体神形之美的目的。所谓损容性疾病，是指对人体外表美有较大影响的疾病，如黄褐斑、痤疮、酒渣鼻、上睑下垂、手足癣、肥胖症等。以整体观念，辨证论治，标本兼治、内外兼治，使中药美容达到理想的疗效。现代对用于美容的中药剂型研究也较多，发展较快，特别是中药化妆品的开发研究前景广阔。

第二节　中医美容常用方剂

掌握：美容方剂基本理论知识以及重点美容方剂的功效、应用。

熟悉：能够运用中医辨证的观点，指导临床合理选用美容中药。

了解：学会应用美容方剂的配伍原则及禁忌进行安全用药指导。

方剂，是在中医辨证审因、确定治法的基础上，按照组方原则，选择恰当药物合理配伍并酌定合适的剂量、剂型、用法而成。方剂是中医用于防治疾病的方法之一。

美容方剂，是在中医理论指导下，研究方剂在美容治疗、美容保健等方面的应用。美容方剂早就引起古代医家的关注，并在这方面积累了丰富的经验，留有大量的文献。随着人们生活水平的提高，美容越来越受到人们的重视，如何筛选和提供安全、有效的美容方剂是当前中医界的一项重要任务。

一、解表剂

凡以解表药为主组成,具有发汗、解肌、透疹等作用,治疗表证的方剂,称为解表剂。属八法中之"汗法"。解表剂专为表证而设,凡外感六淫之邪,病在肌表、肺卫,症见恶寒发热、鼻塞流涕、头身疼痛、苔白脉浮,麻疹、疮疡、水肿、疟疾、痢疾等损容性疾病初起见有表证者,均可应用。

解表剂多为辛散轻扬之品,不宜久煎,以免药性耗散;同时服后禁食生冷、油腻之品,防止影响药物吸收和疗效发挥。

麻 黄 汤

【药物组成】 麻黄、桂枝、杏仁、甘草。
【功效】 发汗解表,宣肺平喘。
【应用】 用于治疗银屑病、荨麻疹等属风寒表实证者。
【使用方法】 水煎服,每日1剂,分2次服,温覆取微汗。

桂 枝 汤

【药物组成】 桂枝、芍药、甘草、生姜、大枣。
【功效】 解肌发表,调和营卫。
【应用】 荨麻疹、皮肤瘙痒症、寒冷性多形红斑、冻疮等属营卫不和者。
【使用方法】 水煎服,分2次温服,服后啜热稀粥或喝少量热开水。

银 翘 散

【药物组成】 连翘、金银花、桔梗、薄荷、竹叶、甘草、荆芥穗、淡豆豉、牛蒡子。
【功效】 辛凉透表,清热解毒。
【应用】 荨麻疹、水痘、带状疱疹、银屑病、痤疮、玫瑰糠疹等属外感风热者。
【使用方法】 共为粗末,每次用18 g,以鲜芦根煎汤代水煎服,一日2~3次。

桑 菊 饮

【药物组成】 桑叶、菊花、桔梗、杏仁、薄荷、连翘、甘草、芦根。
【功效】 疏风清热,宣肺止咳。
【应用】 水痘、带状疱疹、痤疮、急性湿疹等属风热所致者。
【使用方法】 水煎温服,一日2次。

麻杏石甘汤

【药物组成】 麻黄、杏仁、甘草、石膏。
【功效】 辛凉宣泄,清肺平喘。
【应用】 治麻疹、荨麻疹、银屑病、酒渣鼻等属外感风热、肺热壅盛者。
【使用方法】 水煎温服,一日2次。

败 毒 散

【药物组成】 柴胡、前胡、川芎、枳壳、羌活、独活、茯苓、桔梗、人参、甘草。
【功效】 益气解表,散寒祛湿。
【应用】 湿疹、瘾疹、蛇串疮、疮疡等属气虚外感风寒湿者。
【使用方法】 共为粗末,每服6g,加生姜、薄荷煎,亦可作汤剂。

> **知识链接**
>
> **桑菊饮治疗颜面红斑性鳞屑性皮肤病**
>
> 颜面红斑性鳞屑性皮肤病是指发生在病人颜面部位以红斑、鳞屑为主要表现的皮肤病,临床常见此类疾病,包括面部激素依赖性皮炎、脂溢性皮炎、化妆品皮炎等,以颜面红斑、丘疹、糠状细薄鳞屑,甚至整个颜面潮红、肿胀等症状为主要表现。有报道指出,用桑菊饮加减治疗此病,疗效满意。药物组成:桑叶20 g、菊花15 g、薄荷10 g、蝉蜕20 g、生地20 g、当归20 g、白鲜皮20 g、黄芩20 g、牡丹皮15 g、薏苡仁30 g、甘草15 g。水煎服,每日1剂,7日为1个疗程。

二、泻下剂

以下法为指导,以泻下药为主组成,具有通导大便、荡涤实热,或攻逐水饮、寒积等作用,以治疗里实证的方剂,统称为泻下剂。本类方剂适用于热实里急、腹痛、大便不通;寒实积聚、大便秘结;肠道宿食积滞,腹胀疼痛等损容性症候。

泻下剂是为里实证而设,用于表证已解,里实已成者。若表证未解,里实已成,应权衡表证与里实证之轻重缓急而表里同治;若兼瘀血、虫积、痰浊者,则宜配合活血祛瘀、驱虫、化痰等药。对于年老体弱、孕妇、产后、病后伤津或亡血者,应慎用或禁用泻下剂,或配伍补益扶正之品,以防伤正。泻下剂大多易伤胃气,使用时应得效即止,慎勿过量。同时,服药期间应注意调理饮食,少食或忌食油腻或不易消化的食物,以免重伤胃气。

大 承 气 汤

【药物组成】 大黄、厚朴、枳实、芒硝。
【功效】 峻下热结。
【应用】 湿热郁积之湿疹、面色晦黯等。
【使用方法】 水煎服,先煎厚朴、枳实,后下大黄,去渣取汁,芒硝溶服,一日2次。

温 脾 汤

【药物组成】 大黄、当归、干姜、附子、人参、芒硝、甘草。
【功效】 攻下寒积,温补脾阳。
【应用】 便秘,腹痛绕脐不止,手足不温,或手足冻疮。
【使用方法】 水煎服,一日2~3次。

麻子仁丸

【药物组成】 麻子仁、芍药、枳实、大黄、厚朴、杏仁。
【功效】 润肠泄热,行气通便。
【应用】 胃肠燥热之便秘,或面生痤疮,舌红苔黄,脉细数。
【使用方法】 上药为末,炼蜜为丸,每次 9 g,一日 1～2 次,温开水送服。

三、和解类

和解剂原为治疗伤寒邪入少阳而设。少阳证,乃邪居表里之间,既不宜发汗,又不宜吐下,唯有和解一法最为适宜。然少阳属胆,胆与肝相表里,二者生理上相互联系,病理上相互影响;且肝胆疾病又可累及脾胃,导致肝脾不和或胆胃不和;若中气虚弱,寒热互结,又可导致肠胃不和,表里同病。故和解剂除能治疗伤寒少阳证外,还可用于治疗肝脾不和、肠胃不和、表里同病等导致的损容性疾病。因此据本类方剂的功效,可分为和解少阳、调和肝脾、调和肠胃、表里双解四类。

使用和解剂应辨证准确。和解剂配伍上常是既祛邪又扶正、既透表又清里、既疏肝又治脾。虽性质平和,照顾全面,但毕竟以祛邪扶正,或调和脏腑功能为目的,故纯虚者不宜用,以防伤其正,纯实者亦不可选,以免贻误病情。

小柴胡汤

【药物组成】 柴胡、黄芩、人参、甘草、半夏、生姜、大枣。
【功效】 和解少阳。
【应用】 黄疸、疟疾以及内伤杂病而见少阳证者。蛇串疮、瘾疹、湿疹、银屑病、斑秃等属于湿热郁阻,营卫、气血、脏腑不和者。
【使用方法】 水煎服,每日 1 剂,分 2～3 次温服。

蒿芩清胆汤

【药物组成】 青蒿、淡竹茹、半夏、茯苓、黄芩、枳壳、陈皮、碧玉散(滑石、甘草、青黛)。
【功效】 清胆利湿,和胃化痰。
【应用】 红斑狼疮、湿疹、肥胖属湿热痰浊所致者。
【使用方法】 水煎服,每日 1 剂,分 3 次温服。

大柴胡汤

【药物组成】 柴胡、黄芩、芍药、半夏、生姜、枳实、大枣、大黄。
【功效】 和解少阳,内泄热结。
【应用】 少阳阳明病,症见往来寒热,胸胁苦满,呕不止,郁郁微烦,心下痞硬,或心下满痛,大便不解,或协热下利,舌苔黄,脉弦数有力。
【使用方法】 水煎 2 次,去滓,再煎,分 2 次温服。

四 逆 散

【药物组成】 柴胡、枳实、甘草、芍药。

【功效】 透邪解郁,疏肝理脾。

【应用】 阳郁厥逆证,症见手足不温,甚则致手足发绀;肝脾气郁证,症见胁肋胀闷,脘腹疼痛,或面生褐斑,脉弦。

【使用方法】 水煎服,每日1剂,分3次温服。

逍 遥 散

【药物组成】 甘草、当归、茯苓、芍药、白术、柴胡。

【功效】 疏肝解郁,养血健脾。

【应用】 肝郁血虚脾弱证。两胁作痛,头痛目眩,口燥咽干,神疲食少,或月经不调,乳房胀痛,或面部见黄褐斑,或单纯性肥胖等,脉弦而虚者。

【使用方法】 加煨姜、薄荷少许,水煎服,每日1剂,分2~3次温服。

半夏泻心汤

【药物组成】 半夏、黄芩、干姜、人参、黄连、大枣、甘草。

【功效】 寒热平调,散结消痞。

【应用】 寒热互结,心下痞证。心下痞,但满不痛,或呕吐,肠鸣下利,舌苔黄腻,脉弦数。

【使用方法】 水煎服,每日1剂,分2次温服。

防风通圣散

【药物组成】 防风、川芎、当归、芍药、大黄、薄荷叶、麻黄、连翘、芒硝、石膏、黄芩、桔梗、滑石、甘草、荆芥、白术、栀子。

【功效】 疏风解表,清热泻下。

【应用】 风热壅盛,表里俱实证。症见憎寒壮热,头昏目眩,目赤睛痛,口苦舌干,咽喉不利,胸膈痞闷,大便秘结。并治疮疡肿毒、瘾疹、痤疮、酒渣鼻、肥胖等属风热、湿热者。

【使用方法】 加生姜3片,水煎服;或作水丸,每服6g,一日2次。

> **知识链接**
>
> ### 小柴胡汤延缓皮肤衰老功效的理论探讨
>
> 肝主藏血、主疏泄。肝血虚、濡养不足易致皮肤损容性改变。肝失疏泄,或致血瘀,或致情志不遂,或致脾胃纳运失职,而见面憔唇淡、肌肉松弛、皱纹横生;或面色晦暗产生褐斑等。本方能疏肝调脾、和畅气机,故可驻颜美容、延缓皮肤衰老。药理研究表明,小柴胡汤中药物有不同的美容作用:人参有营养、修复、润肤、增白、抗老化、祛斑等作用;黄芩可抗氧化、抗变态反应、减少毛细血管通透性、吸收紫外线等,对皮肤起到保护和增白作用;甘草中的甘草次酸可调节皮肤免疫功能,增强皮肤抗病能力。

四、清热类

清热剂适用于里热证。其或因外感六淫,入里化热;或因五志过极,饮食劳伤,脏腑阴阳失衡,阳气偏胜而化火;或大病、久病,阴液耗损,虚热乃生。里热证的性质有实热、虚热之分,病位有在气、在血、在脏、在腑之别,故本章方剂按治法分为清气分热、清营凉血、清热解毒、清脏腑热、清热祛暑、清虚热六类。清气分热适用于气分热盛之证,如气分热盛引起的高热、汗出、烦渴等;清营凉血剂适用于邪由气分传入营分的病证,如发斑等损容性疾病;清热解毒剂适用于实热火毒壅盛于里之证,如热盛三焦诸证引起的疮疡、过敏等损容性疾病;清脏腑热剂适用于邪热偏盛于某一脏腑所产生的火热证,如肺胃热盛所致的痤疮等;清虚热剂适用于阴虚火旺之证导致的面红颊赤等。

应用清热剂,一是要辨别里热所在部位。若热在气而治血,则必将引邪深入;若热在血而治气,则无济于事。二是要辨别热证的虚实,要注意屡用清热泻火之剂而热仍不退者,应为"寒之不寒,是无水也"之虚热证,治当甘寒滋阴壮水,阴复则其热自退。三是要注意固护脾胃。对于平素阳气不足、脾胃虚弱者,更应慎用,必要时配伍健脾和胃之品,以免再伤脾胃。四是对于热邪炽盛,服清热剂入口即吐者,可于清热剂中少佐温热药,或采用凉药热服法,以防寒热格拒现象。

白 虎 汤

【药物组成】 石膏、知母、甘草、粳米。
【功效】 清热生津。
【应用】 单纯疱疹、银屑病、痤疮、日光性皮炎等属阳明气分热盛者。
【使用方法】 水煎服,米熟汤成,每日1剂,分2~3次温服。

竹叶石膏汤

【药物组成】 竹叶、石膏、半夏、麦冬、人参、甘草、粳米。
【功效】 清热生津,益气和胃。
【应用】 伤寒、温病、暑病之后,余热未清,气津两伤证。虚羸少气,呕逆烦渴,或虚烦不得眠,舌红少苔;以及麻疹或麻疹并发肺炎,麻疹见形二三日,色红,烦躁,疹出不透者。
【使用方法】 水煎服。

清 营 汤

【药物组成】 水牛角、生地黄、玄参、竹叶、麦冬、丹参、黄连、金银花、连翘。
【功效】 清营解毒,透热养阴。
【应用】 热入营分证。身热夜甚,神烦少寐,时有谵语,目常喜开或喜闭,口渴或不渴,斑疹隐隐,脉细数,舌绛而干。
【使用方法】 作汤剂,水牛角切片先煎,后下余药。

犀角地黄汤

【药物组成】 水牛角、生地黄、芍药、牡丹皮。

【功效】 清热解毒,凉血散瘀。

【应用】 热扰心神,身热谵语,舌绛起刺,脉细数;热伤血络,斑色紫黑、吐血、衄血、便血、尿血等,舌绛红,脉数;蓄血瘀热,喜忘如狂,漱水不欲咽,大便色黑易解等。

【使用方法】 作汤剂,水煎服,水牛角镑片先煎,后下余药。

清热地黄汤

【药物组成】 水牛角、生地黄、芍药、牡丹皮。

【功效】 清热解毒,凉血散瘀。

【应用】 热入血分证。症见身热谵语,斑色紫黑,或吐血、衄血、便血、尿血,或喜忘如狂,但欲漱水不欲咽,大便色黑易解,舌深绛起刺,脉细数。亦治血分热盛之痤疮。

【使用方法】 水煎,水牛角切片先煎,余药后下,分2次服。

黄连解毒汤

【药物组成】 黄连、黄芩、黄柏、栀子。

【功效】 泻火解毒。

【应用】 大热烦躁,口燥咽干,错语不眠;或热病吐血、衄血;或热甚发斑,或身热下利,或湿热黄疸;或外科痈疡疔毒、痤疮、湿疹等。小便黄赤,舌红苔黄,脉数有力。

【使用方法】 水煎服,每日1剂,分2次温服。

凉 膈 散

【药物组成】 大黄、朴硝、甘草、栀子、薄荷、黄芩、连翘。

【功效】 泻火通便,清上泄下。

【应用】 主治上、中二焦邪热亢盛,口舌生疮,面赤唇焦,咽痛鼻衄,便秘尿赤,胸膈烦热。用于治疗肺炎、支气管炎、鼻窦炎、头痛、中风、风疹等疾病。

【使用方法】 上药共为粗末,加竹叶、蜜少许,水煎服。亦可作汤剂煎。

普济消毒饮

【药物组成】 黄芩、黄连、陈皮、甘草、玄参、柴胡、桔梗、连翘、板蓝根、马勃、牛蒡子、薄荷、僵蚕、升麻。

【功效】 清热解毒,疏风散邪。

【应用】 主治大头瘟。恶寒发热,头面红肿焮痛,目不能开,咽喉不利,舌燥口渴,舌红苔白而黄,脉浮数有力。临床常用于治疗丹毒、腮腺炎、急性扁桃体炎、淋巴结炎等属风热邪毒所致者。

【使用方法】 水煎服。

仙方活命饮

【药物组成】 白芷、贝母、防风、赤芍、当归尾、甘草、皂角刺、穿山甲、天花粉、乳香、没药、金银花、陈皮。

【功效】 清热解毒,消肿溃坚,活血止痛。

【应用】 阳证痈疡肿毒初起。症见红肿焮痛,或身热凛寒,苔薄白或黄,脉数有力。亦治痤疮、银屑病、湿疹等属热毒所致者。

【使用方法】 水煎服,或水酒各半煎,分2次温服。

五味消毒饮

【药物组成】 金银花、野菊花、蒲公英、紫花地丁、紫背天葵子。

【功效】 清热解毒,消散疔疮。

【应用】 火毒结聚之疔疮。疔疮初起,发热恶寒,疮形似粟,坚硬根深,状如铁钉,局部红肿热痛,舌红苔黄,脉数;以及痈疡疖肿、痤疮、酒渣鼻等属热毒所致者。

【使用方法】 水煎服,加酒一二匙合服。药渣捣烂可敷患部。

龙胆泻肝汤

【药物组成】 龙胆草、黄芩、栀子、泽泻、木通、当归、生地黄、柴胡、生甘草、车前子。

【功效】 清泻肝胆实火,清利肝经湿热。

【应用】 肝经湿热下注证。阴肿,阴痒,筋痿,阴汗,小便淋浊,或妇女带下黄臭,或舌红苔黄腻,脉弦数有力。痤疮、带状疱疹、多形红斑、湿疹、银屑病等属肝胆实火或肝经湿热所致者。

【使用方法】 水煎服;亦可制成丸剂,每服6～9 g,一日2次,温开水送下。

枇杷清肺饮

【药物组成】 枇杷叶、桑白皮、黄连、黄柏、人参、甘草。

【功效】 清泻肺胃,燥湿解毒。

【应用】 肺胃湿热蕴结之肺风粉刺。症见颜面或胸背散在红色丘疹,或红肿痒痛,或有脓疱、结节,甚则累累相连。鼻息气热,口干口臭,便秘尿赤,舌红,苔黄腻,脉滑数。亦可治酒渣鼻、脂溢性皮炎等属肺胃湿热内蕴者。

【使用方法】 水煎服,每日1剂,分2次温服。

清 胃 散

【药物组成】 生地黄、当归身、牡丹皮、黄连、升麻。

【功效】 清胃凉血。

【应用】 胃火牙痛。牙痛牵引头疼,面颊发热,其齿喜冷恶热,或牙宣出血,或牙龈红肿溃烂,或唇舌腮颊肿痛,口干舌燥,舌红苔黄,脉滑数。亦治痤疮、口臭、麦粒肿、荨麻疹、银屑病等属胃火炽盛者。

【使用方法】 作汤剂,水煎服,每日1剂,分2次温服。

清肺生发汤

【药物组成】 桑白皮、地骨皮、黄芩、麻子仁、柏子仁、何首乌、苍耳子、知母、生地黄、牡丹皮、白茅根、甘草。

【功效】 清肺热,活血通络。

【应用】 因肺脏有热而致脱发。症见头发渐渐枯黄、脱发,甚者大把脱发,尤以额际为甚,舌苔薄,脉细数。

【使用方法】 水煎服。

芍 药 汤

【药物组成】 芍药、当归、黄连、槟榔、木香、甘草、大黄、黄芩、肉桂。

【功效】 清热燥湿,调气和血。

【应用】 湿热痢疾。症见腹痛,脓血便,赤白相兼,里急后重,肛门灼热,小便短赤,舌苔黄腻,脉弦数。亦治痤疮属胃肠湿热者。

【使用方法】 水煎服,分2次温服。

左 金 丸

【药物组成】 黄连、吴茱萸。

【功效】 清泻肝火,降逆止呕。

【应用】 用于肝火犯胃,脘胁疼痛,口苦嘈杂,呕吐酸水,不喜热饮。

【使用方法】 以上药为末,水泛为丸,温开水送服。

青蒿鳖甲汤

【药物组成】 青蒿、鳖甲、生地黄、知母、牡丹皮。

【功效】 养阴透热。

【应用】 温病后期,邪伏阴分证。夜热早凉,热退无汗,舌红苔少,脉细数。

【使用方法】 水煎服,分2次温服。

> **知识链接**
>
> **茵陈蒿汤合黄连解毒汤加减治疗湿热感毒型痤疮**
>
> 痤疮中医称"肺风粉刺",是好发于青春期的毛囊皮脂腺的慢性炎症,常伴皮脂溢出。多发生于面颊、前额而影响颜面部的美容。青春期机体旺盛,阳热偏盛;或喜食肥甘厚味,致中焦湿热内盛,皮肤脂溢明显,肺胃热盛。肺胃之热上蒸,又感风毒,循经外发肌肤致病。总病因病机为湿热内蕴,兼感毒邪所致。治当清热利湿,解毒散结。处方:茵陈蒿20 g,连翘30 g,丹参30 g,野菊花15 g,黄连10 g,黄柏10 g,当归10 g,川芎6 g,虎杖20 g,北豆根6 g,百部10 g,大黄3 g。水煎服,每日1剂。方由清热利湿之茵陈蒿汤与清热泻火之黄连解毒汤加减而成,常获佳效。

五、温里剂

温里剂主要适用于里寒证。其形成不外乎外寒入里和寒从中生两个方面,多以畏寒肢凉,喜温蹉卧,面色苍白,口淡不渴,小便清长,脉沉迟或缓等为主要临床表现。治疗当从温里祛寒立法,但因病位有脏腑经络之别,病势有轻重缓急之分,故本类方剂又分为温中祛寒、回阳救逆、温经散寒三类。主要用于治疗脾胃虚寒、肾衰寒盛和经脉凝滞之证导致的损容性疾病。

寒为阴邪,易伤阳气,故本类方剂以温热药为主,除主方外多配伍补气药物,使气足则阳易复。其次,温里剂多由辛温燥热之品组成,临床使用时必须辨别寒热之真假,真热假寒证禁用;素体阴虚或失血之人亦应慎用,以免重伤阴血。再者,若阴寒太盛或真寒假热,服热药入口即吐者,可反佐少量寒凉药物,或热药冷服,避免格拒不纳。此外,使用温里剂尚须注意药物用量,当因人、因时、因地制宜,做到"用热远热"。

理 中 丸

【药物组成】 人参、干姜、甘草、白术。

【功效】 温中祛寒,补气健脾。

【应用】 阳虚失血证。症见便血、吐血、衄血或崩漏等,血色黯淡,质清稀,面色萎黄,气短神疲,脉沉细或虚大无力。脾胃虚寒所致的胸痹、病后多涎唾、小儿慢惊、脚气病、多形红斑、荨麻疹等。

【使用方法】 上药共研细末,炼蜜为丸,每丸重9g,每次1丸,温开水送服,每日2~3次。

吴 茱 萸 汤

【药物组成】 吴茱萸、人参、生姜、大枣。

【功效】 温中补虚,降逆止呕。

【应用】 胃中虚寒,浊阴上逆证。症见食后泛泛欲呕,面色苍白,精神不振,或呕吐酸水,或吐清涎冷沫,胸脘满痛。或巅顶头痛,干呕,吐涎沫;或畏寒肢凉,吐利,烦躁欲死。舌淡苔白滑,脉沉弦或迟。

【使用方法】 水煎服,每日1剂,分2次温服。

小 建 中 汤

【药物组成】 人参、甘草、大枣、芍药、生姜、饴糖。

【功效】 温中补虚,和里缓急。

【应用】 中焦虚寒,肝脾不和证。腹中拘急疼痛,喜温喜按,神疲乏力,虚怯少气;或心中悸动,虚烦不宁,面色无华;或伴四肢酸楚,手足烦热,咽干口燥。舌淡苔白,脉细弦。

【使用方法】 水煎取汁,兑入饴糖,文火加热融化,分2次温服。

四 逆 汤

【药物组成】 附子、干姜、甘草。

【功效】 回阳救逆。

【应用】 心肾阳衰之寒厥证,症见四肢厥逆,畏寒踡卧,神疲欲寐,面色苍白,腹痛下利,呕吐不渴,舌苔白滑,脉沉微细;或太阳病误汗亡阳证。亦治蛇串疮、痤疮、多形红斑、瘾疹等属阳虚寒凝、湿阻血瘀者。

【使用方法】 先煎附子1h,再入余药同煎,取汁分2次温服。

当归四逆汤

【药物组成】 当归、桂枝、芍药、细辛、甘草、通草、大枣。

【功效】 温经散寒,养血通脉。

【应用】 血虚寒厥证,症见手足厥寒,或腰、股、腿、足、肩臂疼痛,口不渴,舌淡苔白,脉沉细或细而欲绝;血虚感寒所致之冻疮、多形红斑、银屑病、荨麻疹、蛇串疮、雷诺综合征等。

【使用方法】 水煎服,每日1剂,分2～3次温服。

阳 和 汤

【药物组成】 熟地黄、麻黄、鹿角胶、白芥子、肉桂、甘草、炮姜。

【功效】 温阳补血,散寒通滞。

【应用】 阴疽。如贴骨疽、脱疽、流注、痰核、鹤膝风等,患处漫肿无头,皮色不变,酸痛无热,口中不渴,舌淡苔白,脉沉细或迟细。冻疮、黄褐斑、荨麻疹、寒冷性多形红斑、蛇串疮等属脾肾阳虚、寒湿痰浊壅聚所致者。

【使用方法】 水煎服,分2次温服。

知识链接

阳和汤治疗寒冷性荨麻疹

寒冷性荨麻疹,多因卫阳不足,风寒乘虚侵袭,气滞血瘀,肌肤失于卫阳的温煦和御外功能,罹患本病。治宜温肾补卫,和营通滞,散寒御表。用阳和汤加红花、荆芥、防风、黄芪,水煎服。腰酸冷痛、形寒肢冷加狗脊;四肢末节青紫者加桑枝、丹参;瘙痒重者加乌梢蛇、全蝎。方中白芥子、桂枝、炮姜、麻黄温卫散寒、和营通滞;防风、荆芥祛风止痒;黄芪实卫固表;熟地黄生精补血;鹿角胶、红花通血脉,祛瘀滞。各药合用,具有温卫散寒、养血益气、祛风消疹之功。总有效率为96%。

六、补益剂

凡以补法为依据,以补益药为主组成,具有补益人体气血阴阳不足的作用,以治疗虚证为主的方剂,统称为补益剂。气虚尤其是脾肺气虚,多见疲倦乏力、食少便溏等气虚诸症,破坏人体的精气神;血虚尤其是营血亏虚,多见面色萎黄、唇淡甲枯等损容性疾病的发生;阴虚者多见形体消瘦、口燥咽干、面红颊赤,虚火上炎而导致诸症产生;阳虚者多见腰膝酸软,形胖体虚。气血同源,阴阳互根,因此补气、补血、补阴、补阳各有所主,不能分开,相互联系。

应用补益剂应注意以下事项:第一,要辨清虚证的实质和具体病位。即首先分清气血阴阳究竟哪方面不足,再结合脏腑相互资生关系,予以补益。第二,要注意虚实真假。第三,要注意脾胃功能。补益药易于壅中滞气,如脾胃功能较差者,可适当加入理气醒脾之品以资运化,使之补而不滞。第四,要注意煎服法。补益药宜慢火久煎,务使药力尽出;服药时间以空腹或饭前为佳,若急证则不受此限。

四 君 子 汤

【药物组成】 人参、白术、茯苓、甘草。

【功效】 益气健脾。

【应用】 脾胃气虚证。症见面色萎白,语声低微,气短乏力,食少便溏,舌淡苔白,脉虚弱。还可用于肥胖、口眼㖞斜等属脾胃气虚、湿痰内盛者。

【使用方法】 共为细末,每次 15 g,水煎服。

参苓白术散

【药物组成】 莲子、薏苡仁、砂仁、桔梗、白扁豆、白茯苓、人参、甘草、白术、山药。

【功效】 益气健脾,渗湿止泻。

【应用】 脾虚夹湿证。症见饮食不化,胸脘痞闷,肠鸣泄泻,四肢乏力,形体消瘦,面色萎黄,舌淡苔白腻,脉虚缓。黄褐斑、痤疮、脱发、湿疹等属脾虚湿盛者。

【使用方法】 共为细末。每服二钱(6 g),枣汤调下。

玉 屏 风 散

【药物组成】 防风、黄芪、白术。

【功效】 益气固表止汗。

【应用】 表虚自汗证。症见汗出恶风,面色萎白,舌淡苔薄白,脉虚浮。亦治虚人腠理不固,易感风邪。瘾疹、皮肤瘙痒属表虚者。

【使用方法】 研末,每次 6～9 g,开水送服,每日 2 次。

补中益气汤

【药物组成】 黄芪、甘草、人参、当归、陈皮、升麻、柴胡、白术。

【功效】 补中益气,升阳举陷。

【应用】 脾胃气虚证,症见饮食减少,体倦肢软,少气懒言,面色萎白,大便稀溏,脉大而虚软;气虚下陷证,症见眼睑下垂,斜视,脱肛,子宫脱垂,久泻、久痢,崩漏等;气虚发热证,症见身热,自汗,渴喜热饮,气短乏力,舌淡,脉虚大无力。具有抗衰老的作用,可用于延缓衰老。

【使用方法】 共为粗末,水煎去渣,温服。或作丸剂。

生 脉 散

【药物组成】 人参、麦冬、五味子。

【功效】 益气生津,敛阴止汗。

【应用】 温热、暑热,耗气伤阴证。汗多神疲,体倦乏力,气短懒言,咽干口渴,舌干红少苔,脉虚数。久咳伤肺,气阴两虚证。干咳少痰,短气自汗,口干舌燥,脉虚细。

【使用方法】 水煎服。

四 物 汤

【药物组成】 熟地黄、当归、白芍、川芎。

【功效】 补血,活血,调经。

【应用】 营血虚滞证。症见心悸失眠,头晕目眩,面色无华,唇爪色淡;或妇人月经不调,量少或经闭,脐腹作痛,舌淡,脉细弦或细涩。瘾疹、多形红斑、银屑病、唇疮、手足皲裂等属营血虚滞者。

【使用方法】 水煎服,一日2次。

归 脾 汤

【药物组成】 白术、当归、茯苓、黄芪、远志、龙眼肉、酸枣仁、人参、木香、甘草。

【功效】 益气补血,健脾养心。

【应用】 心脾气血两虚证,症见心悸怔忡,健忘失眠,盗汗虚热,体倦食少,面色萎黄,舌淡,苔薄白,脉细弱;脾不统血证,症见便血,皮下紫癜,妇女崩漏,月经超前,量多色淡,或淋漓不尽,舌淡,脉细弱。贫血、斑秃、疮疡等心脾气血两虚者。

【使用方法】 加生姜、大枣,水煎服。

炙 甘 草 汤

【药物组成】 甘草、生姜、桂枝、人参、生地黄、阿胶、麦冬、麻子仁、大枣。

【功效】 益气养血,通阳复脉,滋阴补肺。

【应用】 阴血阳气虚弱,心脉失养证,症见脉结代,心动悸,虚羸少气,舌光滑少苔,或质干而瘦小者;虚劳肺痿,症见干咳无痰,或咳吐涎沫,量少,形瘦短气,虚烦不眠,自汗盗汗,咽干舌燥,大便干结,脉虚数。

【使用方法】 上药加水及清酒(黄酒)各半,先煎八味,去渣。

十全大补汤

【药物组成】 人参、肉桂、川芎、生地黄、茯苓、白术、甘草、黄芪、当归、芍药。

【功效】 温补气血。

【应用】 治诸虚不足,五劳七伤,不进饮食;久病虚损,时发潮热,气攻骨脊,拘急疼痛,夜梦遗精,面色萎黄,脚膝无力;一切病后气不如旧,忧愁思虑伤动血气,喘嗽中满,脾肾气弱,五心烦闷,以及疮疡不敛,妇女崩漏等。

【使用方法】 上药为末,每服6g,水煎,加生姜3片,大枣2个,不拘时候温服。

乌鸡白凤丸

【药物组成】 乌鸡、鹿角胶、鳖甲、牡蛎、桑螵蛸、人参、黄芪、当归、白芍、香附(醋制)、天冬、甘草、熟地黄、川芎、银柴胡、丹参、山药、芡实。

【功效】 补气养血,调经止带。

【应用】 气血两虚之月经不调,痛经,崩漏带下,腰膝酸软,产后体虚等。亦可用于男子的气血两虚证。

【使用方法】 用温开水送服。大蜜丸一次1丸,一日2次;小蜜丸一次9g,一日2次。

八 珍 汤

【药物组成】 人参、白术、茯苓、甘草、熟地黄、当归、芍药、生姜、大枣、酸枣仁、黄芪、龙眼肉。

【功效】 益气补血。

【应用】 气血两虚证。面色苍白或萎黄,头晕目眩,四肢倦怠,气短懒言,心悸怔忡,饮食减少,舌淡苔薄白,脉细弱或虚大无力。

【使用方法】 水煎服。

六味地黄丸

【药物组成】 熟地黄、山茱萸、山药、泽泻、牡丹皮、茯苓。

【功效】 滋阴补肾。

【应用】 肾阴虚证。症见腰膝酸软,头晕目眩,耳鸣耳聋,盗汗,遗精,消渴,骨蒸潮热,手足心热,口燥咽干,牙齿动摇,足跟作痛,小便淋沥。雀斑、黄褐斑、痤疮、扁平疣、皮肤瘙痒等属肾阴不足者。

【使用方法】 上为末,炼蜜为丸,如梧桐子大。每服 3 丸(6～9 g),空腹温水化下,一日 2 次。

一 贯 煎

【药物组成】 北沙参、麦冬、当归身、生地黄、枸杞、川楝子。

【功效】 滋阴疏肝。

【应用】 肝肾阴虚,肝气郁滞证。症见胸脘胁痛,吞酸吐苦,口燥咽干,舌红少津,脉细弱或虚弦。还可用于带状疱疹后遗神经痛、剥脱性唇炎、紫癜等属阴虚气滞者。

【使用方法】 水煎服。

肾 气 丸

【药物组成】 干地黄、薯蓣(即山药)、山茱萸、泽泻、茯苓、牡丹皮、桂枝、附子。

【功效】 补肾助阳。

【应用】 肾阳不足证。症见腰痛脚软,身半以下常有冷感,少腹拘急,小便不利,或小便反多,入夜尤甚,阳痿早泄,舌淡而胖,脉虚弱,尺部沉细。还可用于痰饮、水肿、消渴、脚气、转胞等,肥胖、黧黑斑、小儿麻痹等属肾阳不足者。

【使用方法】 上为细末,炼蜜为丸,如梧桐子大,酒下 15 丸(6 g),一日服 2 次。

地 黄 饮 子

【药物组成】 熟地黄、巴戟天、山茱萸、石斛、肉苁蓉、附子、五味子、肉桂、茯苓、麦冬、石菖蒲、远志。

【功效】 滋肾阴,补肾阳,开窍化痰。

【应用】 主治下元虚衰,痰浊上泛之喑痱证。舌强不能言,足废不能用,口干不欲饮,足冷面赤,脉沉细弱。

【使用方法】 加生姜、大枣,水煎服。

> **知识链接**
>
> 十全大补汤具有增强免疫作用
>
> 现代研究认为本方具有增强免疫效果,能明显促进特异性免疫功能和非特异性免疫功能。能快速增加红细胞、血红蛋白,保护骨髓的造血功能,能纠正和减轻术后低蛋白血症和贫血等。有抗放射损伤的作用,还有延缓衰老和抗肿瘤等作用。

七、固涩剂

凡以固涩药为主组成,具有收敛固涩作用,治疗气、血、精、津耗散滑脱之证的方剂,统称为固涩剂。固崩止带法,多适用于妇女崩漏不止及带下缠绵不绝等证日久导致的面色无华等损容性疾病。

使用固涩剂应注意标本兼顾,固涩剂所治耗散滑脱之证,皆由正气亏虚而致,故在运用时应根据气、血、精、津液耗伤程度的不同,配伍相应的补益药,以标本兼顾。

牡 蛎 散

【药物组成】 黄芪、麻黄、煅牡蛎。

【功效】 敛阴止汗,益气固表。

【应用】 体虚自汗、盗汗证。症见身常汗出,夜卧更甚,久而不止,心悸惊惕,短气烦倦,舌淡红,脉细弱。

【使用方法】 共为粗末,每次 9 g,加小麦 30 g,水煎。

四 神 丸

【药物组成】 补骨脂、肉豆蔻、五味子、吴茱萸。

【功效】 温肾暖脾,固肠止泻。

【应用】 脾肾虚寒之五更泄泻。症见黎明前泄泻,日久不愈,不思饮食,腹痛喜温,腰酸肢冷,神疲乏力,舌淡苔薄白,脉沉迟无力。

【使用方法】 丸剂,每服 9 g,一日 2 次,用淡盐汤或温开水送服。

金锁固精丸

【药物组成】 沙苑蒺藜、芡实、莲须、龙骨、牡蛎。

【功效】 补肾涩精。

【应用】 遗精滑泄。症见遗精滑泄,神疲乏力,腰酸耳鸣,舌淡苔白,脉细弱。

【使用方法】 共为细末,以莲子粉糊丸,每服 9 g,一日 1~2 次,淡盐汤或温开水送下。

固 经 丸

【药物组成】 黄柏、黄芩、椿根皮、白芍、龟甲、香附。

【功效】 滋阴清热,固经止血。
【应用】 主治阴虚血热而致崩漏、月经过多。
【使用方法】 上药为丸,每次服 6 g,一日 2 次。

易 黄 汤

【药物组成】 山药、芡实、黄柏、车前子、白果。
【功效】 固肾止带,清热祛湿。
【应用】 肾虚湿热带下。带下黏稠量多,色黄如浓茶汁,其气腥秽,舌红,苔黄腻者。
【使用方法】 水煎服。

千金止带丸

【药物组成】 党参、白术、当归、白芍、川芎、香附、木香、砂仁、小茴香、延胡索、杜仲、续断、补骨脂、鸡冠花、青黛、椿皮、牡蛎。
【功效】 健脾补肾,调经止带。
【应用】 脾肾两虚所致的月经不调、带下病。症见月经先后不定期,量多或淋漓不尽,色淡无血块,或带下量多,色白清稀,神疲乏力,腰膝酸软。
【使用方法】 水煎服。

八、安神剂

凡以重镇安神药或补养安神药为主组成,具有安神定志作用,主治神志不安病证的方剂,统称为安神剂。主要治疗因气血不足、痰热内扰等引起的心神不安,心悸,健忘,或惊狂癫痫,躁扰不宁等证。

使用安神剂应注意:第一,首辨虚实。神志不安证虽有虚、实之分,但临床多为虚实夹杂,故选方用药,必须标本兼顾,重镇安神与补养安神结合运用。第二,审因论治。神志不安证有因火、因痰、因瘀等不同,故安神剂多与清热、祛痰、祛瘀等治法配合使用,以求方证相宜。第三,配合心理疗法。神志不安证常与精神因素有关,故在使用安神剂的同时,应注意配合心理疗法,以提高疗效。

朱砂安神丸

【药物组成】 朱砂、黄连、甘草、生地、当归。
【功效】 镇心安神,泻火养阴。
【应用】 心火亢盛,阴血不足证。症见心烦神乱,失眠多梦,惊悸怔忡,胸中烦热,舌红,脉细数。
【使用方法】 上药为丸,每次服 6~9 g,睡前以温开水送下。

酸 枣 仁 汤

【药物组成】 酸枣仁、茯苓、知母、川芎、甘草。
【功效】 养血安神,清热除烦。
【应用】 肝血不足,虚热内扰心神证。症见失眠心悸,虚烦不安,盗汗,头晕目眩,口燥咽干,舌红,脉弦细。皮肤瘙痒症、神经性皮炎等属肝血不足、阴虚阳浮者。

【使用方法】 水煎,睡前服。

天王补心丹

【药物组成】 生地黄、远志、桔梗、五味子、酸枣仁、人参、丹参、玄参、茯苓、当归、天冬、麦冬、柏子仁。

【功效】 滋阴养血,补心安神。

【应用】 阴虚血少,神志不安证。症见虚烦失眠,心悸神疲,梦遗健忘,手足心热,口舌生疮,大便干燥,舌红少苔,脉细数。脱发、神经性皮炎、皮肤瘙痒症、系统性红斑狼疮、皮肌炎、硬皮病、天疱疮等属阴亏血少偏心阴虚者。

【使用方法】 上药共为细末,炼蜜为丸,将朱砂9～15g研极细末,每次9g,一日2次,早晚以温开水或龙眼肉煎汤送服。

九、理气剂

凡以理气药为主组成,具有行气或降气作用,治疗气滞或气逆病证的方剂,统称为理气剂。气为人身之根本,贵在冲和流畅而恶抑郁、逆乱和不足。气机瘀滞或逆乱、不足、下陷即可产生各种损容性疾病。

使用理气剂应注意:辨清病情。首先要辨清病情的寒热虚实与有无兼夹,分别予以不同的配伍,使方药与病证相合,勿犯虚虚实实之戒。若气滞或气逆又兼见气虚,则应在行气或降气的同时分别配以补气之品,使虚实兼顾。

越 鞠 丸

【药物组成】 香附、川芎、苍术、神曲、栀子。

【功效】 行气解郁。

【应用】 六郁证。症见胸膈痞闷,胁腹胀痛或刺痛,嗳气呕恶,吞酸嘈杂,饮食不消,或月经不调,舌苔白腻,脉弦。还可用于黄褐斑、痤疮、瘿瘤等属六郁者。

【使用方法】 共为细末,水泛为丸如绿豆大,每服6～9g,一日2～3次,以温开水送服。

柴胡疏肝散

【药物组成】 陈皮、柴胡、川芎、香附、枳壳、芍药、甘草。

【功效】 疏肝解郁,行气止痛。

【应用】 肝气郁滞证。症见胁肋疼痛,嗳气叹息,脘腹胀满,脉弦。还可用于黄褐斑、睑周色素沉着症、带状疱疹等属肝郁气滞者。

【使用方法】 水煎,食前服。

旋覆代赭汤

【药物组成】 旋覆花、代赭石、半夏、人参、生姜、甘草、大枣。

【功效】 降逆化痰,益气和胃。

【应用】 胃虚痰阻气逆证。症见心下痞满,嗳气不除,呃逆频作,反胃呕吐,吐涎沫,舌淡,苔白滑,脉弦而虚。

【使用方法】 水煎温服,一日3次。

半夏厚朴汤

【药物组成】 半夏、厚朴、茯苓、生姜、苏叶。

【功效】 行气散结,降逆化痰。

【应用】 梅核气。咽中如有物阻,吞咽不下,胸胁满闷,或咳或呕,舌苔白润或滑腻,脉滑或弦。

【使用方法】 水煎服。

> **知识链接**
>
> ### 柴胡疏肝散加减治疗黄褐斑、眶周色素沉着症
>
> 柴胡疏肝散是较为典型的疏肝解郁方剂,用于治疗肝郁气滞型黄褐斑,能使肝气疏通畅达,气血调和,颜面得以荣润,有利于斑块逐渐消散。应用时可加陈皮、当归、丹参、乌药以增强行气活血作用,提高疗效。眶周色素沉着症是指眼无他病,仅眼眶周围皮肤呈黳黑色的眼症,俗称黑眼圈。中医称本病为"睑騰",又称"目胞黑"。该病证型有三:一为肝郁气滞;二为脾虚湿盛;三为肝肾精血不足。柴胡疏肝散能疏肝解郁,以该方为基础方加减,用于肝郁气滞型眶周色素沉着症,疗效较为满意。药物为:柴胡、葛根、黄芩、贝母各6 g,生地黄15 g,知母、赤芍、牡丹皮各10 g,甘草3 g;加香附、郁金、陈皮以疏肝解郁。水煎服,每日1剂,日服3次。

十、理血剂

凡以理血药为主组成,具有活血祛瘀或止血作用,治疗瘀血和出血证的方剂,统称理血剂。血是人体重要的营养物质,在生理状态下,血液周流不息地循行于经脉中,灌溉五脏六腑,四肢百骸。因各种原因,造成血行不畅,瘀滞内停,或离经妄行,血溢脉外,或生化无源,营血亏损,均可引起血分病变,如瘀血、出血、血虚等证。血分病变多为血瘀和血溢两方面。血瘀会导致妇女经闭,痛经等;血溢多表现为离经叛道之血,故用活血祛瘀及止血的方法治疗血证导致的损容性疾病。

由于血证病情复杂,既有寒热虚实之分,又有缓急轻重之别。因此,在使用理血剂时,要首先辨明致病的原因,分清标本缓急,掌握急则治标、缓则治本,或标本兼顾的治疗原则。其次,在选药组方时要遵循"祛瘀不伤正,止血不留瘀"的宗旨。使用活血祛瘀剂时常辅以养血益气之品,使瘀化而正不伤。使用止血剂时,尤应辨明出血原因,做到审因论治、止血治标在先。同时出血兼有瘀滞者,在止血方中又应适当配以活血化瘀、行气之品,或选用具有化瘀止血功能的药物,以防血止瘀留。活血祛瘀剂虽能促进血行,消除瘀血,但其药性破泄,不宜久服;因其易于动血、伤胎,故凡妇女月经期、孕妇及月经过多者,均当慎用或忌用。

血府逐瘀汤

【药物组成】 桃仁、红花、当归、生地黄、川芎、赤芍、牛膝、桔梗、柴胡、枳壳、甘草。

【功效】 活血祛瘀,行气止痛。

【应用】 胸中血瘀证。症见胸痛,头痛日久,痛如针刺而有定处,或呃逆日久不止,或内热烦闷,或心悸失眠,急躁易怒,入暮潮热,唇黯或两目黯黑,舌黯红或有瘀斑,脉涩或弦紧。黄褐斑、痤疮、斑秃、酒渣鼻、扁平疣、皮肤瘙痒症等属血瘀气滞者。

【使用方法】 水煎服,一日3次。

补阳还五汤

【药物组成】 黄芪、当归尾、赤芍、地龙、川芎、红花、桃仁。

【功效】 补气、活血、通络。

【应用】 中风后遗症。症见半身不遂,口眼㖞斜,语言謇涩,口角流涎,小便频数或遗尿不禁,舌黯淡,苔白,脉缓。黄褐斑、斑秃、瘾疹、蛇串疮、结节性红斑、下肢静脉曲张等属气虚血瘀者。

【使用方法】 水煎服。

桂枝茯苓丸

【药物组成】 桂枝、茯苓、牡丹皮、桃仁、芍药。

【功效】 活血化瘀,缓消癥块。

【应用】 瘀阻胞宫证。症见妇人素有癥块,妊娠漏下不止,或胎动不安,血色紫黑晦暗,腹痛拒按,或经闭腹痛,或产后恶露不尽而腹痛拒按者,舌质紫黯或有瘀点,脉沉涩。黄褐斑、肥胖症属血瘀痰浊内蕴者。

【使用方法】 蜜丸:炼蜜和丸,每丸重3g,每日饭前服。

温 经 汤

【药物组成】 吴茱萸、当归、芍药、川芎、人参、桂枝、阿胶、牡丹皮、生姜、甘草、半夏、麦冬。

【功效】 温经散寒,养血祛瘀。

【应用】 冲任虚寒、瘀血阻滞证。症见漏下不止,血色暗而有块,淋漓不畅,或月经超前或延后,或逾期不止,或一月再行,或经停不至,或痛经,小腹冷,傍晚发热,手心烦热,唇干口燥,舌质黯红,脉细而涩。亦治妇人久不受孕及顽固性瘾疹。

【使用方法】 水煎服,去渣取汁,再入阿胶烊化,温服。

生 化 汤

【药物组成】 当归、川芎、桃仁、炮姜、甘草。

【功效】 化瘀生新,温经止痛。

【应用】 产后血虚、寒凝血瘀腹痛证;产后恶露不行,小腹冷痛。脱发属血虚寒凝致瘀者。

【使用方法】 水煎服。加黄酒适量,水煎,去渣取汁,再入阿胶烊化,温服。

十 灰 散

【药物组成】 大蓟、小蓟、荷叶、侧柏叶、白茅根、茜根、栀子、大黄、牡丹皮、棕榈皮。
【功效】 凉血止血。
【应用】 血热妄行之上部出血。咳血、咯血、吐血、衄血及紫癜,血色鲜红,舌红,脉数。
【使用方法】 各药烧灰存性,研极细末,用白藕汁或萝卜汁适量调服。

槐 花 散

【药物组成】 槐花、侧柏叶、荆芥穗、枳壳。
【功效】 清肠止血,疏风行气。
【应用】 风热湿毒,壅遏肠道,损伤血络之便血证。便前出血,或便后出血,或粪中带血,以及痔疮出血,血色鲜红或晦暗,舌红苔黄脉数。紫癜、银屑病、药疹等属于风热湿毒者。
【使用方法】 以上药为细末,每服 6 g,以开水或米汤调下;亦可作汤剂,水煎服。

> **知识链接**
>
> **加味血府逐瘀汤治疗黄褐斑**
>
> 黄褐斑是一种面部皮肤出现局限性淡褐色或褐色色素沉着的皮肤病,以皮损对称分布、形状大小不定、无自觉症状为临床特征,多见于中青年女性。中医认为本病多因肝气郁结,日久化热,熏蒸于面而生;或冲任失调,肝肾不足,虚火上炎所致;或脾失健运,湿热内生而成。临床以肝郁气滞血瘀型多见。治宜疏肝解郁、活血化瘀。笔者常用血府逐瘀汤加香附、郁金、益母草。每日 1 剂,水煎服。乳胀者加橘核、青皮;失眠多梦者加酸枣仁、柏子仁;腰膝酸软者加菟丝子、枸杞;倦怠乏力者加党参、薏苡仁、黄芪。诸药合用,共奏行气活血祛瘀之功,在治疗的 38 例患者中,总有效率为 94%。

十一、消导剂

凡以消导药为主组成,具有消食健脾、消痞化积作用,用于治疗食积停滞的方剂,统称消导剂。食积内停的产生,多因饮食不节、暴食暴饮,运化不及,食滞胃肠;或脾胃虚弱,运化无力,饮食停滞所致。临床虽都有腹胀、纳差等表现,但后者脾胃虚弱的表现尤为明显。二者终将因食积停于胃肠,阻滞气机,造成脘腹痞满。

消食剂与泻下剂虽都可用于有形之实邪为病,但消食剂有渐消缓散,使有形之邪在无形之中消散之意,其作用和缓;而泻下剂则急攻速下,作用峻猛,易伤正气。消食剂虽作用缓慢,但毕竟属于攻伐之剂,不宜久服,对于纯虚无实者更应禁用。

保 和 丸

【药物组成】 山楂、神曲、茯苓、半夏、连翘、陈皮、莱菔子。
【功效】 消食和胃。
【应用】 食积内停证。症见脘腹痞满胀痛,嗳腐吞酸,恶食呕逆,或大便泄泻,舌苔厚腻,脉滑。还可用于婴儿湿疹、手足口病属脾胃积滞、湿热蕴蒸者。

【使用方法】 上药共为末,水泛为丸,每服6~9 g,温开水送下。

枳实消痞丸

【药物组成】 白术、白茯苓、干姜、甘草、麦芽曲、厚朴、枳实、黄连、半夏曲、人参。

【功效】 消痞除满,健脾和胃。

【应用】 脾虚气滞,寒热互结证。症见脘腹痞满,纳差食少,倦怠乏力,大便不畅,苔腻微黄,脉弦。还可用于肥胖、痤疮属脾虚湿盛、寒热互结者。

【使用方法】 共为细末,水泛为丸或糊丸,每服6~9 g,温开水送服。

健 脾 丸

【药物组成】 白术、木香、黄连、甘草、茯苓、人参、神曲、陈皮、砂仁、麦芽、山楂、山药、肉豆蔻。

【功效】 健脾和胃,消食止泻。

【应用】 脾虚食停证。食少难消,脘腹痞闷,大便溏薄,苔腻微黄,脉虚弱。

【使用方法】 糊丸或水泛为丸。

十二、治风剂

凡以辛散祛风药或平肝息风药为主组成,具有疏散外风或平息内风的作用,以治疗风病的方剂,称为治风剂。在美容领域,外风侵袭肌肤多导致瘙痒、脱屑、丘疹等症状。内外风合邪侵袭经络导致口眼㖞斜、角弓反张等,严重影响美观。故以疏散外风和平息内风的方法为主治疗一切内外风邪导致的损容性疾病。

使用治风剂,第一,要辨清风之内外。外风治宜疏散,不宜平息;内风治宜平息,不宜疏散,并忌用辛散之品。第二,应分辨风邪的兼夹及病情的虚实,若兼寒、兼热、兼湿,或夹痰、夹瘀者,则应与祛寒、清热、祛湿、化痰、活血等治法配合应用。此外,外风与内风之间,常常相互影响,外风可以引动内风,内风又可兼夹外风,因而临证时要辨证准确,分清主次,全面照顾,灵活化裁。

川芎茶调散

【药物组成】 川芎、荆芥、白芷、羌活、甘草、细辛、防风、薄荷。

【功效】 疏风止痛。

【应用】 外感风邪头痛。症见偏正头痛或巅顶作痛,或见恶寒发热、目眩、鼻塞,苔薄白,脉浮。还可用于荨麻疹、面瘫属外感风邪者。

【使用方法】 共为细末,每服6 g,清茶调下。

消 风 散

【药物组成】 当归、生地黄、防风、蝉蜕、知母、苦参、胡麻、荆芥、苍术、牛蒡子、石膏、甘草、木通。

【功效】 疏风养血,清热除湿。

【应用】 风毒湿热之风疹、湿疹。症见皮肤疹出色红,或遍身云片斑点,瘙痒,抓破后渗出津水,苔白或黄,脉浮数。亦治扁平疣、银屑病、痤疮等属风热湿毒者。

【使用方法】 水煎服,每日1剂,空腹服。

镇肝熄风汤

【药物组成】 怀牛膝、生赭石、龙骨、牡蛎、龟板、杭芍、玄参、天冬、川楝子、生麦芽、茵陈、甘草。

【功效】 镇肝息风,滋阴潜阳。

【应用】 类中风。头目眩晕,目胀耳鸣,脑部热痛,面色如醉,心中烦热,或时常噫气,或肢体渐觉不利,口眼㖞斜;甚或眩晕跌仆,昏不知人,移时始醒,或醒后不能复原,脉弦长有力。顽固性糖尿病皮肤瘙痒症、带状疱疹、老年性瘙痒症等属阴虚阳亢者。

【使用方法】 水煎服。

十三、治燥剂

凡以轻宣辛散或甘凉滋润的药物为主组成,具有轻宣外燥或滋阴润燥等作用,以治疗燥证的方剂,统称为治燥剂。在美容领域,燥邪作用于人体,导致身热、干咳少痰、舌红咽干、面赤烦躁,皮肤干燥、脱屑等症状。在治则上,外燥宜轻宣,内燥宜滋润。

使用治燥剂要首辨外燥和内燥。外燥要分清温燥和凉燥;内燥要辨明燥之部位和伤及的脏腑。其次,由于燥邪干涩之性最易伤肺耗津,故用药多配伍甘寒清润生津之品。再者治燥剂又多为滋腻濡润之品,每易助湿生痰,阻遏气机,故脾虚便溏、痰湿内盛、气机郁滞者当慎用之。

杏 苏 散

【药物组成】 苏叶、杏仁、半夏、茯苓、陈皮、前胡、桔梗、枳壳、甘草、生姜、大枣。

【功效】 轻宣凉燥,理肺化痰。

【应用】 外感凉燥证。症见头微痛,恶寒无汗,咳嗽痰稀,鼻塞咽干,苔白,脉弦。

【使用方法】 水煎服。

桑 杏 汤

【药物组成】 桑叶、杏仁、沙参、象贝、香豉、栀皮、梨皮。

【功效】 轻宣温燥,凉润止咳。

【应用】 外感温燥证。症见头痛,身热不甚,口渴咽干鼻燥,干咳无痰,或痰少而黏,舌红,苔薄白而干,脉浮数而右脉大者。

【使用方法】 水煎顿服,重者再服。

麦门冬汤

【药物组成】 麦冬、半夏、人参、甘草、粳米、大枣。

【功效】 滋润肺胃,降逆下气。

【应用】 肺痿。症见咳唾涎沫,短气喘促,咽喉干燥,舌干红少苔,脉虚数。

【使用方法】 水煎服。

益 胃 汤

【药物组成】 沙参、麦冬、冰糖、生地黄、玉竹。

【功效】 养阴益胃。

【应用】 胃阴损伤证。胃脘灼热隐痛,饥不欲食,口干咽燥,大便干结,或干呕、呃逆,舌红少津,脉细数。

【使用方法】 水煎,分2次服。

十四、祛湿剂

凡以祛湿药为主组成,具有化湿行水、通淋泄浊等作用,以治疗水湿为病的方剂,统称为祛湿剂。在美容领域,湿邪分为内湿和外湿。内湿为患,导致黄疸、浮肿;外湿为患,可见恶寒发热、头胀身痛,均能影响人体的和谐美。治疗以燥湿和胃、清热祛湿、利水渗湿、温化寒湿为主。

祛湿剂多由芳香温燥或甘淡渗利之药组成,易于耗伤阴津,故对素体阴虚津亏,病后体弱,以及孕妇水肿者,均应慎用。由于湿属阴邪,其性重浊黏腻,易于阻遏气机,导致湿阻气滞,故在祛湿的方剂中多配伍理气药物,以求气化则湿亦化。

藿香正气散

【药物组成】 大腹皮、白芷、紫苏、茯苓、半夏曲、白术、陈皮、厚朴、桔梗、藿香、甘草。

【功效】 解表化湿,理气和中。

【应用】 外感风寒,内伤湿滞证。症见恶寒发热,头痛,脘闷食少,霍乱吐泻,腹胀腹痛,舌苔白腻,脉浮或濡缓。亦治荨麻疹、足癣、湿疹、蛇串疮、冻疮等属寒湿内蕴者。

【使用方法】 共为细末,每次6～9g,生姜、大枣煎汤送服,每日2～3次。

平 胃 散

【药物组成】 苍术、厚朴、生姜汁、陈皮、甘草。

【功效】 燥湿运脾,行气和胃。

【应用】 湿滞脾胃证。症见脘腹胀满,不思饮食,恶心呕吐,嗳气吞酸,倦怠嗜睡,大便溏薄,舌苔白腻而厚,脉缓。湿疮、湿疹等证因湿滞脾胃所致者。除湿滞脾胃证外,皮损表现为水疱、糜烂、渗出等。

【使用方法】 上药为末,每服6g,生姜、大枣煎汤送服;或作汤剂,水煎服。

茵陈蒿汤

【药物组成】 茵陈蒿、栀子、大黄。

【功效】 清热,利湿,退黄。

【应用】 湿热黄疸证。症见目黄身黄,黄色鲜明,食少呕恶,腹微满,小便黄赤,舌苔黄腻,脉滑数。湿热所致之痤疮、黄褐斑、蛇串疮、湿疹等。

【使用方法】 水煎服,一日2次。

八 正 散

【药物组成】 车前子、瞿麦、扁蓄、滑石、栀子、甘草、木通、大黄。

【功效】 清热泻火,利水通淋。

【应用】 湿热淋证。症见尿频尿急,尿时涩痛,淋沥不尽,尿色浑赤,甚则癃闭不通,小腹急满,口燥咽干,舌苔黄腻,脉滑数。亦治湿热内蕴之外阴湿疹、疥疮等。

【使用方法】 共为粗末,每次 12～15 g,灯心草煎汤送服。

三 仁 汤

【药物组成】 杏仁、滑石、通草、白蔻仁、竹叶、厚朴、薏苡仁、半夏。

【功效】 宣畅气机,清利湿热。

【应用】 湿温初起及暑温夹湿之湿重于热证。头痛恶寒,身重疼痛,肢体倦怠,面色淡黄,胸闷不饥,午后身热,苔白不渴,脉弦细而濡。湿热所致之汗疱疹、扁平疣、瘾疹等。

【使用方法】 水煎服。

五 苓 散

【药物组成】 猪苓、泽泻、白术、茯苓、桂枝。

【功效】 利水渗湿,温阳化气。

【应用】 蓄水证,症见小便不利,头痛微热,烦渴欲饮,甚则入水即吐,舌苔白,脉浮;水湿内停,症见水肿,泄泻,小便不利。痰饮内停,症见脐下动悸,吐涎沫而头眩,或短气而咳。肥胖、湿疹、瘾疹、多形红斑、脓疱疮等属水湿内盛者。

【使用方法】 共为细末,每次 6～9 g,一日 2～3 次,温开水送服。

防己黄芪汤

【药物组成】 防己、黄芪、甘草、白术。

【功效】 益气祛风,健脾利水。

【应用】 气虚之风水或风湿证。症见汗出恶风,身重浮肿,或肢节疼痛、小便不利,舌淡苔白,脉浮。肥胖、药疹等属气虚湿盛者。

【使用方法】 加生姜、大枣,水煎,分 2 次服。

苓桂术甘汤

【药物组成】 茯苓、桂枝、白术、甘草。

【功效】 温化痰饮,健脾利湿。

【应用】 中阳不足之痰饮。症见胸胁支满,目眩心悸,或短气而咳,呕吐清水痰涎,舌苔白滑,脉弦滑。亦治肥胖、黑眼圈、湿疹等属阳虚湿盛者。

【使用方法】 水煎,分 2 次服。

真 武 汤

【药物组成】 茯苓、芍药、白术、生姜、附子。

【功效】 温阳利水。

【应用】 脾肾阳虚水泛证。症见小便不利,四肢沉重,甚则腰以下浮肿,畏寒肢冷,或腹痛下利,舌质淡胖,苔白滑,脉沉。肥胖、皮肤瘙痒、系统性红斑狼疮等属阳虚湿盛者。

【使用方法】 水煎,分2次服。

羌活胜湿汤

【药物组成】 羌活、独活、防风、藁本、甘草、川芎、蔓荆子。

【功效】 发汗祛风,胜湿止痛。

【应用】 风湿表证。症见头痛身重,肩背疼痛不可回顾,或腰脊重痛,难以转侧,苔白,脉浮。过敏性紫癜、牛皮癣等属外感风湿者。

【使用方法】 水煎服,一日2次。

知识链接

藿香正气水外用治皮肤病

藿香正气水对多种致病菌有抑制作用,具有消炎、止痒作用,外擦可用于多种皮肤病的治疗,如带状疱疹、脚气、湿疹性皮炎、唇疗、手足癣等,尤其对癣菌类疾病疗效较好。有研究发现藿香正气水对红色毛癣菌、石膏样毛癣菌、絮状表皮癣菌、大脑毛癣菌、石膏样小孢子菌、白色念珠菌、新生隐珠菌及皮炎芽生菌等均具有较强抑菌作用,对皮肤癣菌类疾病有较好疗效,无不良反应。

十五、祛痰剂

凡以祛痰药为主组成,具有消除痰饮作用,治疗各种痰证的方剂,称为祛痰剂。在美容领域,痰邪为病多发为咳喘、浮肿等。治疗以燥湿化痰、清热化痰、润燥化痰为主。

使用或配伍祛痰剂时应注意:第一,要注重治生痰之源。痰之源在于脾肾,故在组方时,常配补脾益肾之品,以图标本同治。第二,治痰应结合治气。因痰随气而升降,气壅则痰聚,气顺则痰消,故祛痰剂中常配伍理气药物,以助痰消。第三,根据病情合理选方用药。有咳血倾向或痰黏难咯者,不宜用温热燥烈的祛痰剂,以免引起或加重咳血;对于痰滞于经络、肌腠所致之瘰疬、痰核者,常配疏通经络、软坚散结之品,方可奏效。第四,禁忌证。祛痰剂用药多属行消之品,不宜久服,应中病即止,气阴两虚者应慎用。

二 陈 汤

【药物组成】 半夏、陈皮、白茯苓、甘草。

【功效】 燥湿化痰,理气和中。

【应用】 湿痰证。症见咳嗽痰多,色白易咯,胸膈痞闷,恶心呕吐,肢体困倦,不欲饮食,或头眩心悸,舌苔白滑或腻,脉滑。亦治肥胖、瘾疹、丹毒、流涎、胶样粟丘疹等属脾虚湿盛痰阻者。

【使用方法】 加生姜7片、乌梅1个,水煎服。

苓甘五味姜辛汤

【药物组成】 茯苓、甘草、干姜、细辛、五味子。
【功效】 温肺化饮。
【应用】 寒饮咳嗽。症见咳嗽,咯痰量多,清稀色白,胸膈痞满,或面色苍白,形体肥胖,体倦气短,舌苔白滑,脉弦滑。
【使用方法】 水煎,分2次温服。

小陷胸汤

【药物组成】 黄连、半夏、瓜蒌。
【功效】 清热化痰,宽胸散结。
【应用】 痰热互结之小结胸证。症见胸脘痞闷,按之则痛,或咳痰黄稠,舌红苔黄腻,脉滑数。亦治蛇串疮、单纯性肥胖属痰热互结者。
【使用方法】 先煮瓜蒌,后纳他药,水煎,分2~3次温服。

消瘰丸

【药物组成】 贝母、玄参、牡蛎。
【功效】 清热化痰,软坚散结。
【应用】 痰火凝结之瘰疬、痰核。症见颈项结核,累如串珠,久不消散,或伴潮热盗汗,咽干,舌红,脉弦滑。亦治扁平疣、痄腮等属痰火凝结者。
【使用方法】 上药为蜜丸,每次9g,每日2~3次,温开水送服。

贝母瓜蒌散

【药物组成】 贝母、瓜蒌、天花粉、茯苓、陈皮、桔梗。
【功效】 润肺清热,理气化痰。
【应用】 燥痰咳嗽。咳嗽痰少黏稠,咯痰不爽,涩而难出,咽喉干燥,苔白而干。亦治瘰疬、痰核等属燥痰者。
【使用方法】 水煎,分2次服。

半夏白术天麻汤

【药物组成】 半夏、天麻、茯苓、陈皮、白术、甘草。
【功效】 燥湿化痰,平肝息风。
【应用】 风痰上扰证。痰饮上逆,痰厥头痛者,胸膈多痰,动则眩晕、恶心、呕吐。
【使用方法】 加生姜1片,大枣2枚,水煎,分2次服。

十六、外用剂

外用剂主要通过皮肤、黏膜、腔道等途径给药,与口服给药的中药制剂相比,外用剂有以下特点:制剂工艺较为特殊、辅料变化对药物的吸收利用影响较大、药物多发挥局部作用、对用药剂量的精确性要求相对较低、用药的安全性相对较大等。外用药具有解毒消肿、化腐排脓、生肌敛疮、杀虫止痒、止血止痛、美容养颜等功效,主要用于疥癣、外伤、烧伤等各种损容性疾病以及五官科疾病。

使用外用剂时应注意:①首先要辨证论治,辨清寒热温凉,真假虚实。外治之理即内治之理,外治之药即内治之药,所异者法耳,医理药性无二而法则神奇变换。②注意外用药物的使用安全。如白芥子对皮肤刺激性较强,会产生过敏反应,使用时应嘱患者观察皮肤的反应,部分药物不能接触眼睛,如石膏、硫黄,使用时应特别注意。③加工工艺及调敷剂的选择。中医美容外用剂多直接涂擦于皮肤毛发,在加工时应尽量精细,以免弄伤皮肤毛发;在选择调敷剂时应尽量避免使用刺激皮肤的药物。

颠 倒 散

【药物组成】 大黄、硫黄。
【功效】 清热解毒。
【应用】 酒渣鼻、粉刺(痤疮)。
【使用方法】 研细末,共合一处,再研匀,以凉水调敷。

如意金黄散

【药物组成】 胆南星、陈皮、苍术、黄柏、姜黄、甘草、白芷、天花粉、厚朴、大黄。
【功效】 清热解毒,消肿止痛。
【应用】 热毒积聚之痈肿、丹毒、带状疱疹、脓疱疮。
【使用方法】 上十味共为咀片,晒干磨三次,用细绢罗筛,储磁罐,勿泄气。

柏 叶 散

【药物组成】 侧柏叶、何首乌、地骨皮、白芷。
【功效】 凉血祛风,生发荣发。
【应用】 头皮瘙痒,头发枯黄易落者。
【使用方法】 上为粗末,每用半两,生姜10片,水一大碗,煎5~7沸,去滓,淋洗鬓须,临睡前用。

令发不落方

【药物组成】 韭子、核桃、侧柏叶。
【功效】 祛风凉血,补虚益发。
【应用】 脱发。
【使用方法】 捣烂,以雪水或酒精浸泡,梳头。

冰 硼 散

【药物组成】 冰片、硼砂、朱砂、玄明粉。
【功效】 清热解毒,消肿止痛。

【应用】 热毒蕴结之咽喉疼痛,牙龈肿痛,口舌生疮。
【使用方法】 外用。吹敷患处,每次少量,一日数次。

生肌玉红膏

【药物组成】 甘草、白芷、当归、紫草、虫白蜡、血竭、轻粉。
【功效】 解毒消肿,祛腐,生肌。
【应用】 痈疽疮疖。症见疮面肿痛,乳痈发背,溃烂流脓,久不收口。
【使用方法】 外用。疮面洗清后,摊涂于纱布上贴敷患处,一日1次。

紫花烧伤软膏

【药物组成】 紫草、生地黄、熟地黄、冰片、黄连、花椒、甘草、当归、蜂蜡、麻油。
【功效】 清热凉血,化瘀解毒,止痛生肌。
【应用】 Ⅰ度及Ⅱ度以下烧伤、烫伤。
【使用方法】 外用。清创后,将药膏均匀涂敷于疮面,一日上药2次,采用湿润暴露疗法,必要时特殊部位可用包扎疗法或遵医嘱。

能力检测

一、问答题
1. 常用美容类中药有哪些类型?
2. 解表类、清热类、泻下类、祛湿类、温里类美容中药的使用应注意什么?
3. 解表类、清热类、泻下类、祛湿类、温里类美容中药的功效是什么?
4. 解表类、清热类、泻下类、祛湿类、温里类美容中药的适应证是什么?
5. 理气类、消食类、理血类、化痰止咳平喘类、安神类、平肝息风类、补益类美容中药的使用应注意什么?
6. 理气类、消食类、理血类、化痰止咳平喘类、安神类、平肝息风类、补益类美容中药的功效是什么?
7. 理气类、消食类、理血类、化痰止咳平喘类、安神类、平肝息风类、补益类美容中药的适应证是什么?
8. 常用美容类方剂有哪些类型?
9. 各类美容类方剂的适用范围是什么?怎样正确使用?
10. 常用解表剂、泻下剂、和解剂、清热剂、温里剂美容方剂的药物组成是什么?
11. 常用补益剂、固涩剂、安神剂、理气剂、理血剂美容方剂的药物组成是什么?
12. 常用消导剂、治风剂、治燥剂、祛湿剂、祛痰剂、外用剂美容方剂的药物组成是什么?
13. 常用解表剂、泻下剂、和解剂、清热剂、温里剂美容方剂的功效及适应证是什么?
14. 常用补益剂、固涩剂、安神剂、理气剂、理血剂美容方剂的功效及适应证是什么?
15. 常用消导剂、治风剂、治燥剂、祛湿剂、祛痰剂、外用剂美容方剂的功效及适应证是什么?

(洪 江)

第三章 经络与腧穴

学习目标

掌握：十四经脉的循行部位，常用美容腧穴的定位。常用的体表标志和骨度分寸法。

熟悉：十四经络对美容的意义，常用穴位的功效及应用。特殊腧穴的功效。

了解：十二皮部的分布规律及其美容意义。

第一节 十四经脉的循行部位及其美容功效

十四经脉是十二经脉和任、督二脉的总称。

一、手太阴肺经

（一）经脉循行

手太阴肺经起于中焦，向下联络大肠，回过来环绕胃上口，穿越膈肌，属于肺脏，从肺系（肺与喉咙联系的部分）横出腋下，向下循上臂内侧，行于手少阴经和手厥阴经的前面，下行到肘窝中，沿着前臂内侧前缘，进入寸口（桡动脉搏动处），经过鱼际，沿着鱼际的边缘，出拇指内侧端。

腕部支脉：从腕后走向食指内侧（桡侧），出其末端，与手阳明大肠经相接（图3-1）。

> **知识链接**
>
> **手太阴肺经本经穴和交会穴**
>
> [本经穴] 中府（肺募），云门，天府，侠白，尺泽（合），孔最（郄），列缺（络），经渠（经），太渊（输、原），鱼际（荥），少商（井）。（左右各11穴）。
>
> [交会穴] 手三阴经无与他经交会的穴位。

（二）美容意义

1. 主治概要 本经腧穴主治咳嗽、气喘、咯血、咽喉肿痛等肺系疾病，及经脉循行部位的其他病证。

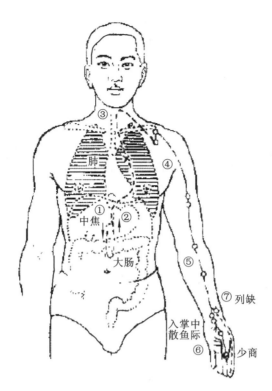

图 3-1 手太阴肺经循行图

2. 证候分析 肺主气、司呼吸;主宣发肃降,通调水道,且开窍于鼻,在体合皮。因此,本经对皮肤损容性疾病有良好的疗效。临床常用本经穴位治疗湿疹、荨麻疹、色斑、痤疮、脱屑等。此外,本经循行于胸部及上肢内侧,属于肺,联络大肠。根据"经络所过,主治所及"原则,本经穴位尚能治疗呼吸系统疾病,如咳嗽、哮喘、咽喉肿痛、感冒、鼻炎,及上肢内侧疼痛、麻木、拘挛等。

3. 美容应用 面部色斑、各种皮疹、痤疮、脱屑。

4. 其他应用 鼻炎、咳嗽、气喘、胸闷、喉痹、鼻出血、肩背痛、前侧臂痛、麻木。

> **知识链接**
>
> 手太阴肺经主病歌
>
> 太阴多气而少血,心胸气胀掌发热。喘咳缺盆痛莫禁,咽肿喉干身汗越。
> 肩内前廉两乳疼,痰结膈中气如缺。所生病者和穴求,太渊偏历与君悦。

二、手阳明大肠经

(一) 经脉循行

手阳明大肠经起于食指末端,沿食指桡侧缘,出第二、三掌骨之间,进入两筋(拇长伸肌腱与拇短伸肌腱)之间,沿前臂桡侧进入肘外侧,经上臂外侧前边上肩,沿肩峰前缘向上出于颈椎"手足三阳交汇处"(大椎),向下进入缺盆(锁骨上窝),联络肺,通过横膈,属于大肠。

颈部支脉：从缺盆部上颈旁，通过面颊，进入下牙龈，出来夹口旁（环绕上嘴唇，在人中交叉——左边向右、右边向左），上挟鼻孔，在迎香与足阳明胃经相接（图3-2）。

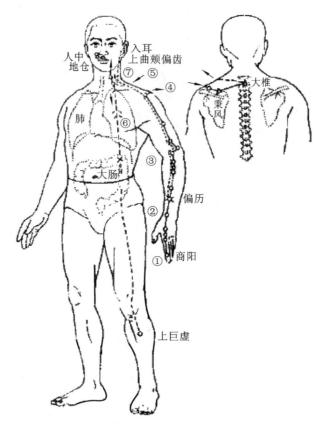

图 3-2　手阳明大肠经循行图

此外，大肠下合于足阳明胃经的下巨虚穴（见本章第三节）。

知识链接

手阳明大肠经本经穴和交会穴

[本经穴]　商阳（井），二间（荥），三间（输），合谷（原），阳溪（经），偏历（络），温溜，下廉，上廉，手三里，曲池（合），肘髎，手五里，臂臑，肩髃，巨骨，天鼎，扶突，口禾髎，迎香。（左右各20穴）

[交会穴]　大椎、水沟（督脉），地仓（足阳明），秉风（手太阳）。

（二）美容意义

1. 主治概要　本经腧穴主治头面五官疾病，热病，肠胃病，神志病及经脉循行部位的其他病证。

2. 证候分析　大肠主津，与肺相表里，皮肤的光泽需要津液的滋润，若津液运行失常，皮肤失养则失去光泽甚至出现皱纹。大肠主传化糟粕，以通为降，大肠传导不利则可导致体内毒素沉积而出现色斑。

从经络循行部位上看，本经上行于面颊，入下齿中，根据"经络所过，主治所及"原则，本经腧穴可治疗下齿疼痛和面颊部损容性疾病如面部色斑、口眼㖞斜、眼睑下垂、皱纹、痤疮、皮肤干燥等。

利用阳明经多气多血的特点，针灸中常取本经穴泻热，用于热病引起的损容性疾病如雀斑、粉刺、酒渣鼻、热疮等。

此外，本经穴位还治疗消化系统功能异常引起的口臭、肥胖、腹泻、便秘等以及经络所过部位的其他疾病。

3. 美容应用 皱纹、皮肤干燥、肥胖、口臭、口眼㖞斜、目赤肿痛。

4. 其他应用 牙痛、颈肿、目黄、口干、鼻出血、感冒，肩前、上臂疼痛，落枕，颈椎病。

> **知识链接**
>
> 手阳明大肠经主治歌
>
> 阳明大肠夹鼻孔，面瘫齿痛腮颊肿。生疾目黄口亦干，鼻流清涕及血涌。
> 喉痹肩前痛莫当，大指次指为一统。合谷列缺取为奇，二穴针之居病总。

三、足阳明胃经

（一）经脉循行

足阳明胃经起于鼻翼两侧，交汇鼻根中，旁边与足太阳经交会，向下沿着鼻外侧，进入上牙龈中，环绕出来挟口旁（地仓）环绕口唇，向下交汇于颏唇沟（承浆穴），退回来沿着下颌出大迎（面动脉搏动处），再沿下颌角（颊车），上耳前，经颧弓上，沿发际，至额颅中部，在神庭与督脉交会。

颈部支脉：从大迎前行向下，经人迎（颈动脉搏动处），沿喉咙进入缺盆（锁骨上窝中央），通过膈肌，属于胃，联络脾。

胸腹部主干：从缺盆向下，经乳中，向下挟脐两旁（脐旁二寸），进入气街（腹股沟动脉搏动处，即气冲穴）。

腹内支脉：从胃口向下，沿腹内壁至腹股沟动脉（气街）与前外行者会合——由此下行至髋关节前，到股四头肌隆起处，下行膝髌中，沿着胫骨外侧前缘，下行足跗，进入第二足趾外侧端。

小腿部支脉：从膝下三寸处（足三里）分出，向下进入足中趾外侧缝，出中趾末端（图3-3）。

> **知识链接**
>
> 足阳明胃经本经穴和交会穴
>
> ［本经穴］承泣，四白，巨髎，地仓，大迎，颊车，下关，头维，人迎，水突，气舍，缺盆，气户，库房，屋翳，膺窗，乳中，乳根，不容，承满，梁门，关门，太乙，滑肉门，天枢（大肠募），外陵，大巨，水道，归来，气冲，髀关，伏兔，阴市，梁丘，犊鼻，足三里（合），上巨虚（大肠下合），条口，下巨虚（小肠下合），丰隆（络），解溪（经），冲阳（原），陷谷（输），内庭（荥），厉兑（井）。（左右各45穴）
>
> ［交会穴］睛明（足太阳）、颔厌、悬厘、上关（足少阳）、水沟、神庭、大椎（督脉）、承浆、上脘、中脘（任脉）、迎香（手阳明）。

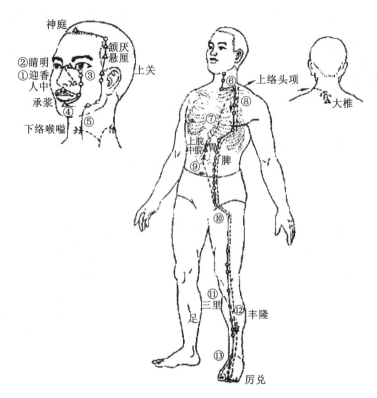

图 3-3 足阳明胃经循行图

(二) 美容意义

1. 主治概要 本经腧穴主治胃肠病,头面五官病、神志病、皮肤病、热病及经脉循行部位的其他病证。

2. 证候分析 脾胃为后天之本,气血生化之源。气血充盈则皮肤红润有光泽。胃主受纳、腐熟水谷,本经穴位可调节食物的消化和吸收,从而起到瘦身塑形的作用。

从经络循行部位上看,足阳明胃经分布于面颊部、胸腹部,因此,本经穴可用于面瘫、口眼㖞斜、眼睑下垂、丰胸等。

利用阳明经多气多血的特点,本经穴还常用于由于热邪引起的痈、肿、疮、疡等。

3. 美容应用 肥胖、消瘦、乳房发育不良、乳房下垂、乳腺增生、面色晦暗、面色苍白、皮肤干枯、口舌生疮、毛发干枯等。

4. 其他应用 呕吐、腹泻、便秘、食欲不振、牙龈肿痛、鼻出血、膝髌肿痛、足背疼痛、偏瘫、大腹水肿等。

> **知识链接**
>
> **足阳明胃经主病歌**
>
> 腹膜心闷意凄怆,恶人恶火恶灯光。耳闻响动心中惕,鼻衄唇动疟又伤。
> 弃衣骤步身中热,痰多足痛与疮疡。气蛊胸腿疼难止,冲阳公孙一刺康。

四、足太阴脾经

（一）经脉循行

足太阴脾经：起于大趾末端，沿大趾内侧赤白肉际，经核骨（第一跖骨小头后），上向内踝前边，上小腿内侧，沿胫骨后缘（三阴交），交出足厥阴肝经之前，上膝股内侧前边（血海），进入腹部，属于脾，络于胃，通过膈肌，夹食管旁，连舌根，散布舌下。

胸腹部的支脉：从胃部分出，上穿膈肌，流注心中，接手少阴心经（图 3-4）。

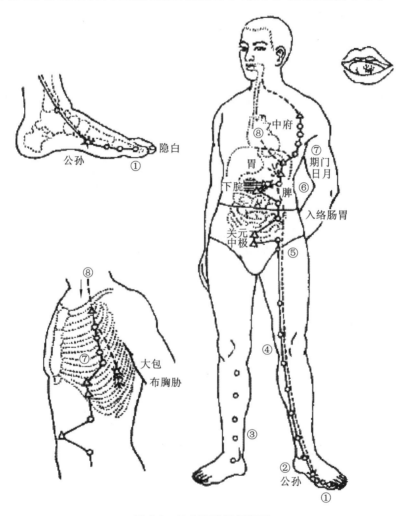

图 3-4 足太阴脾经循行图

知识链接

足太阴脾经本经穴和交会穴

［本经穴］ 隐白（井），大都（荥），太白（输、原），公孙（络），商丘（经），三阴交（足三阴之会），漏谷，地机（郄），阴陵泉（合），血海，箕门，冲门，府舍，腹结，大横，腹哀，食窦，天溪，胸乡，周荣，大包（脾之大络）。（左右各21穴）

［交会穴］ 中府（手太阴）、期门（足厥阴）、日月（足少阳）、下脘、关元、中极（任脉）。

（二）美容意义

1. 主治概要 本经腧穴主治脾胃病，妇科病，前阴病及经脉循行部位的其他病证。

2. 证候分析 脾为后天之本，气血生化之源，主运化水谷和水液，开窍于口，其华在唇，在体合肉，主四肢。脾气健旺，则气血生化有源，口唇红润。反之，若脾失健运，则可出现口唇苍白、面色萎黄、皮肤粗糙、神疲乏力、肌肉瘦削、脱发（发为血之余）、四肢无力。脾失健运，水湿内停则可出现湿疹、肥胖、水肿、黄疸。脾主统血，若脾不统血，则可出现紫癜以及各种出血症状。

从经络循行上看：足太阴脾经主要循行于下肢内侧和腹部，可治疗下肢疼痛、麻木、痿软无力及腹泻、腹痛等。足太阴脾经的支脉注心中、连于舌下，故本经穴位可用于治疗心神不安、失眠、舌强不语等。

3. 美容应用 面色萎黄、口唇发白、脱发、神疲乏力、水肿、肥胖、消瘦、肌肉萎缩、紫癜。

4. 其他应用 心烦、失眠、健忘、腹痛、腹胀、腹泻、呕吐、胃痛、食欲不振、肢体痿软、月经不调、痛经。

> **知识链接**
>
> ### 足太阴脾经主病歌
>
> 脾经为病舌本强，呕吐胃翻疼腹脏。阴气上冲噫难瘳，体重不摇心事妄。
> 疟生振慄兼体羸，秘结疸黄手执杖。股膝内肿厥而疼，太白丰隆取为尚。

五、手少阴心经

（一）经脉循行

手少阴心经：起于心中，出来属于心系（心脏与他脏相连的系带），向下穿过膈肌，联络小肠。

上行支脉：从心系部向上挟咽喉，连于目系（眼球内连于脑的系带）。

它的直行脉从心系上行至肺，向下出于腋下（极泉），沿上臂内侧后缘（尺侧缘），走手太阴、手厥阴经的后面，下向肘内（少海），沿前臂内侧后缘（尺侧缘），到掌后豌豆骨部进入掌内后边（少府），沿小指的桡侧出于末端（少冲），接手太阳小肠经（图3-5）。

（二）美容意义

1. 主治概要 本经腧穴主治心、胸、神志病及经脉循行部位的其他病证。

2. 证候分析 心主血脉，其华在面，开窍于舌。心气充足，则面色、口唇红润，若心气不足，推动无力，则面色、口唇苍白无华；心脉不通则面色晦暗，舌、口唇出现紫暗瘀斑；心火上炎，则口舌糜烂、生疮。心主神志，心血不足，可引起多种神志疾病如健忘、烦躁、情绪不稳、心悸、神经衰弱、失眠等，从而引起眼袋等损容性疾病。

从经络循行上看，手少阴心经在内联络心与小肠，在外行于上肢内侧后缘，其分支亦连于舌和目系，故又可以用于目痛、咽干、口渴、心痛、胸胁背痛、手臂内侧疼痛、手心烦热、眩晕、神志失常等。

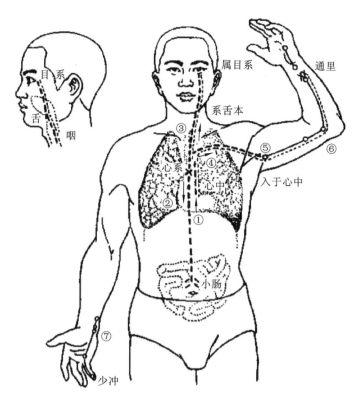

图 3-5 手少阴心经循行图

> **知识链接**
>
> **手少阴心经本经穴和交会穴**
>
> [本经穴] 极泉、青灵、少海(合)、灵道(经)、通里(络)、阴郄(郄)、神门(输、原)、少府(荥)、少冲(井)。(左右各9穴)
>
> [交会穴] 手三阴经无与他经交会的穴位。

3. 美容应用 面色苍白或晦暗、面色无华、口唇苍白或青紫、目黄、目赤肿痛、口舌糜烂、口舌生疮、目赤肿痛。

4. 其他应用 心悸、失眠、健忘、神经衰弱、心烦、胸痛、胁痛、前臂内侧疼痛、口渴欲饮、掌心热痛。

> **知识链接**
>
> **手少阴心经主病歌**
>
> 少阴心痛并干噫,渴欲饮兮为臂厥。生病目黄口亦干,胁臂疼兮掌发热。
> 若人欲治勿差求,专在医人心审察。惊悸呕血及怔忡,神门支正何堪缺。

六、手太阳小肠经

(一) 经脉循行

手太阳小肠经：起于小指外侧末端(少泽)，沿手掌尺侧，上向腕部，出尺骨小头部(养老)，直上沿尺骨下边(支正)，出于肘内侧肱骨内上髁和尺骨鹰嘴之间(小海)，向上沿上臂外后侧，出肩关节部(肩贞)，绕肩胛(天宗)，交会肩上(肩外俞、肩中俞；会附分、大杼、大椎)，进入缺盆(锁骨上窝中央)，络于心，沿食管，通过膈肌，到胃，属于小肠。

颈部支脉：从锁骨上行沿颈旁(天窗、天容)，上向面颊(颧髎)，到外眼角(会瞳子髎)，弯向后(会和髎)，进入耳中(听宫)。

面颊部支脉：从面颊部分出，上向颧骨，靠鼻旁到内眼角(会睛明)，接足太阳膀胱经(图3-6)。

此外，小肠与足阳明胃经的下巨虚脉气相通(见本章第三节)。

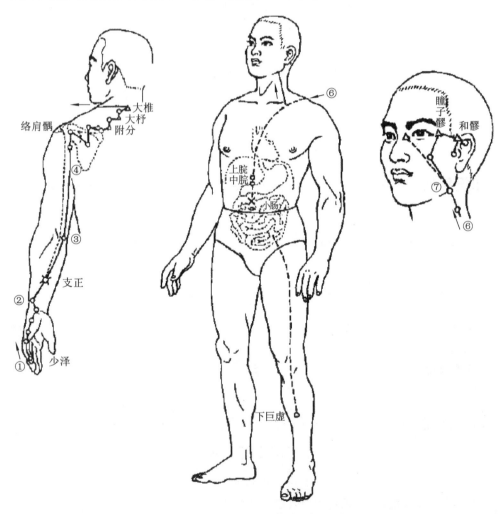

图3-6 手太阳小肠经循行图

> **知识链接**
>
> ### 手太阳小肠经本经穴和交会穴
>
> [本经穴] 少泽(井)、前谷(荥)、后溪(输)、腕骨(原)、阳谷(经)、养老(郄)、支正(络)、小海(合)、肩贞、臑俞、天宗、秉风、曲垣、肩外俞、肩中俞、天窗、天容、颧髎、听宫。(左右各19穴)
>
> [交会穴] 大椎(督脉)、上脘、中脘(任脉)、睛明、大杼、附分(足太阳)、和髎(手少阳)、瞳子髎(足少阳)。

(二) 美容意义

1. 主治概要 本经腧穴主治头、项、耳、目、咽喉病和热病、神志病及经脉循行部位的其他病证。

2. 证候分析 小肠主受盛化物,其主要功能是吸收食物中的水谷精微,因此,本经穴位可调节肠道吸收功能,治疗消瘦、肌肉萎缩。小肠主分清泌浊,主液,能调节体内水液代谢,若此功能失常,则可出现水肿、虚胖、小便不利、腹泻等。小肠与心相表里,因此,临床也常用泻小肠经的方法来泻心火,用于心火亢盛引起的口舌生疮、心烦失眠等。

从经络循行上看,本经的支脉循行于咽喉、上颊、耳后,故可用于咽喉肿痛、痄腮、耳肿、面色无华、面瘫等。本经主干绕肩胛,交肩上,行于上肢外侧后缘,故也常用于肩、臂、肘关节外侧疼痛、麻木、屈伸不利。

3. 美容应用 目赤、颊肿、面部皮肤晦暗无华、面瘫、消瘦、水肿、虚胖。

4. 其他应用 咽喉肿痛、颈椎病、落枕、肩周炎、上肢外侧疼痛、耳鸣、耳聋。

> **知识链接**
>
> ### 手太阳小肠经主病歌
>
> 小肠之病岂为良,颊肿肩疼两臂旁。项颈强疼难转侧,嗌颔肿痛甚非常。
> 肩似拔兮臑似折,生病耳聋及目黄。臑肘臂外后廉痛,腕骨通里取为详。

七、足太阳膀胱经

(一) 经脉循行

足太阳膀胱经:起于目内眦(睛明),上行额部,交会于头顶(百会)。

头顶部的支脉:从头顶分出到耳上角(率谷)。

其直行主干:从头顶入内络于脑,复出项部(天柱)分开下行。一支沿肩胛内侧,夹脊旁,到达腰中,进入脊旁筋肉,络于肾,属于膀胱;一支从腰中分出,夹脊旁,通过臀部,进腘窝中(殷门、委中)。

背部另一支脉:从肩胛内侧分别下行,通过肩胛,经过髋关节部,会合于腘窝中(委中)——由此向下通过腓肠肌部,出外踝后方(飞扬、昆仑),沿第五跖骨粗隆(仆参、申脉、金门、京骨),到小趾的外侧(束骨、足通谷、至阴),下接足少阴肾经(图3-7)。

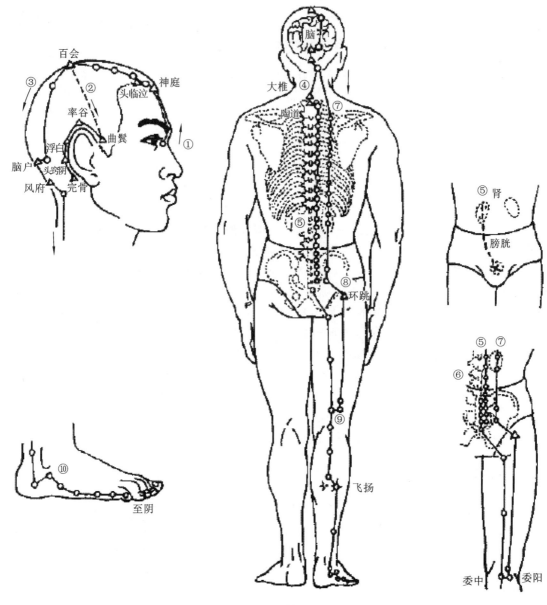

图 3-7 足太阳膀胱经循行图

知识链接

足太阳膀胱经本经穴和交会穴

[本经穴] 睛明、攒竹、眉冲、曲差、五处、承光、通天、络却、玉枕、天柱、大杼、风门、肺俞、厥阴俞、心俞、督俞、膈俞、肝俞、胆俞、脾俞、胃俞、三焦俞、肾俞、气海俞、大肠俞、关元俞、小肠俞、膀胱俞、中膂俞、白环俞、上髎、次髎、中髎、下髎、会阳、承扶、殷门、浮郄、委阳(三焦下合)、委中(合)、附分、魄户、膏肓、神堂、譩譆、膈关、魂门、阳纲、意舍、胃仓、肓

门、志室、胞肓、秩边、合阳、承筋、承山、飞扬（络）、跗阳、昆仑（经）、仆参、申脉、金门（郄）、京骨（原）、束骨（输）、足通谷（荥）、至阴（井）。（左右各67穴）

[交会穴] 曲鬓、率谷、浮白、足窍阴、完骨、足临泣、环跳（足少阳）、神庭、百会、脑户、风府、大椎、陶道（督脉）。

（二）美容意义

1. 主治概要 本经腧穴主治头、项、目、背、腰、下肢部病证及神志病，背部第一侧线的背俞穴及第二侧线相平的腧穴，主治与其相关的脏腑病和有关的组织器官病证。

2. 证候分析 膀胱与肾相表里，主储存和排泄尿液，与人体的水液代谢功能关系密切，若膀胱开合失司，水液潴留，则可出现癃闭、水肿、肥胖；膀胱失约，则遗尿。

从经络循行上看，本经起于目内眦，上额，交巅，入脑，故可用于目赤肿痛、头痛。其主干向下经过项部，夹脊，向下分布于下肢后侧。因此，可用于治疗因经络所过之项、背、腰、腿、膝等部位疼痛、麻木、拘挛、痿软无力等症状，从而改善机体代偿运动状态，纠正不良姿势，有利于气质提升。

本经分布有各脏腑的背俞穴，可通过刺激这些穴位调节对应的脏腑功能，适用于因脏腑功能紊乱引起的多种损容性疾病。

膀胱经主一身之表，受外邪侵袭则恶寒、发热、鼻塞，从而影响机体免疫功能而出现皮肤过敏。

本经背部脊旁三寸的腧穴，可用于治疗相应的神志疾病。

3. 美容应用 雀斑、皮肤过敏、痤疮、各种色斑、肥胖、多泪、矫姿塑形。

4. 其他应用 感冒、头痛、项痛、腰背脊痛、鼻塞、小便不利、遗尿、癃闭、少腹痛、神志失常。

> **知识链接**
>
> 足太阳膀胱经主病歌
>
> 膀胱颈痛目中疼，项腰足腿痛难行。痎疟狂癫心胆热，背弓反手额眉棱。
> 鼻衄目黄筋骨缩，脱肛痔漏腹心臟。若要除之无别法，京骨大钟任显能。

八、足少阴肾经

（一）经脉循行

足少阴肾经：起于足小趾下边，斜向足心（涌泉），出于舟骨粗隆下（然谷、照海），沿内踝之后（太溪），分支进入足跟中（大钟），上向小腿内（复溜、交信），出腘窝内侧，上大腿内后侧，通过脊柱，属于肾，络于膀胱。

直行支脉：从肾向上，通过肝、膈，进入肺中，沿着喉咙，夹舌根旁。

肺部支脉：从肺出来，络于心，流注于胸中，接手厥阴心包经（图3-8）。

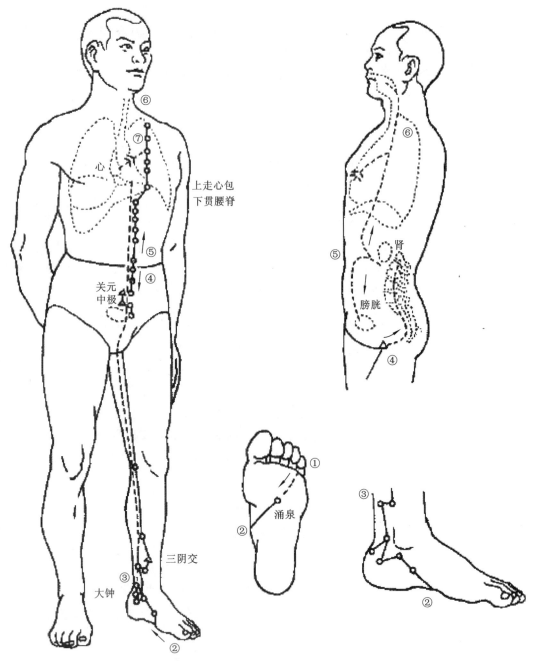

图 3-8 足少阴肾经循行图

知识链接

足少阴肾经本经穴和交会穴

[本经穴] 涌泉(井)、然谷(荥)、太溪(输、原)、大钟(络)、水泉(郄)、照海、复溜(经)、交信、筑宾、阴谷(合)、横骨、大赫、气穴、四满、中注、肓俞、商曲、石关、阴都、腹通谷、幽门、步廊、神封、灵墟、神藏、彧中、俞府。(左右各27穴)

[交会穴] 三阴交(足太阴)、长强(督脉)、关元、中极(任脉)。

(二)美容意义

1. 主治概要 本经腧穴主治妇科病、泌尿生殖系统疾病,以及与肾有关的肺、心、肝、脑、咽、舌等经脉循行部位的其他病证。

2. 证候分析 肾藏精,为先天之本,其华在发。肾精不足则发育迟缓、形体矮小、消瘦;肾精亏虚,则早衰、须发早白或脱发、形容枯槁、牙齿松动、生殖功能异常。肾开窍于耳和二阴,肾精不足则耳鸣、耳聋、二便失常。肾主水,为水之下源,与人体水液代谢关系密切,若肾阳不足,气化失司,水液内停,则阳虚水泛,症见面部及肢体浮肿、面色黧黑。肾主纳气,若摄纳无权,则发喘咳,甚则咳唾有血。

肾主骨生髓,从经络循行上看,足少阴肾经起于足小趾,行于下肢内侧,贯脊,肾精不足,则见腰膝酸软、痿软无力;外邪侵犯肾经,经脉闭阻,则脉所过之腰、膝、腿内侧疼痛、酸重、麻木、活动不利。肾经支脉循喉咙,夹舌根,从肺出,络心,故病则口热、舌干咽肿、心烦、心痛。

3. 美容应用 面色黧黑、早衰、须发早白、脱发、面部及肢体浮肿、消瘦、牙齿松动。

4. 其他应用 耳鸣、耳聋、遗精、早泄、阳痿、月经不调、不孕不育、咳喘、咳血、舌干咽肿、烦心、心痛、腰痛、腰膝酸软、中风后遗症。

> **知识链接**
>
> **足少阴肾经主病歌**
>
> 脸黑嗜卧不欲粮,目不明兮发热狂。腰痛足疼步难履,若人捕获难躲藏。
> 心胆战兢气不足,更兼胸结与身黄。若欲除之无更法,太溪飞扬取最良。

九、手厥阴心包经

(一)经脉循行

手厥阴心包经:起于胸中,浅出,属于心包,通过膈肌,经胸部、上腹和下腹,从上到下联络上、中、下三焦。

胸中支脉:沿胸内出胁部,在腋下三寸处(天池)向上到腋下,沿上臂内侧(天泉),于手太阴、手少阴之间,进入肘中(曲泽),下向前臂,走两筋(桡侧腕屈肌腱与掌长肌腱之间),进入掌中(劳宫),沿中指桡侧出于末端(中冲)。

掌中支脉:从掌中分出,沿无名指出于末端,接手少阳三焦经(图3-9)。

> **知识链接**
>
> **手厥阴心包经本经穴和交会穴**
>
> [本经穴] 天池、天泉、曲泽(合)、郄门(郄)、间使(经)、内关(络)、大陵(输、原)、劳宫(荥)、中冲(井)。(左右各9穴)
>
> [交会穴] 手三阴经无与他经交会的穴位。

(二)美容意义

1. 主治概要 本经腧穴主治心、心包、胸、胃、神志病,以及经脉循行经过部位的其他

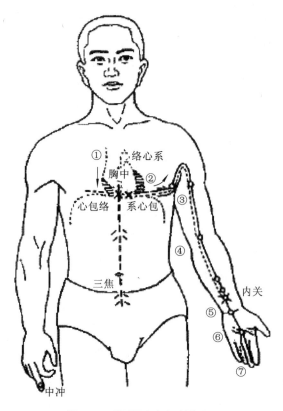

图 3-9 手厥阴心包经循行图

病证。

2. 证候分析 心包为心之外护,代心受邪,本经最易受火热之邪侵扰,《素问·至真要大论》有云,"诸痛痒疮,皆属于火,"因此,本经多用于因热邪引起的各种疮疡、斑、疹、癣、皮肤瘙痒、目赤肿痛。心主神志,心包受热,内陷于心,见心烦、心悸、心痛、心神不安,甚至神志异常、喜笑不休。

从经络循行上看,手厥阴心包经起于胸中,循胸出胁,穿腋下,沿上肢内侧进入掌中。因此,若本经痹阻则腋下肿痛,上肢内侧疼痛,痿软,掌中热。

3. 美容应用 目赤肿痛、目黄、各种斑疹、癣、疮疡、口臭。

4. 其他应用 心痛、心烦、心悸、失眠、胸闷、高热、胃痛、上肢痹痛、癫狂、痫证。

知识链接

手厥阴心包经主病歌

包络为病手挛急,臂不能伸痛如屈。胸膺胁满腋肿平,心中澹澹面色赤。
目黄善笑不肯休,心烦心痛掌热极。良医达士细推详,大陵外关病消释。

十、手少阳三焦经

(一)经脉循行

手少阳三焦经:起于无名指末端(关冲),上行小指与无名指之间,沿着手背,出于前臂伸侧两骨（尺骨、桡骨）之间，向上通过肘尖，沿上臂外侧，向上通过肩部，交出足少阳经的后面，进入缺盆（锁骨上窝中央），分布于膻中（纵隔中），散络于心包，通过膈肌，广泛遍属于上、中、下三焦。

胸中支脉：从膻中上行，出锁骨上窝，上向后项，连系耳后上出耳上方，弯下向面颊，至眼下。

耳后支脉：从耳后进入耳中，出走耳前（和髎、耳门；会听会），经过上关前，交面颊，到目外眦（丝竹空；会瞳子髎）接足少阳胆经（图3-10）。

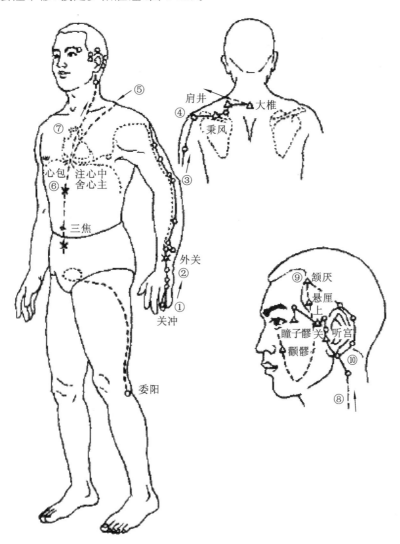

图3-10 手少阳三焦经循行图

知识链接

手少阳三焦经本经穴和交会穴

［本经穴］ 关冲（井）、液门（荥）、中渚（输）、阳池（原）、外关（络）、支沟（经）、会宗（郄）、三阳络、四渎、天井（合）、清冷渊、消泺、臑会、肩髎、天髎、天牖、翳风、瘈脉、颅息、角孙、耳门、和髎、丝竹空。（左右各23穴）

［交会穴］ 秉风、颧髎、听宫（手太阳），瞳子髎、上关、颔厌、悬厘、肩井（足少阳），大椎（督脉）。

（二）美容意义

1. 主治概要 本经腧穴主治头、目、耳、颊、咽喉、胸胁病和热病，以及经脉循行部位的其他病证。

2. 证候分析 三焦主通行元气，为水液运行的通道。"上焦如雾"，功能失常则汗出；"中焦如沤"，功能失常则腹胀、呕吐、肥胖；"下焦如渎"，功能失常则小便短赤、大便秘结、水肿。

从循行上看，三焦经起于指端，沿上肢外侧中线，过肩、入缺盆，经络痹阻则前臂外侧疼痛、麻木、屈伸不利。其联络心包，支脉上行眼下，绕耳后，心包热盛时，可沿该经上攻头面而致目赤、眦肿、颊肿、咽喉肿痛、耳鸣、耳聋。

3. 美容应用 目赤、颊肿、瘰疬、水肿、虚胖。

4. 其他应用 汗出、便秘、尿少，肩臂外侧疼痛、麻木、屈伸不利，耳鸣、耳聋。

> **知识链接**
>
> **手少阳心包经主病歌**
>
> 三焦为病耳中聋，喉痹咽干目肿红。耳后肘疼并出汗，脊间心后痛相从。
> 肩背风生连膊肘，大便坚闭及遗癃。前病治之何穴愈，阳池内关法理同。

十一、足少阳胆经

（一）经脉循行

足少阳胆经：起于外眼角（瞳子髎），上行到额角，下耳后，沿颈旁，行手少阳三焦经（经天容），至肩上退后，交出手少阳三焦经之后（会大椎，经肩井，会秉风），进入缺盆（锁骨上窝）。

耳后支脉：从耳后进入耳中（会翳风），走耳前（听会、上关；会听宫、下关），至外眼角后；另一支脉从外眼角分出，下向大迎，会合手少阳三焦经至眼下，下边盖过颊车（下颌角），下行颈部，会合于缺盆（锁骨上窝）。由此下向胸中，通过膈肌，络于肝，属于胆。沿胁里，出于气街（腹股沟动脉处）绕阴部毛际，横向进入髋关节部。

躯体主干：从缺盆（锁骨上窝）下向腋下，沿胸侧，过季胁（日月、京门；会章门），向下会合于髋关节部，由此向下，沿大腿外侧（风市），出膝外侧（膝阳关），下向腓骨头前（阳陵泉），直下到腓骨下段，下出外踝之前（丘墟），沿足背进入第四趾外侧。

足背支脉：从足背分出，进入大趾趾缝间，沿第一、二跖骨间，出趾端，回转来通过爪甲，出于趾背毫毛部，接足厥阴肝经（图3-11）。

> **知识链接**
>
> **足少阳胆经本经穴和交会穴**
>
> ［本经穴］ 瞳子髎、听会、上关、颔厌、悬颅、悬厘、曲鬓、率谷、天冲、浮白、头窍阴、完骨、本神、阳白、头临泣、目窗、正营、承灵、脑空、风池、肩井、渊腋、辄筋、日月（胆募）、京门、带脉、五枢、维道、居髎、环跳、风市、中渎、膝阳关、阳陵泉（合）、阳交、外丘（郄）、光明（络）、阳辅（经）、悬钟、丘墟（原）、足临泣（输）、地五会、侠溪（荥）、足窍阴（井）。（左右各44穴）
>
> ［交会穴］ 头维、下关（足阳明），翳风、角孙、和髎（手少阳），听宫、秉风（手太阳），大椎（督脉），章门（足厥阴），上髎、下髎（足太阳），天池（手厥阴）。

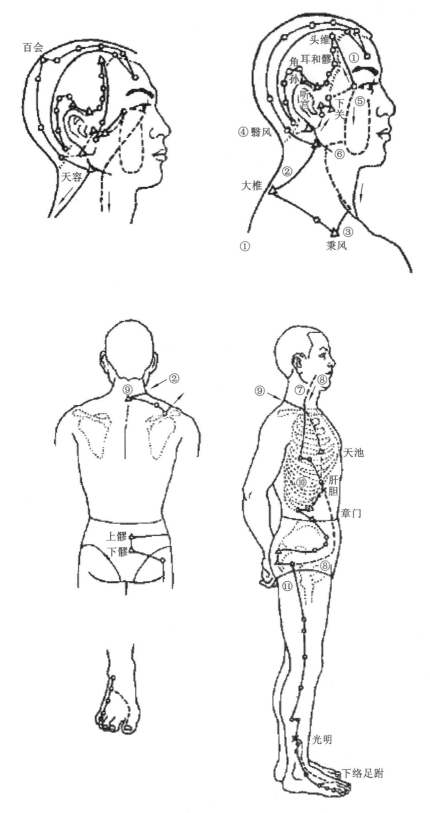

图 3-11 足少阳胆经循行图

（二）美容意义

1. 主治概要 本经腧穴主治肝胆病、侧头、目、耳、咽喉病、神志病、热病及经脉循行经过部位的其他病证。

2. 证候分析 胆主储存和排泄胆汁，与肝相表里，协调疏泄，胆经湿热，胆汁代谢异常可出现黄疸、面色晦暗无华、口苦、善太息、带状疱疹、全身瘙痒。胆主决断，胆气不足则易惊善恐、失眠多梦。

从循行上看，足少阳胆经起于目外眦，经头侧下耳后，循胸胁，穿臀部，下行下肢外侧。若感受风寒湿邪则引起偏头痛、耳后及目外眦痛、胸胁痛、大腿及膝外侧疼痛、麻木；若感受热邪，则引起目赤肿痛、眼角皱纹、耳鸣、耳聋、脱发等。

足少阳胆经为枢机，主半表半里，外邪客于本经则出现寒热往来之证。

3. 美容应用 面色晦暗如尘、体无膏泽、目赤肿痛、眼角皱纹、黄疸、脱发、带状疱疹、遍身瘙痒。

4. 其他应用 口苦、善太息、胸胁疼痛、寒热往来、偏头痛、耳后及目外眦痛、坐骨神经痛、落枕、难产、半身不遂、小儿惊风。

> **知识链接**
>
> ### 足少阳胆经主病歌
>
> 胆经之穴何病主？胸胁肋痛足不举。面体不泽头面疼，缺盆腋肿汗如雨。
> 颈项瘿瘤坚似铁，疟生寒热连骨髓。以上病症欲除之，须向丘墟蠡沟取。

十二、足厥阴肝经

（一）经脉循行

足厥阴肝经：起于大趾背毫毛部（大敦），向上沿着足背内侧（行间、太冲），离内踝一寸（中封），上行小腿内侧（会三阴交），离内踝八寸处交出足太阴脾经之后，上膝腘内侧，沿着大腿内侧，进入阴毛中，环绕生殖器，至小腹，夹胃，属于肝，络于胆，向上通过膈肌，分布胁肋部，沿气管之后，向上进入颃颡（喉头部），连接目系（眼球后的脉络联系），上行出于额部，与督脉交会于头顶。

眼部支脉：从目系下向颊里，环绕唇内。

肝部支脉：从肝分出，通过膈肌，向上流注于肺，接手太阴肺经（图3-12）。

> **知识链接**
>
> ### 足厥阴肝经本经穴和交会穴
>
> ［本经穴］ 大敦（井）、行间（荥）、太冲（输、原）、中封（经）、蠡沟（络）、中都（郄）、膝关、曲泉（合）、阴包、足五里、阴廉、急脉、章门（脾募）、期门（肝募）。（左右各14穴）
> ［交会穴］ 三阴交、冲门、府舍（足太阴），曲骨、中极、关元（任脉）。

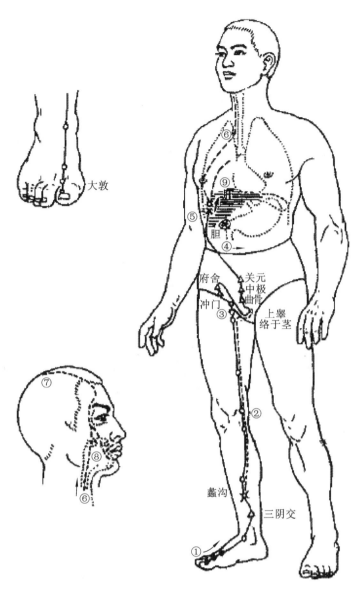

图 3-12 足厥阴肝经循行图

（二）美容意义

1. 主治概要 本经腧穴主治肝病、妇科病、前阴病和经脉循行部位的其他病证。

2. 证候分析 肝藏血、开窍于目，其华在爪。肝血充足，则面色红润、双目有神、爪甲坚韧红润而有光泽；肝血不足则面色青黑、指甲枯槁或开裂、四肢麻木、双目混浊、视物不清、目斜上视、眼睑瞤动。肝主疏泄，调节气机、情志和消化，若肝气郁结，则情志抑郁。气郁日久则可化火，致使面部气血失和，血瘀于面部，则出现黄褐斑。

从经络循行上看，足厥阴肝经行于下肢内侧，环绕生殖器，入腹中，夹胃行，上头顶。故可用于下肢内侧疼痛、腰痛不可以俯仰、胸胁疼痛、咽痛、头痛、遗尿、癃闭、呕吐、胸满、呃逆等。其支脉连于目，肝经热邪上扰可引起目赤肿痛；肝风上扰头面则口眼㖞斜；肝阳上亢则头晕目眩，甚至突然昏倒，不省人事。

3. 美容应用 面目青黑、黄褐斑、目赤肿痛、眼睑瞤动、面肌抽搐、口眼㖞斜。

4. 其他应用 下肢疼痛、肢体麻木、视物不清、咽干、头痛、眩晕、中风、胸满、呃逆、遗尿、癃闭、疝气、小腹疼痛、痛经、月经不调、更年期综合征。

> **知识链接**
>
> 足厥阴肝经主病歌
>
> 气少血多肝之经，丈夫溃疝苦腰疼。妇人腹膨小腹肿，甚则嗌干面脱尘。
> 所生病者胸满呕，腹中泄泻痛无停。癃闭遗尿疝瘕痛，太光二穴即安宁。

十三、督脉

(一) 经脉循行

督脉，起始于胞宫（小腹部，骨盆的中央），下出会阴部，向上沿脊柱上行至风府（枕骨大孔），入脑内，上达巅顶（百会），沿额下行鼻柱，穿水沟（人中），止于上唇内的龈交穴（图3-13）。

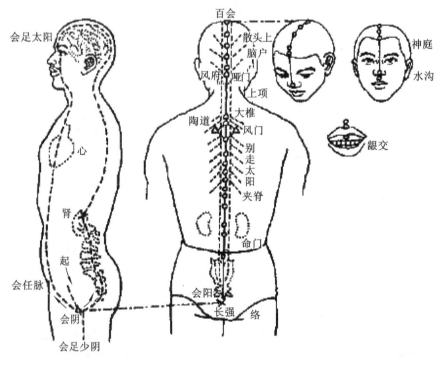

图 3-13 督脉循行图

> **知识链接**
>
> 督脉本经穴和交会穴
>
> ［本经穴］ 长强（络，足少阴会）、腰俞、腰阳关、命门、悬枢、脊中、中枢、筋缩、至阳、灵台、神道、身柱、陶道（足太阳会）、大椎（手足三阳会）、哑门（阳维会）、风府（阳维会）、脑

户(足太阳会)、强间、后顶、百会(足三阳会)、前顶、囟会、上星、神庭(足太阳、阳明会)、素髎、水沟(手足任脉会)、兑端、龈交。(共28穴,均为单穴)

[交会穴] 会阴(任脉、冲脉)、会阳(足太阳)、风门(足太阳)。此外,手太阳小肠经的后溪穴通于督脉。

(二)美容意义

1. 主治概要 本经腧穴主治神志病,热病,腰骶、背、头项局部病证及相应的内脏病证。

2. 证候分析 督脉总督一身之阳气,因此,擅治因阳虚引起的各种病症如面色苍白、浮肿、畏寒肢冷、头重;反之,督脉亦可泻一身之热,用于热邪亢盛引起的神志病如癫狂、痫证。

从经络循行上看,督脉起于胞宫,出会阴,贯脊入脑,故可用于头痛、身材矮小、驼背、腰背疼痛。督脉行于面部正中,可用于鼻炎等。

3. 美容应用 面色不佳、身材矮小、脊柱侧弯、驼背。

4. 其他应用 腰痛、头项强痛、失眠、癫狂、痫证、发热、晕厥、阳痿、遗精、遗尿、月经不调、带下病、脱肛。

十四、任脉

(一)经脉循行

任脉起于胞宫(小腹部,骨盆的中央),下出会阴部,向上行于阴毛部,沿腹内,经人体前正中线到达咽喉,上行环唇,循面入眼眶下(图3-14)。

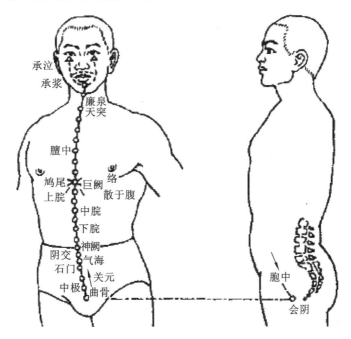

图3-14 任脉循行图

> **知识链接**
>
> 任脉本经穴和交会穴
>
> [本经穴] 会阴(冲脉、督脉会)、曲骨(足厥阴会)、中极(足三阴会)、关元(足三阴会)、石门(丹田)、气海、阴交(冲脉会)、神阙、水分、下脘(足太阴会)、建里、中脘(足阳明、手太阳、手少阳会)、上脘(足阳明、手太阳会)、巨阙、鸠尾、中庭、膻中、玉堂、紫宫、华盖、璇玑、天突(阴维会)、廉泉(阴维会)、承浆(足阳明会)。
>
> [交会穴] 承泣(足阳明、阳跷)、地仓(足阳明)。此外,手太阴肺经络穴列缺通于任脉。

(二) 美容意义

1. 主治概要 本经腧穴主治少腹、胃脘、胸颈、咽喉、头面等局部病证和相应的内脏病证,部分腧穴有强壮作用。

2. 证候分析 任脉总任一身之阴,阴寒内盛,凝聚于下,男子内结为疝气,女子郁结为带下、积聚。寒凝面部脉络则出现面部色斑。血属阴,阴血不足则面色无华、皮肤苍白而粗糙;津属阴,阴津不足则皮肤干枯,皱纹密布。

任主胞胎,与人的生长、发育、生殖和衰老关系密切。任脉不足则乳房发育不良、乳房下垂、衰老、月经不调;任脉有余则腹大肥胖。

3. 美容应用 面色无华、皮肤苍白、皮肤粗糙、皮肤干燥、皱纹、面部色斑、腹大肥胖、乳房发育不良、乳房下垂、衰老、口眼㖞斜、流涎。

4. 其他应用 疝气、月经不调、带下病、积聚、遗尿、小便频数、遗精、腹痛、呕吐、呃逆、胃痛、腹胀、咳喘、胸闷、心悸。

第二节 常用美容腧穴的定位及其美容功效

一、腧穴的概念

腧穴,是人体脏腑经络气血输注出入的特殊部位。"腧"通"输",或从简为"俞";"穴"是空隙的意思。腧穴并不是孤立于体表的点,而是与深部组织器官有着密切的联系、互相疏通的特殊部位。腧穴与深部组织器官的疏通是双向的——从内通向外,反映疾病;从外通向内,接受刺激,防治疾病。因此,在美容养生中,我们既可以通过探查腧穴的不良反应来判断脏腑功能的内在状况,也可以通过从外部刺激腧穴的方法,以调理脏腑、气血、阴阳,从而达到美容保健的目的。

二、腧穴的分类

(一) 十四经穴

凡属于十二经脉、任脉和督脉上的腧穴称为"十四经穴",简称"经穴"。十四经穴是腧穴的总体,其中十二经脉腧穴均为左右对称分布,而任督二脉则均为正中单穴。十四经穴总数为 670 个,穴名 361 个。

(二) 经外奇穴

凡位于十四经脉以外,具有固定的名称、位置和主治功效等内容的腧穴称为"经外奇穴",简称"奇穴"。经外奇穴是经过长期临床实践总结出来的经验有效穴,如"太阳""印堂"等。

(三) 阿是穴

凡以病痛局部或与病痛有关的压痛(敏感)点作为腧穴,称为阿是穴,又名不定穴、天应穴。

> **知识链接**
>
> **新 穴**
>
> 近年来,广大医务工作者经过反复的临床实践和实验论证,发现了许多古籍中尚未记载的腧穴,称为新穴,如"耳根""下脑户""内耳门"等。这些腧穴大多以其主治功效命名,如"面瘫诸穴""退热穴"等;也有的以其所在部位,或以现有穴位的位置对应关系命名,如"耳根""内耳门"等;还有的以其对应的脏腑组织命名,如"臂丛神经穴""肝胰点"等。这些新穴极大地扩大了腧穴的主治范围,渐渐成为现代腧穴体系的重要组成部分。

三、腧穴的作用

(一) 近端调节反应作用

所有的腧穴都可以对该穴所在部位及其邻近部位的组织、器官疾病起到调节和反应作用。如针刺面部的地仓、颊车等穴位可治疗面瘫;落枕患者常在风池、肩井等穴位产生压痛等。

(二) 远端调节反应作用

在十四经穴中,尤其是十二经脉在四肢肘、膝关节以下的腧穴,除能作用于所在局部外,还能作用于该穴所属经脉循行路线所经过的脏腑、组织、器官。如合谷穴常用于偏头痛;足三里穴常用于胃肠功能紊乱;少商穴常用于肺热等。

> **知识链接**
>
> **五 输 穴**
>
> 十二经脉在四肢肘、膝关节以下各有井、荥、输、经、合五个腧穴,称为五输穴。
> "井穴"常位于四肢末端,喻作水的源头,是经气所出的部位,多用于各种急救。
> "荥穴"多位于掌指关节或跖趾关节之前,喻作水流尚微,是经气流行的部位,多用于热病。
> "输穴"多位于掌指关节或跖趾关节之后,喻作水流由小而大,由浅注深,是经气渐盛,由此入彼的部位,多用于肢节酸痛或五脏病变。
> "经穴"多位于腕、踝关节以上,喻作水流变大,畅通无阻,是经气正盛运行经过的部位,多用于气喘、咳嗽。

"合穴"多位于肘、膝关节附近,喻作江河会流入海,是经气深入,会于脏腑的部位,多用于六腑疾病。

五输穴歌

少商鱼际与太渊,经渠尺泽肺相连。商阳二三间合谷,阳溪曲池大肠牵。
厉兑内庭陷谷胃,冲阳解溪三里随。隐白大都足太阴,太白商丘并阴陵。
少冲少府属于心,神门灵道少海寻。少泽前谷后溪腕,阳谷小海小肠经。
至阴通谷束京骨,昆仑委中膀胱知。涌泉然谷与太溪,复溜阴谷肾所找。
中冲劳宫心包络,大陵间使传曲泽。关冲液门中渚焦,阳池支沟天井索。
窍阴侠溪临泣胆,丘墟阳辅阳陵泉。大敦行间太冲看,中封曲泉属于肝。

(三)特殊作用

1. 双向调节作用　某些腧穴,对机体的不同状态,可起着双重性的良性调节作用。如泄泻时,针刺天枢能止泻;便秘时,针刺天枢又能通便。心动过速时,针刺内关能减慢心率;心动过缓时,针刺内关又可使之恢复正常。

2. 相对特异作用　腧穴治疗作用具有相对的特异性,如大椎退热、至阴矫正胎位等,均是其特殊的治疗作用。

> **知识链接**
>
> ### 特定穴的主治规律
>
> 原穴:有调整其脏腑经络虚实各证的功能。
>
> 络穴:络穴多用于表里两经同病。络穴在临床上可单独使用,也可与其相表里经的原穴配合使用,即谓之"原络配穴"。
>
> 郄穴:阴经郄穴多治血证,阳经郄穴多治急性疼痛。此外,当某脏腑有病变时,又可按压郄穴进行检查,可作协助诊断之用。
>
> 背俞穴:多用于对应名称的脏腑疾病。
>
> 募穴:主治性能与背俞穴有共同之处。募穴可以单独使用,也可与背俞穴配合使用,即谓之"俞募配穴"。同时俞募二穴也可相互诊察病症,作为协助诊断的一种方法。
>
> 八会穴:凡与脏、腑、气、血、筋、脉、骨、髓八者有关的病症均可选用相关的八会穴来治疗。
>
> 八脉交会穴:主治奇经八脉疾病,又可治疗十二经脉疾病。
>
> 下合穴:主治六腑疾病。
>
> 交会穴:同时治疗本经与交会经脉疾病。

四、取穴方法

(一)骨度分寸法

骨度分寸法,古称"骨度法",即以骨节为主要标志测量周身各部的大小、长短,并依其尺寸按比例折算作为定穴的标准。杨上善说：以此为定分，立经脉，并取空穴。但分部折寸的尺度应以患者本人的身材为依据。

常用骨度表见表3-1。

表3-1 常用骨度表

	起 止 点	折量寸	折量法	说 明
头面部	前发际正中至后发际正中	12寸	直寸	用于确定头部经穴的纵向距离
	眉间（印堂）至前发际正中	3寸	直寸	用于确定头部经穴的纵向距离
	第7颈椎棘突下（大椎）至后发际正中	3寸	直寸	用于确定前或后发际及其头部经穴的纵向距离
	眉间（印堂）至后发际正中第7颈椎棘突下（大椎）	18寸	直寸	用于确定头部经穴的纵向距离
	前额两发角（头维）之间	9寸	横寸	用于确定头前部经穴的横向距离
	耳后两乳突（完骨）之间	9寸	横寸	用于确定头后部经穴的横向距离
胸腹部	锁骨上窝（天突）至胸剑联合中点（岐骨）	9寸	直寸	用于确定胸部任脉经穴的纵向距离
	胸剑联合中点（岐骨）至脐中	8寸	直寸	用于确定上腹部经穴的纵向距离
	脐中至耻骨联合上缘（曲骨）	5寸	直寸	用于确定下腹部经穴的纵向距离
	两乳头之间	8寸	横寸	用于确定胸腹部经穴的横向距离
	腋窝顶点至第11肋下端游离缘（章门）	12寸	直寸	用于确定胁肋部经穴的纵向距离
腰背部	大椎以下至尾骨	21寸	直寸	腰背部经穴以脊椎棘突标志作为取穴依据
	肩胛骨内侧缘（近脊柱侧点）至后正中线	3寸	横寸	用于确定腰背部经穴的横向距离
	肩峰缘至后正中线	8寸	横寸	用于确定腰背部经穴的横向距离
上肢部	腋前、后横纹至肘横纹（平肘尖）	9寸	直寸	用于确定上臂部经穴的纵向距离
	肘横纹（平肘尖）至掌（背）侧横纹	12寸	直寸	用于确定前臂部经穴的纵向距离
下肢部	耻骨联合上缘至股骨内上髁上缘	18寸	直寸	用于确定下肢内侧足三阴经穴的纵向距离
	胫骨内侧髁下方至内踝尖	13寸	直寸	用于确定下肢内侧足三阴经穴的纵向距离
	股骨大转子至腘横纹	19寸	直寸	用于确定下肢外侧足三阳经穴的纵向距离（臀沟至腘横纹相当于14寸）
	腘横纹至外踝尖	16寸	直寸	用于确定下肢外侧足三阳经穴的纵向距离

（二）体表标志法

体表标志法又称为解剖标志取穴法或自然标志取穴法，此法可分为固定标志法和活动标志法。

常见骨度分寸图见图 3-15。

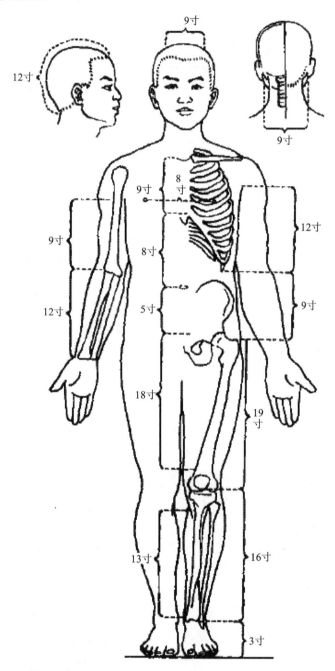

图 3-15　常用骨度分寸图

1. 固定标志法　固定标志法是指利用五官、毛发、爪甲、乳头、脐窝以及骨节凸起和凹陷、肌肉隆起等部位作为取穴标志的方法。比较常用的如鼻尖取素髎；两眉中间取印堂；两乳中间取膻中；脐旁二寸取天枢；腓骨小头前下缘取阳陵泉；俯首显示最高的第七颈椎棘突下取大椎等。在两骨分歧处，如锁骨肩峰端与肩胛冈分歧处取巨骨；胸骨下端与肋软骨分歧处取中庭等。此外，可依肩胛冈平第三胸椎棘突，肩胛骨下角平第七胸椎棘突，髂嵴平第四腰椎棘突为体表标志取腰背部腧穴。

2. 活动标志取穴法 活动标志取穴法是指利用关节、肌肉、皮肤,随活动而出现的孔隙、凹陷、皱纹等作为取穴标志的方法。如取耳门、听宫、听会等应张口;取下关应闭口。又如曲池必屈肘,于横纹头处取之;取肩髃时应将上臂外展至水平位,当肩峰与肱骨粗隆间出现两个凹陷,前方小凹陷中为此穴;取阳溪穴时应将拇指翘起,拇长、短伸肌腱之间的凹陷中为此穴;取养老穴时,正坐屈肘掌心向胸,尺骨茎突之桡侧骨缝中为此穴等。这些都是在动态情况下作为取穴定位的标志,故称为活动标志。

(三) 手指同身寸法

手指同身寸法是在分部折寸的基础上,医者用手指比量取穴的方法,又称"指寸法"。因人的手指与身体其他部分有一定的比例,故临床上医者多以自己的手指比量,但都要参照患者身材的高矮情况适当增减比例。常用的指寸法有下列几种(图3-16)。

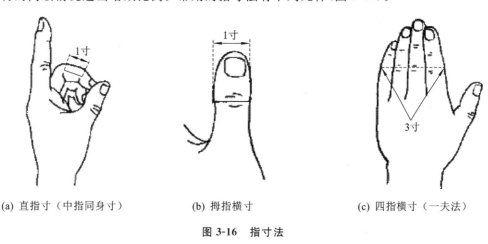

(a) 直指寸(中指同身寸)　　(b) 拇指横寸　　(c) 四指横寸(一夫法)

图 3-16　指寸法

1. 中指同身寸法 此法以患者中指屈曲时,内侧两端头之间定位为1寸,所以称中指同身寸或中指寸。这种方法适用于四肢及脊背作横寸取穴。

2. 拇指同身寸法 此法是以患者拇指的指间关节宽度定位1寸,适用于四肢的直寸取穴。

3. 横指同身寸法 此法又称一夫法,是以患者的食、中、无名、小指相并,四横指为一夫,即四横指相并,以其中指第二节为准,量取四指之横度作为3寸。此法多用于下肢、下腹部和背部的横寸。

手指同身寸法必须在骨度规定的基础上运用,不能以指寸悉量全身各部,否则长短失度。故明代张介宾之《图翼》说:同身寸者,谓同于人身之尺寸也。人之长短肥瘦各自不同,而穴之横直尺寸亦不能一。如今以中指同身寸法一概混用,则人瘦而指长,人肥而指短,岂不谬误?故必因其形而取之,方得其当。可见不能离开骨度分寸而只用指寸。骨度分寸与指寸在临床应用中应该互相结合。

(四) 简便取穴法

简便取穴法是临床上常用的一种简便易行的取穴方法。如列缺,以病人左右两手之虎口交叉,一手食指压在另一手腕后高骨的正中上方,当食指尖处有一小凹陷就是本穴;又如劳宫,半握拳,以中指的指尖切压在掌心的第一横纹上,就是本穴;又如风市,患者两手臂自然下垂,于股外侧中指尖到达之处就是本穴。此外如垂肩屈肘取章门,两耳角直上连线中点取百会等。这些取穴方法都是在长期临床实践中总结出来的。

五、常用美容腧穴

（一）十四经穴

1. 手太阴肺经常用美容腧穴

手太阴肺经常用美容腧穴见表3-2。

表3-2 手太阴肺经常用美容腧穴

名称	定位	功效	应用	操作说明
中府	正坐或仰卧位，在胸前壁的外上方，云门下1寸，平第1肋间隙，前正中线旁开6寸。 简便取穴法：当手叉腰时，在锁骨外端下缘出现一个三角形的凹陷（中心是云门），凹陷正中直上1寸是穴	止咳平喘、清泻肺热、健脾补气	痤疮、颜面浮肿、咳嗽、气喘、胸闷、胸痛、肩背痛、心慌气短、纳呆、感冒。 本穴配合迎香或上星，对嗅觉不灵敏有良好疗效	刺灸法：向外斜刺0.5～0.8寸，不可向内深刺，以免伤及肺脏，可灸。 推拿手法：一指禅推法，按、揉、摩法，中度刺激
尺泽	仰掌，微屈肘，在肘横纹中，肱二头肌腱桡侧凹陷处	清泻肺热、和胃理气、舒经止痛、美白皮肤	色斑、湿疹、荨麻疹、丹毒、肘臂痛、半身不遂、咳嗽、哮喘、胸满、咯血、潮热、咽喉肿痛、痤疮、酒渣鼻以及因肺热引起的其他损容性疾病。 本穴配中脘为戒烟常用组合	刺灸法：直刺0.8～1.2寸，或点刺出血，可灸。（本穴为点刺放血泄热的常用穴位） 推拿手法：按、揉、拿法，中度刺激
列缺	微屈肘、侧腕，掌心相对。在前臂桡侧缘，桡骨茎突上方，腕横纹上1.5寸，肱桡肌与拇长展肌之间。 快速取穴法：两手虎口交叉，一手食指按在另一手桡骨茎突上，食指尖下凹陷处是穴	宣肺理气、通经活络、利水通淋、润肤美面	痤疮、荨麻疹、瘙痒症、口眼㖞斜、咽喉肿痛、咳嗽、偏头痛、颈项强痛、手腕疼痛	刺灸法：直刺0.3～0.5寸，可灸。 推拿手法：一指禅推法，按、揉、拿法，轻度或中度刺激
少商	手拇指末端桡侧，距离指甲角0.1寸	解表清热、通利咽喉、开窍醒神	皮肤瘙痒、荨麻疹、咽喉肿痛、中暑、热证神昏	刺灸法：直刺0.1寸或点刺出血。 推拿手法：重掐。 本穴为开窍醒神，泄热的常用穴

手太阴肺经穴见图 3-17。

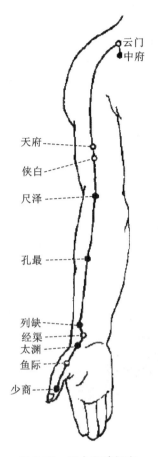

图 3-17　手太阴肺经穴

2. 手阳明大肠经常用美容腧穴

手阳明大肠经常用美容腧穴见表 3-3。

表 3-3　手阳明大肠经常用美容腧穴

名称	定位	功效	应用	操作说明
三间	侧腕对掌，自然半握拳。在手食指本节（第二掌指关节）后，桡侧凹陷处	泄热、止痛、利咽	目赤肿痛、齿痛、咽喉肿痛、腹满肠鸣、指关节疼痛	刺灸法：直刺 0.3～0.5 寸，可灸。 推拿手法：掐、按、揉法，轻度刺激
合谷	侧腕对掌，自然半握拳。在手背，第一、二掌骨之间，当第二掌骨桡侧终点处。 快速取穴法：把一手拇指的指关节横纹放在另一手的拇、食指之间，拇指指尖是此穴	通经活络、清热解表、镇静止痛、面部美容、消脂减肥	面部皱纹、口眼㖞斜、颜面痤疮、眼睑下垂、色素沉着、皮肤手癣、面肌痉挛、面部疼痛、瘾疹、肠鸣口臭、目赤肿痛、近视、斜视、三叉神经痛、肥胖、偏头痛、痄腮、黄褐斑、皮肤过敏、感冒、痢疾、腹痛	刺灸法：直刺 0.5～0.8 寸，也可透刺后溪、劳宫，孕妇禁针，可灸。 推拿手法：拿、按、揉法，中度刺激。 本穴为治疗牙痛和偏头痛的常用穴，一般治偏头痛取对侧合谷

续表

名称	定位	功效	应用	操作说明
阳溪	侧腕对掌,伸前臂。在腕背横纹桡侧,手拇指向上翘起时,拇长伸肌腱与拇短伸肌腱之间的凹陷中	清热散风	颜面痤疮、面瘫、手部冻疮、手癣、目赤肿痛、迎风流泪、咽喉肿痛、耳鸣、耳聋、齿痛、头痛、前臂疼痛	刺灸法:直刺 0.3~0.5 寸,可灸。 推拿手法:掐、按、揉法,轻度刺激
下廉	侧腕对掌,伸前臂。在前臂背面桡侧,阳溪与曲池的连线上,肘横纹下 4 寸	调理肠胃、通经活络、美颜	面色无华、眩晕、目痛、肘臂痛、腹痛、腹胀	刺灸法:直刺 0.5~0.8 寸,可灸。 推拿手法:一指禅推法,按、揉法,中度刺激
手三里	侧腕对掌,伸前臂。在前臂背面桡侧,阳溪与曲池的连线上,肘横纹下 2 寸	泄热解毒、消肿止痛、调理肠胃	口周痤疮、面色无华、面瘫、齿痛、颊肿、手臂麻木疼痛、屈伸不利、半身不遂、腹胀、吐泻	刺灸法:直刺 0.2~0.3 寸,注意避开桡动脉,可灸。 推拿手法:轻度按、揉法
曲池	侧腕、屈肘。在肘横纹外侧端,屈肘时尺泽与肱骨外上髁连线的中点凹陷处	清热利湿、调和气血、祛风解表、美颜消脂	风疹、黄褐斑、痤疮、酒渣鼻、皮脂溢出、口周皮炎、肥胖、皮肤过敏、皮肤干燥、脱发、皱纹、色斑、口眼㖞斜、头痛、眩晕、目赤肿痛、咽喉肿痛、齿痛、上肢不遂、腹痛、腹泻、痢疾、高血压	刺灸法:直刺 0.8~1.2 寸,或点刺出血,可灸。 推拿手法:拿、按、揉法,中度或重度刺激
肩髃	在肩部,三角肌上,臂外展或向前平伸时,肩峰前下方凹陷处	祛风除湿、滑利关节	荨麻疹、腋臭、瘰疬、风热瘾疹、肩周炎、肩关节扭伤、乳腺炎	刺灸法:直刺 0.5~0.8 寸,可灸。 推拿手法:一指禅推法,按、揉法,中度刺激。 本穴位为治疗肩周炎的常用穴位
口禾髎	正坐或仰卧。在上唇部,鼻孔外缘直下平人中穴	疏风清热、开窍醒神	皱纹、鼻衄、鼻塞、鼻渊、口眼㖞斜	刺灸法:直刺或斜刺 0.3~0.5 寸,可灸。 推拿手法:一指禅推法,按、揉、擦法,轻度刺激
迎香	正坐或仰卧。在鼻翼外缘中点旁,鼻唇沟中	疏风通络、宣通鼻窍	口周皮炎、痤疮、面部痉挛、面痒浮肿、面瘫、酒渣鼻、鼻塞、流涕、鼻衄	刺灸法:直刺 0.2~0.3 寸,不可灸。 推拿手法:一指禅推法,按、揉法,轻度刺激

手阳明大肠经穴见图 3-18。

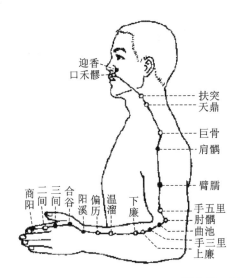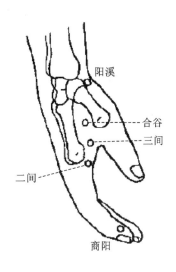

图 3-18　手阳明大肠经穴

3. 足阳明胃经常用美容腧穴

足阳明胃经常用美容腧穴见表 3-4。

表 3-4　足阳明胃经常用美容腧穴

名　称	定　位	功　效	应　用	操作说明
承泣	正坐或仰靠、仰卧位。位于面部，瞳孔直下，眼球与眶下缘之间	舒经通络、养颜明目、除皱祛斑、散风清热	眼周发黑、眼袋、眼眶浮肿、眼睑瞤动、斜视、近视、目赤肿痛、迎风流泪、夜盲、口眼㖞斜、眼周皱纹	刺灸法：患者闭眼，医者用拇指向上轻推眼球，沿眼眶下壁缓慢直刺 0.5～0.8 寸，不宜提插，也可向目内眦方向横刺 0.3～0.5 寸，禁灸。 推拿手法：一指禅推法，揉法，轻度刺激
四白	正坐或仰靠、仰卧位。位于面部，瞳孔直下，平鼻翼下缘处，鼻唇沟外侧	祛风活络、养颜润肤	面部色素沉积、口眼㖞斜、眼睑瞤动、鼻衄、齿痛、面痛、唇颊肿、眼袋、眼周皱纹、皮肤松弛、面色无华、痤疮、黄褐斑	刺灸法：直刺 0.2～0.3 寸，禁灸。 推拿手法：一指禅推法，按、揉法，轻度刺激
巨髎	正坐或仰靠、仰卧位。位于面部，瞳孔直下，眶下孔凹陷处。 快速取穴法：双眼平视时，瞳孔正中央下约 2 cm 处（或目正视，瞳孔直下，眶下孔凹陷处）	清热散风	颜面痤疮、面瘫、手部冻疮、手癣、目赤肿痛、迎风流泪、咽喉肿痛、耳鸣、耳聋、齿痛、头痛、前臂疼痛	刺灸法：直刺 0.3～0.5 寸，可灸。 推拿手法：点、按、揉法，轻、中度刺激。 本穴位为面部保健常用穴位，可向颊车方向透刺治面瘫，向四白方向透刺治近视

续表

名称	定位	功效	应用	操作说明
地仓	正坐或仰靠、仰卧位。在面部，口角外侧，口角旁开0.4寸，上直对瞳孔（平视时，瞳孔直下）	通经活血、美目养颜、除皱祛斑	面部色素沉积、口周皱纹、口唇皲裂、口部疔疮、口眼㖞斜、齿痛、面痛、流泪、流涎、牙关紧闭、颞下颌关节紊乱	刺灸法：斜刺或平刺，0.5～0.8寸，可灸。推拿手法：捏、拿、揉法，轻度或中度刺激。地仓透刺颊车为治疗面瘫的常用配穴
颊车	正坐或仰靠、仰卧位。在面颊部，下颌角前上方，耳下大约一横指处，咀嚼时肌肉隆起时出现的凹陷处	通经活血、美目养颜、除皱祛斑、止痛消肿	面肌抽搐、口周皱纹、口部疔疮、口眼㖞斜、齿痛、面痛、流泪、流涎、面颊肿痛、牙关紧闭、颞下颌关节紊乱、痄腮	刺灸法：直刺或平刺0.5～1寸，可灸。推拿手法：一指禅推法，按、揉法，轻度或中度刺激。地仓透刺颊车为治疗面瘫的常用配穴
下关	正坐或仰卧位。在面部耳前方，颧弓与下颌切迹所形成的凹陷中，张口时隆起	美目养颜、除皱祛斑、通关开窍	面部色素沉积、颜面皱纹、口眼㖞斜、齿痛、面痛、牙关紧闭、颞下颌关节紊乱、耳鸣、耳聋、眩晕	刺灸法：直刺、斜刺、平刺0.2～0.5寸，可灸。推拿手法：一指禅推法，按、揉法，轻度或中度刺激
头维	正坐或仰卧位。在头侧部，额角发际上0.5寸，头正中线旁开4.5寸	舒经活络、清利头目	偏头痛、目痛、眩晕、迎风流泪、眼睑瞤动、视物不清、面瘫、脱发、失眠、神经衰弱、面额部皱纹、面瘫	刺灸法：平刺，0.5～1寸，可灸。推拿手法：抹、按、揉、推、扫散法，轻度或中度刺激
人迎	仰靠或仰卧位。位于颈部，喉结旁，胸锁乳突肌的前缘，颈总动脉搏动处	利咽散结、理气降逆、除皱美颈	颈部皱纹、面色无华、咽喉肿痛、胸满喘息、高血压	刺灸法：避开动脉，直刺0.2～0.4寸，禁灸。推拿手法：推、揉法，轻度刺激
气舍	仰靠或仰卧位。在人迎穴直下，锁骨上缘，在胸锁乳突肌的胸骨头与锁骨头之间	舒经通络、养颜美颈、降气平喘	颈部皱纹、甲状腺肿、咽喉肿痛、呃逆、哮喘	刺灸法：直刺或斜刺0.3～0.5寸，可灸。推拿手法：拿、揉法，轻度刺激
缺盆	仰卧。位于人体的锁骨上窝中央，距前正中线4寸	宣通肺气、清热散结	瘰疬、咽喉肿痛、咳嗽气喘、缺盆中痛	刺灸法：直刺0.2～0.3寸，禁灸。推拿手法：一指禅推法，按、揉法，轻度刺激

续表

名称	定位	功效	应用	操作说明
膺窗	仰卧位。在胸部，第3肋间隙，前正中线旁开4寸	理气隆胸	平胸、乳腺炎、肋间神经痛、哮喘	刺灸法：直刺或平刺0.5~0.8寸，可灸。推拿手法：揉、摩法，轻度刺激。本穴为乳房保养的经验效穴
乳根	仰卧。位于胸部，乳头直下，乳房根部，第5肋间隙，距前正中线4寸	隆胸丰乳、理气止痛	平胸、乳腺炎、缺乳、咳嗽、胸痛	刺灸法：平刺0.5~0.8寸，可灸。推拿手法：捏、拿、揉法，轻度或中度刺激。本穴为乳房保养常用穴
承满	仰卧。在上腹部，脐中上5寸，距前正中线2寸	健脾和胃、消脂美形	肥胖、胃痛、呕吐、食欲不振、腹胀、肠鸣	刺灸法：直刺0.5~0.8寸，可灸。推拿手法：一指禅推法、按、揉法，轻度或中度刺激。本穴为减肥常用穴
梁门	仰卧位。位于上腹部，脐中上4寸，距前正中线2寸	健脾和胃、消脂美形、消积导滞	肥胖、面色无华、口唇干燥、食欲不振、腹胀、腹痛、腹泻、呕吐、便秘	刺灸法：直刺0.5~1.2寸，可灸。推拿手法：按、揉、摩法，轻度或中度刺激
滑肉门	仰卧位。在上腹部，脐中上1寸，距前正中线2寸	舒经活络、清利头目	肥胖、面色无华、口唇干燥、食欲不振、腹胀、腹痛、腹泻、呕吐、便秘	刺灸法：直刺0.5~1.2寸，可灸。推拿手法：按、揉、摩法，轻度或中度刺激。本穴位为减肥经验效穴
天枢	仰卧位。在腹部，脐中旁开2寸	调理肠胃、消脂美形、理气调经	腹部皱纹、肥胖、少腹痛、疝气、便秘、腹痛、腹泻、痛经、月经不调	刺灸法：直刺1~1.5寸，可灸。推拿手法：一指禅推法、揉、摩、拿法，轻度或中度刺激。本穴为调理消化的常用穴位，多用于消化功能异常引起的损容性疾病

续表

名　称	定　位	功　效	应　用	操作说明
大巨	仰卧位。在下腹部，脐中下2寸，距前正中线2寸	健脾益肾、理肠通淋	小腹胀满、腹痛、小便不利、疝气、遗精、早泄、失眠、早衰	刺灸法：直刺0.8~1.2寸，可灸。推拿手法：拿、揉、按法，中度刺激
水道	仰卧位。在下腹部，脐中下3寸，距前正中线2寸	利水消肿、调经止痛、养颜美形	面色无华、肥胖、小便不利、小腹胀满、痛经、疝气	刺灸法：直刺0.8~1.2寸，可灸。推拿手法：一指禅推法、按、揉、摩法，轻度刺激
气冲	仰卧位。在腹股沟区，耻骨联合上缘，前正中线旁开2寸，动脉搏动处	减肥消脂、行气除皱、润滑宗筋、滑利下元	肥胖、腹部皱纹、疝气、少腹痛、腹股沟疼痛、肠鸣、阳痿、阴肿、不孕、月经不调、下肢不遂	刺灸法：避开动脉，直刺0.8~1.2寸。推拿手法：按、揉法，中度刺激。本穴为下肢保健常用穴
髀关	仰卧位。在股前区，股直肌近端、缝匠肌与阔筋膜张肌3条肌肉之间凹陷中	健脾除湿、固化脾土	下肢痿痹、腰膝冷痛、下肢麻木、屈伸不利	刺灸法：直刺0.6~1.2寸，可灸。推拿手法：拿、搓、按、揉法，轻度或中度刺激
梁丘	正坐或仰卧位。在股前区，髌底上2寸，髂前上棘与髌底外侧端的连线上	通经利节、和胃止痛、理气和胃、通乳解毒	肥胖、乳腺炎、急性胃痛、膝肿痛、下肢不遂、痛经、腰痛	刺灸法：直刺0.5~1寸，可灸。推拿手法：按、揉、拿法，轻度或中度刺激
足三里	正坐或仰卧位。在小腿外侧，犊鼻下3寸，犊鼻与解溪连线上	健脾和胃、瘦身美颜、补益气血	面色无华、皱纹、色斑、面瘫、面肌痉挛、脱发、早衰、消瘦、肥胖、皮肤过敏、荨麻疹、腹痛、便秘、高血压、失眠、月经不调、崩漏	刺灸法：直刺1~2寸，宜灸。推拿手法：按、揉、拿法，中度或重度刺激。本穴为全身保健常用穴位
丰隆	正坐或仰卧位。在小腿前外侧，外踝尖上8寸，条口穴外1寸，胫骨前肌外2横指处	化痰利湿、养颜塑形	肥胖、面部浮肿、痰多、便秘、神经性呕吐、高血压、高血脂、失眠、眩晕	刺灸法：直刺1~1.5寸，可灸。推拿手法：按、揉、拿法，中度或重度刺激。本穴为化痰效穴，治疗各种痰证
内庭	正坐或仰卧位。在足部，足背第2、3趾间，趾蹼缘后方赤白肉际处	通经活络、清泻胃热	荨麻疹、口眼㖞斜、头痛、齿痛、咽喉肿痛、胃痛、耳鸣、痛经	刺灸法：直刺0.5~0.8寸，可灸。推拿手法：掐、揉、按法，中度或重度刺激

足阳明胃经穴见图 3-19。

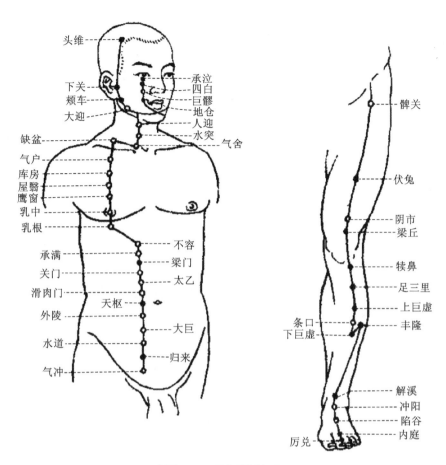

图 3-19 足阳明胃经穴

4. 足太阴脾经常用美容腧穴

足太阴脾经常用美容腧穴见表 3-5。

表 3-5 足太阴脾经常用美容腧穴

名 称	定 位	功 效	应 用	操作说明
隐白	仰卧或坐位,平放足。在足大趾内侧,趾甲角旁开 0.1 寸	调经统血、健脾回阳	腹胀、多梦、痔疮、晕厥、便秘、崩漏、尿血、牙龈出血、鼻衄	刺灸法:直刺 0.1 寸,或点刺出血,可灸。 推拿手法:掐、按、揉法,中度刺激
公孙	仰卧或坐位,平伸足底。在足内侧缘,第一跖骨基底部的前下方	健脾和胃、美形养颜	面色无华、肥胖、面部浮肿、水肿、食欲不振、腹痛、痢疾、呕吐、腹胀、腹泻、失眠、嗜睡、脚气	刺灸法:直刺 0.5~0.8 寸,也可灸。 推拿手法:掐、按、揉法,中度或重度刺激

续表

名称	定位	功效	应用	操作说明
三阴交	正坐或仰卧位。在小腿内侧,内踝尖上3寸,胫骨内侧缘后际	活血化瘀、养颜祛斑、调理脾胃、补养肝肾、宁心安神	肥胖、面色晦暗、雀斑、脱发、落眉、眼睑下垂、荨麻疹、半身不遂、失眠、头痛、心悸、心烦、腹胀痛、腹泻、难产、阳痿、遗精、尿频、水肿、月经不调、崩漏、不孕不育	刺灸法:直刺1~1.5寸,可灸。推拿手法:掐、按、揉法,轻度或中度刺激。妇科保健常用穴,孕妇及经期妇女禁用
地机	正坐或仰卧位。在小腿内侧,内踝尖与阴陵泉穴的连线上,阴陵泉穴下3寸	健脾胃、调经带	水肿、腹痛、腹胀、小便不利、遗精、食欲不振、痛经、月经不调、崩漏、乳腺炎	刺灸法:直刺0.5~1寸,可灸。推拿手法:拿、按、揉法,中度或重度刺激
阴陵泉	正坐或仰卧位。在小腿内侧,胫骨内侧下缘与胫骨内侧缘之间的凹陷中	健脾利湿、消肿养颜	面部皮肤干燥、肥胖、风疹、腹胀、食欲不振、水肿、遗尿、黄疸、痹证、不育、月经不调、崩漏、膝关节炎	刺灸法:直刺1~1.5寸,注意避开桡动脉,可灸。推拿手法:一指禅推法、按、揉法,中度或重度刺激
血海	正坐或仰卧位,屈膝。在大腿内侧,髌底内侧缘上2寸,股四头肌内侧头的隆起处	活血化瘀、润肤养发	面部皮肤干燥、面色晦暗、色斑、痤疮、脱发、阴部瘙痒、湿疹、多毛症、荨麻疹、月经不调、崩漏、贫血、膝关节痛、下肢瘫痪、静脉曲张	刺灸法:直刺1~1.5寸,可灸。推拿手法:拿、按、揉法,轻度或中度刺激
腹结	仰卧位。在下腹部,大横穴下1.3寸,前正中线旁开4寸	祛湿健脾、理气调肠、消脂美形	肥胖、腹部脂肪沉积、腹胀、腹痛、便秘、腹泻、痢疾、疝气	刺灸法:直刺0.8~1.2寸,可灸。推拿手法:一指禅推法、按、揉法,中度刺激
大横	仰卧位。在腹中部,距脐中4寸	调理肠胃、消脂减肥	肥胖、腹部脂肪沉积、腹胀、腹痛、便秘、腹泻、痢疾	刺灸法:直刺或斜刺1~2寸,可灸。推拿手法:一指禅推法、按、揉、擦法,中度刺激

足太阴脾经穴见图3-20。

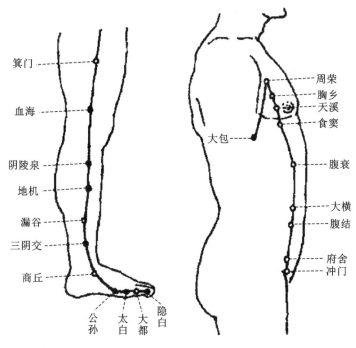

图 3-20 足太阴脾经穴

5．手少阴心经常用美容腧穴

手少阴心经常用美容腧穴见表 3-6。

表 3-6 手少阴心经常用美容腧穴

名 称	定 位	功 效	应 用	操作说明
极泉	正坐或仰卧位。腋窝顶点,腋动脉搏动处	清热止汗、宁心安神	腋臭、咽干、心悸、心烦、心痛、口渴、干呕、胁肋疼痛、上肢不遂、失眠	刺灸法:避开动脉,直刺0.3～0.5寸,可灸。 推拿手法:拿、揉、拨法,轻度刺激
少海	正坐,屈肘。在肘前区,平肘横纹,肱骨内上髁前缘	理气通络、宁心安神	心痛、头痛、肘臂疼痛、上肢震颤麻木、胁肋痛、胸膜炎、癫痫	刺灸法:直刺或斜刺0.5～1寸,也可灸。 推拿手法:拿、拨法,轻度刺激
神门	正坐,仰掌。在腕横纹尺侧端,尺侧腕屈肌腱的桡侧凹陷处	宁心安神、清热解毒	瘙痒症、过敏性紫癜、口疮、热证疮疡、健忘、失眠、心悸、心烦	刺灸法:直刺0.3～0.5寸,可灸。 推拿手法:拿、按、揉法,中度刺激
少府	正坐。在手掌面,第四、五掌骨之间,握拳时,小指尖处	发散心火	心悸、胸痛、阴痒、掌中热、手指疼痛	刺灸法:直刺0.2～0.3寸,可灸。 推拿手法:拿、按、揉法,中度或重度刺激

续表

名称	定位	功效	应用	操作说明
阴陵泉	正坐或仰卧位。在小腿内侧,胫骨内侧下缘与胫骨内侧缘之间的凹陷中	健脾利湿、消肿养颜	面部皮肤干燥、肥胖、风疹、腹胀、食欲不振、水肿、遗尿、黄疸、痹证、不育、月经不调、崩漏、膝关节炎	刺灸法:直刺 1~1.5 寸,注意避开桡动脉,可灸。 推拿手法:拿、按、揉法,中度或重度刺激

手少阴心经穴见图 3-21。

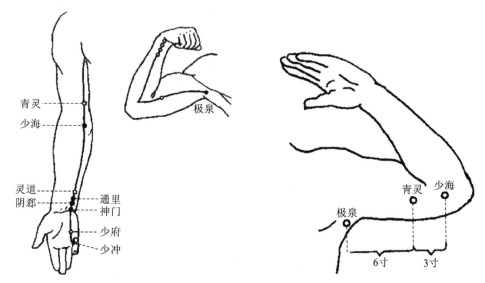

图 3-21 手少阴心经穴

6. 手太阳小肠经常用美容腧穴

手太阳小肠经常用美容腧穴见表 3-7。

表 3-7 手太阳小肠经常用美容腧穴

名称	定位	功效	应用	操作说明
少泽	俯掌。在小指尺侧指甲角旁开 0.1 寸	泄热利咽、通乳开窍	瘙痒症、乳腺炎、缺乳、口疮、咽喉肿痛、目疾、项强、肩臂外侧疼痛	刺灸法:直刺 0.1 寸,或点刺出血,可灸。 推拿手法:掐法,重度刺激
前谷	在手掌尺侧,微握拳,小指末节(第 5 指掌关节)前的掌指横纹头赤白肉际处	升清降浊	手指麻木、头痛、目痛、目翳、颊部红肿、耳鸣、咽喉肿痛、疟疾、缺乳、癫痫	刺灸法:直刺 0.2~0.3 寸,也可灸。 推拿手法:按、揉法,轻度刺激
后溪	微握拳,小指末节(第 5 指掌关节)后尺侧的近端掌横纹头赤白肉际处	镇静安神、清热解毒、强筋健骨	荨麻疹、瘙痒症、面肌痉挛、急性腰扭伤、颈椎病、咽喉肿痛、瘰疬、前臂痉挛疼痛	刺灸法:直刺 0.5~1 寸,可透劳宫,可灸。 推拿手法:掐、拿法,中度或重度刺激。 本穴配大椎、合谷用于止汗

续表

名 称	定 位	功 效	应 用	操作说明
养老	侧腕对掌。在前臂背面尺侧,尺骨茎突桡侧骨缝凹陷中	升清降浊	肩背疼痛、肘臂挛痛、急性腰痛、头痛项强、视物不清	刺灸法:向肘方向斜刺0.5~1寸,可灸。 推拿手法:拿、按、揉法,轻度或中度刺激。 本穴为治疗老花眼的特效穴
支正	侧腕对掌或掌心对胸。在前臂背面尺侧,阳谷与小海的连线上,腕背横纹上5寸	清热解表、祛邪除疣	各种疣、糖尿病、癫狂、头痛、眩晕、感冒、胁痛、前臂疼痛、屈伸不利、手不能握	刺灸法:直刺0.5~0.8寸,可灸。 推拿手法:拿、按、揉法,中度刺激
小海	微屈肘。在肘外侧,尺骨鹰嘴与肱骨内上髁之间凹陷处	生发小肠之气、活血止痛	肘臂疼痛、坐骨神经痛、项痛、头痛、眩晕、颊肿、牙龈炎、舞蹈病、癫痫	刺灸法:直刺0.3~0.5寸,可灸。 推拿手法:拿、按、揉、拨法,轻度刺激
肩贞	正坐,自然垂臂。在肩关节后下方,肩臂内收时,腋后纹头上1寸	活血止痛、清肠泄热	肩臂疼痛、上肢不举、耳鸣、耳聋、疮疡	刺灸法:直刺0.4~1寸,可灸。 推拿手法:拿、按、揉、拨法,中度或重度刺激。 本穴为治疗肩周炎的常用穴
天窗	正坐。在颈外侧部,胸锁乳突肌的后缘,扶突穴后,与喉结相平	疏散内热	颈项强痛、肩胛部痛、咽喉肿痛、暴喑、颊肿	刺灸法:直刺0.3~0.5寸,可灸。 推拿手法:一指禅推法,按、揉、擦法,轻度刺激
颧髎	正坐或仰卧位。位于目外眦直下,颧骨下缘凹陷处	舒经通络、除皱美颜	面部皱纹、色斑、口眼㖞斜、眼睑瞤动、口疮、齿痛、颊肿、三叉神经痛	刺灸法:直刺0.3~0.5寸;斜刺或平刺0.5~1寸,可灸。 推拿手法:一指禅推法,按、揉法,轻度刺激
听宫	正坐或仰卧位。在面部,耳屏正中与下颌骨髁突之间的凹陷中	泄热聪耳、除皱美颜	面部皱纹、面部美白、耳鸣、耳聋、颞下颌关节紊乱	刺灸法:张口,直刺1~1.5寸,可灸。 推拿手法:一指禅推法,按、揉、擦法,轻度刺激。 本穴为面部美容常用穴位

手太阳小肠经穴见图3-22。

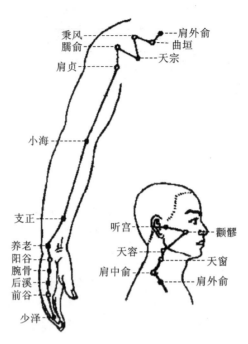

图 3-22 手太阳小肠经穴

7. 足太阳膀胱经常用美容腧穴

足太阳膀胱经常用美容腧穴见表 3-8。

表 3-8 足太阳膀胱经常用美容腧穴

名 称	定 位	功 效	应 用	操作说明
睛明	正坐或仰卧位。在面部,目内眦角稍上方凹陷处	养颜除皱、祛风明目	面部皱纹、眼睑浮肿、眼睑瞤动、眼周发黑、目赤肿痛、迎风流泪、近视、夜盲、色盲、久视疲劳、眼轮匝肌痉挛	刺灸法:医者左手将眼球推向外侧固定,右手沿眼眶缓慢直刺0.5~1寸。不提插、不捻转,出针后按压止血,禁灸。 推拿手法:一指禅推法,按、揉法,轻度刺激
攒竹	正坐或仰卧位。在面部,眉头凹陷中,眶上切迹处	养颜除皱、清热明目	面部皱纹、眼睑浮肿、眼睑瞤动、眼周发黑、目赤肿痛、迎风流泪、近视、夜盲、色盲、久视疲劳、头痛、眩晕、眉棱骨痛	刺灸法:斜刺或平刺0.5~0.8寸,禁灸。 推拿手法:一指禅推法,按、揉法,轻度刺激
天柱	正坐或俯卧位。在颈后区,横平第2颈椎棘突上际,斜方肌外缘凹陷中	清热散风、舒经通络、活血止痛	感冒头痛、头项强痛、头晕目眩、失眠、健忘、急性腰扭伤、腰肌劳损、目赤肿痛、肩背痛、鼻塞、神经衰弱	刺灸法:直刺或向乳突方向斜刺0.3~0.5寸,可灸。 推拿手法:一指禅推法,按、揉、拿法,轻度刺激

续表

名　称	定　位	功　效	应　用	操作说明
大杼	正坐或俯卧位。在背部第1胸椎棘突下，旁开1.5寸	疏风通络、强筋健骨	咳嗽、发热、鼻塞、头痛、颈项强痛、咽喉肿痛、肩背痛、强直性脊柱炎	刺灸法：斜刺0.5~0.8寸，可灸。推拿手法：一指禅推法，按、揉法，轻度或中度刺激。八会穴中的"骨会"，主治脊柱疾病
风门	正坐或俯卧位。在背部第2胸椎棘突下，旁开1.5寸	疏风清热、解表散寒、消风散疹	荨麻疹、颜面痤疮、脱发斑秃、背部痈肿、伤风咳嗽、发热、头痛、胸闷、哮喘、头项强痛、肩背疼痛、鼻塞流涕	刺灸法：斜刺0.5~0.8寸，可灸。推拿手法：拿、按、揉法，中度刺激。本穴主治因风邪袭表引起的各种疹
肺俞	正坐或俯卧位。在背部第3胸椎棘突下，旁开1.5寸	润肤美容、宣肺利咽、止咳平喘	毛发干枯、皮肤干裂、皮肤瘙痒、面部痤疮、面部色素沉积、酒渣鼻、荨麻疹、咳嗽、哮喘、感冒、胸闷、潮热盗汗、咳血、语声低微、呼吸不利	刺灸法：斜刺0.5~0.8寸，不宜深刺、直刺，避免伤及内脏。可灸。推拿手法：一指禅推法，按、揉法，中度刺激
厥阴俞	正坐或俯卧位。在背部第4胸椎棘突下，旁开1.5寸	宁心止呕	心悸、心痛、胸闷、咳嗽、呕吐、失眠、神经衰弱、抑郁症	刺灸法：斜刺0.5~0.8寸，不宜深刺、直刺，避免伤及内脏。可灸。推拿手法：一指禅推法，按、揉法，中度刺激
心俞	正坐或俯卧位。在背部第5胸椎棘突下，旁开1.5寸	活血润面、宁心安神、调和营卫	面色晦暗、面色苍白、颜面痤疮、皮肤疖肿、荨麻疹、癫狂、痫证、惊悸、失眠、健忘、心烦、心痛、咳嗽、吐血、肩背痛、神经衰弱、口苦、口臭、口舌生疮	刺灸法：斜刺0.5~0.8寸，不宜深刺、直刺，避免伤及内脏。可灸。推拿手法：一指禅推法，按、揉法，中度刺激
督俞	正坐或俯卧位。在背部第6胸椎棘突下，旁开1.5寸	宽胸理气	胸闷、心痛、呕吐、腹胀、肠鸣	刺灸法：斜刺0.5~0.8寸，不宜深刺、直刺，避免伤及内脏。可灸。推拿手法：一指禅推法，按、揉法，中度刺激

续表

名 称	定 位	功 效	应 用	操作说明
膈俞	正坐或俯卧位。在背部第7胸椎棘突下，旁开1.5寸	活血养血、养颜润肤、宽中和胃	皮肤粗糙、毛发枯黄、面色无华、面部痤疮、酒渣鼻、神经性皮炎、荨麻疹、吐血、咳嗽、气喘、潮热盗汗、胃脘痛、呕吐、呃逆、食欲不振、营养不良、贫血、形体消瘦、面色萎黄、头发稀疏黄软、脱发、口唇爪甲涩白、皮肤过敏、皮肤瘙痒、皮肤干燥、黄褐斑	刺灸法：斜刺0.5～0.8寸，不宜深刺、直刺，避免伤及内脏。可灸。 推拿手法：一指禅推法，按、揉法，中度刺激
肝俞	正坐或俯卧位。在背部第9胸椎棘突下，旁开1.5寸	养血美颜、润肤润甲、利胆退黄、清肝明目	面部色素沉积、爪甲无华、荨麻疹、脱毛症、眼睑下垂、视物不清、眼周发黑、近视、斜视、迎风流泪、夜盲、黄疸、胁痛、吐血、高血压、癫证、背痛、头痛	刺灸法：斜刺0.5～0.8寸，不宜深刺、直刺，避免伤及内脏。可灸。 推拿手法：一指禅推法，按、揉法，中度刺激
胆俞	正坐或俯卧位。在背部第10胸椎棘突下，旁开1.5寸	清肝利胆、理气清热	肌肤发黄、黄疸口苦、胸胁胀痛、肺痨潮热、食欲不振、呕吐、呃逆、胸背疼痛	刺灸法：斜刺0.5～0.8寸，不宜深刺、直刺，避免伤及内脏。可灸。 推拿手法：一指禅推法，按、揉法，中度刺激
脾俞	正坐或俯卧位。在背部第11胸椎棘突下，旁开1.5寸	健脾和胃、燥湿化痰、瘦身塑形	食欲不振、形体肥胖、面黄肌瘦、皮肤松弛、面色无华、面部皱纹、黄褐斑、面部浮肿、眼睑下垂、腹胀、呕吐、腹泻、黄疸、完谷不化、痢疾、肌肉痿软无力	刺灸法：斜刺0.5～0.8寸，不宜深刺、直刺，避免伤及内脏。可灸。 推拿手法：一指禅推法，按、揉法，中度刺激
胃俞	正坐或俯卧位。在背部第12胸椎棘突下，旁开1.5寸	健脾和胃、降逆止呕	形体肥胖、面黄肌瘦、面色无华、胃脘疼痛、腹胀、恶心、呕吐不止、完谷不化、肠鸣腹泻、胸胁胀满	刺灸法：斜刺0.5～0.8寸，不宜深刺、直刺，避免伤及内脏。可灸。 推拿手法：一指禅推法，按、揉法，中度刺激
三焦俞	正坐或俯卧位。在腰部第1腰椎棘突下，旁开1.5寸	通利三焦、利水消肿	腹胀、肠鸣、水谷不化、呕吐、泄泻、痢疾、水肿、腰脊疼痛	刺灸法：斜刺0.5～0.8寸，不宜深刺、直刺，避免伤及内脏。可灸。 推拿手法：一指禅推法，按、揉法，中度刺激

续表

名称	定位	功效	应用	操作说明
肾俞	正坐或俯卧位。在腰部第2腰椎棘突下，旁开1.5寸	补益肾气、益精填髓、驻颜回春	毛发稀疏、须发早白、全身浮肿、颜面痤疮、面部色斑、色素沉积、皮肤湿疹、肌肤瘙痒、全身疲劳、遗精、阳痿、不孕不育、月经不调、白带过多、腰膝酸软、耳鸣、耳聋、小便不利、咳嗽少气	刺灸法：直刺0.5～1寸，可灸 推拿手法：一指禅推法，点、按、揉、滚法，中度或重度刺激
大肠俞	正坐或俯卧位。在腰部第4腰椎棘突下，旁开1.5寸	健脾和胃、燥湿化痰、瘦身塑形	食欲不振、形体肥胖、面黄肌瘦、皮肤松弛、面色无华、面部皱纹、黄褐斑、面部浮肿、眼睑下垂、腹胀、呕吐、腹泻、黄疸、完谷不化、痢疾、肌肉痿软无力	刺灸法：斜刺0.5～0.8寸，不宜深刺、直刺，避免伤及内脏。可灸。 推拿手法：一指禅推法，点、按、揉、滚法，中度或重度刺激
八髎	俯卧位。在底部，分别在第1、2、3、4骶后孔中，依次称为上髎、次髎、中髎、下髎	补益下焦、清退湿热	黄褐斑、痛经、月经不调、子宫脱垂、腰骶疼痛、下肢痿软、小便不利、遗精、遗尿	刺灸法：直刺1～1.5寸，可灸 推拿手法：一指禅推法，点、按、揉、滚法，重度刺激
膏肓	俯卧位。在背部，第4胸椎棘突下，旁开3寸	益气补虚、强体健身	体质虚弱、贫血、消瘦、神疲乏力、失眠、遗精、月经不调、肺病	刺灸法：斜刺0.5～0.8寸，不宜深刺、直刺，避免伤及内脏。可灸。 推拿手法：一指禅推法，按、揉法，中度刺激
意舍	俯卧位。在背部第11胸椎棘突下，旁开3寸	外散脾热	背痛、腹胀、肠鸣、呕吐、食欲不振、腹泻	刺灸法：斜刺0.5～0.8寸，可灸。 推拿手法：一指禅推法，按、揉法，中度刺激。 本穴配天枢治腹泻效果良好
志室	俯卧位。在腰部第2腰椎棘突下，旁开1.5寸	补肾、强筋、明目	腰背疼痛、阳痿、遗精、小便不利、全身水肿、阴囊肿痛、月经不调	刺灸法：直刺0.5～1寸，可灸。 推拿手法：一指禅推法，按、揉法，中度刺激

续表

名称	定位	功效	应用	操作说明
承扶	俯卧位。在大腿后侧,臀下横纹中点处	舒经活络、调理肛肠	痔疮、腰骶疼痛、下肢瘫痪、下肢疼痛、下肢痉挛	刺灸法:斜刺0.5~1.2寸,可灸。 推拿手法:点、按、揉、踩跷法,重度刺激。 踩跷常用腧穴,一般踩跷法由此开始
委中	俯卧位。位于腘横纹中点,股二头肌腱与半腱肌肌腱中间,即膝盖里侧中央	凉血泄热、舒经活络	腰背疼痛、下肢瘫痪、腹胀腹泻、恶心呕吐、中风昏迷、小便不利、夜晚遗尿	刺灸法:直刺1~1.5寸,或点刺出血,可灸。 推拿手法:擦、拿、按、揉法,中度刺激。 古有"腰背委中求"之说,本穴为治疗腰痛要穴
承山	俯卧位。在小腿后面正中,委中穴与昆仑穴之间,当伸直小腿和足跟上提时腓肠肌肌腹下出现凹陷处	舒筋通络、清热理肠	身体肥胖、口臭、便秘、腰背疼痛、小腿转筋、痔疮、疝气、痛经	刺灸法:直刺1~2寸,可灸。 推拿手法:擦、按、揉、拨法,中度或重度刺激
昆仑	正坐或俯卧位。在外踝后方,外踝尖与跟腱之间的凹陷处	清利头目、利腹催产	头项强痛、头晕目眩、腰背疼痛、腰背拘急、小儿惊风、甲状腺肿、足跟痛、鼻衄、疟疾、痫证、难产	刺灸法:直刺0.5寸,可灸,孕妇禁用。 推拿手法:按、拿、点法,中度刺激
申脉	正坐或俯卧位。位于外踝直下方凹陷中,在腓骨长短肌腱上缘	调经通络、活血养颜	面色无华、面瘫、踝部疼痛、坐骨神经痛、下肢麻痹、失眠、眩晕、偏头痛、癫痫	刺灸法:直刺0.2~0.3寸,可灸。 推拿手法:掐、点、按法,中度刺激
至阴	正坐或俯卧位。位于足小趾趾甲角旁0.1寸	祛风止痒、上清头目、下调胎产	目痒、头项强痛、鼻塞、鼻衄、目赤肿痛、胞衣不下、胎位不正、难产	刺灸法:直刺0.1寸或点刺出血,可灸。 推拿手法:掐、揉法,中度或重度刺激。 孕妇保胎禁用,胎位不正者可灸

足太阳膀胱经穴见图3-23。

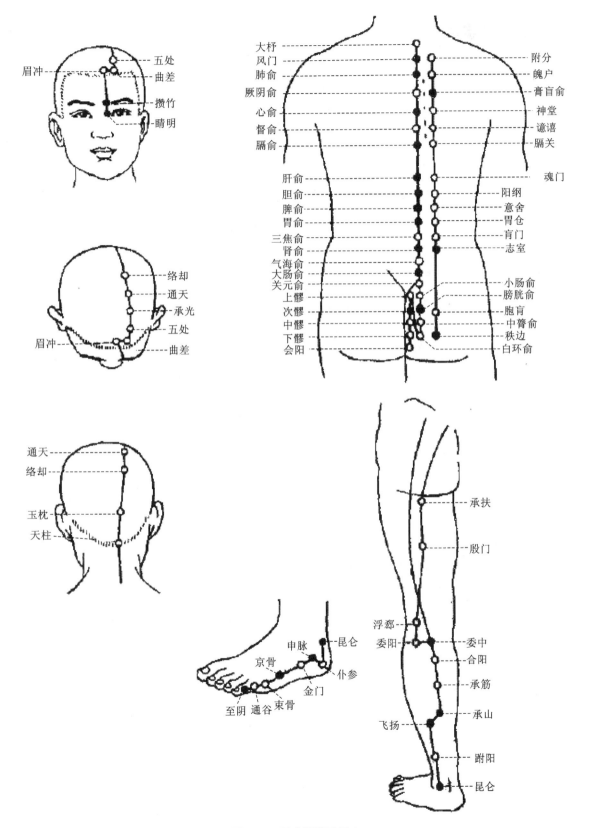

图 3-23 足太阳膀胱经穴

> **知识链接**
>
> **十二背俞穴歌**
>
> 三椎大肠厥阴四,心五肝九十胆俞。
> 十一脾俞十二胃,十三三焦椎旁居。
> 肾俞却与命门平,十四椎外穴是真。
> 大肠十六小十八,膀胱俞与十九平。

8. 足少阴肾经常用美容腧穴

足少阴肾经常用美容腧穴见表3-9。

表3-9 足少阴肾经常用美容腧穴

名称	定位	功效	应用	操作说明
涌泉	正坐或仰卧位。在足底部,蜷足时足前部凹陷处,约足底第2、3跖趾缝纹头端与足跟连线的前1/3与后2/3交点上	补肾宁心、引火归元	中暑、休克、小儿惊风、眩晕、心悸、心痛、失眠、头痛、咽痛、失音、口疮、呃逆、足部冻疮、足部裂纹、大便困难、小便不利	刺灸法:直刺0.5~0.8寸,可灸。推拿手法:擦、推、揉法,中度刺激
太溪	正坐或仰卧位。在足踝区,内踝尖与跟腱之间的凹陷处	益肾健身、养颜美形	面部美白、斑秃、脱发、视物昏花、腰膝酸软、皮肤瘙痒、脚癣、热闭、水肿、冻疮、五心烦热、尿频、月经不调、失眠、头晕、齿痛、耳鸣、耳聋、咽喉肿痛、咳喘、心痛、心烦	刺灸法:直刺0.5~0.8寸,可灸。推拿手法:一指禅推法,按、揉法,轻度或中度刺激
照海	正坐或仰卧位。在踝区,内踝尖下1寸,内踝下缘边际凹陷中	滋阴宁神、养颜美形	面部皮肤干燥、目赤肿痛、咽喉肿痛、咳喘、风疹、音哑、失眠、偏瘫、关节肿痛、小儿麻痹后遗症、脚癣、子宫脱垂、癃闭、便秘	刺灸法:直刺0.5~0.8寸,可灸。推拿手法:按、揉、拿法,中度刺激
复溜	正坐或仰卧位。在小腿内侧,太溪穴直上2寸,跟腱的前方	养阴敛汗、润肤美颜	皮肤干燥、盗汗、手足多汗、无汗、热闭、下肢浮肿、腹胀、泄泻、腰痛、齿痛	刺灸法:直刺0.8~1寸,可灸。推拿手法:按、揉、拿法,中度刺激
阴谷	正坐或俯卧位。在膝后区,腘横纹上,半腱肌肌腱外侧缘	益肾强筋	月经不调、阳痿、小便不利、阴痒、膝骨内侧疼痛、疝气、腰膝酸软、癫痫	刺灸法:斜刺0.8~1.2寸,可灸。推拿手法:拿、按、揉法,中度刺激

续表

名　称	定　位	功　效	应　用	操 作 说 明
横骨	仰卧。在下腹部，脐中下5寸，前正中线旁开0.5寸	清热除湿	少腹胀痛、阴部疼痛、腰痛、遗精、遗尿、阳痿、膀胱麻痹痉挛、疝气	刺灸法：直刺0.8～1.2寸，可灸。推拿手法：一指禅推法，按、揉法，轻度刺激
肓俞	仰卧。在腹中部，脐中旁开0.5寸	补益肾气	腹痛、腹胀、身体浮肿、腰背痛、生殖器疾病、便秘、目疾	刺灸法：直刺0.8～1寸，可灸。推拿手法：一指禅推法，按、揉法，中度刺激

足少阴肾经穴见图3-24。

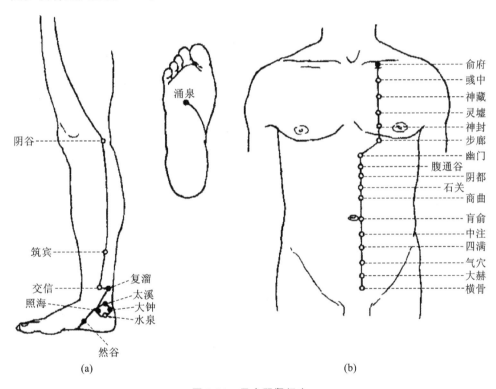

图 3-24　足少阴肾经穴

9. 手厥阴心包经常用美容腧穴

手厥阴心包经常用美容腧穴见表3-10。

表 3-10　手厥阴心包经常用美容腧穴

名　称	定　位	功　效	应　用	操 作 说 明
曲泽	正坐或仰卧位。在肘横纹中，肱二头肌腱的尺侧缘	清心泻火、宁心安神、清热泻火	疥癣、风疹、疔疮、疮疡、口疮、口臭、目赤肿痛、心痛、心悸、胃痛、呕吐、腹胀、腹泻、热病烦躁、肘臂疼痛	刺灸法：直刺0.8～1寸，可灸。推拿手法：拿、按、揉法，中度刺激

续表

名　称	定　位	功　效	应　用	操作说明
郄门	正坐或仰卧位。在前臂掌侧,曲泽与大陵的连线上,腕横纹上5寸,掌长肌腱与桡侧腕屈肌腱之间	宁心止痛、清热止血	心痛、心悸、胃痛、呕血、咯血、肘臂痛、疔疮、癫狂痫证	刺灸法:直刺0.8~1寸,可灸。 推拿手法:拿、按、揉法,中度刺激
内关	正坐或仰卧位。在前臂掌侧,曲泽与大陵的连线上,腕横纹上2寸,掌长肌腱与桡侧腕屈肌腱之间	润肤养颜、宁心安神、和胃止呕、理气止痛	带状疱疹、胸胁灼痛、紫癜、心痛、心悸、胸闷、胸痛、腹痛、腹胀、呕吐、呃逆、癫痫、失眠、眩晕、偏头痛、上肢痹痛、神经衰弱、善悲欲哭	刺灸法:直刺0.8~1寸,可灸。 推拿手法:一指禅推法,拿、按、揉法,中度刺激
大陵	正坐或仰卧位。在腕掌横纹的中点处,掌长肌腱与桡侧腕屈肌腱之间	清心凉血、镇静安神	疥癣、湿疹、带状疱疹、天疱疮、疮疡、手部皮肤干裂、心悸、失眠、胸胁胀痛、麻疹、高热不退	刺灸法:直刺0.3~0.5寸,可灸。 推拿手法:按、揉、拿、掐法,中度或重度刺激
劳宫	正坐或仰卧位。在手掌心,第2、3掌骨之间偏于第3掌骨,握拳屈指时中指尖处	安神降逆、清心止痒	口疮、冻疮、手汗、天疱疮、癫痫、心痛、吞咽困难、喜怒无常、呃逆、口臭、手部皮肤干裂	刺灸法:直刺0.3~0.5寸,可灸。 推拿手法:按、揉、拿法,中度或重度刺激
中冲	正坐或仰卧位。位于手中指末节尖端中央处	清心泄热、醒神开窍	心烦、心痛、舌强肿痛、中风昏迷、中暑、小儿惊风、掌中热	刺灸法:直刺0.1寸,或点刺出血。 推拿手法:掐、揉法,重度刺激

手厥阴心包经穴见图3-25。

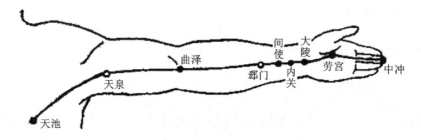

图3-25　手厥阴心包经穴

10. 手少阳三焦经常用美容腧穴

手少阳三焦经常用美容腧穴见表 3-11。

表 3-11 手少阳三焦经常用美容腧穴

名称	定位	功效	应用	操作说明
关冲	正坐或仰卧位。在无名指尺侧指甲旁 0.1 寸	泄热开窍、清利咽喉	头痛、目赤、耳鸣、耳聋、咽喉肿痛、舌强、热病、五指疼痛、口渴	刺灸法：直刺 0.1 寸，或点刺出血。推拿手法：掐、揉法，重度刺激。本穴常与中冲合用，为开窍醒神的常用穴位
中渚	正坐或仰卧位。在手背，第四、五掌骨小头后缘之间凹陷中，液门穴直上 1 寸处	清热散风、舒经通络、聪耳明目、活血止痛	湿疹瘙痒、颈项强痛、甲状腺肿大、偏头痛、目赤肿痛、耳鸣、耳聋、喉痹、热病、手指屈伸不利、手部冻疮	刺灸法：直刺 0.3～0.5 寸，可灸。推拿手法：一指禅推法，按、揉法，中度刺激
阳池	正坐或仰卧位。在腕背部横纹中，指伸肌腱的尺侧凹陷处	清热散风、舒筋活血	目赤肿痛、耳鸣、耳聋、喉痹、疟疾、消渴、手腕疼痛、上肢屈伸不利	刺灸法：直刺 0.3～0.5 寸，可灸。推拿手法：一指禅推法，拿、按、揉法，轻度刺激
外关	正坐或仰卧位。位于前臂背侧，在前臂后，阳池与肘尖的连线上，腕背侧远端横纹上 2 寸，尺骨与桡骨间隙中处	疏风清热、解毒消肿、明目止翳、解痉止痛	荨麻疹、风疹、癣、疣、湿疹瘙痒、面肌痉挛、冻疮、手癣、单纯疱疹、热病、头痛、头晕、腮颊肿痛、目赤肿痛、耳鸣、耳聋、瘰疬、胸胁胀痛、上肢痹痛	刺灸法：直刺 0.5～1.5 寸，可灸。推拿手法：一指禅推法，按、揉、拿法，中度或重度刺激
支沟	正坐或仰卧位。位于前臂背侧，阳池与肘尖的连线上，腕背横纹上 3 寸，尺骨与桡骨之间	清利三焦、降逆通便	带状疱疹、丹毒、湿疹、瘙痒症、疥癣、手指颤动、便秘、痄腮、胁肋胀痛	刺灸法：直刺 0.5～1.5 寸，可灸。推拿手法：一指禅推法，按、擦、揉法，中度刺激。本穴配阳陵泉治胁肋胀痛
天井	正坐或仰卧位。位于臂外侧，屈肘时肘尖直上 1 寸凹陷处，在肱骨下端后面尺骨鹰嘴中	疏风清热、通络安神	荨麻疹、甲状腺肿大、落枕、偏头痛、耳鸣、肘背挛痛	刺灸法：直刺 0.5～1.5 寸，可灸。推拿手法：一指禅推法，按、擦、揉法，中度刺激
肩髎	正坐或仰卧位。在肩部，肩髃后方，当臂外展时，于肩峰后下方呈现凹陷处	祛风除湿、通经活络	肩周炎、肩不能举	刺灸法：直刺 1～1.5 寸，可灸。推拿手法：一指禅推法，按、揉法，中度或重度刺激

续表

名　称	定　位	功　效	应　用	操作说明
翳风	正坐或仰卧位。耳垂后,乳突与下颌骨之间凹陷处	通窍聪耳,祛风泄热	面肌痉挛、面瘫、面疮、白发、脱发、头面疥癣、风疹瘙痒、湿疹、牛皮癣、耳鸣、耳聋、口眼㖞斜、牙关紧闭、齿痛颊肿、瘰疬	刺灸法:直刺0.5～1寸,可灸。推拿手法:一指禅推法,按、揉法,轻度刺激
角孙	正坐或仰卧位。位于人体的头部,折耳廓向前,耳尖直上入发际处。正坐或侧卧位,以耳翼向前方折曲,耳翼尖所指之发际处	养颜除皱、清热散风、消肿止痛	脱发、白发、面部皱纹、颜面色斑、耳部肿痛、耳鸣、耳聋、目赤肿痛、目翳、颊肿、齿痛、项强	刺灸法:平刺0.3～0.5寸,可灸。推拿手法:一指禅推法,按、揉法,轻度或中度刺激
耳门	正坐或仰卧位。在面部,耳屏上切迹的前方,下颌骨髁突后缘,张口有凹陷处	养颜除皱、开窍聪耳、舒经通络	面部皱纹、面部色斑、耳鸣、耳聋、外耳湿疹、面瘫、齿痛、颞下颌关节紊乱	刺灸法:直刺0.5～1寸,可灸。推拿手法:一指禅推法,按、揉法,轻度刺激
丝竹空	正坐或仰卧位。位于眉梢凹陷处,在眼轮匝肌处,布有颞浅动、静脉的颞支	祛风明目、除皱美颜	鱼尾纹、面瘫、脱眉、斜视、目疾、眼睑瞤动、眩晕、头痛、眼周皱纹、齿痛、癫狂	刺灸法:直刺0.5～1寸,禁灸。推拿手法:一指禅推法,按、揉法,轻度刺激

手少阳三焦经穴见图3-26。

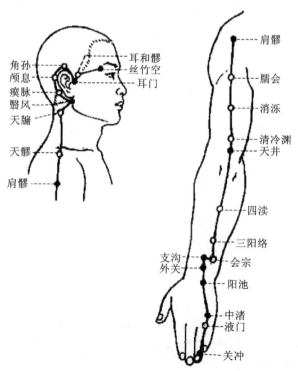

图3-26　手少阳三焦经穴

11. 足少阳胆经常用美容腧穴

足少阳胆经常用美容腧穴见表 3-12。

表 3-12 足少阳胆经常用美容腧穴

名称	定位	功效	应用	操作说明
瞳子髎	正坐或仰卧位。位于面部，目外眦外侧 0.5 寸凹陷中	疏风清热、养眼除皱、明目止痛	鱼尾纹、眼角皱纹、眼圈发黑、目赤肿痛、迎风流泪、近视、斜视、目翳青盲、面肌痉挛、口眼㖞斜、头目胀痛	刺灸法：向后平刺或斜刺 0.3~0.5 寸，禁灸。推拿手法：一指禅推法，按、揉法，轻度刺激
听会	正坐或仰卧位。在面部，耳屏间切迹的前方，下颌骨髁突的后缘，张口有凹陷处	通经活络、清热聪耳	耳鸣、耳聋、面肌痉挛、口眼㖞斜、腮颊肿痛、头痛、面痛、齿痛、颞下颌关节紊乱	刺灸法：直刺 0.5 寸，可灸。推拿手法：一指禅推法，按、揉法，轻度刺激
上关	正坐或仰卧位。在耳前，下关穴直上，颧弓上缘的凹陷处	开关启闭、清热安神	偏头痛、耳鸣、耳聋、口眼㖞斜、颊痛、齿痛、颞下颌关节紊乱	刺灸法：直刺 0.5~0.8 寸，可灸。推拿手法：一指禅推法，按、揉法，轻度刺激
率谷	正坐或侧卧位。位于头部，耳尖直上入发际 1.5 寸，角孙穴直上方	平肝利胆、清热熄风	脱发、斑秃、面瘫、偏头痛、眩晕	刺灸法：直刺 0.5~1 寸，可灸。推拿手法：一指禅推法，按、揉法，轻度或中度刺激
完骨	正坐或侧卧位。在头部，耳后乳突的后下方凹陷处	祛风清热、养血生发	脱发、斑秃、头痛、不能言语、目眩、失眠、瘙痒症、齿痛、牙龈炎、口眼㖞斜、落枕	刺灸法：直刺 0.5~0.8 寸，可灸。推拿手法：按、拿、揉法，轻度刺激
阳白	正坐或仰卧位。在前额部，瞳孔直上，眉上 1 寸	疏风除皱、清热泻火、利胆明目	眼额皱纹、前额头痛、目痛、眩晕、眼睑瞤动、雀斑	刺灸法：平刺，向左、右、下平刺 1~1.2 寸，可灸。推拿手法：一指禅推法，按、揉法，轻度刺激
脑空	正坐或侧卧位。位于枕外隆突的上缘外侧，头正中线旁开 2.25 寸，平脑户穴	分清降浊、止痛	头痛、目眩、心悸、颈项强痛、颈部不能转侧、癫痫	刺灸法：平刺 0.3~0.5 寸，可灸。推拿手法：按、拿、揉法，轻度刺激
风池	正坐或俯卧位。位于胸锁乳突肌与斜方肌上端之间的凹陷中，平风府穴	祛风解表、清利头目	荨麻疹、脱发、斑秃、面肌痉挛、风疹、湿疹、疥癣、痤疮、牛皮癣、近视、远视、发际疮疡、头项强痛、目眩头晕、目赤肿痛、鼻渊、鼻衄、耳聋、中风、热病、疟疾、感冒、癫痫、皮肤干燥、皮肤瘙痒	刺灸法：向对侧眼睛或鼻尖方向斜刺 0.5~0.8 寸，可灸。推拿手法：拿、揉法，轻度刺激

续表

名　称	定　位	功　效	应　用	操作说明
肩井	正坐或俯卧位。在肩上，前直乳中，大椎穴与肩峰端连线的中点上	通经理气、疏导水道	肩周炎、头项强痛、肩背痛、手臂不举、乳痈、乳少、中风、疔疮	刺灸法：平刺0.5～0.8寸，不可深刺，可灸。 推拿手法：一指禅推法，按、揉、㨰、拿法，轻度或中度刺激。 本穴为治疗肩周炎的常用穴
带脉	侧卧位。在侧腹部，章门穴（腋中线，第11肋游离端下）下1.8寸	通调气血、温补肝肾、消脂美颜	腰痛、胸胁痛、痛经、带下、疝气、腹部脂肪堆积	刺灸法：直刺或斜刺0.5～0.8寸，可灸。 推拿手法：按、揉、拿、捏法，中度刺激
日月	俯卧或侧卧位。乳头直下，前正中线旁开4寸，第7肋间隙中	开郁止痛、降逆利胆	胁肋疼痛、胀满、呕吐、吞酸、呃逆、黄疸	刺灸法：斜刺0.5～0.8寸，禁灸。 推拿手法：擦、按、揉法，轻度刺激。 本穴用于因七情不畅，肝气郁结引起的损容性疾病，也可用于抑郁症
带脉	侧卧位，在侧腹部，章门下1.8寸，第11肋游离端下方垂线与脐水平线的交点上	通调气血、温补肝肾、消脂美形	腹痛、腰痛、胁肋痛、痛经、月经不调、带下、疝气、腹部脂肪堆积	刺灸法：直刺或斜刺0.5～0.8寸，可灸。 推拿手法：揉、按、拿、捏法，中度刺激
环跳	俯卧或侧卧位。在股外侧部，股骨大转子最突点与骶管裂孔的前1/3和中1/3交界处	健脾益气，舒筋健骨	腰胯痛、下肢痿痹、半身不遂、坐骨神经痛、遍身风疹	刺灸法：直刺1.5～2寸，可灸。 推拿手法：点、按、揉、㨰法，中度或重度刺激。 本穴是治疗坐骨神经痛的特效穴
风市	俯卧或侧卧位。在大腿外侧部的中线上，腘横纹上7寸（简便取穴法：直立垂手，中指指尖下是穴）	祛风除湿，通经活络	荨麻疹、风疹、湿疹、中风、半身不遂、下肢痿痹、麻木、遍身瘙痒、脚气、皮肤过敏、肥胖	刺灸法：直刺1～1.8寸，可灸。 推拿手法：按、揉、拿法，轻度或中度刺激

续表

名称	定位	功效	应用	操作说明
阳陵泉	仰卧或侧卧位。在小腿外侧部,腓骨头前下方凹陷处	清肝利胆、舒经活络、消肿止痛	头面水肿、皮肤火丹、四肢震颤、便秘、半身不遂、下肢痿痹、膝髌肿痛、下肢麻木、脚气、胸胁痛、呕吐、口苦、黄疸、破伤风、小儿惊风	刺灸法：直刺或向下斜刺1～1.5寸,可灸。 推拿手法：拿、点、按、揉法,中度或重度刺激。 本穴为八会穴中的"筋会",主治筋病,如四肢震颤、拘挛等
光明	仰卧或侧卧位。在小腿外侧,外踝尖上5寸,腓骨前缘	通络明目	各种眼疾,胫、腓神经痛,膝痛,偏头痛	刺灸法：直刺0.5～0.8寸,可灸。 推拿手法：按、揉法,中度或重度刺激
悬钟	仰卧或侧卧位。在小腿外侧,外踝尖上3寸,腓骨前缘	通经活络	雀斑、湿疹、丹毒、斜颈、落枕、踝关节扭伤、下肢神经痛、半身不遂、胸腹胀满、咽痛、鼻衄、食欲不振	刺灸法：直刺1～1.2寸,可灸。 推拿手法：拿、揉、按法,中度或重度刺激
丘墟	仰卧位。在足外踝的前下方,趾长伸肌的外侧凹陷中	清热化痰	带状疱疹、湿疹、疣、甲状腺肿大、肠疝、目疾、颈项痛、腋淋巴结肿大、软组织损伤、踝关节炎、坐骨神经痛	刺灸法：平刺0.5～0.8寸,可灸。 推拿手法：按、按、揉、点、拿法,中度刺激
足临泣	仰卧位。在足背部,足第4趾末节(第4跖趾关节)的后方,小趾伸肌腱的外侧凹陷处	化痰开窍、清热止痛、养颜美容	面部皮肤干燥、带状疱疹、湿疹、头痛、目痛、胸痛、周身痛、乳腺炎	刺灸法：直刺0.5～0.8寸,可灸。 推拿手法：掐、点、揉法,中度或重度刺激
侠溪	仰卧位。在足背部外侧,第4、5趾间,趾蹼缘后方赤白肉际处	清肝泄热	眩晕、目痛、耳鸣、耳聋、面颊肿痛、热病、头痛、神经衰弱、乳腺炎、下肢麻痹	刺灸法：直刺或斜刺0.3～0.5寸,可灸。 推拿手法：掐、点、揉法,中度或重度刺激

足少阳胆经穴见图3-27。

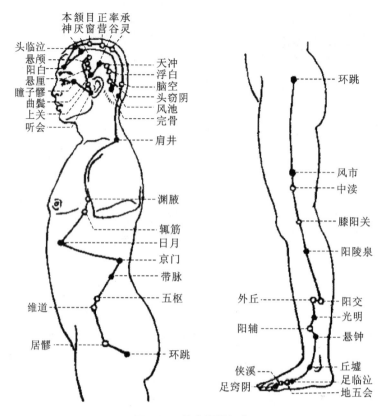

图 3-27 足少阳胆经穴

12. 足厥阴肝经常用美容腧穴

足厥阴肝经常用美容腧穴见表 3-13。

表 3-13 足厥阴肝经常用美容腧穴

名称	定位	功效	应用	操作说明
行间	正坐或仰卧位。在足背部,第1、2趾间,趾蹼缘的后方赤白肉际处	清肝泻火、明目美颜	面色黧黑、腋臭、带状疱疹、湿疹、疣、目赤肿痛、夜盲、口苦、口眼㖞斜、半身不遂、头痛、头晕、失眠、痫证、胁痛、乳痈、月经不调、痛经、阴痒、崩漏、疝气、腹痛	刺灸法：直刺0.5~0.8寸,可灸。推拿手法：掐、点、揉法,中度或重度刺激
太冲	正坐或仰卧位。在足背侧,第1、2跖骨间隙后方凹陷中	清肝泻火、明目美颜	面色无华、面瘫、面肌痉挛、黄褐斑、目疾、湿疹、阴痒、神经性皮炎、疣、胃脘痛、月经不调、头痛、眩晕、失眠、耳鸣、耳聋、惊风、胸胁痛、遗尿、男性不育	刺灸法：直刺0.5~0.8寸,可灸。推拿手法：掐、点、揉法,中度或重度刺激

续表

名　称	定　位	功　效	应　用	操　作　说　明
中封	正坐或仰卧位。在足背侧，足内踝前，丘墟与解溪连线之间，胫骨前肌肌腱的内侧凹陷处	熄风化火	内踝肿痛、疝气、阴茎痛、腹痛、小便不利、遗精、黄疸	刺灸法：直刺0.5～0.8寸，可灸。 推拿手法：推、按、揉法，中度刺激。 本穴为八会穴中的"脏会"，主治五脏疾病
蠡沟	正坐或仰卧位。在小腿内侧，内踝尖上5寸，胫骨内侧面的中央	清热除湿，调经止带	痤疮、少腹痛、遗尿、阴部瘙痒、阴痛、睾丸炎、湿疹、丹毒、月经不调、子宫脱垂、崩漏	刺灸法：直刺0.5～0.8寸，可灸。 推拿手法：按、揉、点、拿法，中度刺激
足五里	正坐或仰卧位	祛风清热，养血生发	脱发、斑秃、头痛、不能言语、目眩、失眠、瘙痒症、齿痛、牙龈炎、口眼㖞斜、落枕	刺灸法：直刺0.5～0.8寸，可灸。 推拿手法：按、拿、揉法，轻度刺激
章门	仰卧位。在侧腹部，第11肋游离缘的下方	疏肝健脾，养气活血	胸胁胀痛、肠鸣腹痛、胸胁痞块、郁证、乳痈	刺灸法：斜刺0.5～0.8寸，可灸。 推拿手法：推、摩、揉、按法，轻度或中度刺激
期门	仰卧位。在胸部，乳头直下，第6肋间隙，平前正中线旁开4寸	疏肝健脾，养气活血	黄褐斑、消瘦、湿疹、胸胁胀痛、呃逆、痛经、乳痈	刺灸法：斜刺0.5～0.8寸，可灸。 推拿手法：按、摩、揉法，轻度刺激

足厥阴肝经穴见图3-28。

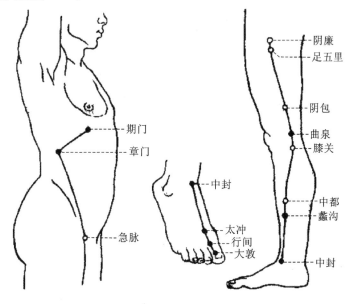

图3-28　足厥阴肝经穴

13. 督脉常用美容腧穴

督脉常用美容腧穴见表 3-14。

表 3-14　督脉常用美容腧穴

名　称	定　位	功　效	应　用	操作说明
长强	跪伏或胸膝位,在尾骨端下,尾骨与肛门连线的中点处	益气活血,滋阴潜阳	阴部湿疹、痔疮、便秘、便血、腹痛、腹泻、脱肛、性功能减退	刺灸法:斜刺,针尖向上与骶骨平行刺入 0.5～1寸,不得直刺,以免伤及直肠,不灸。 推拿手法:按、揉法,轻度或中度刺激
腰俞	俯卧位,在骶部,后正中线上,平骶管裂孔处	活血清热,强筋健骨	腰背痛、月经不调、内分泌紊乱、更年期综合征、痔疮、脱肛、阳痿、遗精	刺灸法:向上斜刺0.5～1寸,可灸。 推拿手法:按、揉、掐法,中度刺激
腰阳关	俯卧位,在腰部,后正中线上,第 4 腰椎棘突下凹陷中	益气壮阳,祛风除湿,通筋活络	腰骶疼痛、下肢痿痹、痛经、赤白带下、遗精、阳痿、便血、腰骶神经痛、坐骨神经痛、类风湿、小儿麻痹后遗症、盆腔炎	刺灸法:直刺 0.5～1寸,可灸。 推拿手法:一指禅推法,擦、按、揉、拨、点、擦法,中度或重度刺激
命门	俯卧位,在腰部,后正中线上,第 2 腰椎棘突下凹陷中	温肾壮阳,强筋健骨	面色无华、毛发枯槁、荨麻疹、阴部湿疹、腰骶疼痛、痔疮、湿疹、月经不调、不孕症、周身水肿、形寒肢冷、腰膝酸软、身体虚弱	刺灸法:直刺 0.5～1寸,宜灸。 推拿手法:一指禅推法,擦、按、揉、拨、点、擦法,轻度或中度刺激。 本穴配关元艾灸为常用温补肾阳搭配
筋缩	俯卧位,在背部,后正中线上,第 9 胸椎棘突下凹陷中	缓急止痛	带状疱疹、黄疸、胃痛、急性腰扭伤、腰背筋膜炎、腰背肌劳损、失眠	刺灸法:向上斜刺0.5～1寸,可灸。 推拿手法:按、揉、拨、擦法,中度刺激。 针刺、点按本穴对急性腰扭伤有良好效果
至阳	俯卧位,在背部,后正中线上,第 7 胸椎棘突下凹陷中	清热利膈	银屑病、疔疮、黄疸、胸背痛、失眠、心悸、呃逆、呕吐	刺灸法:向上斜刺0.5～1寸,可灸。 推拿手法:按、揉、拨、擦法,中度刺激

续表

名　称	定　位	功　效	应　用	操作说明
灵台	俯卧位,在背部,后正中线上,第6胸椎棘突下凹陷中	清热散结、止咳平喘、除疮美颜	荨麻疹、痤疮、口疮、疔疮、疖肿、疟疾、肺系疾病	刺灸法:向上斜刺0.5~1寸,可灸。 推拿手法:按、揉、拨、擦法,中度刺激
神道	俯卧位,在背部,后正中线上,第5胸椎棘突下凹陷中	清热通络	银屑病、湿疹、黄褐斑、痤疮、失眠、心痛	刺灸法:向上斜刺0.5~1寸,可灸。 推拿手法:按、揉、拨法,中度刺激
身柱	俯卧位,在背部,后正中线上,第3胸椎棘突下凹陷中	清热通阳,祛风解毒	黄褐斑、银屑病、疔疮、疖肿、痈疽、癫痫、咳喘、肩背痛、脑和脊髓疾病	刺灸法:向上斜刺0.5~1寸,可灸。 推拿手法:一指禅推法,按、揉、擦法,中度刺激
大椎	俯卧位,在背部,后正中线上,第7颈椎棘突下凹陷中	清热通阳	痤疮、黄褐斑、荨麻疹、湿疹、银屑病、瘙痒症、疔疮、丹毒、发热性疾病、中暑、小儿惊风、黄疸、癫狂、感冒、项痛、肩背痛、疟疾、心肺及气管疾病、头痛、脑瘫、盗汗不止	刺灸法:直刺或斜刺0.5~1寸,或用三棱针点刺放血,宜灸。 推拿手法:一指禅推法,滚、按、揉、拨、点、擦法,或中度刺激。 本穴为"诸阳之会",主治因热邪引起的一切疾病
风府	俯卧位,在背部,后正中线上,后发际直上1寸,枕外隆突直下,两侧斜方肌凹陷中	祛风清热	脱发、风疹、瘙痒症、失音、头痛、眩晕、鼻衄、中风失语、癫狂	刺灸法:伏案正坐,头微前屈,项肌放松,向下颌方向斜刺入0.5~1寸,不可向上刺入,以免伤及延髓,禁灸。 推拿手法:一指禅推法,按、揉法,轻度刺激
百会	正坐位,在头部,前正中线上,前发际直上5寸,或两耳尖连线的中点处	安神升阳	脱发、须发早白、脱眉、耳鸣、头痛、眩晕、震颤、神经衰弱、一切脑部疾病、休克、产后出血不止、痔疮、子宫脱垂、脱肛等各种内脏下垂疾病	刺灸法:平刺0.5~0.8寸,可灸。 推拿手法:一指禅推法,按、揉法,轻度或中度刺激
神庭	仰靠坐位或仰卧位,在头部,前正中线上,前发际直上0.5寸	疏风通窍	脱发、鼻炎、面部肿痛、须发早白、头痛、鼻塞、嗅觉减退、神经衰弱、失眠、目疾	刺灸法:平刺0.5~0.8寸,可灸。 推拿手法:一指禅推法,按、揉法,轻度或中度刺激

续表

名 称	定 位	功 效	应 用	操作说明
素髎	仰靠坐位或仰卧位,在面部,鼻尖正中央	泄热通络,润面美颜	面色无华、皱纹、鼻疾、昏厥、低血压	刺灸法:向上斜刺0.3~0.5寸,或点刺出血,禁灸。推拿手法:按、揉法,轻度刺激
水沟	仰靠坐位或仰卧位,在面部,人中沟的上1/3与中1/3交点处	清热开窍,润面美颜	中暑、休克、口周皱纹、颜面水肿、口疮、面瘫、唇裂、口臭、腰脊疼痛、扭伤、一切脑疾	刺灸法:向上斜刺0.3~0.5寸,或用指甲重掐,禁灸。推拿手法:掐、按、揉法,中度或重度刺激。本穴常用于休克或昏迷的急救

督脉穴见图 3-29。

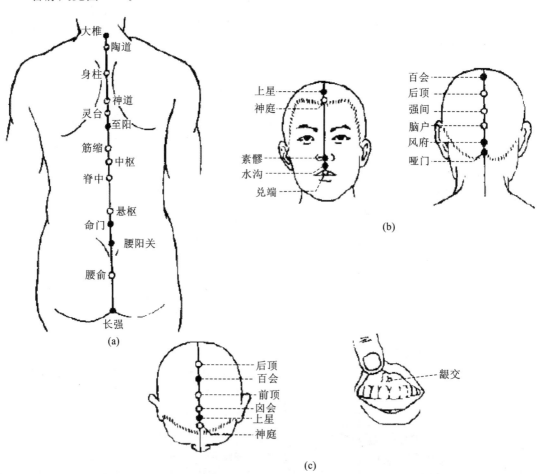

图 3-29 督脉穴

14. 任脉常用美容腧穴

任脉常用美容腧穴见表 3-15。

表 3-15　任脉常用美容腧穴

名　称	定　位	功　效	应　用	操作说明
中极	仰卧位。在下腹部，前正中线上，脐正中下4寸	活血除湿，解表通络	阴囊湿疹、外阴瘙痒、遗精、遗尿、癃闭、小便不利、月经不调、痛经、崩漏	刺灸法：直刺0.5～1寸，可灸。 推拿手法：一指禅推法、摩、按、揉法，轻度或中度刺激
关元	仰卧位。在下腹部，前正中线上，脐正中下3寸	固本培元，益肾养颜，保健强身	肥胖、消瘦、早衰、面色苍白、面色无华、荨麻疹、瘙痒症、疔疮、疖肿、痛经、月经不调、崩漏、子宫脱垂、遗精、遗尿、泄泻	刺灸法：直刺0.5～1寸，宜灸。 推拿手法：一指禅推法、摩、按、揉法，轻度或中度刺激。 本穴位为艾灸保健的常用穴，常与命门配伍使用
气海	仰卧位。在下腹部，前正中线上，脐正中下1.5寸	升阳益气，调气泽肤	荨麻疹、湿疹、瘙痒症、肥胖、面部水肿、眼睑下垂、脱发、早衰、面色无华、面色萎黄、痛经、崩漏、月经不调、疝气、体弱乏力、神经衰弱、遗尿、眩晕	刺灸法：直刺0.5～1寸，宜灸。 推拿手法：一指禅推法、摩、按、揉法，轻度或中度刺激。 本穴多用于气虚诸证
神阙	仰卧位。在腹中部，脐中央	回阳救逆，温阳健脾，除皱泽面	慢性荨麻疹、皮肤瘙痒、面色无华、面色萎黄、消瘦、黄褐斑、皮肤干燥、早衰、慢性消化不良、小儿腹泻、癃闭、亡阳证	刺灸法：本穴禁针，多用艾条或艾柱隔盐灸。 推拿手法：按、摩、揉、颤法，轻度刺激。 本穴多用于回阳救逆，可用艾条或艾柱隔盐、姜、附子灸，用于亡阳证
中脘	仰卧位。在上腹部，前正中线上，脐正中上4寸	健脾益胃	肥胖、消瘦、荨麻疹、口臭、湿疹、胃肠功能紊乱、膈肌痉挛、神经衰弱	刺灸法：向上斜刺0.5～1寸，可灸。 推拿手法：一指禅推法、按、揉法，轻度刺激
鸠尾	仰卧位。在上腹部，前正中线上，胸剑结合部下1寸	祛风止痒，宁心安神	周身瘙痒、癫痫、胸闷、咳嗽	刺灸法：向下斜刺0.5～1寸，可灸。 推拿手法：按、揉、擦法，轻度刺激

续表

名　称	定　位	功　效	应　用	操作说明
膻中	仰卧位。在胸部,前正中线上,平第4肋间隙,两乳头连线的中点处	益气通乳	黄褐斑、乳腺炎、产后缺乳、呃逆、哮喘、心悸、咽部异物感、平胸	刺灸法:平刺0.3～0.5寸,可灸。推拿手法:一指禅推法,摩、按、揉法,轻度刺激
承浆	后仰坐位或仰卧位。在面部,前正中线上,颏唇沟正中的凹陷处	祛风通络,定志生津	面瘫、口疮、唇裂、流涎、面肿、牙龈肿痛、口周皱纹	刺灸法:向上斜刺0.5～1寸,可灸。推拿手法:按、揉、掐法,轻度刺激

任脉穴见图3-30。

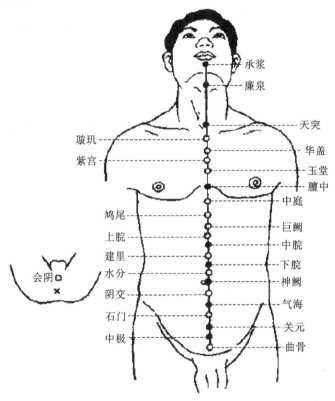

图3-30　任脉穴

15. 常用美容经外奇穴

常用美容经外奇穴见表3-16。

表3-16　常用美容经外奇穴

名　称	定　位	功　效	应　用	操作说明
四神聪	仰靠坐位或仰卧位。在头顶部,百会前、后、左、右各1寸,共4穴	益智安神	脱发、斑秃、湿疹、瘙痒症、神经性皮炎、头痛、眩晕、失眠、健忘	刺灸法:向百会方向平刺0.5～0.8寸,可灸。推拿手法:一指禅推法,按、揉法,轻度或中度刺激

续表

名 称	定 位	功 效	应 用	操 作 说 明
印堂	正坐仰靠位或仰卧位。在额部,两眉头之中间	祛风通窍,除皱美颜	额纹、痤疮、面瘫、前额痛、神经衰弱、目痛	刺灸法:向下平刺0.5～0.8寸,禁灸。 推拿手法:一指禅推法、按、揉法,轻度刺激
鱼腰	正坐或仰卧位。在额部,瞳孔直上,眉毛中	疏通经络,解表止痛	眼睑下垂、脱眉、额纹、鱼尾纹、面瘫、眉棱骨痛、眼睑瞤动、近视、斜视	刺灸法:平刺0.3～0.5寸,禁灸。 推拿手法:一指禅推法、抹、揉法,轻度刺激
球后	仰卧位。在面部,眼眶下缘的外1/4与内3/4的交界处	活血明目	视神经炎、视神经萎缩、青光眼、早期白内障、近视	刺灸法:轻压眼球向上,向眶缘缓慢直刺0.5～1.5寸,不提插,不捻转,不灸。出针后轻轻压迫局部1～2 min,以防出血。 推拿手法:按、揉法,轻度刺激
上迎香	仰靠坐位。在面部,鼻翼软骨与鼻甲的交界处,近鼻唇沟上端处	通络开窍	面瘫、头痛、过敏性鼻炎、鼻息肉	刺灸法:向上斜刺0.3～0.5寸,可灸。 推拿手法:一指禅推法、掐、按、揉法,轻度刺激
太阳	正坐或仰卧位。在颞部,眉梢与目外眦之间向后约一横指的凹陷处	疏风通络、清热解表、解痉止痛	面瘫、鱼尾纹、眼睑下垂、面部红肿及瘙痒、湿疹、各种头痛、感冒、牙痛、目赤肿痛、斜视	刺灸法:直刺0.5～0.8寸,也可沿皮向颊车或率谷透刺。 推拿手法:一指禅推法、按、抹、揉、扫散法,轻度刺激。 本穴位为头面部保健常用腧穴
耳尖	正坐或侧伏坐位。在耳廓的上方,折耳向前,耳廓正上方的尖端处	清热解毒,疏风明目	面部红肿,瘙痒、各种头痛、目赤肿痛、睑腺炎	刺灸法:直刺0.1～0.2寸,或点刺出血。 推拿手法:一指禅推法、按、抹、揉、扫散法,轻度刺激
腰眼	俯卧位,在腰部,第4腰椎棘突下,旁开约3.5寸凹陷中	补肾壮腰	腰痛、月经不调、带下、须发早白、早衰	刺灸法:直刺0.5～1寸,可灸。 推拿手法:一指禅推法、揉、点、按、拨法,中度或重度刺激

续表

名 称	定 位	功 效	应 用	操作说明
夹脊	俯卧位。在腰背部,第1胸椎到第5腰椎棘突下两侧,后正中线旁开0.5寸。左右各17穴,共34穴	调理脏腑,滑利关节	荨麻疹、痤疮、半身不遂、肩背腰腿痛、哮喘、神经官能症、强直性脊柱炎	刺灸法:直刺0.3～0.5寸,或用梅花针叩刺,可灸。推拿手法:一指禅推法,滚、揉、拨、压、点法,中度刺激
子宫	仰卧位,在下腹部,中极穴旁开3寸	升阳举陷,调经止痛	月经不调、痛经、带下、不孕、子宫脱垂、阴挺	刺灸法:直刺0.8～1.2寸,可灸。推拿手法:一指禅推法,点、按、揉法,轻度或中度刺激
四缝	正坐或仰卧位,在上肢末端,第2至第5指掌侧,近端指关节横纹的中央,一手4穴,左右共8穴	清积化痰	小儿疳积、百日咳	刺灸法:点刺0.1～0.2寸,挤出少量黄白色透明样黏液或出血。推拿手法:按、揉、掐法,重度刺激
落枕	正坐或仰卧位,在手背侧,第2、3掌骨之间,指掌关节后约0.5寸处	祛风活络	落枕、手臂疼痛、胃痛	刺灸法:直刺或斜刺0.5～0.8寸,可灸。推拿手法:按、揉、掐法,中度刺激

四神聪见图 3-31,面部奇穴见图 3-32,头侧部奇穴见图 3-33,腰眼见图 3-34,子宫穴见图 3-35。

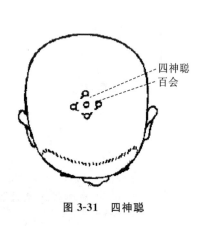

图 3-31 四神聪

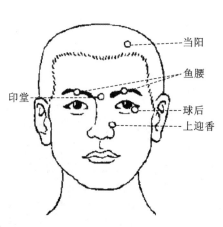

图 3-32 面部奇穴

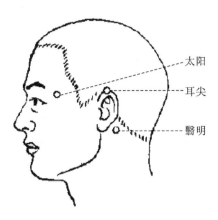

图 3-33 头侧部奇穴

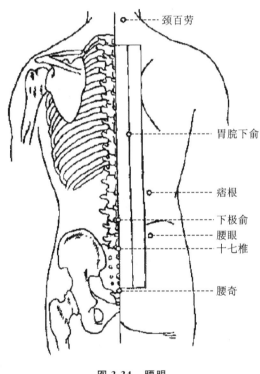

图 3-34 腰眼

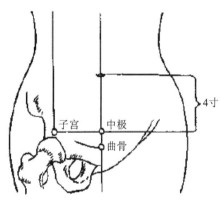

图 3-35 子宫穴

小结

损容性疾病，大多有明确的病灶部位，我们可根据经络在体表的循行规律判断病灶为何经病变。

（1）头面颈项部：从整体上讲，头面、颈项中线为督脉、任脉，前面属阳明经，侧面属少阳经，后面属太阳经。若详细分析，头部正中属督脉，两旁从内向外依次为足太阳膀胱经、足少阳胆经、手少阳三焦经；面颊部属足阳明胃经，眼睑部属足太阴脾经，鼻部属手太阴肺经，耳部属足厥阴肝经、足少阳胆经和手少阳三焦经，唇部属足太阴脾经和足阳明胃经；颈部正中属任脉，两旁由内向外依次为足阳明胃经、手阳明大肠经、足少阳胆经、手少阳三焦经；项部正中属督脉,两旁由内向外依次为足太阳膀胱经、手太阳小肠经。

（2）躯干部：躯干部前正中为任脉,两旁由内向外依次为足少阴肾经、足阳明胃经、足太阴脾经、足厥阴肝经、足少阳胆经；躯干后正中线为督脉,两旁为足太阳膀胱经。

（3）上肢部：上肢外侧及手背从前向后依次为手阳明大肠经、手少阳三焦经、手太阳小肠经；上肢内侧及手掌从前向后依次为手太阴肺经、手厥阴心包经、手少阴心经。

（4）下肢部：下肢外侧及足背从前向后依次为足阳明胃经、足少阳胆经、足太阳膀胱经；下肢内侧及足心从前向后依次为足太阴脾经、足厥阴肝经、足少阴肾经。值得特别注意的是,在内踝 8 寸以下,由前向后为足厥阴肝经、足太阴脾经、足少阴肾经。

能力检测

1. 简述手阳明大肠经的循行部位。
2. 简述足阳明胃经的主治范围。
3. 何为腧穴？腧穴可分为哪些类型？
4. 何为骨度分寸法？有何意义？
5. 请写出五个眼睛周围的腧穴,并简述其归经和主治。
6. 根据经络辨证的规律,与肥胖有关的经络有哪些？
7. 请写出五个具有泄热功效的穴位,并说明其刺灸法。

（宋思清）

下 篇

中医美容技术应用

第四章　针灸美容技术

学习目标

掌握：毫针的针刺方法、灸法的分类及操作方法；掌握三棱针术、皮内针术、电针术、皮肤针术、火针术、水针术的操作方法。

熟悉：针刺补泻及针刺宜忌、灸法的注意事项及各种针法的适用范围及注意事项；常见并发症或意外情况的处理和预防。

了解：毫针的结构、规格及灸法的材料及制作。

运用针灸进行美容，是重要的美容方法之一。针灸美容操作简便，安全可靠又无副作用，因而受到人们的欢迎。所谓针灸美容，就是运用针刺、艾灸的方法，补益脏腑、消肿散结、调理气血，从而减轻或消除影响容貌的某些生理或病理性疾病，进而达到强身健体、延缓衰老、美容益颜的一种方法。针灸美容是从祖国传统医学的整体观念出发，以针灸方法为手段，通过对局部皮肤及穴位的刺激，达到养护皮肤、美化容颜、延缓衰老、治疗面部皮肤病等目的的一种方法。具有简便易行、无毒无害、安全可靠、效果迅速、适应证广等特点。针灸美容包括针法和灸法两种，属于中医外治法的范围。其中针刺法采用银针刺入穴位及患病处皮肤，再施以适当手法，使病人产生酸麻胀痛及冷热等感觉，达到美容及健身祛病的目的；灸法则是运用艾柱等药物放在相应的穴位及部位上用火点燃，通过药物的渗透及局部热效应，使机体产生各种生理反应，达到美容、抗衰老以及治病的目的。

第一节　术前准备

一、针刺前的注意事项

（1）对于初次受针者，术前应安慰其情绪，并告知其如有头晕、恶心须立即说出，可立即停针。

（2）对于初次受术者，术者应尽量减少取穴，经一两次针灸后方可多取。

（3）对于体质虚弱或患有贫血症者，术者应让其选择卧式体位，针刺穴位一般不超过 3 个，以免发生晕针。

（4）对于初次受术者或体弱者，施术时不可强刺激或持久捻转，只可采用留针法。

（5）如受术者精神紧张时，肌张力会加大，皮肤紧绷，此时如果针刺，受术者会感到十分疼痛。此时，术者可轻轻拍打或揉按此处肌肤，待其松弛后，方可进针。

（6）在针刺过程中，如该穴局部肌肉发生痉挛，不能提插，更不能捻转，容易发生滞针。此时切不可暴力捻提，而应在针之上下左右轻轻拍打，待痉挛肌肉缓解时，将针取出。

二、选择针具

临床治疗前，按照要求仔细检查针具的质量，以避免在针刺施术中给病人造成不必要的痛苦。正确选择针具，是提高疗效、防止医疗事故的一个重要因素。此外，还应根据病人的性别、年龄、胖瘦、体质、病情、针刺部位选择适宜的针具。如男性、体壮、形胖，且病变部位较深者，可选稍粗、稍长的毫针；女性、体弱、形瘦，而且病变部位较浅者，应选用较短、较细的毫针。皮薄肉少之处和针刺较浅的腧穴，选针宜短而针身宜细；皮厚、肉丰厚、针刺较深的腧穴，宜选用针身稍长、稍粗的毫针。针刺美容多用不锈钢制成的毫针，由于针刺美容多选面部及耳部穴位，而头面部皮肤及肌肉浅薄，因此选用针具不宜过长，以针身长度0.5～2寸为宜。

三、选择体位

针刺时病人体位的选择，对正确取穴，针刺施术，留针，防止晕针、滞针、弯针甚至折针等都有很大的影响，直接关系到针灸的疗效。

为了更好地显露针刺部位，便于操作，防止意外事故的发生，病人应采取舒适自然并能持久的体位。如病重体弱或精神紧张的病人一般要取卧位，坐位易使病人感到疲劳，易发生晕针；如果体位不当，针刺和留针过程中改变体位，会引起弯针或折针，局部产生疼痛，甚至发生断针事故。

选择体位的原则是以医生能正确取穴，施术方便，便于长时间的留针，而不致疲劳为原则，尽量在同一种体位上使所选取穴位都能操作治疗，在针刺和留针过程中应嘱患者切不可变换体位。针灸美容常用的体位有三种坐位和三种卧位。

（1）仰卧位：适宜于取头、面、胸、腹部腧穴和部分四肢的腧穴（图4-1）。

图4-1　仰卧位

（2）侧卧位：适宜于取身体侧面和四肢外侧的部分腧穴（图4-2）。

图4-2　侧卧位

（3）俯卧位：适宜于取头、项、肩、背、腰、骶和下肢后面的部分腧穴（图4-3）。

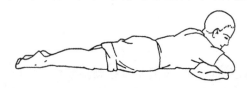

图4-3　俯卧位

(4) 仰靠坐位：适宜于取前头、面、颈、胸上部和上肢的部分腧穴（图 4-4）。

(5) 俯伏坐位：适宜于取头顶、后头、项、肩、背部的腧穴（图 4-5）。

 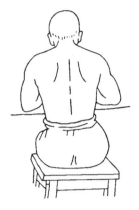

图 4-4　仰靠坐位　　　　　　图 4-5　俯伏坐位

(6) 侧伏坐位：适宜于取侧头、面、耳前后和侧颈部的腧穴（图 4-6）。

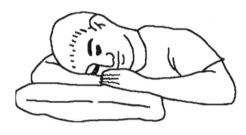

图 4-6　侧俯坐位

针刺时病人的体位选择是否适当，对于正确针刺操作以及防止意外情况发生都有很大的影响。在临床上除上述常用体位外，对某些腧穴则应根据腧穴的不同要求采取不同的体位选穴。同时也应注意根据处方所取腧穴的位置，尽可能用一种体位而能对针刺处方所列的所有腧穴进行针刺。若必须采用两种不同体位时，应根据病人体质、病情等具体情况灵活掌握。对初诊、精神紧张或年老、体弱、病重的病人，有条件时，应尽可能采取卧位进行针刺，以防病人感到疲劳或发生晕针等情况。

四、消毒

针刺前的消毒范围应包括：针具器械、医者的双手、针刺部位。

1. 针具器械消毒　针具、器械的消毒方法很多，以高压蒸汽灭菌法为佳。

(1) 高压蒸汽灭菌法：将毫针等针具用布包好，放在密闭的高压蒸汽锅内灭菌。一般在 98～147 kPa 的压强，115～123 ℃的高温下，保持 30 min 以上，可达到消毒灭菌的要求。

(2) 药渣浸泡消毒法：将针具放入 75％酒精内浸泡 30～60 min，取出，用无菌巾或消毒棉球擦干后使用。也可置于器械消毒液内浸泡，如 84 消毒液，可按规定浓度和时间进行浸泡消毒。直接和毫针接触的针盘、针管、针盒、镊子等，可用戊二醛溶液（保尔康）浸泡 10～20 min，达到消毒目的时才能使用。经过消毒的毫针必须放在消毒过的针盘内，并用无菌巾或消毒纱布遮盖好。

(3) 煮沸消毒法：将毫针等器具用纱布包扎后，放在盛有清水的消毒煮锅内进行煮沸。

一般在水沸后再煮15~20 min,亦可达到消毒目的。但煮沸消毒法易造成锋利的金属器械之锋刃变钝。如在水中加入重碳酸钠变成2%溶液,可以提高沸点至120 ℃,从而降低沸水对器械的腐蚀作用。

2. 医者双手消毒 在针刺前,医者应先用肥皂水将手洗刷干净,待干,再用75%酒精棉球擦拭后,方可持针操作。

3. 针刺部位消毒 在病人需要针刺的穴位皮肤上用75%酒精棉球擦拭消毒,或先用2%碘酊涂擦,稍干后,再用75%酒精棉球擦拭脱碘。擦拭时应从腧穴部位的中心点向外绕圈消毒。当穴位皮肤消毒后,切忌接触污物,保持洁净,防止重新污染。

第二节 毫 针 术

毫针属于古代的"九针"之一,因其针体微细,又称"微针""小针",适用于全身任何腧穴,是针灸美容应用中最为广泛的一种针具。现在临床所用的毫针多由不锈钢制成,也有的用金、银制成。不锈钢毫针有较高的强度和韧性。针体挺直滑利,能耐热、防锈,不易被化学物品腐蚀,是临床应用最广泛的一种针具。

毫针刺法是泛指持针法、进针法、行针法、补泻法、留针法、出针法等完整的针刺方法。毫针的每一种刺法,都有严格的操作规程和目的要求。

一、常用的毫针针具

1. 结构 毫针由针尖、针身、针根、针柄、针尾五部分构成。针的尖端锋锐部分称为针尖,又称针芒,是刺入肌肤的部分;针身也称针体,由不锈钢制成的多见,是刺入腧穴内相应深度的部分;针柄用镀银紫铜丝或经氧化的铝丝绕制而成,是医生持针着力的部位,也是温针装置艾绒之处,针柄的形状有圈柄、花柄、平柄、管柄等多种;针柄的末端多缠绕成圆筒状,称为针尾;针身与针柄连接的部分称为针根(图4-7)。

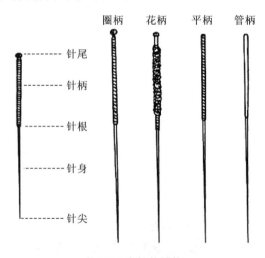

图4-7 毫针的结构

2. 规格 临床上最为常用的毫针规格是:粗细28~30号(0.28~0.38 mm)、长短1~3寸(25~27 mm)。应根据病人体形的胖瘦、所选腧穴的深浅相应选择针灸的长短。粗细,还要根据病人不同病情、体质及年龄加以调整。一般而言,头面、胸背应用较细的短毫针(0.5寸、30～32号),面部美容时应选用"美容针"(34～36号),四肢、腹部可用偏粗的稍长毫针(1.5～3寸,28～30号)。常用毫针的长短、粗细规格分别见表如下(表4-1、表4-2)。

表 4-1　毫针长短规格表

规格/寸	0.5	1	1.5	2	2.5	3	4	4.5	5	6
针身长度/mm	15	25	40	50	65	75	100	115	125	150

表 4-2　毫针粗细规格表

号数	26	27	28	29	30	31	32	33	34	35
直径/mm	0.45	0.42	0.38	0.34	0.32	0.30	0.28	0.26	0.24	0.22

3. 毫针的检查　毫针在使用前需要严格检查,如发现有损坏等不合格者,应予剔除;若仅有微小问题,稍经修整后仍可使用。针尖是否有勾、针身和针柄结合部是否断裂,以及针身是否有锈蚀剥脱,确认无误后方可使用。近年来,随着经济水平的不断提高,提倡使用一次性毫针,这样可以避免交叉感染,防止传染病的发生。还可以减少针刺时异常情况的发生。

二、毫针的练习

由于毫针针质细软,要想进行各种手法的操作,若无一定的指力和熟悉的手法,就很难随意进行,且还会引起患者疼痛,并影响治疗效果。因此,指力和手法的熟练掌握,是初学针刺者的基础,是顺利进针、减少疼痛、提高疗效的基本保证。

1. 指力练习　指力,是指医者使力达针尖的技巧和持针之手的力度。凡欲持针进行针刺,其手指应有一定的力度,方能将针刺入机体。指力的练习,可先在纸垫或棉团上进行,具体方法如下。

(1)纸垫练针法:用松软的纸张,折叠成长约8 cm、宽约5 cm、厚2～3 cm的纸块,用线如"井"字形扎紧,做成纸垫。练针时,左手平执纸垫,右手拇、食、中三指持针柄,使针尖垂直地抵在纸块上,运指力于指尖,刺入纸垫一定深度,右手指均匀地捻转和提插针柄,反复练习(图4-8)。

(2)棉团练针法:用棉花压缩做成一直径6～7 cm的棉团(图4-9),用布缝好,练习同纸垫练针法。另外,用纱布做垫也可,练习方法一样。

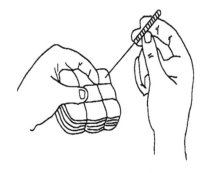

图 4-8　纸垫练针法

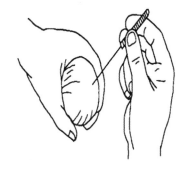

图 4-9　棉团练针法

2. 手法练习　针刺手法练习是在指力练习的基础上,先用较短的毫针在纸垫或棉团上练习进针、出针、上下提插、左右捻转等基本手法的操作方法,持短针运用自如,操作熟练后,再改为长针练习。需要掌握的手法主要有以下几种。

(1) 速刺练针法:此法是以左手拇、食指爪切在纸垫或棉团上,右手持针,使针尖迅速刺入2～3 mm。如此反复练习,用以掌握进针速度,减少疼痛。

(2) 捻转练针法:捻转练习是以右手拇、食、中指持针,刺入纸垫或棉团一定深度后,拇指与食、中指向前、向后来回在原处不动地捻转。要求捻转的角度要均匀,快慢要自如,一般以每分钟捻转120次左右,方能达到运用灵活自如的程度。

(3) 提插练针法:提插练习是以右手拇、食、中指持针,刺入纸垫或棉团一定深度后,在原处做上下提插的动作。要求提插的深浅适宜,且一致,并保持针体垂直无偏斜。

以上3种方法练到一定程度,可将它们综合起来练习,使之浑然一体,运用自如。

3. 自身练习法 有了一定基础的初学者,便可以开始在自己身体上进行针刺练习。常用穴位有足三里、合谷、内关、外关、气海等,自身练习的目的是更好地掌握针刺的方法,并体验针刺后的各种感觉。在同学之间也可以相互试针,以体会进针时皮肤的韧性和进针时需要用力的大小,以及针刺后的各种感觉。待针刺技术达到一定的熟练水平之后,才能在病人身上进行实习操作。

三、操作方法

1. 进针法 毫针操作时,一般将医者持针的右手称为刺手,按压穴位局部的左手称为押手(又称"压手")。押手的作用,主要是固定穴位皮肤,使毫针能够准确地刺中腧穴,并使长毫针针身有所依靠,不致摇晃和弯曲。进针时,刺手与押手配合得当,动作协调,可以减轻痛感,行针顺利,并能调整和加强针感,提高治疗效果。常用的进针法有以下几种。

(1) 单手进针法:即用刺手的拇、食指持针,中指端紧靠穴位,中指指腹抵住针身下段,当拇、食指向下用力按压时,中指随势屈曲将针刺入,直刺至所要求的深度。此法用于短毫针(图4-10)。

(2) 双手进针法:即刺手与押手互相配合,协同进针。常用的有以下几种。

①爪切进针法:临床最为常用。即以左手拇指或食指之指甲掐切穴位上,右手持针将针紧靠左手指甲缘刺入皮下的手法(图4-11)。

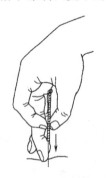
图 4-10 单手进针法

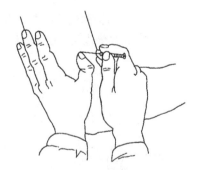
图 4-11 爪切进针法

②夹持进针法:即左手拇、食两指用消毒干棉球捏住针身下段,露出针尖,右手拇、食指执持针柄,将针尖对准穴位,当贴近皮肤时,双手配合动作,用插入法或捻入法将针刺入皮下,直至所要求的深度。此法多用于长针进针(图4-12)。

③舒张进针法:即左手五指平伸,食、中两指分开置于穴位上,右手持针,针尖从食、中两

指间刺入皮下。行针时,左手食、中两指可夹持针身,以免弯曲,在长针深刺时常用此法。对于皮肤松弛或有皱纹的部位,可用拇、食两指或食、中两指将腧穴部位皮肤向两侧撑开使之绷紧,以便进针。此法多适用于腹部腧穴的进针(图4-13)。

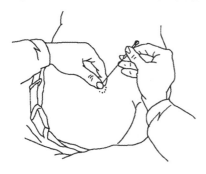

图 4-12　夹持进针法

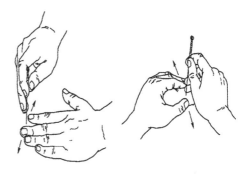

图 4-13　舒张进针法

④提捏进针法:即用左手拇、食两指将腧穴部位的皮肤捏起,右手持针从捏起部的上端刺入。此法主要用于皮肉浅薄的穴位,特别是面部腧穴的进针(图4-14)。

⑤针管进针法:将针先插入用玻璃、塑料或金属制成的比针短 3 cm 左右的小针管内,放在穴位皮肤上,左手压紧针管,右手食指对准针柄一击,使针尖迅速刺入皮肤,然后将针管去掉,再将针刺入穴内。此法进针不痛,多用于儿童和惧针者,也有用安装弹簧的特制进针器进针者(图4-15)。

图 4-14　提捏进针法

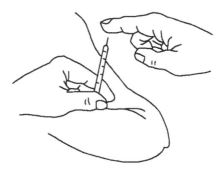

图 4-15　针管进针法

2. 针刺的角度、方向、深度

(1)针刺的角度:针刺角度,是指进针时针身与皮肤表面所构成的夹角。其角度的大小,应根据腧穴部位、病性、病位、手法要求等特点而定。针刺角度一般分为直刺、斜刺、平刺三类(图4-16)。

①直刺:即针身与皮肤表面呈 90°角,垂直刺入腧穴。直刺法适用于针刺大部分腧穴,尤其是肌肉丰厚部位的腧穴。

②斜刺:即针身与皮肤表面呈 45°角左右,倾斜刺入腧穴。斜刺法适用于针刺皮肉较为浅薄处,或内有重要脏器,或不宜直刺、

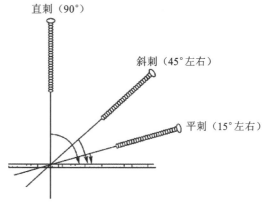

图 4-16　针刺角度

深刺的腧穴和在关节部的腧穴,在施用某种行气、调气手法时,亦常用斜刺法。

③平刺:又称横刺、沿皮刺,即针身与皮肤表面呈15°角左右,横向刺入腧穴,平刺法适用于皮薄肉少处的腧穴。如头皮部、颜面部、胸骨部腧穴,透穴刺法中的横透法和头皮针法、腕踝针法,都用平刺法。

(2)针刺的方向:针刺方向,是指进针时和进针后针尖所朝的方向,简称针向。针刺方向,一般根据经脉循行方向、腧穴分布部位和所要求达到的组织结构等情况而定。针刺方向虽与针刺角度相关,如头面部腧穴多用平刺;颈项、咽喉部腧穴多用平刺;胸部正中线腧穴多用平刺;侧胸部腧穴多用斜刺;腹部腧穴多用直刺;腰背部腧穴多用斜刺或直刺;四肢部腧穴一般多用直刺等,但进针角度主要以穴位所在部位的特点为准,而针刺方向则是根据不同病症治疗的需要而定。仅以颊车穴为例,若用作治疗颊痛、口噤不开等症时,针尖朝向颧部斜刺,使针感放射至整个颊部;当治疗面瘫、口眼㖞斜时,针尖向口部方向横刺;而治疗痄腮时,针尖向腮腺部斜刺;但治疗牙痛时则用直刺。

(3)针刺的深度:针刺深度,是指针身刺入腧穴皮肉的深浅。掌握针刺的深度,应以既要有针下气至感觉,又不伤及组织器官为原则。每个腧穴的针刺深度,在临床实际操作时,还必须结合病人的年龄、体质、病情、腧穴部位、经脉循行深浅、季节时令、医者针法经验和得气的需要等诸多因素做综合考虑,灵活掌握。正如《素问·刺要论》指出:刺有浅深,各至其理,……深浅不得,反为大贼,强调针刺的深度必须适当。怎样正确掌握针刺深度,必须注意以下几个方面。

①年龄:老年体弱,气血衰退;小儿娇嫩,稚阴稚阳,均不宜深刺。青壮之龄,血气方刚,可适当深刺。

②体质:病人的体质、体形,有肥瘦、强弱之分。对形瘦体弱者,宜相应浅刺;形盛体强者,可适当深刺。

③部位:凡头面和胸背部腧穴针刺宜浅,四肢和臀腹部腧穴针刺可适当深刺。

④病情:热证、虚证及病在表、在肌肤宜浅刺;寒证、实证及病在里、在筋骨及脏腑宜深刺。

总的来说,针刺深度是以既有针感,同时又不伤及脏器为宜。至于不同季节对针刺深度也有影响,亦应予以重视。

针刺的方向、角度和深度关系极为密切,一般来讲,深刺多用直刺,浅刺多用斜刺或平刺。对天突、哑门、风府等穴以及眼区、胸背和重要脏器如心、肝、肺等部位附近的腧穴,尤其要注意掌握针刺的角度和深度。

3. 行针手法 毫针进针后,为了使患者产生针刺感应,或进一步调整针感的强弱,以及使针感向某一方向扩散、传导而采取的操作方法,称为"行针",亦称"运针"。行针手法包括基本手法和辅助手法两类。

(1)基本手法:行针的基本手法是毫针刺法的基本动作,从古至今临床常用的主要有提插法和捻转法两种。两种基本手法临床施术时既可单独应用,又可配合应用。

①提插法:即将针刺入腧穴一定深度后,施以上提下插动作的操作手法。这种使针由浅层向下刺入深层的操作谓之插,从深层向上引退至浅层的操作谓之提,如此反复地上下呈纵向运动的行针手法,即为提插法。对于提插幅度的大小、层次的变化、频率的快慢和操作时间的长短,应根据患者的体质、病情、腧穴部位和针刺目的等而灵活掌握。使用提插法时的指力要均匀一致,幅度不宜过大,一般以3~5 min为宜,频率不宜过快,每分钟60次左右,保持针身垂直,不改变针刺角度、方向和深度。通常认为行针时提插的幅度大、频率快,刺激量就大;

反之,提插的幅度小、频率慢,刺激量就小(图 4-17)。

②捻转法:即将针刺入腧穴一定深度后,施以向前、向后捻转动作的操作手法。这种使针在腧穴内反复前后来回的旋转行针手法,即为捻转法。捻转角度的大小、频率的快慢、时间的长短等,需根据患者的体质、病情、腧穴部位、针刺目的等具体情况而定。使用捻转法时,指力要均匀、角度要适当,一般应掌握在 180°～360°,不能单向捻针,否则针身易被肌纤维等缠绕,引起局部疼痛和滞针而导致出针困难。一般认为捻转角度大、频率快,其刺激量就大;捻转角度小、频率慢,其刺激量则小(图 4-18)。

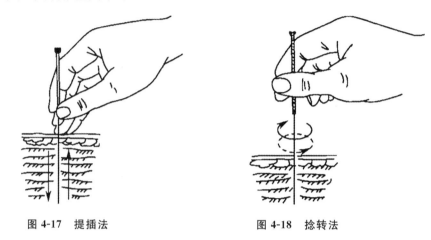

图 4-17　提插法　　　　　　图 4-18　捻转法

(2) 辅助手法:行针的辅助手法,是行针基本手法的补充,是为了促使针后得气和加强针刺感应的操作手法。临床常用的行针辅助手法有下列几种。

①循法:针刺不得气时,可以用循法催气。其法是医者用手指顺着经脉的循行路径,在腧穴的上下部轻柔地循按。《针灸大成》指出:凡下针,若气不至,用指于所属部分经络之路,上下左右循之,使气血往来,上下均匀,针下自然气至沉紧,说明此法能推动气血,激发经气,促使针后易于得气(图 4-19)。

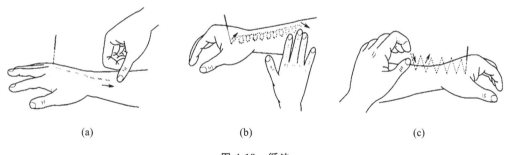

(a)　　　　　　　　　(b)　　　　　　　　　(c)

图 4-19　循法

②弹法:针刺后在留针过程中,以手指轻弹针尾或针柄,使针体微微震动,以加强针感,助气运行。《素问·离合真邪论》有"弹而努之"之法,其后《针灸问对》亦说:如气不行,将针轻弹之,使气速行。本法有催气、行气的作用(图 4-20)。

③刮法:毫针刺入一定深度后,经气未至,以拇指或食指的指腹,抵住针尾,用拇指、食指或中指指甲,由下而上频频刮动针柄,促使得气。《素问·离合真邪论》有"抓而下之"之法;姚止庵注云:抓,以爪甲刮针也。本法在针刺不得气时用之可以激发经气,如已得气者可以加强针刺感应的传导与扩散(图 4-21)。

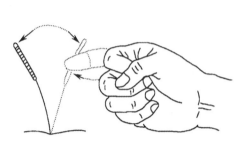

图 4-20 弹法

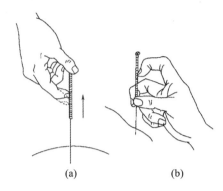

图 4-21 刮法

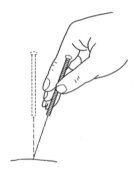

图 4-22 摇法

④摇法:针刺入一定深度后,手持针柄,将针轻轻摇动,以行经气。《针灸问对》有"摇以行气"的记载。摇法有二,一是直立针身而摇,以加强得气感应;二是卧倒针身而摇,使经气向一定方向传导(图 4-22)。

⑤飞法:针后不得气者,用右手拇、食两指执持针柄,细细捻搓数次,然后张开两指,一搓一放,反复数次,状如飞鸟展翅,故称飞。《医学入门》载云:以大指次指捻针,连搓三下,如手颤之状,谓之飞。本法的作用在于催气、行气,并使针刺感应增强。

⑥震颤法:针刺入一定深度后,右手持针柄,用小幅度、快频率的提插、捻转手法,使针身轻微震颤。本法可促使针下得气,增强针刺感应。毫针行针手法以提插、捻转为基本操作方法,并根据临证情况,选用相应的辅助手法。如刮法、弹法,可应用于一些不宜施行大角度捻转的腧穴;飞法,可应用于某些肌肉丰厚部位的腧穴;摇法、震颤法,可用于较为浅表部位的腧穴。通过行针基本手法和辅助手法的施用,主要促使针后气至或加强针刺感应,以疏通经络、调和气血,达到防治疾病的目的。

4. 针刺得气 得气,古称"气至",近称"针感",是指毫针刺入腧穴一定深度后,施以提插或捻转等行针手法,使针刺部位获得"经气"感应,谓之得气。《金针梅花诗钞》指出:夫气者,乃十二经之根本,生命之泉源。进针之后,必须细察针下是否已经得气。下针得气,方能行补泻、除疾病。

(1)得气的临床表现:针下是否得气,可从临床两方面来分析判断。一是患者对针刺的感觉和反应,二是医者对针刺手指下的感觉。当针刺腧穴得气时,患者的针刺部位有酸胀、麻重等自觉反应,有时或出现热、凉、痒、痛、抽搐、蚁行等感觉,或呈现沿着一定的方向和部位传导和扩散现象。少数患者还会出现循经性肌肤瞤动、震颤等反应,有的还可见到受刺腧穴部位循经性皮疹带或红、白线状现象。当患者有自觉反应的同时,医者的刺手亦能体会到针下沉紧、涩滞或针体颤动等反应。若针刺后未得气,患者则无任何特殊感觉或反应,医者刺手亦感到针下空松、虚滑。《灵枢·邪气脏腑病形》说:"中气穴,则针游于巷",就是对针下得气的描述。历代医家对针刺得气的临床表现也做了生动细致的形象描述,都说明了针刺得气的临床表现以及得气与未得气反应迥然不同的体会。

(2)得气的意义:得气,是施行针刺产生治疗作用的关键,也是判定患者经气盛衰、病候预后、正确定穴、行针手法、针治效应的依据。古今医家无不重视针刺得气,得气的意义如下。

①得气与否和疗效有关:《灵枢·九针十二原》说:刺之要,气至而有效。针刺的根本作用

在于通过针刺腧穴,激发经气,调整阴阳,补虚泻实,达到治病的目的。针刺气至,说明经气通畅,气血调和,并通过经脉、气血的通畅,调整元神(人体内在调整功能),使元神发挥主宰功能,则相应的脏腑器官、四肢百骸功能平衡协调,病痛消除。所以,针刺得气与否和针治疗效有其密切的关系。

②得气迟速与疗效有关:针下得气,是人体正气在受刺腧穴的应有反应。针下气至的速迟,虽然表现于腧穴局部或所属经络范围,但是能够观测机体的正气盛衰和病邪轻重,从而对判断病候好转或加重的趋向以及针治效果的快慢等有一个基本了解。《针灸大成》说:针若得气速,则病易痊而效亦速也;若气来迟,则病难愈而有不治之忧。一般而论,针后得气迅速,多为正气充沛、经气旺盛的表现。正气足,机体反应敏捷,取效相应也快,疾病易愈。若针后经气迟迟不至者,多因正气虚损、经气衰弱;正气虚,机体反应迟缓,收效则相对缓慢,疾病缠绵难愈。若经反复施用各种行针候气、催气手法后,经气仍不至者,多属正气衰竭,预后每多不良。临床常可见到,初诊时针刺得气较迟或不得气者,经过针灸等方法治疗后,逐渐出现得气较速或有气至现象,说明机体正气渐复,疾病向愈。

③得气与补泻手法有关:针下得气,是施行补泻手法的基础和前提。《针灸大成》说:若针下气至,当察其邪正,分清虚实。说明针下得气,尚有正气、邪气之分。如何分辨,则根据《灵枢·终始》所说"邪气来也紧而疾,谷气来也徐而和"的不同,辨别机体的气血、阴阳、正邪等盛衰情况,施以或补或泻的刺法。

5. 留针法 当毫针刺入腧穴,行针得气并施以或补或泻手法后,将针留置在穴内者称为留针。留针是毫针刺法的一个重要环节,对于提高针刺治疗效果有重要意义。通过留针,可以加强针刺感应和延长刺激作用,还可以起到候气与调气的目的。

针刺得气后留针与否以及留针时间久暂,应视病人体质、病情、腧穴位置等而定。如一般病症只要针下得气并施以适当补泻手法后,即可出针,或留置10~20 min。但对一些特殊病症,如慢性、顽固性、痉挛性疾病,可适当延长留针时间。某些急腹症、破伤风角弓反张者,必要时可留针数小时;而对老人、小儿病人和昏厥、休克、虚脱病人,不宜久留针,以免贻误病情。留针方法主要有以下两种。

(1) 静留针法:静留针法,是指当针刺入穴位后,要安静地多留一些时间,以待气至的方法。本法多用于对针感耐受性较差的慢性、虚弱性患者。此外,还可以用于虚证或寒证病人。即"寒则留之"之法。

(2) 动留针法:动留针法,即将针刺入腧穴行针得气后留针,在留针过程中施用行针手法,也称间歇行针法。通过动留针能增强针刺感应,达到补虚泻实的目的。此外,对针后经气不至者,可边行针催气,边留针候气,直待气至。

医者对留针必须重视,首先要排除不适于留针的病人。如不能合作的儿童、惧针者、初针者、体质过于虚弱者;其次要排除不宜留针的部位,如眼区、喉部、胸部等;再次要排除不宜留针的病情,如尿急、咳喘、腹泻等病症。对需要留针、可以留针者,在留针期间应时刻注意病人的面色和表情,防止晕针等意外发生。

6. 出针法 出针,又称起针、退针。在施行针刺手法或留针达到预定针刺目的和治疗要求后,即可出针。出针是整个毫针刺法过程中的最后一个操作程序,预示针刺结束。

(1) 出针方法:出针的方法,一般是以左手拇、食两指持消毒干棉球轻轻按压针刺部位,右手持针做轻微的小幅度捻转,并随势将针缓缓提至皮下(不可单手猛拔),静留片刻,然后出针。

(2) 出针要求：出针时，依补泻的不同要求，分别采取"疾出"或"徐出"以及"疾按针孔"或"摇大针孔"的方法出针。出针后，除特殊需要外，都要用消毒棉球轻压针孔片刻，以防出血或针孔疼痛。当针退完后，要仔细查看针孔是否出血，询问针刺部位有无不适感，检查核对针数有无遗漏，还应注意有无晕针延迟反应征象。

第三节　三棱针术

三棱针是针身呈三棱形、尖端三面有利刃的针具，古称"锋针"，是一种常用于点刺放血的针具。三棱针术是用三棱针刺破病人身体上的一定腧穴或浅表血络，放出少量血液，以治疗损容性疾病的方法，称刺络法，亦称为"刺血疗法"，或"刺络疗法"。

本疗法由古代砭石刺络法发展而来。《内经》所记载的九针中的"锋针"，就是近代三棱针的雏形。锋针在古代主要是用于泻血、排脓的工具。三棱针刺络放血疗法具有醒脑开窍、泄热消肿、祛瘀止痛等作用，目前临床应用十分普遍。

一、术前准备

消毒三棱针，2.5%碘酊，75%酒精，消毒棉球，弯盘，镊子等。

二、针具

多用不锈钢制成。其长约6 cm，针柄呈圆柱状，针身至针尖呈三角锥形，刃尖锋利，三面有刃（图4-23）。分大、中、小三型，临床可根据不同病症及病人形体强弱，适当选择用针型号。必要时可用粗毫针代替。一般以右手持针，状如握笔，即用拇、食两指捏住针柄，中指指腹紧靠针身下针尖露出3～5 cm。

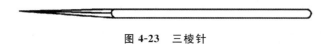

图4-23　三棱针

三、操作方法

三棱针的消毒要求较严格，治疗前，针刺穴位及术者手指同时用2.5%碘酊消毒再用75%酒精棉球脱碘。操作方法有点刺法、散刺法和挑刺法三种。

1. 点刺法　用针迅速刺入体表，随即将针退出的一种方法，多用于指、趾末端穴位。针刺前，先将三棱针和针刺部位严格消毒，并在针刺部位上左右推按，使局部充血。然后右手持针，拇、食二指挟持针柄，中指紧贴针体下端，裸露针尖，对准所刺部位迅速刺入1～2分深，随即将针迅速退出，令其自然出血，或轻轻挤压针孔周围以利于出血，最后用消毒棉球按压针孔（图4-24）。点刺耳尖可以治疗痤疮、麦粒肿、结膜炎、黄褐斑、银屑病等；点刺耳后可治疗扁平疣、牛皮癣、疥疮等；点刺十宣、八邪可治疗冻疮；点刺三阴交、曲池、后溪可治疗荨麻疹、湿疹、瘙痒症等。

2. 散刺法　即在病灶周围进行多点点刺的一种方法。根据病变部位的大小，可刺10～20针，由病变部位的外缘环形向中心点刺。针刺深度根据局部肌肉厚薄、血管深浅而定。本法还可与拔罐疗法配合，一般在本法应用后，再局部拔罐，以加大出血量。可治疗斑秃、神经

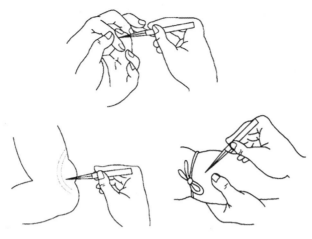

图 4-24　点刺法

性皮炎、丹毒、顽癣、带状疱疹等。

3. 挑刺法　用三棱针刺入治疗部位皮肤，再将其筋膜纤维挑断的方法。针挑前先用左手按压施术部位的两侧，使其皮肤固定，右手持针，将腧穴或反应点的表皮挑破，深入皮肉，将针身倾斜并轻轻地提高，挑断部分纤维组织，然后局部消毒，覆盖敷料。可治疗痤疮、麦粒肿、发际疮等。

三棱针治疗取穴与毫针治疗取穴有相同处，也有不同处。相同处是根据中医的脏腑、经络、气血理论辨证施治，也要遵循腧穴的近治作用、远治作用、特殊作用来选穴、配穴；不同处是三棱针以放血为主，进针的部位不一定在十四经穴上，有的是离穴不离经，主要是选取穴位处或穴位附近瘀阻明显的血络，有时选取的穴位从经络循行方面来看，与病变部位并无直接关联，但在实际经验方面却是行之有效的。

四、适应证

三棱针术具有通经活络、开窍泻热、消肿止痛、调和气血等作用，常用于各种实证、热证、瘀血、疼痛等。

各种损容性皮肤病，尤其是疮痈红肿之热证和血瘀证、粉刺、酒渣鼻、失眠多梦、口眼㖞斜、面肌痉挛、针眼、各种妇科炎症性疾病。

五、禁忌证

病后体虚、明显贫血、孕妇、有自发性出血倾向者。

六、注意事项

临床使用三棱针应注意以下几点。

（1）局部皮肤和针具要严格消毒，以免感染。

（2）熟悉解剖部位，切勿刺伤深部大动脉。

（3）一般下肢静脉曲张者，应选取边缘较小的静脉，注意控制出血。对于重度下肢静脉曲张者，不宜使用。

（4）点刺、散刺时，针刺宜浅，手法宜快，出血不宜过多。

(5) 施术中要密切观察病人反应，以便及时处理。如出现血肿，可用手指挤压出血，或用火罐拔出，仍不消退者，可用热敷以促其吸收。如误伤动脉致出血，用棉球按压止血，或配合其他止血方法。

(6) 虚证、产后及有自发出血倾向或损伤后出血不止的病人，不宜使用。

第四节 皮肤针术

皮肤针又叫"梅花针""七星针"，是用数枚不锈钢针集成一束或如莲蓬固定在针柄的一端而成。皮肤针术是以多针浅刺一定部位治疗损容性疾病的一种方法。因浅刺皮肤，不深及肌肉，疼痛较轻，所以比较适用于损容性皮肤疾病的防治。

一、术前准备

消毒皮肤针，2.5%碘酊，75%酒精，消毒棉球，镊子等。

二、针具

皮肤针是针头呈小锤形的一种针具。针柄有软柄和硬柄两种，软柄一般用牛角制成，富有弹性；硬柄一般用硬塑料制成。针柄长15～19 mm，一端附有莲蓬状的针盘，下边散嵌着不锈钢短针。依据针数被冠以不同的名称，如5枚针称为"梅花针"，7枚针称为"七星针"，18枚针称为"十八罗汉针"。针尖不宜太锐，应呈松针形。针柄须坚固且有弹性，全束针尖应平齐，防止偏斜、钩曲、锈蚀和缺损。针具的检查，可用棉球轻沾针尖，如果针尖有钩或有缺损时则棉絮易被带动。针具在使用前应注意消毒，一般以高温灭菌或用75%酒精浸泡30 min消毒。现代又创建了一种以金属制成的滚刺筒状皮肤针，其有刺激面广、刺激量均匀、作用方便等优点。

三、操作方法

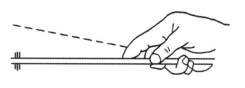

图 4-25 皮肤针持针法

1. 持针式 由于针柄有软硬之分，持针的姿势也有所不同。

（1）硬柄皮肤针：临床使用时，多以右手持针。手握针柄后段部分，拇指和中指夹持针柄两侧，食指压在针柄中段上面，以无名指、小指将针柄末端固定在小鱼际处，针柄末端一段露出手掌后2～5 cm即可（图4-25）。

（2）软柄皮肤针：将针柄末端置于掌心，拇指在上，食指在下，其余三指呈握拳状固定针柄末端于掌心。

2. 操作要领

（1）叩刺法：将针具及皮肤消毒后，针尖对准叩刺部位，使用手腕之力，将针尖垂直叩打在皮肤上，并立即提起，反复进行。

（2）滚刺法：指用特制的滚刺筒，经75%酒精消毒后，手持筒柄，将针筒在皮肤上来回滚动，使刺激范围成为一个狭长的面，或扩展成一片广泛的区域。

3. 叩刺的部位 皮肤针叩刺的部位一般分为循经、穴位、局部叩刺3种。

（1）循经叩刺：指循着经脉进行叩刺的一种方法，常用于项背、腰骶部的督脉和足太阳膀胱经。常用于治疗全身病变,也可治疗局部病变,如痤疮、扁平疣、瘰疬、荨麻疹等多种疾病。

(2) 穴位叩刺:指在穴位上进行叩刺的一种方法。主要是根据穴位的主治功能,选择适当的穴位予以叩刺治疗,临床常用的有各种特定穴、阿是穴、华佗夹脊穴。

(3) 局部叩刺:指在患部进行叩刺的一种方法。如扭伤后局部的瘀肿疼痛、顽癣等,可在局部进行围刺或散刺,常用于治疗面部皱纹、眼周黑圈、斑秃、面瘫、带状疱疹、神经性皮炎、黄褐斑等多种疾病。

4. 叩刺的强度 叩刺的强度是根据刺激的部位、病人的体质和病情的不同而决定的,一般分轻、中、重刺激3种。

轻刺激是用较轻腕力进行叩刺,以局部皮肤略有潮红、病人无疼痛感为度。适用于老弱妇儿、虚证病人和头面、五官及肌肉浅薄处。

中等刺激介于轻、重刺激之间,局部皮肤潮红,但无渗血,病人稍觉疼痛。适用于一般疾病和多数病人,除头面等肌肉浅薄处外,大部分部位都可用此法。

重刺激是用较重腕力进行叩刺,局部皮肤可见隐隐出血,病人有疼痛感觉。适用于体强、实证病人和肩背、腰骶部等肌肉丰厚处。

5. 治疗时间 每日或隔日1次,10次为1个疗程,疗程间可间隔3～5日。

四、适应证

皮肤针具有行气活血、消肿止痛、祛风止痒的作用。皮肤针的适用范围较广泛,若辨证取穴叩刺,可用于多种损容性疾病,如脱发、神经性皮炎、斑秃、顽癣等。

五、禁忌证

局部如有皮肤创伤、溃疡、瘢痕、急性传染性疾病和急腹症不宜使用。

六、注意事项

(1) 针具要经常检查,注意针尖有无钩曲、针尖是否平齐、滚刺筒是否转动灵活。
(2) 叩刺时动作要轻捷,正直无偏斜,以免造成病人疼痛。
(3) 局部如有溃疡或损伤者不宜使用本法,急性传染性疾病和急腹症也不宜使用本法。
(4) 要严格消毒,以防感染。
(5) 滚刺筒不宜在骨骼突出部位滚动,以免产生疼痛和出血。

第五节 电 针 术

电针术是将毫针刺入穴位得气后,在针上通以微量电流,加强对穴位的刺激,达到治疗目的的一种方法。电针是毫针与电生理效应的结合,其优点是能比较客观地控制刺激量,且能代替人施运针手法,节省人力,已经成为临床普遍使用的治疗方法。

一、应用器材

应用器材主要是电针仪,在其发展过程中种类很多,目前多用晶体管元件构成,采用振荡发生器输出脉冲电流,要求脉冲电压(峰值)在40～80 V之间,输出电流小于1 mV。

二、术前准备

消毒毫针若干,75%酒精,消毒棉球,电针仪,镊子等。

三、操作要领

(1) 常规消毒针刺部位皮肤。

(2) 按毫针刺法进针。

(3) 针刺得气后,先将电针仪上的输出电位器调至零值,再将两根输出导线分别接于两根针的针柄或针体上。

(4) 开启电针仪的电源开关,再慢慢旋转电位器,逐渐调高输出电流至所需电流量,以病人能忍耐为度。

(5) 通电时间视病情及病人体质而定,一般为 15~30 min。

(6) 治疗完毕,把电位器调低到零值,关闭电源,拆去输出导线。

(7) 按起针法退出毫针。

(8) 波型选用:电针电流波型、频率不同,其作用和适应范围亦有差异,临床使用时应根据不同病情适当选择密波、疏波、疏密波或断续波。

(9) 密波:凡频率在每秒 50~100 次之间为密波(高频),能降低神经应激能力。首先对感觉神经起抑制作用,接着对运动神经也起抑制作用。通常用于止痛、镇静、针刺麻醉及缓解肌肉和血管痉挛等。

(10) 疏波:凡频率在每秒 2~5 次之间为疏波(低频),其刺激作用较强,能引起肌肉收缩,提高肌肉韧带的张力,而对感觉和运动神经的抑制发生较慢。通用于治疗痿证和各种肌肉、韧带、关节等的损伤。

(11) 疏密波:指疏波和密波自动交替出现的一种波型。疏、密交替出现及持续的时间各约 1.5 s,克服了单一波型易产生适应的特点。其动力作用大,治疗时以兴奋效应占优势。能增加代谢,促进气血循环,改善组织营养,消除炎性水肿。常用于止血、扭挫伤、关节周围炎、气血运行障碍、坐骨神经痛、面瘫、肌无力、局部冻伤等。

(12) 断续波:指有节律地时断、时续自动出现的一种波型。断时,在 1.5 s 时间内无脉冲电流输出;续时,是密波连续工作 1.5 s。对断、续波型,机体不易适应,其动力作用顽强。能提高肌肉组织的兴奋性,对横纹肌有良好的刺激收缩作用。通常用于治疗痿证、瘫痪等。

四、适应证

电针的适应范围基本与毫针刺法相同,其治疗范围较广。临床上用于各种顽固的损容性疾病,如面颈部皱纹、单纯性肥胖等,也可以用于针刺麻醉。

五、禁忌证

心脏病、孕妇不宜使用。

六、注意事项

(1) 电针仪使用前须检查其性能是否正常。干电池电流微弱时,就须更换新电池。如输出电流时断时续,可能是导线接触不良所致,应检修后再用。

(2) 电针刺激量较大，所给电流量须以患者能耐受为限，以防晕针，调节电流量时须慢慢由小到大，切勿突然增强，避免引起肌肉痉挛，造成弯针、折针。

(3) 在胸、背部的穴位上使用电针时，不可将2个电极跨接在身体两侧，避免电流回路经过心脏。有心脏病者，避免电流回路通过心脏，以免发生意外。近延髓、脊髓部位使用电针时，电流输出量要小。

(4) 经温针使用过的毫针，针柄因烧黑氧化不导电，应将输出线接在针体上。

第六节 皮内针术

皮内针术是以特制的小型针具固定于腧穴部的皮内或皮下，进行较长时间埋藏的一种针刺美容方法，又称埋针法。它的发展源于古代刺久留针的方法，针刺入皮肤后，固定留置一定的时间，给机体皮部以弱而长时间的刺激，可调整经络、脏腑功能，达到防治疾病的目的。

一、术前准备

消毒皮内针（颗粒型、揿钉型）若干，75%酒精，消毒棉球，胶布，镊子等。

二、针具

皮内针（图4-26）是用不锈钢特制的小针，有颗粒型、揿钉型两种。颗粒型（麦粒型）：一般针长约1 cm，针柄形似麦粒或呈环形，针身与针柄呈一直线；揿钉型（图钉型）：针身长0.2～0.3 cm，针柄呈环形，针身与针柄呈垂直状。

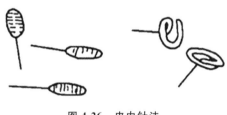

图4-26 皮内针法

三、操作要领

针刺部位多以不妨碍正常活动处腧穴为主，一般多用背俞穴、四肢穴和耳穴等，针刺前针具和皮肤（穴位）均进行常规消毒。

1. 颗粒型皮内针 刺入操作：左手拇、食指按压穴位上下皮肤，稍用力将针刺部位皮肤撑开固定，右手用小镊子夹住针柄，沿皮下将针刺入真皮内，针身可沿皮下平行埋入0.5～1.0 cm。

针刺方向：采取与经脉呈十字交叉形，例如肺俞（膀胱经背部第一侧线上），经线循行是自上而下，针则自左向右，或自右向左地横刺，使针与经线呈十字交叉形。根据病情选取穴位。埋藏固定：皮内针刺入皮内后，在露出皮外部分的针身和针柄下的皮肤表面之间粘贴一块小方形（1.0 cm×1.0 cm）胶布，然后再用一条较前稍大的胶布，覆盖在针上。这样就可以将针身固定在皮内，不致因运动的影响而使针具移动或丢失。

2. 揿钉型皮内针 多用于面部及耳穴等需垂直浅刺的部位。用时以小镊子或持针钳夹住针柄，将针尖对准选定的穴位，轻轻刺入，然后以小方块胶布粘贴固定。另外，也可以用小镊子夹针，将针柄放在预先剪好的小方块胶布上粘住，手执胶布将其连针贴刺在选定的穴位上。埋针时间的长短，可根据病情决定，一般1～2天，多者可埋6～7天，暑热天埋针不宜超过2天，以防止感染。

皮内针可根据病情决定留针时间的长短,一般为1~2天,最长可达1周。若天气炎热,留针时间不宜过长,一般不超过2天,以防感染。在留针期间,可每天用手按压数次,以加强刺激,提高疗效。

四、适应证

皮内针是久留针的一种发展,故临床上常用于一些慢性顽固性疾病和经常发作的疼痛性疾病。皮内针疗法常用于治疗痤疮、黄褐斑、肥胖症等损容性疾病。

五、禁忌证

溃疡、炎症、不明原因的肿块。

六、注意事项

(1) 每次取1~2穴,一般取单侧,或取两侧对称同名穴。
(2) 埋针要选择易于固定和不妨碍肢体活动的穴位。
(3) 埋针后,患者感觉刺痛或妨碍肢体活动时,应将针取出重埋或改用其他穴位。
(4) 针刺前,应对针体详细检查,以免发生折针事故。

第七节 火 针 术

火针疗法历史悠久,源远流长,操作简单,见效迅速。火针刺法是将特制的金属针烧红,迅速刺入一定部位、腧穴,而达到美容目的的一种治疗方法,是针灸的一种。古称"燔针",火针刺法称为"焠刺"。

本法具有温经散寒、通经活络的作用,临床常用于治疗风寒湿痹、痈疽、瘰疬、痣疣等疾病。近年来,改进针具后,其应用范围较前有所扩大,如外阴白斑等。

一、术前准备

火针,75%酒精,消毒棉球,酒精灯,火柴,胶布,镊子等。

二、针具

针具多选用能耐高温不变软的钨锰合金材料制作,针柄以耐热、导热差的非金属材料制成,针体较粗,针头较钝。作为针具,以高温下针体硬度高、针柄不易导热为优。

常用的有单头火针、三头火针。单头火针又有粗细不同,可分为细火针(针身直径约0.5 mm)和粗火针(针身直径约1.2 mm,亦可用28~30号(直径0.28~0.38 mm)的毫针,创伤较小,治疗范围广,病人较易接受。

三、操作要领

1. 选穴与消毒

(1) 选穴:取穴原则为辨证取穴、辨病取穴、阿是穴与局部取穴相结合,与毫针选穴基本相同,但选穴宜少,多以局部穴位为主。软组织伤及各种疼痛疾病,以阿是穴及阳性反应点为治疗点。选定穴后,用棉签在穴上按压一凹陷标志以利进针。

(2) 消毒:火针治疗应严格无菌操作,针刺前穴位局部皮肤应严格消毒,与毫针刺法消毒相同。

2. 烧针与针刺

(1) 烧针:使用火针的关键步骤。《针灸大成·火针》明确指出:灯上烧,令通红,用方有功。若不红,不能去病,反损于人。因此,在使用火针前必须将针烧红,可先烧针身,后烧针尖。火针需烧至白亮,否则不宜刺入,也不宜拔出,否则剧痛。

(2) 针刺:可用左手拿点燃的酒精灯,右手持针,尽量靠近施治部位,烧针后对准穴位垂直点刺,快进速退。毫针烧后更宜垂直刺入,否则易弯针,很难刺入。毫针火针可以留针 5～10 min。出针后用无菌干棉球按压针孔,以减少疼痛并防止出血。出针后处理:火针后一般不需要特殊处理,只需要用干棉球按压针孔即可。一则可以减轻疼痛,二则可以保护针孔。火针后,针眼处皮肤可出现微红、灼热、轻度肿痛、痒等症状,属于正常现象,不用处理。在针眼局部呈现红晕或红肿未能完全消失前则应避免洗浴,以防感染。若针眼或局部皮肤发痒、红肿,甚至出现脓点,不可用手搔抓,以防感染,保持局部清洁,可用碘伏涂抹,1 周内可消失。

3. 针刺的深度 应根据病情、体质、年龄和针刺部位的肌肉厚薄、血管深浅、神经分布而定。《针灸大成·火针》说:切忌太深,恐伤经络,太浅不能去病,惟消息取中耳。

一般而言,四肢、腰腹部针刺稍深,可刺 2～5 分深,胸背部针刺宜浅,可刺 1～2 分深,至于痣疣的针刺深度以其基底的深度为宜。毫针火针的针刺深度与毫针针刺大致相同。

四、适应证

本法具有温经散寒、通经活络的作用,因此在临床上可用于虚寒病的治疗。

五、禁忌证

皮肤局部红肿、瘀血、痈肿、囊肿、结节、瘤、瘢痕、赘疣、雀斑、针眼、口眼㖞斜等。

六、注意事项

火针是针灸疗法中的一种方法,因此针灸的禁忌证也都是火针的禁忌证。治疗前必须诊断明确。

(1) 施用火针时要注意安全,防止烧伤或火灾等意外事故。

(2) 精神过于紧张的病人、饥饿、劳累以及大醉之人不宜火针,等他们的不适症状缓解后再行治疗;体质虚弱的病人应采取卧位。

(3) 早期的恶性肿瘤及大月份的怀孕妇女,都是火针的禁忌。

(4) 人体的有些部位,如大血管、内脏以及主要的器官处,禁用火针。

(5) 面部应用火针须慎重。古人认为面部禁用火针。因火针后局部有可能遗留小瘢痕,因此古人认为面部应禁用。但如我们在操作时选用毫针烧刺,则不但可以治疗疾病,而且不会出现瘢痕,因此在面部禁用火针不是绝对的。

第八节 水 针 术

在穴位中进行药物注射,通过针刺和药物对穴位的刺激和药理作用,达到美容目的的一种方法叫水针术,也叫做穴位注射法。

一、术前准备

治疗盘、注射用药液、5～20 mL 注射器和 6～7 号针头、75%酒精棉球、镊子、消毒干棉球。

二、操作方法

(1) 腧穴局部消毒后,右手持注射器,针头对准穴位快速刺入皮下,然后用直刺或斜刺方法推进至一定深度并上下提插,得气后,若抽无回血,即将药物注入。

(2) 凡急性病、体强者可快速将药液推入;慢性病、体弱者应将药液缓慢推入;一般疾病用中等速度推入药液。如所用药液较多时,可由深至浅、边退边推药,或将注射针向几个方向注射药液。推注完药液后快速出针,用消毒干棉球按压针孔 1 min。

(3) 注射剂量:做小剂量穴位注射时,可用原药物剂量的 1/5～1/2。一般头面部每穴注射 0.3～0.5 mL,四肢部每穴注射 1～2 mL,胸背部每穴注射 0.5～1 mL,腰臀部每穴注射 2～5 mL,中草药注射液的穴位注射常规剂量为每穴 1～2 mL。

(4) 急症病人每日 1～2 次,慢性病一般每日或隔日 1 次,6～10 次为 1 个疗程,反应强烈者,可隔 2～3 日 1 次,每穴可左右交替使用,每个疗程间可休息 3～5 日。

三、适应证

穴位注射的药物不同,其治疗作用也不同,穴位注射的适应证较广泛,凡针灸治疗的适应证大多能用本法,如肥胖症、黄褐斑、痤疮等,辨证取穴可用于多种损容性疾病。

四、注意事项

(1) 注意药物配伍禁忌、副作用和过敏反应。副作用较大的药物应慎用;凡引起过敏的药物(如青霉素等)须先做皮试。

(2) 注射后局部可能有酸胀感,甚或发热、暂时局部症状加重等现象,不必处理,数小时或 1 天后可逐渐消失。

(3) 美容临床常用注射液:活血祛瘀常用复方当归注射液、丹参注射液;清热解毒常用板蓝根注射液、鱼腥草注射液、银黄注射液;美容保健常用维生素、胎盘注射液等。

(4) 在主要神经干通过的部位做穴位注射时,应注意避开神经干,或浅刺以不达神经干所在的深度。进针后如病人有触电感,应稍退针后再推药,以免损伤神经。

(5) 注意不要将药液注入关节腔、脊髓腔、血管内。

(6) 内有重要脏器的部位、颈项、胸背部注射时不可过深,应缓慢注射。

(7) 孕妇的下腹部、腰骶部和三阴交、合谷穴等不可用穴位注射法,有引起流产的可能。

(8)年老体弱、初次治疗者,选穴要少,药液剂量应酌情减少。在注射过程中如出现晕针现象,应及时出针,并按一般晕针处理。

第九节 灸 术

灸,灼烧的意思。灸法主要是借灸火的热力给人体以温热性刺激,通过经络腧穴的作用,以达到美容目的的一种方法。《医学入门·针灸》载:药之不及,针之不到,必须灸之。

一、灸用材料

施灸的原料很多,但以艾叶作为主要灸料。艾属草菊科多年生草本植物,我国各地均有生长,以蕲州产者为佳,故有"蕲艾"之称。艾叶气味芳香,辛温味苦,容易燃烧,火力温和,故为施灸佳料。《名医别录》载:艾味苦,微温,无毒,主灸百病。

二、灸法的作用

（一）温经散寒

《素问·异法方宜论》记载:藏寒生满病,其治宜灸芮。可见灸法具有温经散寒的功能。临床上常用于治疗寒凝血滞、经络痹阻所引起的寒湿痹痛、痛经、经闭、胃脘痛、寒疝腹痛、泄泻、痢疾等。

（二）扶阳固脱

《扁鹊心书》记载:真气虚则人病,真气脱则人死,保命之法,灼艾第一。《伤寒杂病论·辨厥阴病脉证并治》云:下利,手足逆冷,无脉者,灸之。可见阳气下陷或欲脱之危证,皆可用灸法,以扶助虚脱之阳气。临床上多用于治疗脱证和中气不足、阳气下陷而引起的遗尿、脱肛、阴挺、崩漏、带下、久泻、痰饮等。

（三）消瘀散结

《灵枢·刺节真邪》记载:脉中之血,凝而留止,弗之火调,弗能取之。气为血之帅,血随气行,气得温则行,气行则血亦行。灸能使气机通畅,营卫调和,故瘀结自散。临床常用于治疗气血凝滞之疾,如乳痈初起、瘰疬、瘿瘤等。

（四）防病保健

《备急千金要方·针灸上》云:凡人吴蜀地游宦,体上常须两三处灸之,勿令疮暂瘥,则瘴疠、温疟毒气不能著人也。《扁鹊心书·须识扶阳》说:人于无病时,常灸关元、气海、命门、中脘,虽未得长生,亦可保百年寿矣。《医说·针灸》也说:若要安,三里莫要干。说明艾灸足三里有防病保健作用,今人称之为"保健灸",也就是说无病施灸,可以激发人体的正气,增强抗病的能力,使人精力充沛,长寿不衰。

三、灸法的种类

灸法的种类很多,常用的灸法(表4-3)如下。

表 4-3 常用的灸法

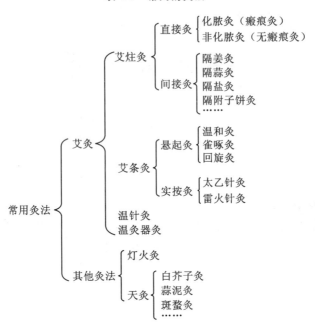

四、术前准备

艾绒、艾条、隔垫药物、温灸器、毫针、火柴、弯盘、镊子等。

五、操作要领

1. 艾炷灸 艾炷灸是将纯净的艾绒,放在平板上,用手搓捏成大小不等的圆锥形艾炷,置于施灸部位点燃而治病的方法(图 4-27)。常用的艾炷或如麦粒,或如苍耳子,或如莲子,或如半截橄榄等。艾炷灸又分直接灸与间接灸两类。

(1)直接灸:将大小适宜的艾柱,直接放在皮肤上施灸的方法(图 4-28)。根据灸后对皮肤刺激程度的不同,分为瘢痕灸和无瘢痕灸两种。施灸时需将皮肤烧伤化脓,愈后留有瘢痕者,称为瘢痕灸;若不使皮肤烧伤化脓,不留瘢痕者,称为无瘢痕灸。

图 4-27 艾柱灸　　　　　　　　　图 4-28 直接灸

①瘢痕灸(化脓灸):施灸时先将所灸腧穴部位涂以少量的大蒜汁,以增强黏附和刺激作用,然后将大小适宜的艾炷置于腧穴上,用火点燃艾炷施灸。每壮艾炷必须燃尽,除去灰烬后,方可继续易炷再灸,待规定壮数灸完为止。施灸时由于艾火烧灼皮肤,因此可产生剧痛,此时可用手在施灸腧穴周围轻轻拍打,借以缓解疼痛。

在正常情况下,灸后1周左右,施灸部位化脓形成灸疮,5～6周后,灸疮自行痊愈,结痂脱落后而留下瘢痕。

施灸前必须征求病人同意合作后方可使用本法。临床上常用于治疗哮喘、肺痨、瘰疬等慢性顽疾。

②无瘢痕灸(非化脓灸):施灸时先在所灸腧穴部位涂以少量的凡士林,以使艾炷便于黏附,然后将大小适宜的(约如苍耳子大)艾炷,置于腧穴上点燃施灸,当艾炷燃剩2/5或1/4而病人感到微有灼痛时,即可易炷再灸,待将规定壮数灸完为止。一般应灸至局部皮肤出现红晕而不起疱为度。因其皮肤无灼伤,故灸后不化脓,不留瘢痕。一般虚寒性疾病均可采用此法。

(2)间接灸:指用药物或其他材料将艾炷与施灸腧穴的皮肤隔开灸的方法,故又称为隔物灸(图4-29)。治疗时,发挥了艾灸和药物的双重作用,从而有特殊的效果。间接灸所用间隔药物或材料很多,如以生姜间隔者,称隔姜灸;用食盐间隔者,称隔盐灸;以附子饼间隔者,称隔附子饼灸。

①隔姜灸:将鲜姜切成直径2～3 cm、厚0.2～0.3 cm的薄片,中间以针刺数孔,然后将姜片置于应灸的腧穴部位或患处,再将艾炷放在姜片上点燃施灸。当艾炷燃尽,再易炷施灸。灸完所规定的壮数,以使皮肤红润而不起疱为度。

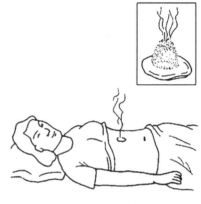

图4-29　间接灸

常用于因寒而致的呕吐、腹痛以及风寒痹痛等,有温胃止呕、散寒止痛的作用。

②隔蒜灸:用鲜大蒜头,切成厚0.2～0.3 cm的薄片,中间以针刺数孔(捣蒜如泥亦可),置于应灸腧穴或患处,然后将艾炷放在蒜片上,点燃施灸。待艾炷燃尽,易炷再灸,直至灸完规定的壮数。多用于治疗瘰疬、肺痨及初起的肿疡等病证,有清热解毒、杀虫等作用。

③隔盐灸:用干燥的食盐(以青盐为佳)填敷于脐部,或于盐上再置一薄姜片,上置大艾炷施灸。多用于治疗伤寒阴证或吐泻并作、中风脱证等,有回阳、救逆、固脱之力。但须连续施灸,不拘壮数,以期脉起、肢温、证候改善。

④隔附子饼灸:将附子研成粉末,用酒调和做成直径约3 cm、厚约0.8 cm的附子饼,中间以针刺数孔,放在应灸腧穴或患处,上面再放艾炷施灸,直至灸完所规定壮数为止。多用于治疗命门火衰而致的阳痿、早泄或疮疡久溃不敛等,有温补肾阳等作用。

2. 艾条灸

(1)悬起灸:施灸时将艾条悬放在距离穴位一定高度上进行熏烤,不使艾条点燃端直接接触皮肤,称为悬起灸(图4-30)。悬起灸根据实际操作方法不同,分为温和灸、雀啄灸和回旋灸。

①温和灸:施灸时将艾条的一端点燃,对准应灸的腧穴部位或患处,距皮肤2～3 cm,进行熏烤,使病人局部有温热感而无灼痛为宜,一般每处灸10～15 min,至皮肤出现红晕为度。对于昏厥、局部知觉迟钝的病人,医者可将中、食二指分张,置于施灸部位的两侧,这样可以通过医者手指的感觉来测知病人局部的受热程度,以便随时调节施灸的距离和防止烫伤。

②雀啄灸:施灸时,将艾条点燃的一端与施灸部位的皮肤并不固定在一定距离,而是像鸟雀啄食一样,一上一下地活动施灸。

③回旋灸:施灸时,艾条点燃的一端与施灸部位的皮肤虽然保持一定的距离,但不固定,

而是向左右方向移动或反复地旋转施灸。

(2) 实按灸：施灸时，将太乙针或雷火针的一端烧着，用布包裹其烧着的一端7层，立即紧按于应灸的腧穴或患处，进行熨灸，针冷则再燃再熨，如此反复灸熨7～10次为度。治疗风寒湿痹、肢体顽麻、痿弱无力、半身不遂等均有效。

3. 温针灸 温针灸是针刺与艾灸结合应用的一种方法，适用于既需要留针而又适宜用艾灸的病证(图4-31)。操作方法是：将针刺入腧穴，得气后给予适当补泻手法而留针时，将纯净细软的艾绒捏在针尾上，或用一段长2 cm艾条插在针柄上，点燃施灸。待艾绒或艾条烧完后除去灰烬，将针起出。

4. 温灸器灸 温灸器又名灸疗器，是一种专门用于施灸的器具，用温灸器施灸的方法称温灸器灸(图4-32)。临床常用的有温灸盒和温灸筒。施灸时，将艾绒，或加掺药物，装入温灸器的小筒，点燃后，将温灸器之盖扣好，即可置于腧穴或应灸部位，进行熨灸，直到所灸部位的皮肤红润为度。有调和气血、温中散寒的作用，一般需要灸治者均可采用，对小儿、妇女及畏惧灸治者最为适宜。

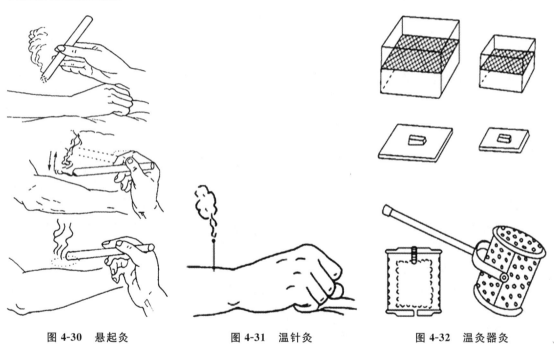

图4-30 悬起灸　　　图4-31 温针灸　　　图4-32 温灸器灸

六、灸法的注意事项

(一) 施灸的先后顺序

《千金要方·针灸上》记载：凡灸当先阳后阴，……先上后下，先少后多。临床上一般是先灸上部，后灸下部，先灸阳部，后灸阴部，壮数是先少而后多，艾炷是先小而后大。

(二) 施灸的禁忌

①对实热证、阴虚发热者，一般不适宜灸疗。②对颜面、五官和有大血管的部位以及关节活动部位，不宜采用瘢痕灸。③孕妇的腹部和腰骶部也不宜施灸。

(三) 灸后的处理

施灸后，局部皮肤出现微红、灼热，属于正常现象，无须处理。如因施灸过量，时间过长，局部出现小水疱,只要注意不擦破,可任其自然吸收。如水疱较大,可用消毒的毫针刺破水疱,放出水液,或用注射针抽出水液,再涂以龙胆紫,并以纱布包敷。如用化脓灸者,在灸疮化脓期间,要注意适当休息,加强营养,保持局部清洁,并可用敷料保护灸疮,以防污染,待其自然愈合。如处理不当,灸疮脓液呈黄绿色或有渗血现象者,可用消炎药膏或玉红膏涂敷。

第十节 穴位磁疗术

穴位磁疗是将磁珠、磁片或磁疗机的磁头贴压于穴位,运用磁场作用于人体的经络穴位来防治疾病的一种方法,又称为"经穴磁珠疗法""磁穴疗法"等。该疗法具有镇静、镇痛、消炎、消肿、降压、调节经络平衡等作用。我国运用磁石来治疗疾病的历史悠久,至20世纪60～70年代,人们采用人工磁石敷贴经络腧穴的方法来治疗疾病,使磁疗法得到了很大的发展。

一、用具

临床上磁疗器种类繁多,如磁带、磁针、磁椅、磁床等,此外还有将低频或中频电流与静磁场联合应用的磁-电综合疗法等。

（一）磁片、磁珠

一般由钡铁氧体、锶铁氧体、铝镍钴永磁合金等制作而成。磁场强度为300～3000 Gs。锶铁氧体因不易退磁,表面磁场强度可达1000 Gs,故临床运用较多;钡铁氧体价格最便宜,因其表面磁场强度一般只有数百高斯,故多用于年老体弱者。

（二）旋磁机

旋磁机,是目前临床上使用较多的一种。其形式多样,但其构造原理比较简单,是用一只小马达带动2～4块永磁体旋转,形成一个交变磁场或脉动磁场。

旋磁机的磁铁柱的直径为5～10 mm,长度为5～7 mm,表面磁场强度3000～4000 Gs。机器转速应在1500 r/min以上。在治疗时,转盘与皮肤应保持一定的距离,对准穴位进行治疗。

二、操作方法

（一）静磁法

静磁法是将磁片（或磁珠）贴敷在穴位表面,产生恒定的磁场以治疗疾病的方法。

1. 贴敷法 用胶布将直径5～20 mm、厚3～4 mm的磁片,直接贴敷在穴位或痛点上,磁片表面的磁场强度为500～2000 Gs。或用磁珠贴敷耳穴,根据治疗部位的不同,可以采用单置法、对置法或并置法。

2. 间接贴敷法 若患者对胶布过敏,或磁片较大,用胶布不易固定;或出汗、洗澡时贴敷磁片有困难;或慢性病需长期敷磁片时,可用间接贴敷法。即将磁片放到衣服口袋中,或缝到衬裤、内衣、鞋帽内,或根据磁片大小和穴位所在部位,缝制装置磁片的专用口袋,将其穿戴到身上,使穴位接受磁场的作用。如穿戴"磁性降压带",刺激内关或三阴交等穴,可以治疗高血压。

3. 磁针法 将皮内针或短毫针刺入穴位或痛点上,针尾上放置一块磁片,然后用胶布固定,如此可使磁场通过针尖集中透入深层组织。本法用于五官科疾病,也用于腱鞘炎及良性肿物等。

(二)动磁法

动磁法是用变动磁场作用于穴位以治疗疾病的方法。

1. 脉动磁场疗法 应用同名极旋磁机,因磁铁柱之间互为同名极,所发出的磁场为脉动磁场。临床上将机器对准穴位即可进行治疗。若病变部位较深,可用两个同名极旋磁机对置于治疗部位进行治疗,使磁力线穿过病变部位,这种治疗方法称同名机对置法,此法多用于关节部位。若病变部位呈长条形,病位表浅,可采用异名极并置法,将两个互为异名极的旋磁机顺着发病区并置,此法多用于神经、血管、肌肉等疾病。

2. 交变磁场疗法 一般使用电磁机产生的低频交变磁场治疗疾病,也可用旋磁机,使磁铁柱之间互为异名极,发生交变磁场,但其有效磁场较低。

三、适应证

该法简便、无创伤、易被接受,可用于防治多种损容性疾病。

四、禁忌证

患有严重的心、肺、肝脏病,血液病,急性传染病者;出现出血、脱水、高热的病人,体质极度虚弱者,新生儿和孕妇下腹部;皮肤破溃、出血处,当禁用穴位磁疗法。

五、注意事项

(1)施行穴位磁疗时,2天内必须复查,因为副作用多出现在磁疗2天内。其表现为头昏、恶心、心悸、嗜睡等情况。若副作用轻,且病人能坚持治疗者,可继续磁疗;若副作用重,病人不能坚持者,要及时去磁片中断治疗。

(2)若病人平素白细胞计数较低时,在磁疗中要定期复查血常规。当白细胞计数较前更为减少时,要立即中断治疗。

(3)磁片贴敷时间较长时,为防止汗渍引起磁片生锈,应在皮肤与磁片之间放一层隔垫物,能防止锈磁刺激皮肤。

(4)治疗过程中,嘱病人摘去手表以防磁化。

第十一节 耳 针 术

采用针或其他方法刺激耳廓上的穴位,以达到保健美容、防病治病目的的一种常用方法叫耳针术(图4-33)。耳穴疗法操作方便,安全可靠,能够美化容颜、消除肥胖、防治面部皱纹、痤疮、面肌痉挛、扁平疣、黄褐斑等各种损容性疾病,是主要的美容手段之一。另外,耳穴疗法还可以通过治疗便秘、失眠、神经衰弱等,间接地达到美容的目的。

一、术前准备

治疗盘、针盒、消毒毫针或揿针、2%碘酒、75%酒精、消毒干棉球、镊子、胶布。

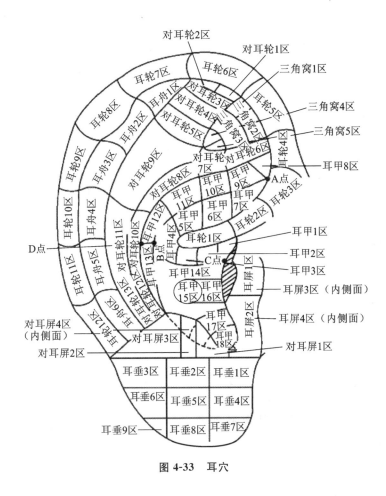

图 4-33 耳穴

二、耳穴的探查

当人体出现疾病时,往往在耳廓上出现各种阳性反应。耳廓上耳穴部位的阳性反应既是辅助诊断的依据,也是治疗疾病的刺激点。

常用的耳穴探查方法有:望,即用肉眼或放大镜直接观察耳廓皮肤有无变色、变形;压,即用探棒在疾病相应部位,由周围向中心以均匀的压力,仔细探压;查,即用耳穴电子探查仪器,测定有无电阻值降低、电流增大而形成良导点。

三、操作方法

(1) 针刺耳廓:常规消毒后,医者左手固定耳廓,右手持半寸短柄毫针对准穴位刺入,深度以刺穿软骨不透过对侧皮肤为度。采用小幅度捻转手法,刺激强度应根据就医者的病情、体质而灵活掌握。若局部感应强烈可不行针,留针 20～30 min 后起针,慢性病、疼痛性疾病可适当延长。出针时左手托住耳背,右手起针,并用消毒干棉球压迫针孔。急性疾病,两侧耳穴同用;慢性疾病,每次用一侧耳穴,两耳交替。病人感觉局部热胀或麻凉为得气,一般反应强烈者效果较好。

(2) 埋针:皮肤常规消毒,左手固定耳廓,绷紧埋针处皮肤,右手用镊子夹住消毒的针柄,轻轻刺入耳穴的皮内,刺入针体的 2/3,用胶布固定。仅埋患侧单耳,必要时可埋双耳,每日自行按压 3 次,留针 3～5 天。

(3) 压籽：使用前，将王不留行籽用沸水烫洗后晒干，放在瓶中备用。压籽时，将王不留行籽黏附在小方块胶布中央然后贴敷于耳穴上，每天就医者可自行按压数次，留针3~5日。每次每穴按压30~60 s，3~7日更换一次，双耳交替。刺激强度视患者情况而定，一般儿童、孕妇、年老体弱、神经衰弱者用轻刺激法，急性疼痛性病证宜用强刺激法。

(4) 刺血：先按摩耳廓使其充血，严格消毒后，用三棱针点刺法快速刺入、退出，并轻轻挤压针孔周围，使之少许出血后用消毒干棉球按压针孔。

(5) 穴位注射法：将微量药物注入耳穴的治疗方法。一般使用结核菌素注射器配26号针头，依病情吸取选用的药物，左手固定耳廓，右手持注射器刺入耳穴的皮内或皮下，行常规皮试操作，缓缓推入0.1~0.3 mL药物，使皮肤成小皮丘，耳廓有痛、胀、红、热等反应，完毕后用消毒干棉球轻轻压迫针孔，隔日1次。

四、适应证

凡适应毫针治疗之疾病，均可用耳针治疗。粉刺、疣、面游风、酒渣鼻、粉花疮、油风、疮疡疔肿、针眼、肥胖症等损容性疾病。

五、耳穴选穴原则

1. 辨证选穴

(1) 经络辨证：根据人体经络系统的循行分布、功能、病候及其与脏腑的相互关系辨证选穴，如上肢外侧痛取三焦，后头痛取膀胱穴。

(2) 脏腑辨证：根据脏腑的生理功能、病理变化等理论辨证取穴，如荨麻疹选肺穴，眩晕选脾穴，心律失常选心穴、小肠穴。

2. 按病选穴　根据耳穴与疾病部位的对应关系选穴，如眼病选眼穴，月经不调选内生殖器穴，胃病选胃穴。

3. 按西医理论选穴　根据西医生理、病理学知识选穴，如风湿性关节炎选肾上腺耳穴，甲状腺功能低下或亢进选内分泌耳穴。

4. 按经验选穴　根据临床实践积累的某些耳穴的经验用法，如治疗腰腿痛选外生殖器耳穴，治目赤肿痛选耳尖耳穴。

六、注意事项

(1) 严格消毒，预防感染，若见针眼红肿，应及时涂擦2%碘酒或口服抗炎药，防止软骨感染。

(2) 耳廓冻伤部位禁止针刺。

(3) 耳针治疗时偶有晕针，须注意预防和处理，其处理同一般晕针。

(4) 不可刺入耳软骨。

(5) 有习惯性流产的孕妇禁用耳针；妇女怀孕期间应慎用耳针，禁用内生殖器、盆腔、内分泌、肾等耳穴。

第十二节　常见并发症或意外情况的处理和预防

针刺治病是一种安全、有效的疗法，但由于种种原因，有时也可能出现某种异常情况，如晕针、滞针、弯针等,必须立即进行有效处理。

一、晕针

(1) 现象:轻度晕针,表现为精神疲倦,头晕目眩,恶心欲吐;重度晕针,表现为心慌气短,面色苍白,出冷汗,脉象细弱,甚则神志昏迷,唇甲青紫,血压下降,二便失禁,脉微欲绝等症状。

(2) 原因:多见于初次接受针刺治疗的患者,其他可因精神紧张、体质虚弱、劳累过度、饥饿空腹、大汗后、大泻后、大出血后等。也有因患者体位不当,施术者手法过重以及治疗室内空气闷热或寒冷等。

(3) 处理:立即停止针刺,起出全部留针,扶持病人平卧,头部放低,松解衣带,注意保暖。轻者静卧片刻,给饮温茶,即可恢复。如未能缓解者,用指掐或针刺急救穴,如人中、素髎、合谷、内关、足三里、涌泉、中冲等,也可灸百会、气海、关元、神阙等,必要时可配用现代急救措施。晕针缓解后,仍需适当休息。

(4) 预防:对晕针要重视预防,如初次接受针治者,要做好解释工作,解除恐惧心理。正确选取舒适持久的体位,尽量采用卧位。选穴宜少,手法要轻。对劳累、饥饿、大渴病人,应嘱其休息、进食、饮水后,再予针治。针刺过程中,应随时注意观察患者的神态,询问针刺后情况,一旦有晕针等不适先兆,须及早采取处理措施。此外,注意室内空气流通,消除过热过冷因素。

二、滞针

(1) 现象:针在穴位内,运针时捻转不动,提插、出针均感困难。若勉强捻转、提插,则患者感到疼痛。

(2) 原因:患者精神紧张,针刺入后局部肌肉强烈挛缩;或因行针时捻转角度过大、过快和持续单向捻转等,而致肌纤维缠绕针身所致。

(3) 处理:嘱患者消除紧张,使局部肌肉放松;或延长留针时间,用循、按、弹等手法,或在滞针附近加刺一针,以缓解局部肌肉紧张。如因单向捻针而致者,需反向将针捻回。

(4) 预防:对精神紧张者,应先做好解释,消除顾虑。并注意行针手法,避免连续单向捻针。

三、弯针

(1) 现象:针柄改变了进针时刺入的方向和角度,使提插、捻转和出针均感困难,患者感到针刺处疼痛。

(2) 原因:术者进针手法不熟练,用力过猛,以致针尖碰到坚硬组织,或因病人在针刺过程中变动了体位,或针柄受到某种外力碰压等。

(3) 处理:出现弯针后,就不能再行手法。如针身轻度弯曲,可慢慢将针退出;若弯曲角度过大,应顺着弯曲方向将针退出。因病人体位改变所致者,应嘱病人慢慢恢复原来体位,使局部肌肉放松后,再慢慢退针。遇有弯针现象时,切忌强拔针、猛退针。

(4) 预防:医者进针手法要熟练,指力要轻巧。病人的体位要选择恰当,并嘱其不要随意变动。注意针刺部位和针柄不能受外力碰压。

四、断针

(1) 现象:针身折断,残端留于病人腧穴内。

(2) 原因:针具质量欠佳,针身或针根有损伤剥蚀。针刺时针身全部刺入腧穴内,行针时强力提插、捻转,局部肌肉猛烈挛缩。病人体位改变,或弯针、滞针未及时正确处理等所致。

(3) 处理:嘱病人不要紧张、乱动,以防断针陷入深层。如残端显露,可用手指或镊子取出;若断端与皮肤相平,可用手指挤压针孔两旁,使断针暴露体外,用镊子取出;如断针完全没入皮内、肌肉内,应在X线下定位,手术取出。

(4) 预防:应仔细检查针具质量,不合要求者应剔除不用。进针、行针时,动作宜轻巧,不可强力猛刺。针刺入穴位后,嘱病人不要任意变动体位。针刺时针身不宜全部刺入,遇有滞针、弯针现象时,应及时正确处理。

五、针后异常感

(1) 现象:出针后,病人不能挪动体位,或重、麻、胀的感觉过强,或原有症状加重,或针孔出血,或针刺处皮肤青紫、结节等。

(2) 原因:肢体不能挪动,可能是有针遗留,未完全出完,或体位不当,致肢体活动受限;对过于重、麻、胀针感者,多半是行针时手法过重,或与留针时间过长有关;原有病情加重,多因手法与病情相悖,即"补泻反,病益笃"之由;局部出血、青紫、硬结出现者,都因刺伤血管所致,个别可能由凝血功能障碍引起。

(3) 处理:如有遗留未出之针,应随即起针,退针后让病人休息片刻,不要急于离开;对原病加重者,应查明原因,调整治则和手法,另行针治;局部出血、青紫者,可用棉球按压和按摩片刻;如因内出血青紫块较明显者,应先做冷敷以防继续出血,再行热敷,使局部鲜血消散。

(4) 预防:退针后认真清点针数,避免遗漏。行针手法要柔和适度,避免手法过强和留针时间过长。临诊时要认真辨证施治,处方选穴精炼,补泻手法适度。要仔细查询有无出血病史,对男性病人,要注意排除血友病。要熟悉浅表解剖知识,避免刺伤血管。

六、针刺引起创伤性气胸

(1) 症状:病人突感胸闷、胸痛、气短、心悸,严重者呼吸困难、发绀、冷汗、烦躁、恐惧,甚则血压下降、出现休克等危急现象。检查时,肋间隙变宽,叩诊呈鼓音,听诊肺呼吸音减弱或消失,气管可向健侧移位。X线可见肺组织被压缩。有的针刺创伤性轻度气胸者,起针后并不出现症状,而是过了一定时间才慢慢感到胸闷、胸痛、呼吸困难等症状。

(2) 原因:针刺胸部、背部和锁骨附近的穴位过深,刺穿了胸腔和肺组织,气体积聚于胸腔而导致气胸。

(3) 处理:一旦发生气胸,应立即起针,并让病人采取半卧位休息,要求病人心情平静,切勿恐惧而反转体位。一般漏气量少者,可自然吸收。医者要密切观察,随时对症处理,如给予镇咳、抗炎类药物,以防止肺组织因咳嗽扩大创口,加重漏气和感染。对严重病例需及时组织抢救,如胸腔排气、少量慢速输氧等。

(4) 预防:医者针刺时要集中思想,选好适当体位,根据病人体形肥瘦程度掌握进针深度,施行提插手法的幅度不宜过大。胸背部腧穴应斜刺、横刺,不宜长时间留针。

七、刺伤脑脊髓

（1）症状：如误伤延脑时，可出现头痛、恶心、呕吐、呼吸困难、休克和神志昏迷等；如刺伤脊髓，可出现触电样感觉向肢端放射，甚至引起暂时性肢体瘫痪，有时可危及生命。

（2）原因：脑脊髓是中枢神经统帅周身各种机体组织的总枢纽、总通道，而它的表层分布有督脉和华佗夹脊穴等一些重要腧穴，如风府、哑门、大椎、风池以及背部正中线第一腰椎以上棘突间腧穴。若针刺过深，或针刺方向、角度不当，均可伤及，造成严重后果。

（3）处理：当出现上述症状时，应及时出针。轻者，需安静休息，经过一段时间后，可自行恢复；重者则应结合有关科室如神经外科等，进行及时抢救。

（4）预防：凡针刺督脉腧穴——12胸椎以上及华佗夹脊穴，都要认真掌握针刺深度、方向和角度。如针刺风府、哑门穴，针尖方向不可上斜，不可过深；悬枢穴以上的督脉腧穴及华佗夹脊穴，均不可深刺。上述腧穴在行针时只宜捻转手法，避免提插手法，禁用捣刺手法。

八、刺伤内脏

（1）症状：刺伤肝、脾，可引起内出血，肝区或脾区疼痛，有的可向背部放射，如出血不止，腹腔聚血过多，会出现腹痛、腹肌紧张，并有压痛及反跳痛等急腹症症状；刺伤心脏时，轻者可出现强烈刺痛，重者有剧烈撕裂痛，引起心外射血，即刻导致休克等危重情况；刺伤肾脏，可出现腰痛、肾区叩击痛、血尿，严重时血压下降、休克；刺伤胆囊、膀胱、胃、肠等空腔脏器时，可引起疼痛、腹膜刺激征或急腹症等症状。

（2）原因：主要是施术者缺乏解剖学、腧穴学知识，对腧穴和脏器的部位不熟悉，加之针刺过深，或提插幅度过大，造成相应的内脏受损伤。

（3）处理：损伤轻者，卧床休息一段时间后，一般即可自愈；如损伤较重，或继续有出血倾向者，应加用止血药，或局部做冷敷止血处理，并加强观察，注意病情及血压变化。若损伤严重，出血较多，出现休克时，则必须迅速进行输血等急救措施。

（4）预防：术者要学好解剖学、腧穴学，掌握腧穴结构，明了腧穴下的脏器组织。针刺胸腹、腰背部的腧穴时，应控制针刺深度，行针幅度不宜过大。

小结

本章主要讲述了各种刺灸技术的基本知识、操作方法、临床应用及作用原理等，探讨运用刺灸技术防治损容性疾病的规律，是针灸医学的重要组成部分，也是中医美容学的重要组成部分，是针灸临床治疗损容性疾病必须掌握的基本技能。其内容包括毫针、灸法、不同针具刺法、电针及穴位特种刺激法等技术。其主要特点为技能训练，各种技术都有各自不同的操作步骤和实施过程，是针灸治病的重要环节，应用正确与否，是临床上获得疗效的关键。

刺法，古称"砭刺"，是由砭石刺病发展而来，后又称"针法"，目前其含义已非常广泛，即指使用不同的针具或非针具，通过一定的手法或方法刺激人体的一定部位，以防治疾病的方法。

灸法，又称"艾灸"。其含义有狭义与广义之分，狭义的灸法是指用艾火防治疾病的方法。广义的灸法既指采用艾绒等为主烧灼、熨烫体表的方法，还包含一些非火源的外治法。

刺法与灸法均属于外治法，均是通过刺激人体的一定部位，以疏通经络，行气活血，协调阴阳，从而达到防治疾病的目的。

能力检测

1. 何谓得气？得气与疗效的关系如何？
2. 什么叫直接灸？分为哪几种？
3. 简述皮肤针刺激强度的分类。
4. 什么叫晕针？怎么处理？

（张　薇）

第五章　推拿美容技术

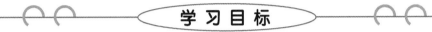

掌握：推拿手法的基本要求、注意事项、推拿基本手法、人体各部位手法操作要领。

熟悉：推拿美容保健各部位的流程、各部位操作特点以及足部推拿常用手法。

了解：推拿的体位、推拿常用介质及推拿手法的分类、足部推拿常用穴定位、注意事项及操作流程。

推拿美容，是指在中医基础理论指导下，通过一定手法，按照特定的技巧动作，作用于人体体表的经络腧穴或一定部位，一方面通过疏通局部气血促进皮肤新陈代谢，增强皮肤的弹性和光泽，另一方面通过经络的调整功能调节机体内部的功能状态，祛除病因，从而延缓皮肤衰老，促进容颜姣好的一种方法。

早在2000多年前就已成书的《黄帝内经》中就有推拿治疗多种疾病的记载，其中推拿美容治疗口眼喎斜是推拿用于美容的最早的例证。有关推拿用于美容养颜的记载始见于汉《引书》的摩面法。自汉以后，利用推拿手法操作进行美容养颜十分盛行，各家均有自己的经验和方法。《太素丹景经》有"人面之上，常欲得两手摩擦之，使热，高下随形，皆使极匝，令人面有光泽，皱斑不生，行之五年，色如少女"的记载。《寿世传真》有"擦面美颜诀""能光泽容颜，不致黑皱"。《诸病源候论》记载：摩手掌令热以摩面，从上下二七止。去䵟气，令面有光。《养性延命录》云：摩手令热以摩，从上至下，却邪气，令人面上有光彩。可见爱美之心，自古有之。推拿手法美容更因简便易行而成为首选，其操作则多以摩、擦、抹等作用于浅表部位的手法为主。

第一节　术前准备和术中、术后注意事项

一、推拿前的准备

推拿前要仔细观察治疗部位，决定用什么手法和体位，做到施术时心中有数。做好术前准备，施术者双手要保持清洁，双手要温暖，以免因手凉而引起病人肌肉紧张，影响疗效。施术者在进行操作前要检查自己的仪表、仪容和口腔卫生；经常修剪指甲，指甲要修磨圆秃，以免划伤受术者皮肤；操作时手上不戴硬物，不戴手表及其他装饰品；在治疗时应取掉胸卡及口

袋内的利物或坚硬物品,以免擦破病人皮肤而影响治疗。术者佩戴的手套或袜子必须柔软,备好干净的推拿巾及介质。有传染性皮肤病者不能从事推拿,以防传染和危害受术者;手掌有胼胝或其他损伤肿痛者,不可为病人推拿。非必要时,饭前饭后不应勉强进行推拿。冬季要注意病人的保暖,以防受凉感冒。操作要卫生,推拿巾、枕巾及床垫应常洗常换,施术者手部要注意卫生及消毒,以免交叉感染。每治疗一个病人之后,就应洗手,并将施术过程记录下来。

（一）选择体位

1. 受术者体位

（1）仰卧位:受术者仰面而卧。在颜面、胸腹及四肢前侧等部位施用手法时常采取此体位。

（2）俯卧位:受术者腹侧向下、背面向上而卧。在肩背、腰臀及下肢后侧施术时常采用此体位。

（3）侧卧位:受术者侧向而卧。在臀部及下肢外侧施术时常采用此体位。

（4）端坐位:受术者端正而坐。在头面、颈项、肩及上背部施用手法时常采用此体位。

（5）俯坐位:受术者端坐后,上身前倾,略低头,两肘屈曲支撑在膝上或两臂置于桌上。在项、肩部及上背部操作时常用此体位。

2. 术者的体位

根据受术者的体位和所选用的手法而定。一般取站立位,且身体随着手法操作的需要而做相应的调整,使之进退自如,转侧灵活,以保持施术过程中全身各部位的动作协调一致,施术于头面部时可取坐位。

（二）选用常用介质

推拿时,为了减少对皮肤的摩擦损伤,或者为了借助某些药物的辅助作用,可在推拿部位的皮肤上涂些液体、膏剂或洒些粉末,这种液体、膏剂或粉末统称为推拿介质。

（1）滑石粉:即医用滑石粉。有润滑皮肤的作用,一般在夏季常用。

（2）按摩乳:四季均可应用。能增强活血化瘀、通经活络的功效。

（3）葱姜汁:由葱白和生姜捣碎取汁使用,亦可将葱白和生姜切片,浸泡于75%酒精中使用,能加强温热散寒作用,常用于冬春季。

（4）冬青膏:由冬青油、薄荷脑、凡士林和少许麝香配制而成,具有温经散寒和润滑作用,常用于软组织损伤。

（5）薄荷水:取5%的薄荷脑5g,浸入75%酒精100 mL内配制而成。具有清凉解表、清利头目和润滑作用,常用于软组织损伤,用于擦法、按揉法时可加强透热效果。

（6）红花油:由冬青油、红花、薄荷脑配制而成,有消肿止痛等作用。常用于急性或慢性软组织损伤。

（7）麻油:即食用麻油。运用擦法时涂上少许麻油,可加强手法透热的效果,提高疗效。

（8）蛋清:将鸡蛋穿一小孔,取蛋清使用。有营养皮肤、收敛皮肤的作用。

（9）中药按摩膏:将具有特殊治疗功效的中药添加到膏霜基质中,具有润滑、治疗或者养护皮肤的作用,常用于面部损容性疾病。

二、推拿操作中、后的注意事项

(一)施术者的注意事项

(1)施术者在治疗过程中要始终牢固树立细致耐心、认真负责的医疗作风。推拿是施术者与受术者密切接触的治疗手段,所以要讲究医疗文明,注意男女有别。施术者良好的服务态度是受术者获得痊愈的重要因素之一。施术者要态度和蔼,树立全心全意为受术者服务的思想,设身处地为受术者着想,充分理解和体谅受术者的心情,与之谈心,以解除受术者的忧虑,增强其受术的信心。推拿是行之有效的治疗手段之一,但不是万能的,应客观实际地采用,必要时须配合其他疗法,不能不顾具体情况夸大推拿作用而贻误病情,更不能排斥或贬低其他疗法。施术者还要具有强健的体魄,平日应坚持练功,有良好的耐力和熟练的手法技巧,以适应强度较大的推拿。

(2)对所治疗的病人,应详察其情况,明确诊断,掌握好施术的禁忌证和适应证。认真书写施术的情况和检查情况。根据检查情况,作出明确的诊断以及实施切实可行的治疗方案。做到施术有据有方,切忌盲目,以期收到良好的治疗效果。治疗前要将推拿治疗的方法、治疗中可能出现的情况以及治疗时如何协作、要注意的事项等问题,向病人及其家属详细说明,使其消除顾虑,以期取得病人的密切配合。对一些具有一定风险的推拿手法,在使用前要征得病人的同意,必要时在签字后方可进行操作。治疗过程中要操作认真,态度严谨,并随时注意病人对手法治疗的反应。若有不适,发现有其他非手法适应证,或病情有变化,已不适宜做手法治疗者,应及时进行调整,以防止发生意外事故。对某些特殊情况,需较长时间治疗者,要有信心和耐心。对疗效欠佳者,应及时检查诊断是否正确、治疗措施是否恰当无误。对按医嘱进行自我推拿的病人,要定期检查、指导自我推拿和练功的方法,以及询问和查看其效果,并做好记录。

(3)施术时,手法要缓慢柔和。操作时应按治疗方案顺序认真进行,切忌马虎草率和粗暴急躁。操作顺序一般是自上到下、从前到后;手法先轻后重、由浅而深。在实施中应根据情况调整手法的强度、顺序及时间。施行各种手法和操作时,要观察和询问病人在操作中的感应。手法操作时医生应全神贯注,做到手随意动、功从手出。只有这样,才能收到预期的效果。对畸形的矫正,不宜操之过急,以免造成损伤。施术过程,嘱病人身体放松,默契配合。施术结束后,让病人休息片刻,再令其下床离开。交代病人配合治疗的方法及要求,以及预约下次诊治时间等有关事宜。如某些病人接受推拿治疗后,症状加重,一般3~5天后加重之症状便可消失,病情亦随之好转,对此应于治疗前告知病人。推拿前应让病人略作休息,病人与医生之间相互配合,有助于提高治疗效果。推拿时应目的明确,选位准确、手法熟练,做到心中有数,全面考虑,有中心、有重点。

(4)推拿过程中注意适时调整强度和刺激持续时间,观察病人对手法的反应,注意检查所采用的经穴是否对症和正确、所用的手法是否无误、手法用力轻重和时间长短是否适宜等,以便及时改正。在变换治疗手法时,要使病人能够适应,而又不影响其治疗效果。力度要适宜。手法力度是否得当,对治疗效果有直接影响,同时也是引起不良反应的主要原因。因此,手法用力大小应做到"三宜",即"因人而宜、因部位而宜、因病而宜"。如对老年体弱、妇女、儿童手法要轻;对年轻体壮者,用力可重。不同部位,手法力量也应轻重有别,如扳法用于颈部和腰部,在力量选择上,颈部用力强度要小,腰部用力强度宜大。否则,会因用力不当造成不良后果。一般来说,治疗开始时手法应温和,然后慢慢加强,直至最大强度;治疗结束前再由最大强度慢慢减弱,直至最后停止,使病人有适应过程。推拿之后要注意休息,避免寒凉刺激和受伤。

（5）推拿诊疗室要求环境舒适安静,须避风、避光、避免噪声及其他因素的影响。室内须卫生整洁、空气流通、光线充足。冬季注意保暖,夏季注意防暑,避免过热或过冷。不要在有穿堂风之处操作,以免病人感冒着凉。场地应适当宽敞,过窄则妨碍操作,治疗床最好不要靠墙。床的两侧均留有空隙,利于施术者随时改变操作的位置和方向。治疗与候诊区应分开,必要时,也可用屏风或布帘隔开。注意推拿用具的清洁卫生。诊疗室内应配置适当的治疗床及凳、椅。推拿用床、椅、凳及机械要坚固、安全整洁,高度适宜。视病人病情选择长宽、高低合适的床、椅或凳(最好可以升降,以便调节高低,方便手法操作)以及各种规格的软垫等,使病人入室心悦,坐、卧舒适,医生施术方便。

(二) 受术者的注意事项

（1）应相信医生,努力配合医生的一切治疗,精神不必紧张。不要隐瞒病史。

（2）注意卫生,污染皮肤必须洗净后才能接受推拿治疗,治疗前应先排空大小便,以免治疗时有不适感;有开放性创伤或有皮肤病,如癣、疖、炎症等病人,不能接受推拿;过饥、过饱或极度疲劳、醉酒的病人不宜进行推拿治疗。饭前半小时,饭后一个半小时不宜做较重的手法。

（3）接受治疗时应放松肌肉、安静、呼吸自然。受术者要放松、安静,受伤后进行治疗难免疼痛,但要忍耐疼痛。在接受扳动或旋转脊柱时,如果在治疗过程中出现不良反应,应随时提出,以便及时作出处理。如出现触电样感觉或剧烈的疼痛而无法忍受或是麻木感明显加重,须观察片刻或症状减轻后,才可出治疗室。

（4）须遵医嘱,不要随意中断治疗,治疗后要注意保暖,及时吃药,加强锻炼。

第二节　美容推拿基本手法

推拿手法操作的基本要求,应做到有力、柔和、均匀、持久,从而达到深透。

（1）有力并不是单纯指力气大,而是一种技巧力,是指手法必须具有一定的力量,这种力量没有绝对值,而是依据治疗对象、病症虚实、操作部位和手法性质等多方面的情况而决定,正如《厘正按摩要术》所说:宜轻宜重,以当时相机而行。

（2）柔和是指手法操作时,要求动作温柔而富有节律感,灵活而不僵滞,缓和而不生硬。手法变换要自然、协调,使手法轻而不浮、重而不滞,挥洒自如。柔和并不能错误地理解为轻慢柔软,而是要体现"以柔为贵""刚柔相济,以柔克刚"的理念,使手法具有美感和艺术性。切忌生硬粗暴,更不能用蛮力和爆发力。正如《医宗金鉴》中指出:法之所施,使病人不知其苦,方称为手法也。

（3）持久是指手法在操作过程中,能够严格地按照手法动作要领和操作规范持续地运用,在一定的时间内,保持手法动作形态和力量的连贯性,以保证手法对人体的刺激足够积累到临界点,使手法作用功力是一加一的累积,而不是一等于一的耗散。

（4）均匀是指手法操作时,要求动作幅度、频率的快慢、手法压力的轻重,都必须保持相对的一致。幅度不可时大时小,频率不可忽快忽慢,用力不可时轻时重,应使手法操作既平稳而又有节奏性。在手法测试仪上显示,手法操作的波峰、波谷、波幅、波频要达到基本相同。

(5) 深透是手法要达到的目的。深是深层、深部,透是渗透、穿透,是指手法的功力能够透入深层组织。而这种深透是根据疾病治疗的需要和不同部位、不同病期来决定的。最新推拿理念提出分层次推拿,即将受术部分分为浅、中、深三个层次。浅层是指皮肤及皮下组织,主要用于皮肤美容及腹部浅层操作;中层是指肌肉组织,主要用于改善肌营养,恢复肌弹性,增强作功能力,消除肌疲劳;深层是指关节及肌腱、韧带等组织,主要适用于关节、肌腱、韧带的损伤、粘连等。因此,深透还必须根据手法作用层次需要而合理掌握。

以上几个方面是密切相关、相辅相成的有机联系,持久能使手法深透有力,均匀协调的动作使手法更趋柔和,而力量与技巧相结合则使手法"刚柔相济"。持续运用手法可以降低受术者肌肉的张力和组织的黏滞度,使手法功力能够渗透到组织深部。

一、摆动类手法

以指或掌、腕关节做协调的连续性摆动,称为摆动类手法。本类手法包括一指禅推法、拇指禅推法、滚法和揉法等。

(一) 一指禅推法

1. 定义 用拇指指端罗纹面或偏峰着力于一定的穴位或部位上,运用腕部的摆动带动拇指指间关节做屈伸活动,使产生的功力持续不断地作用在治疗穴位或部位上,称为一指禅推法。

一指禅推法是"一指禅推拿"流派中的主要手法。这种推法的动作难度大,技巧性强,要运用手臂各部的协调动作使功力集中于一个手指,用以防治疾病。要掌握一指禅推法,必须经过较长时间的刻苦训练。

2. 动作要领

(1) 手握空拳,拇指自然伸直盖住拳眼,使拇指位于食指第二节处。

(2) 沉肩、垂肘、悬腕、指实、掌虚。"沉肩"是指肩部要自然放松,不可耸肩;"垂肘"是指肘关节自然下垂、放松;"悬腕"是指腕关节要自然垂屈、放松,不可将腕关节用力屈曲,否则影响摆动;"指实"是指拇指的着力部位,在摆动时要吸定一点,不能离开或来回摩擦,"掌虚"是指拇指和其余四指及手掌都要放松,不能挺劲。总而言之,本法的整个动作都要贯穿一个"松"字,只有肩、肘、腕、掌、指各部放松,才能使功力集中于拇指,做到蓄力于掌、发力于指、动作灵活、力量深沉、刚柔相济、柔和有力,这才能称得上一指禅功。

(3) 紧推慢移。紧推,系指拇指指间关节摆动的速度要快;慢移,系指沿经脉的循行分布或筋肉的结构形态推移的速度要慢。

(4) 压力、摆动的幅度和频率要均匀,摆动的频率每分钟120~160次。

3. 临床应用

(1) 部位:一推禅推法由于接触面积小,压强就大,加之对穴位经络持续不断地深沉、柔和而有力地刺激,使手法别具深透性。本法适用于全身各部的穴位及其压痛点,常用于头面、颈项、胸腹、胁肋、肩背及四肢等部位。

(2) 作用:疏通经络,调和营卫,行气活血,健脾和胃,调节脏腑。

(3) 治疗:对头痛、头晕、不寐、面瘫、胃痛、腹痛及关节酸痛等,常用本法治疗。

4. 注意事项

可定点操作,亦可移动,定点操作要吸定不滑,不可拙力下压,以免造成拇指韧带损伤。移动时要在吸定的基础上做到缓慢、匀速、均压,即紧推、慢移。

【附】 缠法

"缠"系指缠绵不断。当一指禅推法的频率加快到每分钟 200 次以上时,称为缠法。两者的动作要领相同,差别只是在一指禅推法的频率上。缠法具有清热解毒、凉血散瘀的作用,适用于外科痈肿疮疖等疾病,在《一指定禅》中有不少用缠法治疗外科疾病的记载。目前在临床上缠法常用于颈项部,治疗咽喉肿痛等症。

(二) 拇指禅推法

1. 定义 用拇指指端罗纹面或其桡侧偏峰附着于一定的穴位或部位上,其余四指分附一侧,在拇指指间关节主动着力做屈伸摆动的同时,伴随以腕关节和前臂的顺势协同摆动,使拇指的着力部位持续不断地作用在治疗穴位或部位上,称为拇指禅推法。

2. 动作要领

(1) 手的虎口张开,拇指自然伸直,拇指的着力部位吸附于一定的穴位或部位上(力点),其余四指分附一侧(支点)。

(2) 沉肩、垂肘、悬腕、拇指实、四指虚(其含义同一指禅推法)。

(3) 紧推、慢移(其含义同一指禅推法)。

(4) 压力、摆动的幅度和频率要均匀。摆动的频率每分钟 120~160 次。

3. 临床应用

同一指禅推法。

> **知识链接**
>
> 拇指禅推法和一指禅推法在手法的动态上有其相似之处。据《辞源》所载:一指禅本是佛教禅宗用语,意为万物归一。禅法推拿流派历史悠久,相传皆源于达摩佛祖,很可能是同源异流。两法在临床操作上皆要求推穴位、循经络;两法在手法的力度上皆要求刚中有柔、柔中有刚、刚柔相济、柔和深透;两法在临床上皆以治疗脏腑病变为擅长。

(三) 㨰法

1. 定义 用小鱼际侧部或掌指关节部附着于一定的部位上,通过腕关节的屈伸和前臂的摆动、旋转运动,使滚动产生的力持续作用于操作部位上,称为㨰法。手法微曲,以手背指掌关节处接触患部,前臂做连续内旋、外旋动作,带动指掌关节滚动。一般用单手或双手交替操作,也可用双手同时操作。适用于颈、腰、背、臀、四肢部(图 5-1)。

2. 动作要领

㨰法在移动操作时,移动的速度不宜过快。即在滚动的频率不变的情况下,于所施部位上缓慢移动。

(1) 肩关节:医者肩关节放松,并前屈、外展,使上臂肘部与胸臂相隔 15 cm 左右,过近或过远均不利于手法操作与用力;肩关节自然下垂,肩臂部不要过分紧张。上臂与胸壁的距离保持 5~10 cm,距离过近会影响手法发挥,距离过远则易疲劳。

(2) 肘关节:以肘关节为支点,前臂做主动摆动,带动腕关节的屈伸以及前臂的旋转运动;肘关节屈曲,呈 120°~150°,角度过大不利于前臂的旋转摆动活动,角度过小则不利于腕关节的屈曲活动。

(3) 手腕腕关节:放松,伸屈幅度要大,手法滚动幅度控制在 20°左右,腕关节屈曲 80°~

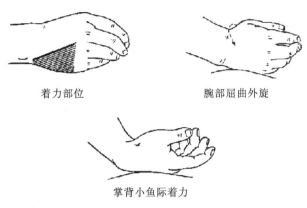

着力部位　　　腕部屈曲外旋

掌背小鱼际着力

图 5-1　㨰法

90°。手腕放松,腕关节屈曲幅度要大,使手背滚动幅度控制在120°,即当腕关节屈曲时向外滚80°左右,腕关节伸展时向内滚动40°左右。前臂摆动时腕关节屈伸,手指自然屈伸。

（4）吸定：滚动时,小鱼际及掌背小指侧着力点要吸附于操作部位上,不可跳动、顶压或使手背拖来拖去摩擦移动,并应避免手背撞击体表操作部位。

（5）手指的开与合：滚动时手背部接触范围为手背尺侧至中指。

（6）指掌：①手指自然弯曲,用第5掌指关节背侧吸定于治疗部位或穴位；②第5掌指关节要吸定,小鱼际及手掌背侧要吸附于治疗部位,不可拖动、跳动与滑动。操作时,指掌均应放松,手指任其自然,不要有意分开、并拢或伸直,否则会影响手法的柔和性。接触面不超过第三掌骨背侧即可,接触范围为手背尺侧至中指。

（7）力度与速度：手法的压力要适量而均匀,动作要协调而有节律性,不可忽快忽慢或时轻时重,速度为20～160次/分,2～3次/秒。

3. 分类

（1）侧掌㨰法（小鱼际㨰法、复合滚）：用手掌背部近小指侧部分附着于一定部位上,掌指关节处略为屈曲,通过腕关节做主动连续的屈伸运动,带动前臂的外旋和内旋,使掌背部在病人体表一定部位上进行持续不断的来回滚动。本法具有刺激面积大、刺激量强而柔和的特点。

（2）侧㨰法：用手背近小指侧着力于一定部位,以小指掌指关节背侧为支点,肘关节微屈并放松,靠前臂的旋转及腕关节的屈伸,使产生的力持续地作用在治疗部位上。面积小,不用腕关节屈伸,仅用小鱼际侧面㨰。

（3）握拳㨰法（立㨰法）：手握空拳,用食、中、无名、小指四指的近侧指间关节突起部分着力,附着于体表一定部位,腕部放松,通过腕关节做均匀的屈伸和前臂的前后往返摆动,使拳做小幅度的来回滚动,滚动幅度应控制在60°左右。

4. 临床应用

㨰法压力大,接触面也大,适用于肩背腰臀及四肢等肌肉较丰厚的部位。对风湿酸痛、麻木不仁、肢体瘫痪、运动功能障碍等疾病常用本法治疗。具有舒筋活血,滑利关节,缓解肌肉、韧带痉挛,增强肌肉、韧带活动能力,促进血液循环及缓解肌肉疲劳的作用。

5. 注意事项

（1）躯体要正直,不要弯腰驼背,不要晃动身体。

（2）肩关节自然放松,上臂不要摆动。

（3）腕关节要放松,屈伸幅度要大,约120°。

(4) 手指自然放松,不要有意分开或握紧。
(5) 忌手背拖来拖去摩擦移动、跳动或手背撞击体表治疗部位。

(四) 揉法

1. 定义 用指、掌和前臂吸定于一定部位,做轻柔缓和灵活的上下、左右或环转运动,并带动该处的皮下组织,称为揉法(图 5-2)。

掌根揉　　　　　　　　鱼际揉

图 5-2　揉法

2. 动作要领 操作时腕关节放松,动作要灵活,吸定,既不能有体表的摩擦运动,也不可用力向下按压。整个动作要协调而有节律性。频率为每分钟 120～160 次。但拇指揉法时频率要缓慢。大鱼际揉法操作时以前臂主动摆动,腕关节不可做主动外展摆动。指揉法揉动幅度要小。

(1) 操作时,沉肩、垂肘,腕部放松,以肘部为支点,前臂做主动回旋运动,带动腕部做轻柔缓和的揉动。

(2) 压力要轻柔、动作要灵活。操作时,既不能有体表摩擦,又不能向掌下用较大的压力,以带动皮下组织为宜。

(3) 动作要有节律性,揉动方向以顺时针为主。手法频率为每分钟 120～160 次。

3. 分类 以手掌大鱼际或掌根部着力的手法称为"掌揉法",用手指指腹部着力的手法称为"指揉法"。

(1) 指揉法:拇指揉是用拇指指腹着力进行揉动(轻柔缓和的环旋活动),主要用于某一点、某一线或面积较小的部位。其得气感较强,应用面较广。可分为单指揉(用拇指或食、中指指腹着力进行揉动,其定点准确,得气感较强,主要用于某一点、某一线或面积较小的部位,应用面较广)、叠指揉、多指揉法(用多指指腹进行揉动,可单手或双手同时或交替进行)。多指揉是用多指指腹进行揉动,可单手操作,亦可双手同时或交替进行。

(2) 掌揉法:掌揉是用全掌着力吸附于体表做大面积的回旋揉动,可单掌、叠掌、对掌揉动。掌根揉是用掌根部分着力进行回旋揉动,多以两手重叠加重手法刺激量。鱼际揉是用大小鱼际着力进行回旋揉动。

(3) 前臂揉:肘关节屈曲,用前臂背面尺侧近肘部着力进行揉动。若以鹰嘴部着力为主称为压肘揉法(用尺骨鹰嘴着力于一定的部位,用力做环旋揉动或左右揉动。用于肌肉丰厚的腰骶臀部,病变深的部位或椎间盘突出症等)。

(4) 拳揉:以拳面或拳指关节(空拳或实拳)揉,可用于肌肉丰厚部位如臀及下肢部。

4. 临床应用 揉法具有疏通经络、行气活血、健脾和胃、消肿止痛等作用。主要适用于脘腹胀满、胸闷胁痛、便秘、泄泻、头痛、眩晕、头面部及腹部保健。

5. 注意事项

(1) 揉法应吸定于施术部位,带动皮下组织一起运动,不能在体表上摩擦运动。

(2) 操作时向下的压力不可太大。
(3) 动作要灵活而有节奏。

二、摩擦类手法

以指、掌或肢体的其他部位在体表做直线或环形移动称为摩擦类手法。本类手法主要包括推法、抹法、摩法、擦法、搓法等。

（一）推法

1. 定义 用指、掌或肘着力于机体的一定部位，做单方向的直线移动称为推法，又名平推法(图5-3)。

2. 动作要领 肩及上肢放松，着力部位要紧贴体表的治疗部位。操作向下的压力要适中均匀。

图5-3 推法

用拇指指腹或指侧面贴于治疗部位，通过有节律的腕关节的活动和拇指关节的屈伸，使力作用于患处；或用食、中二指着力于治疗部位来回有规律地推动；或以手掌或大小鱼际紧贴体表做回旋推转的动作。适用于全身各个部位。

(1) 着力部位要紧贴于体表，推动时用力要平稳着实，速度宜缓慢，做到轻而不浮、重而不滞。

(2) 按摩时可使用介质，以利操作，并能增强作用。

成人推法与小儿推法有所不同，后者除直线推动外，尚可做弧形推动。推法一般分为指推法和掌推法两种。

3. 分类 临床常用的，有单手或双手两种推摩方法。因为推与摩不能分开，推中已包括有摩，所以推摩常配合一起用。如两臂两腿肌肉丰厚处，多用推摩。指推摩操作时，多用左手握住病人腕部，右手食、拇二指在病人一个手指进行推摩，或者只用右手拇指在病人手指上推摩。中医流传下来的小儿推拿方法，实际上就是用的推摩法。推摩的手法是多样的，把两手集中在一起，使拇指对拇指、食指对食指，两手集中一起往前推动，叫作双手集中推摩法，这种方法，是推摩法中最得心应手的一种手法了。

推法可分为拇指推、多指推、掌推和肘推。

(1) 拇指推：用拇指指腹着力于操作部位，沿经络循行路线或肌肉纤维平行方向推进，其余四指分开助力。

(2) 多指推：用食、中、无名和小指的指腹着力进行推动。

(3) 掌推：用手掌着力向一定方向推进，可根据被按摩部位与受力大小的不同，用掌根或鱼际推。

(4) 肘推：肘关节屈曲，用肘尖(尺骨鹰嘴突起部)着力向一定方向推动。

4. 临床应用 推法具有行气止痛、温经活络、调和气血的功效。全身各部均适用。一般拇指平推法适用于肩背部、胸腹部、腰臀部及四肢部；掌推法适用于面积较大的部位，如腰背部、胸腹部及大腿等；拳推法刺激较强，适用于腰背部及四肢部的劳损；肘推法刺激最强，适用于腰背脊柱两侧华佗夹脊穴及两下肢大腿后侧。

5. 注意事项

(1) 推进的速度不可过快，压力不可过重或者过轻。

(2) 不可推破皮肤。可在施术部位涂抹少许介质,使皮肤有一定的润滑度,利于手法操作,防止破损。

(3) 不可歪曲斜推。

(二) 抹法

1. 定义　用单手或双手拇指罗纹面紧贴皮肤,做上下或左右往返运动,称为抹法。

2. 动作要领

(1) 操作时用力要均匀,动作要连续不断、缓和、灵活,来回抹动的距离要长。轻而不浮、重而不滞,防止抹破皮肤。

(2) 双手操作施力要对称,动作要协调一致。

3. 临床应用　指抹法适用于面部、手足部;掌抹法适用于腰背部、四肢部。抹法具有开窍镇静、清醒头目、行气散血、扩张血管、防止皮肤衰老、消除颜面皱纹等作用。

(三) 摩法

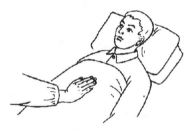

图 5-4　摩法

1. 定义　用指或掌在体表做环形摩擦移动,用拇指或掌根、鱼际贴于患部,不断做盘旋动作的方法称为摩法。快速法每分钟 120 次左右,慢速法每分钟 50 次左右。适用于全身各部(图 5-4)。

2. 动作要领　腕关节放松,指掌关节自然伸直并拢。操作时指腹或掌面要紧贴体表治疗部位,可做顺时针或逆时针方向转动。沉肩、垂肘,肘关节微屈,松腕,手掌自然伸直。速度不要太快。频率为每分钟 100~120 次。用食、中、无名指指腹附着于一定的部位上,以腕关节为中心,连同掌、指做节律性的环旋运动。

(1) 按摩师肩、臂、腕均应放松,肘关节微屈,指掌自然伸直,做环形的抚摩动作。

(2) 摩法可做顺时针摩动或逆时针摩动,但一般以顺时针方向摩动为主。

(3) 动作轻柔,压力均匀。一般指摩法宜轻快,频率为每分钟 120 次左右;掌摩法宜稍重缓,频率为每分钟 100 次左右。

(4) 按摩时可使用介质(如按摩油),以利操作,并能增强作用。

3. 分类

(1) 指摩法:手指并拢,指掌部自然伸直,腕部微屈,用食、中、无名、小指指腹附着于一定部位,随同腕关节做环转移动。

(2) 掌摩法:手掌自然伸直,腕关节微背伸,将手掌平放于体表一定部位上,以掌心、掌根着力,随腕关节连同前臂做环转移动。

(四) 擦法

1. 定义　用手掌紧贴体表,稍用力下压做直线往返摩擦使之产生一定热量的手法称为擦法。

2. 动作要领　以肩肘关节屈伸,无论是上下还是左右摩擦,都必须是直线往返,动作均匀连续,来回距离要拉长。动作要有节奏,频率一般为每分钟 100 次左右;压力要均匀适中,用劲向前向后推动,一般以摩擦不使局部皮肤折叠为宜。

(1) 擦法操作时动作要稳,不论是上下摩擦还是左右摩擦,均必须直线往返移动,不可歪斜。

(2) 摩擦时往返距离要拉长,而且动作要连续不断,不能有间歇停顿。

(3) 压力要均匀适中,不可向掌下用太大的压力,以摩擦时不使皮肤起皱褶为宜。

(4) 肩部放松,肘关节自然下垂并内收,做到发力于臂、蓄劲于腕,使动作平稳而有节奏性。

(5) 按摩时可使用介质(如按摩油),以保护皮肤,以利操作,增强功效。

3. 分类

(1)小鱼际擦法:用小鱼际着力摩擦,又称侧擦法。

(2)大鱼际擦法:用大鱼际着力摩擦。

(3)掌擦法:用全掌着力摩擦。

这三种擦法由于接触面的大小不同,其所产生的热量也各不相同。侧擦法的接触面最小,故产生的热量最高;掌擦法的接触面最大,故产生的热量较低;大鱼际擦法所产生的热量则介于掌擦法与侧擦法之间。

(五)搓法

1. 定义 用双手捧夹住肢体相对用力,做方向相反的快速搓揉,并同时做上下往返移动,称为搓法。

2. 动作要领 肩及上臂部放松,肘微屈,两手掌夹住治疗部位做上下搓动,腕关节放松,动作要灵活,两掌协调用力,搓动要快速均匀,移动要缓慢。

用双手的掌面夹住肢体的一定部位,然后两手相对用力,做相反的快速搓揉并循序上下往返移动。搓动时双手要紧贴被按摩部位,用力要对称。搓动要快速,但在体表的移动要慢。操作时不宜将肢体过于夹紧,同时腕关节要放松,使搓揉动作灵活连贯。

3. 分类

(1) 掌搓法:以两手夹住肢体,相对用力,做相反方向的快速搓动,同时上下往返移动。本法主要用于上肢部。

(2) 虎口搓法:以两手虎口置于颈肩部快速搓动,本法用于颈肩部。

三、挤压类手法

用指、掌或肢体其他部分按压或对称性挤压体表,称为挤压类手法。本类手法包括按、点、拨、捏、拿、捻和踩跷等法。

(一)按法

1. 定义 用指、掌或肘深压于体表一定部位或穴位,称为按法,属整复类手法(图5-5)。

2. 动作要领 手腕微屈,着力部位要紧贴体表,不能移动。操作中要按而留之,不宜突然松手。

(1) 按压的方向要垂直向下。按法操作时要紧贴体表,着力于一定的部位或穴位,做一掀一压的动作,不可移动。

(2) 用力要由轻到重,稳而持续,使刺激充分到达机体组织的深部,忌用暴力。

(3) 在按法结束时,不宜突然放松,应当慢慢减轻按压的力量。

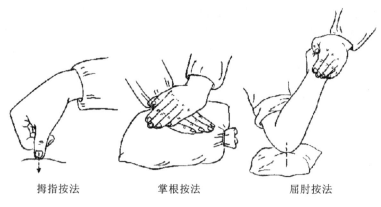

拇指按法　　　　掌根按法　　　　屈肘按法

图 5-5　按法

3. 分类　用拇指或食指、中指的指端或指腹按压穴位。如用指甲按压称为"掐法";用屈曲的近端指关节或肘关节尺骨鹰嘴突部按压又称"点法";用掌心或掌根按压又称"压法";按而轻轻拨动者又称"拨法"。

按法有指按法、掌按法和肘按法三种。

(1) 指按法:拇指伸直,用拇指指腹着力于经络穴位上,垂直向下按压(用拇指指端或指腹按压,着力于体表或经络穴位上),其余四指张开起支持作用,并协同助力。

(2) 掌按法:腕关节背伸,用掌面或掌根着力进行按压。若欲增加按压力量,可将双掌重叠进行按压,或将肘关节伸直,并使身体略前倾,以借助上身体重来增加按压力量。

(3) 肘按法:肘关节屈曲,用肘尖(即尺骨鹰嘴突起部)着力进行按压。

(二) 点法

1. 定义　用指端、肘尖或屈曲的指关节突起部分着力,点压在一定部位的手法称为点法,也称点穴。在点穴时也可瞬间用力点按人体的穴位。点穴时可单用拇指点,也可用食指或食、中指一起点按穴位。在做点法时还可用点穴枪点按人体的一定部位,如足底。

2. 动作要领　方向要垂直,用力由轻至重,按而持续,或按有节奏。操作中切忌暴力,而应按压深沉,逐渐施力,再逐渐减力地反复施力,必要时可略加颤动,以增加其疗效。

用指端、肘尖或屈曲的指关节突起部分着力,点法具有着力点小、刺激强、操作省力、着力深透的特点,其动作要领参见"按法"。

3. 分类

(1) 拇指指端点法:手握空拳,拇指伸直并紧靠于食指中节,用拇指端点压一定部位。

(2) 屈拇指点法:拇指屈曲,用拇指间关节桡侧点压一定部位,操作时可用拇指指端抵在食指中节外缘,以助力。

(3) 屈食指点法:食指屈曲,其他手指相握,用食指第一指间关节突起部分点压一定部位。操作时,可用拇指末节内侧缘紧压食指指甲部,以助力。

(三) 拨法

1. 定义　用指端、掌根或肘尖做与肌纤维、肌腱、韧带呈垂直方向的拨动,称为拨法。

2. 动作要领

(1) 拇指伸直,用拇指指腹着力于体表一定部位,适当用力下压至一定深度,待有酸胀感时,再做与肌纤维或肌腱、韧带呈垂直方向的来回拨动,其余四指轻扶于肢体旁,以助用力。

(2) 拨动时着力部分不能在皮肤表面有摩擦移动,应带动肌纤维、肌腱、韧带一起滑动,如弹拨琴弦状,故有弹拨法之称。

(3) 用力要由轻而重、轻而不浮、重而不滞。

3. 分类 若单手指力不足时,可用双手拇指重叠弹拨。另外,根据需要,对耐受性较强的下腰部、大腿后侧等可用肘尖拨;对肌肉薄、耐受性差的部位可用掌根拨。

(1) 拇指拨法:以拇指罗纹面按于施治部位,以上肢带动拇指,垂直于肌腱、肌腹、条索往返用力推动。本法用于肌腱、肌腹、腱鞘、神经干等部位。也可以两手拇指重叠进行操作。

(2) 掌指拨法:以一手拇指指腹置于施治部位,另一手手掌置于该拇指之上,以掌发力,以拇指着力,垂直于肌腱、肌腹、条索往返推动。本法用于肌腱、肌腹、腱鞘等部位。

(3) 肘拨法:以尺骨鹰嘴着力于施治部位,垂直于肌腹往返用力推动。本法用于臀部环跳穴。

(四) 捏法

1. 定义 用拇指和其他手指在一定部位做对称性的挤压,称为捏法。

2. 动作要领 手指微屈,用拇指和食指的指腹捏挤肌肤。捏挤的动作要灵活、均匀而有规律性。移动应顺着肌肉的外形轮廓循序而上或而下,不可以有跳动,要有连贯性和节律性。

(1) 用拇指和食指、中指指腹,或用拇指和其余四指夹住肢体或肌肤,做相对用力挤压,随即放松,再用力挤压,并循序移动。

(2) 操作时,动作要连贯而有节奏性,用力要均匀而柔和。不可用指甲掐压皮肤。

(3) 移动应按经络、穴位或肌肉外形轮廓循序进行。

3. 分类 用拇指和食指、中指操作,称三指捏法;用拇指和其余四指操作,称五指捏法。

(五) 拿法

1. 定义 用拇指和其他手指指腹相对用力,将肌肤提起,并做轻重交替而连续的揉捏,提捏一定部位,称为拿法(图5-6)。

2. 动作要领 操作时,肩肘关节放松,动作灵活而柔和。手掌空虚,指腹贴紧患部,蓄劲,贯注于指,做连贯性的一松一紧活动。不可用指端、爪甲内抠。腕部放松,揉捏动作要连贯,用力由轻到重,不可突然用力或使用暴力。

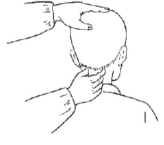

图 5-6 拿法

(1) 用拇指和其他手指指腹相对用力,捏住一定部位肌肤逐渐用力内收,并将肌肤提起,做轻重交替而连续的提捏动作。

(2) 腕部要放松,使动作柔和、灵活。

(3) 用指腹着力,不能用指端内抠。

(4) 用力由轻到重,再由重到轻,连续而有节奏,不可突然用力。

3. 分类

拿法分为三指、四指拿和五指拿法等。

(1) 三指拿法:用拇指和食指、中指(相对用力夹住治疗部位)着力提捏。

(2) 四指拿:是用拇指及食指、中指、无名指相对用力夹住治疗部位。

（3）五指拿法：又称"握法"或"抓法"。用拇指和食指、中指、无名指、小指（夹住治疗部位）着力提捏。

（六）捻法

1. 定义 用拇指、食指捏住一定部位做快速的搓揉称为捻法。

2. 动作要领 操作时，腕关节放松，动作要灵活而连贯。用力轻快柔和，做到捻而不滞、转而不浮。捻搓动作要快，移动要慢，做到紧捻慢移，局部撕脱、骨折、血肿初期，禁用本法。

（1）操作时腕部要放松，动作要灵活连贯，用力要柔和，不可呆滞。

（2）拇指、食指的搓揉动作要快，频率为每分钟 200 次左右，但移动要慢，即所谓紧捻慢移。

（3）按摩时可用介质以保护皮肤，增强作用。

四、振动类手法

以较高频率的节律轻重交替刺激，持续作用于人体，称为振动类手法。本类手法包括抖法、振法等，本手法包括抖法、振法等。

特点是强力、静止性用力带动病人肢体做小幅度的颤动动作，多作为辅助性或结束性手法（即治疗作用不大）。

（一）抖法

1. 定义 用双手握住肢体远端做有节律、高频率、小幅度、快节奏的上下连续抖动，使关节肌肉产生松动感，称为抖法。

2. 动作要领 肩关节放松，肘关节微屈，以前臂的轻微屈伸带动腕关节运动；医者须将病人肢体略微牵拉，使其伸直；抖动幅度要小、频率要快，动作要有连续性和节奏感。

用双手握住病人的上肢或下肢远端，用力做连续的、小幅度的上下颤动。

（1）被抖肢体要自然伸直，并应使肢体肌肉处于松弛状态。

（2）抖动的幅度要小、频率要快，且牵引力适宜，节律均匀（操作时颤动幅度由小到大、频率由慢至快）。

3. 分类

（1）上肢抖法：取坐位或站立位，肩臂放松。医者站在其前外侧上身略为前俯，用双手握住病人腕部，慢慢将其向前外侧方向抬起至 60°左右，然后做连续的、小幅度的上下抖动，使抖动似波浪般传递到肩部。

（2）下肢抖法：仰卧位，下肢放松。用双手分别握住病人两踝部，将其抬离床面 30cm 左右，然后做连续的上方抖动，使大腿和髋部有舒松感。

（二）振法

1. 定义 以指或掌着力于一定部位做强烈的震颤，称为振法，又称震颤法。

2. 动作要领

肩及上臂放松，肘关节微屈。前臂及手掌部肌肉要强力地静止性用力，使力量集中于手掌或手指上，使被推拿的部位发生振动。振动的频率较高，着力稍重，压力可大可小，紧贴皮肤。

（1）指、掌紧贴体表或穴位上。

(2) 手和臂做强力静止性用力,身体其他部位放松,呼吸自然。

(3) 动作要连贯,使振颤持续不断地传递到体内。

(4) 频率要求达到每分钟300~400次。

(5) 掌指部与前臂部须静止性用力。以掌指部自然压力为度,不施加额外压力。所谓静止性用力,是将手部与前臂肌肉绷紧,但不做主动运动。有的振法操作,在手臂和前臂肌肉绷紧的基础上,手臂做主动运动,可以使作用时间持久。

(6) 应有较高的振动频率。以掌指部作振动源,由于手臂部的静止性用力,容易使其产生不自主的极细微的振动运动,这种振动频率较高、波幅较小,如做主动运动操作,则振动频率就会相对较低、波幅较大,但操作时间可以延长。

3. 分类

(1) 指振法:中指伸直,着力于经络和穴位,食指加压于中指指背,肘微屈,运用手臂的静止性用力,使肌肉强力收缩,发生快速而强烈的振颤,集功力于中指并传递到体内。

(2) 掌振法:用掌面着力于一定部位或捧夹住机体两侧做连续、快速、上下颤动的振颤动作。掌振法主要作用于腹部,作用于腰部时也称为颤腰。

五、叩击类手法

用指、掌、拳或特制器械有节奏地叩打体表,称为叩击类手法。本类手法包括拍法、叩法、击法、啄法等。使用手法时要垂直性用力,不要出现其他任何角度,要平稳、柔和,切忌粗暴。

叩击法又叫打法,临床上多在按摩后来配合进行,必要时也可单独使用打法。打法手劲要轻重有度,柔软而灵活。手法合适,能给病人以轻松感,否则就是不得法。打法主要用的是双手。

(一) 拍法(平掌拍击法)

1. 定义 手指自然并拢,掌指关节微屈曲,用手腕部带动虚掌着力于受按摩部位,平稳而有节奏地反复拍打的手法称拍法。五指并拢且微屈,以前臂带动腕关节自由屈伸,指先落,腕后落;腕先抬,指后抬,虚掌拍打体表。

2. 动作要领 手指自然并拢,掌指关节微屈,腕关节放松,运用前臂力量或腕力,使整个手掌平衡而有节奏地拍打体表的治疗部位。

(1) 手法动作要平稳,操作时手部要同时接触被按摩部位的皮肤,使拍打声音清脆而无疼痛感。拍打时力量不可有所偏移,否则易拍击皮肤而疼痛。

(2) 拍打时腕关节要放松,动作要协调,均匀用力,手法要灵活而有弹性,双手顺序而有节奏地交替进行,亦可单手操作。

3. 分类 拍法分为四指拍打法(打法)、指背拍打法、虚掌拍打法和五指散拍法4种手法。

(二) 叩法

1. 定义 以空拳或指掌尺侧叩击受术部位的方法称为叩法。

2. 动作要领 腕关节要挺直,不能有屈伸动作。运用肘关节伸屈力量进行击打,动作宜轻快而有节奏,上下幅度要小、频率要快。指尖击法运用腕力进行叩击,腕关节放松。手法持续有序,手腕灵巧,动作轻快而富有弹性,用力均匀而柔缓。

3. 分类 施术者两手半握成空拳,以腕部屈伸带动手部,用掌根及指端着力,双手交替叩击施术部位,或以两手空拳的小指及小鱼际的尺侧叩击施术部位;或以双手掌相合,掌心相对,五指略分开,用手部的指及掌的尺侧叩击施术部位。

（1）横拳叩击法：两手握拳,手背朝上,拇指与拇指相对,握拳时要轻松活泼,指与掌间略留空隙。两拳交替横叩。此法常用于肌肉丰厚处,如腰腿部及肩部。

（2）竖拳叩击法：两手握拳,取竖立姿势,拇指在上,小指在下,两拳相对。握拳同样要轻松活泼,指与掌间要留出空隙。本法常用于腰背部。

（三）啄法

1. 定义　手自然屈曲,以腕屈伸带动指端着力,垂直于被按摩部位,呈鸡啄米状的手法称啄法。

2. 动作要领　五指屈曲,拇指与其余四指的指端聚拢,成梅花状,以诸指端为着力点,做伸屈腕关节运动,使指端垂直啄击治疗部位。

（1）施术者五指微屈曲呈爪状或聚拢呈梅花状,以指端着力,用腕部上下自然屈伸的摆动,带动指端啄击被按摩部位,形如鸡啄米状。双手交替进行啄击。

（2）手法要轻快灵活而有节奏。

（3）腕部放松,以腕施力。均匀和缓,手指垂直于体表。

3. 应用　本法具有安神醒脑、调和气血、解痉止痛等作用。轻啄法起抑制神经作用,重啄法起兴奋神经作用。本法主要用于头部。

（四）弹法

1. 定义　用食指、中指指背指甲部弹击体表的手法,称为弹法。用拇指指腹紧压食指指甲或中指指甲,对准治疗部位迅速弹出,动作要灵活自如。

2. 动作要领

（1）持续弹击时,力量要突发而均匀。

（2）弹击的强度以不引起疼痛为度。

3. 应用　本法适用于全身各部,以头面、颈项部等最为常用,具有舒筋通络、祛风散寒之功效。弹法为推拿的一种辅助治疗手法,常配合其他手法治疗头痛、颈项强痛等症。

六、运动关节类手法

对关节做被动性活动的一类手法,称为运动类手法。本类手法包括屈伸法、拔伸法、摇法、扳法等。

（一）拔伸法

1. 定义　应用对抗性力量对关节或肢体进行牵拉,使关节伸展,称为拔伸法。

2. 动作要领　一手固定关节一端,另一手对抗性用力,或以自身体重固定一点,两手握住关节远端,徐徐用力,使关节伸展、扭转,达到整复错缝的作用,称为拔伸法。本法具有整复关节、肌腱错位,解除关节间隙软组织的嵌顿,松解软组织粘连、挛缩等功能,运用于颈椎、腰椎以及四肢关节。

（1）操作时,动作要平稳而柔和。

（2）用力要均匀而持续,力量应由小到大,逐渐增力,不可用突发性的猛力牵拉。

（3）要根据不同的部位,适当控制拔伸力量和方向。

（二）摇法

1. 定义　使关节做被动的环转活动,称为摇法。两手在病变关节上下、前后托住或握住,左右旋转摇动,缓缓而行。适用于四肢、颈部及腰部关节(图5-7)。

2. 动作要领 以患肢关节为轴心,使肢体做被动环转活动的手法,称为摇法。摇法具有滑利关节、舒筋通络、恢复关节功能的作用,用于关节功能障碍、关节错缝、韧带损伤等。

(1) 摇转的幅度要由小到大,逐渐增大,并在正常关节生理许可范围之内,或在病人忍受范围内进行。

(2) 操作时动作要缓和,用力要平稳,摇动速度宜缓慢,不宜急速。

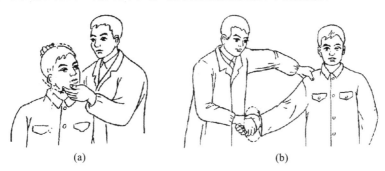

图 5-7 摇法

第三节 躯体美容保健推拿常规操作

随着社会生活方式的改变,人们工作、生活节奏加快,环境污染严重,气候恶劣,存在疲劳困乏、注意力分散、失眠、颈腰背酸痛等不适症状的亚健康人群不断地壮大。心情压抑、疲劳酸痛等可以导致面色暗沉、皮肤斑疹、痤疮等损容性疾病的发生或是加重,进而影响人体的健康、活力美。中医自古以来讲究"治未病",中医美容保健推拿自然疗法可以有效地缓解人们各种不适症状并且无毒副作用,在社会被广泛接受认可。目前美容保健按摩手法形式多样,并存有各种流派,不同流派均有其特色及专长。如下列举人体各部位常用推拿手法的操作方法,为美容保健推拿技术服务打基础。

一、头面部保健按摩

中医认为,头为"诸阳之会""清阳之府"。五脏六腑精华之血、清阳之气,皆上注于头。头既怕感受邪气的侵袭,又易被邪气侵袭。当头感受各种内外邪之后,或当人完成超过一定限度的工作或生活忙碌之后,头部会出现许多不适症状,如头痛、眩晕、耳鸣、目疾、失眠、嗜睡、倦怠等。因此头面部的保健按摩是极为重要的。

(一)头面部保健按摩的作用

通过对头部施以按摩手法刺激,可以获得明显的缓解疲劳,清除紧张、焦虑的效果并通过手法变换,治疗失眠、多梦,提神醒脑,还可治疗嗜睡等;改善头痛、眩晕、耳鸣等症状及起到降血压的作用。

头部皮肤组织薄弱、敏感度较高、穴位分布密集,在手法选择上采用操作手法面积较小、轻快柔和者,如指按、指揉、指击等。操作时受术者一般采用仰卧位,操作时长为 10~20 min。

(二)头面部保健按摩操作手法

（1）推抹印堂至神庭：受术者取仰卧位，术者坐在其头顶侧。术者用两拇指指腹从印堂穴开始稍用力交替推抹至神庭，反复操作5～10次。

（2）分推印堂至太阳：术者用两手拇指指腹从印堂穴开始沿眉棱骨推抹至太阳穴，反复操作5～10次。

（3）大鱼际揉前额：术者用手掌大鱼际从前额中央向两侧推揉至太阳穴并在太阳穴处按揉，以得气为度，反复操作5～10次。

（4）揉印堂穴：术者用拇指指腹在印堂穴处按顺时针方向轻轻揉动5～10 s。

（5）揉全头部：术者用双手大鱼际及掌根根据施术需要交替使用。从头前外侧、前内侧往头后侧直到头枕部有序连贯移行，速度缓慢地操作两三遍。

（6）点按经穴：术者以两手拇指从前发际向后，交替点按督脉，其余四指轻放于头的两侧保持不动，以拇指做支撑用力，从前至后点按3～5遍。然后用两手拇指同时点按距督脉侧边均分的三条线，方向也是从前发际向后，每条线点按3～5遍。点按时力量应由轻到重，点按速度要适中并且要连贯。点按时应注意从前至后依次点压，不要出现跳跃现象。

（7）揉捻耳廓：以两手拇指和食指自上而下揉捻两侧耳廓至耳廓发红发热。揉捻时力量可稍重，以耳廓有微痛感为最佳。

（8）拔伸头项法：术者坐于美容床头侧部，转椅，以双手捧住头部，拇指在前托住下颌部，其余四指在后托住后枕部，两手同时用力往对抗下肢方向拔伸头部，拔伸至颈部有一定张力后，缓慢做往返来回拔伸，使颈关节得到放松，舒缓颈部不适。

（9）梳头栉发：术者两手五指屈曲并分开，从前至后做梳理头发的动作，操作本法时，指腹应直接接触皮肤，梳理时以头的两侧为主，头顶为辅。操作时，应做到轻快流畅。

（10）指击全头部：用五指击法或啄法叩击头皮，随机、均匀、密集地敲击头部，根据受术者承受力调整力度。

以上手法是头部保健的基本手法，施用时应根据具体情况选择手法的力量、速度、幅度。如用于失眠病人，术者手法应注意力量应由重到轻，速度由快到慢。如手法进行中受术者已经入睡，则手法应逐渐轻柔，同时应注意手法要稳，即施术的手指力量要均匀，其余手指应接触皮肤，相对固定。

二、颈肩部保健按摩

颈肩部是连接躯干与头颅的重要部位。日常生活中，人们总是低头学习、工作，站立行走时又要保持头的中立位，因此颈肩部在日常生活中是极易劳损的部位。颈肩部的酸胀疼痛是人群中常见的不适症状，故颈肩部的保健按摩项目应用十分广泛。

(一)颈肩部保健按摩的作用

颈肩部的保健按摩，有助于缓解颈肩部的疲劳，预防和治疗颈肩部的劳损和颈肩部疾病。同时颈肩部的保健按摩也有助于缓解头部症状，特别是后枕部的疼痛。颈肩部肌肉构成较多，骨骼亦较复杂，按摩的重点是放松颈肩部的肌肉，特别是斜方肌、头夹肌、肩胛提肌。手法选择上因大面积手法与小面积手法相结合。操作时常采用俯卧位，充分暴露后颈部及肩部做操作，时间为10～20 min，有病时操作力量应大，且时间宜长；无病保健时操作力量不宜太大，时间也不宜太长。

(二)颈肩部保健按摩操作手法

(1) 拿揉颈项部:术者用拇指与其余四指相对,拿揉其颈项部肌肉,颈部两侧的头夹肌和斜方肌的上部,拿时应使拿产生的力量作用在肌肉层,可强调拿手法中捏的操作,或拿、捏手法交替进行,上下往返操作5~8次。

(2) 点揉棘突两侧:术者用双手拇指指腹分别置于颈部两侧棘突两侧,自上而下点揉2~3次。

(3) 拿斜方肌法:术者用拇指与其余四指对指捏拿肩部的斜方肌,拿时拇指横放在肩前,四指在肩后,手指不要触及锁骨上窝。拿的动作要轻快柔和,拿的方向可从脊柱向外侧。时间大约为3 min。

(4) 按揉肩胛部法:以四指按揉两侧肩胛骨的肌肉,本手法对于颈肩部的劳损及治疗神经型颈椎病中上肢麻木疼痛有很好的疗效,时间大约3 min。

(5) 勾点风池、风府:术者将食指、中指、无名指分别置于颈后两侧风池穴下方,手指依次从下往上勾点,力道以穴位有酸胀感为度,反复勾点数次。

(6) 擦双肩背部:用大鱼际擦法,沿着斜方肌走向并避开肩胛冈、肩峰突起处,按顺序由脊柱中央沿着斜方肌走向滚动,紧滚慢移,至肩部酸胀发热,时间约3 min。

(7) 点揉天宗、肩贞:术者以两手拇指分别点揉两侧天宗、肩贞穴。点揉天宗时宜自下向上用力;点揉肩贞时,以拇指点揉,方向应自外下向内上方。

(8) 弹拨结节组织:用拇指找寻肩颈部韧性较大的肌肉附着点或由于长期劳损导致肌肉条索状结节状组织,用拇指垂直来回弹拨,注意该手法刺激量比较大,故力度由轻到重。以受术者能够接受的酸痛感为度,来回弹拨数次,因个体而异选择操作时间。

(9) 掌击肩背部法:空掌叩击肩部,可双侧同时进行,可双掌依次统一部位叩击,顺序从左到右、从肩颈移向肩背,使颈部放松,时间约3 min。

三、腰背部保健按摩

腰背部是保持人体直立功能的主要承担者,人们在日常生活和工作中,绝大部分时间腰背部处于屈曲、直立的状态,因此腰背部肌肉绝大部分时间处于紧张状态,这就导致腰背部的肌肉容易劳损。在劳损的基础上,又会产生新的损伤。

(一)保健按摩的作用

通过手法可以解除腰背部的疲劳,缓解因劳损产生的腰酸背痛等症状,也可预防腰背肌的劳损。中医认为腰为肾之府,腰部的好坏,反映着一个人肾的虚实。通过腰骶部的一些手法可以达到强腰壮肾的作用,并可清除或缓解因肾虚引起的腰膝酸软等症状。通过对背俞穴的刺激,可以调节脏腑功能。如按揉脾俞、胃俞可调节胃肠功能等。腰背部保健按摩的重点是使竖脊肌、背阔肌、斜方肌下部等肌肉放松,体位采用俯卧位,操作时间15~20 min。

(二)保健按摩操作方法

(1) 推背部七条线:术者用掌根推法分别推背部督脉及两侧夹脊线、足太阳膀胱经第一侧线和第二侧线,两侧共七条线。每条线推3~5遍,操作时应以掌根着力,手指在前、掌根在后,做到轻而不浮、重而不滞,自上而下操作。

(2) 泛揉腰背部:术者用双掌叠掌揉法,广泛深透地按揉脊柱两侧的腰背肌,顺序可从肩部向骶尾骨、从脊柱外侧向内侧往返来回,连续地揉动,可根据受术者的承受能力选择力度。

(3)弹拨腰背肌:术者两手拇指置于背部或以一手拇指置于脊柱两侧的腰背肌上,另一手按压于拇指上,拇指指腹与脊柱方向垂直,并着力左右拨动腰背肌。拨动时应从上向下依次弹拨,以中等刺激量为宜。

(4)按揉髂腰角:以两手拇指重叠按揉髂腰角(髂腰角即髂骨与腰骶椎形成的夹角)。其浅层是骶棘肌的起点,也是髂腰韧带所在之处,这一点是最容易发生疲劳损伤的部位,因此在做保健按摩时,应给予充分的注意。方向宜从外上到内下,双侧交替按揉,按揉力量应加大。

(5)肘揉臀部:屈曲手臂以手肘置于臀部,做环旋揉动。刺激量中等,在环跳穴可停留,以加强刺激。

(6)掌击腰骶部:术者以掌击腰骶,应以虚掌击,力量应大些,在腰骶部重叠掌击缓慢移动,顺序由外上往内下。在腰骶部施用击法时,应注意有弹性地拍打,切忌实掌而又无弹性地叩击。

(7)横擦腰部:用一掌横擦腰骶部,施用本法时,压力适中,速度要快,摩擦至受术者腰骶部发热为止。

(8)拳击腰背部:术者用拳背或侧掌在腰背部进行有节律、有弹性的叩击。叩击时应自上而下、自下而上地反复操作3~5遍。

四、胸腹部保健按摩

胸腹部与其他部位相比没有劳损的问题。胸腹部保健按摩主要是通过手法施术于胸腹部起到调节脏腑功能的作用。

(一)胸腹部保健按摩的作用

通过手法达到宽胸理气、调理脾胃、疏肝理气、温暖下元的作用,预防和治疗胸闷、气喘、心悸、咳嗽等胸肺不适症状;用来预防和缓解食少、纳呆、消化不良等脾胃失调症状,预防和治疗胸胁胀满、疼痛,以及肝脾不和引起的食欲减退、胁肋胀满等症;腹部手法按摩可缓解妇女的月经病,从而增强体质,预防疾病。在施用这些手法时注意随着被保健者的呼吸进行各种手法的操作,否则手法治疗后易出现胸闷、腹胀。体位采用仰卧位,时间为15~25 min。

(二)胸腹部保健按摩操作手法

(1)双手掌根置于双肩两侧,垂直向下用力按压5~8次。

(2)分推胸部:双手手掌平放于胸部中央,紧贴胸部自上而下向两侧胁肋部分推3~5次。

(3)分推腹部:术者两手拇指和大鱼际从腹部正中线沿肋弓向两侧分推。时间大约1 min。分推的力量要适中,速度不宜太快。

(4)开胸顺气:术者站于床边,两手五指分开,沿肋间隙自胸前正中线向两边分推5~10遍。施术操作时应做到轻快柔和、自然流畅。

(5)摩运膻中:术者以中间三指在膻中穴处施摩法,时间大约为1 min。本手法用以加强开胸顺气的作用,施本法时力量宜轻、速度宜快。

(6)点揉穴位:术者以食指、中指分别点揉腹部的中脘、梁门、天枢、气海、关元、归来等穴,每穴点揉大约30 s。在点揉中脘时,手指随其呼气向下点按,手下有搏动感,停留片刻再抬起,如此反复操作数次,至腹部有温热舒适感为好。

(7)拳揉腹部:围绕脐中心,在按摩介质的辅助下,用拳面绕肚脐做环形的揉法,顺序由脐中心小圈往侧腹部,移动的速度应均匀缓慢。应注意受术者能够承受的力度,及避开侧腹部肋骨。

（8）掌推腹部经络：术者用掌根推法自上而下，分别推任脉和足阳明胃经。推任脉时，应从天突穴到曲骨穴；推足阳明胃经时，应从气户到气冲穴。每条经推 3~5 遍。

（9）摩腹助运：术者坐或站于床边，用双掌摩擦法施术于腹部。摩法的方向一般应以左上腹→脐→小腹→右下腹→右上腹→左上腹→左下腹顺序进行，时间大约为 5 min。

五、上肢部保健按摩

上肢是人们进行各种活动的主要参与者，随着人们生活、工作方式的改变，伏案作业、娱乐频繁，上肢的酸胀疲劳是常见的不适症状。

（一）上肢部保健按摩作用

通过上肢按摩，能够缓解上肢的疲劳，改善其运动功能，促进末梢血液循环，缓解神经根型颈椎病、肩周炎等引起的上肢疼痛、麻木的症状。美容保健按摩上肢时按摩体位选用仰卧位。

（二）上肢部保健按摩操作手法

（1）大鱼际推：借助按摩介质，术者一手握住手腕牵拉上肢，另一手用大鱼际沿着手腕往肩臂部缓慢推，可将手臂分为前面、后面，并各按阴经、阳经走行分三线，注意在肘关节时力度变小。

（2）拿上肢肌肉：术者用单掌在其上肢部，做拿揉手法，由肩部做到手部，其顺序是先操作上肢内侧，然后再分别在上肢的外、后侧操作，缓慢向前臂移动。重点操作的是上肢的外侧，行上臂内侧拿法时应注意力度及手法的柔和性，以免引起疼痛不适。

（3）二指击上肢：术者用二指击法由肩部到手腕部往返拍击。

（4）拔伸肩关节：利用受术者卧位时各种重力对抗施术者对其手臂的牵拉作用，对肩关节做充分外展、内收、上举的拔伸运动，放松肩臂部。

（5）活动肘关节：术者一只手握住受术者腕部，使其被动竖起前臂，肘部固定于治疗床，使肘关节围绕肘部，做被动屈曲、环绕运动。

（6）环摇腕部：术者用五指分别与受术者五指交叉握住，先做掌屈、背伸、尺侧偏、桡侧偏等动作，然后再做腕关节的环旋摇转活动。

（7）分推掌心：术者用两手拇指桡侧分推其掌心，分推的方向是从掌根向手指方向，分推的力量要大，分推 3~5 遍。

（8）捻手指：术者以拇指的罗纹面和食指末节桡侧，依次揉捻其拇、食、中、无名指及小指，捻揉 3 遍。操作时应注意捻揉手指的两侧，捻揉的方向是从指根到指尖。

（9）拔伸手指：术者用一手拿住其腕部，另一手单握拳，拇指盖住拳眼，以食、中指轻轻夹住受术者手指，然后迅速拔伸，使受术者手指从术者手指中滑出，并发出一声清脆的响声。如此依次拔伸拇、食、中、无名指及小指。

（10）搓抖上肢部：使受术者上肢悬空，术者双掌相对扶住手臂往返搓上肢数遍后牵抖上肢。

六、下肢部保健按摩

下肢是人体负重最重要的部分，因此也是容易疲劳的部位。另外，下肢静脉血回流较其他部位困难,因此易造成下肢静脉曲张,静脉血液回流受阻。

(一)按摩下肢的作用

缓解下肢疲劳,促进血液循环,缓解下肢酸胀、疼痛无力等不适症状。下肢部保健按摩主要分为下肢后侧和前侧操作两部分。故受术者在仰卧位及俯卧位下依次操作。

(二)下肢部保健按摩操作手法

(1)掌推下肢前部:术者用掌跟自上而下推下肢前部至足尖处。在施术推法时,大腿以前外侧为主,小腿部以外侧为主。反复操作3~5遍。

(2)拿下肢前侧:术者用双手拿下肢前侧3~5遍,双手拿时动作一致,由下肢近端紧拿慢移,在施术揉拿法时要注意揉与拿的结合,反复操作可使肌肉疲劳消除、肌肉放松。

(3)活动踝关节:术者一手扶握住脚掌远端部,另一手固定住踝关节下肢端,做踝关节尽量屈曲、内收、内旋、外展、外旋的被动活动。操作过程中应注意回旋幅度,要保证牵拉放松感,不可偏离关节正常活动范围。

(4)捻伸足趾:术者用拇指和其余四指依次揉捻其足趾,揉捻的顺序为大趾→第2趾→第3趾→第4趾→第5趾,然后再以此顺序拔伸足趾关节1遍。

(5)拳击下肢前部:术者用空拳或侧掌在其下肢前侧进行有节律、有弹性的叩击。叩击时应自上而下、自下而上地反复操作3~5遍。

(6)推下肢后侧部:术者用掌推法施术于受术者下肢的后侧。注意下肢膝关节部位的推法力度宜适当变小。

(7)拿下肢后侧部:术者同时用拇指与其余四指抓握下肢后侧,侧重于五指对捏的动作,行拿法。在施拿法时,可分别在下肢的外侧、后侧、内侧进行操作,使下肢后侧部肌肉充分放松。

(8)按下肢腧穴:术者用肘尖点按下肢部后侧的环跳、承扶、殷门、委中、承山等穴各30 s。

(9)擦足底:用单手掌擦足底部和大鱼际擦涌泉穴,以热为度,使局部温热舒适。

(10)叩击下肢后侧部:术者用两手侧掌或空拳在其下肢后部进行有节律、有弹性的叩击、拍打。叩打时应自上而下或自下而上地反复操作3~5遍。

第四节　足部美容保健按摩常规操作

足部按摩法是在足部的一些特定反射区上采用推拿手法,用以治疗全身疾病的方法。本法以经络学说为基础,通过足与经脉、脏腑、气血的密切关系,刺激足部的穴位,激发人体经气,以调整脏腑和各部组织、器官的联系,达到扶正祛邪、治疗疾病的目的。手法上以手的拇指、食指或指尖关节的技巧动作居多,足部神经血管分布密集,与身体各个部位联系密切。足部按摩,可减少病人脱、穿衣服等环节,为省时、省事,且安全、操作简便有效的传统疗法之一。

足部按摩治疗作用表现在以下方面:足部按摩能够升高温度,加快血液循环,促进新陈代谢,缓解酸胀疼痛等不适,按摩刺激反射区或穴位产生的痛感,通过神经传导,调动中枢神经调节功能,能够促进各种体液调节,提高机体的修复机能,增强抵抗力。根据"全息胚胎理论"在足部可以体现出人体的整体信息,人体各部位的病变体现在相应的反射区,通过按摩刺激反射区能够治疗或预防相关的疾病。

一、足部按摩基本手法

（1）单食指扣拳法：一手握扶足部，另一手半握拳，握拳的中指、无名指、小指紧扣掌心，食指弯曲扣紧，拇指弯曲后顶在食指的末节处，着力于食指近端指关节处，拇指固定，以食指的近节指间关节为施力点压刮足部反射区。适用反射区为额窦、垂体、头部、眼、胰脏、胆囊、肾上腺、肾脏、输尿管、膀胱、腹腔神经、大肠、心脏、脾脏、生殖腺、上下身淋巴结等。

（2）拇指指腹按压法：一手握足，另一手张开，拇指伸直，其余四肢自然弯曲作辅助作用，用拇指的指端垂直下压受术部位，按压足部反射区。适用反射区为心脏（轻手法）、胸椎、腰椎、骶椎、外生殖器和尿道、髋关节、肛门和直肠、腹股沟、坐骨神经、下腹部等。

（3）单食指刮压法：一手握扶足部，另一手拇指固定，食指弯曲呈镰刀状，桡侧缘施力刮压按摩。适用反射区为生殖腺、子宫或前列腺、尾骨（内侧）、尾骨（外侧）、胸部淋巴结、内耳迷路等。

（4）拇指指端施压法：一手握足，另一手握拳，竖拇指，指尖端施力按压。适用反射区为小脑及脑干、三叉神经、颈项、支气管、上颌、下颌、扁桃体等。

（5）双指钳法：一手握足，另一手中指、食指自然弯曲呈钳状，无名指和小指紧扣掌心，用食指和中指夹住施术部位用力，拇指在食指中节上加压施力按摩。适用反射区为颈椎、甲状旁腺、肩关节等。

（6）双拇指指腹推压法：双拇指指腹同时着力于作用点，余四指在足部相对部位固定，拇指同时施力推压。适用反射区为肩胛骨、胸（乳腺）等。

（7）双指拳法：用一手握扶足部，另一手半握拳，以食指、中指的近节指间关节顶点施力按摩。适用反射区为小肠、肘关节等。

（8）拇指揉按法：用拇指罗纹面紧贴于足部反射区，其余四指挟持住足部起配合作用，拇指罗纹面做均匀有力的回旋揉动、揉后按压或按揉结合运动。适用反射区为鼻、三叉神经、心、脾、胃、胰、十二指肠、肛门、胸、内耳迷路、肋骨、上下身淋巴结等。

二、足底反射区常用穴位定位及作用

足部反射区穴位在分布上有一定规律，若把人体从鼻尖到肚脐划一条"中线"，这条中线把人分成左右两半，中线即人体的脊椎，其对应区就在两足并拢的正中央。脚的踇趾，相当于人的头部，但头部器官相应的对应区是交叉性的，如左眼的对应区在左足，右眼的对应区在右足。脚底的前半部，相当于人的胸部（有肺及心脏），人体心脏在中线的左侧，所以心脏对应区只在右足。脚的外侧，自上而下是肩、肘、膝等部位。脚底的中部，相当于人的腹部，有胃、肠、胰、肝胆（右足）、脾（左足）、肾等反射区；脚跟部分相当于盆腔，有生殖器官（子宫、卵巢、前列腺）、膀胱、尿道（阴道）、肛门等。

如把足部反射区分为足底、足内侧、足外侧以及足背这四个区域。其穴位分布规律如下：足内侧部主要是脊柱和盆腔脏器反射区；足外侧部主要是盆腔脏器及肢体反射区，包括肩部反射区、肘部反射区、膝部反射区等；足背则主要是头面及身体的一些器官；而人体的大部分器官脏腑分布在足底部，头部反射区在大踇趾部，前脚掌主要是胸腔器官反射区，包括心脏、肺脏等反射区，足底中部主要是腹部器官反射区，包括胃、小肠、大肠等反射区，足底跟部主要分布着盆腔器官反射区，主要包括生殖器、膀胱等反射区。

以下为足底反射区常用穴位的定位及作用。

1. 大脑
部位:位于双足大踇趾第一节底部肉球处。左半大脑反射区在右足上,右半大脑反射区在左足上。

主治:头痛、头晕、失眠、高血压、脑血管病变、脑性偏瘫、视觉受损、神经衰弱、帕金森综合征等。

手法:由上向下按摩3~5次。

2. 额窦
部位:位于双足的第五趾靠尖端约1 cm的范围内。左额窦反射区在右足上,右额窦反射区在左足上。

主治:前头痛、头顶痛,眼、耳、鼻疾病。

手法:从踇趾尖自里向外方向刮压3次,其余各足趾各点按3次。

3. 小脑、脑干
部位:位于双足踇趾近节基底部外侧面。左小脑、脑干反射区在右足上,右小脑、脑干反射区在左足上。

主治:头痛、头晕、失眠、记忆力减退及小脑萎缩引起的共济失调、帕金森综合征。

手法:由上向下按摩3~5次。

4. 垂体
部位:位于足底双踇趾趾腹的中间偏内侧一点(在脑反射区深处)。

主治:内分泌失调的疾病、甲状腺、甲状旁腺、肾上腺、性腺、脾、胰腺功能失调等,小儿生长发育不良、遗尿、更年期综合征等疾病。

手法:由上向下深入定点按压3~5次。

5. 三叉神经
部位:位于双足踇趾第一节的外侧约45°角,在小脑反射区前方。左侧三叉神经反射区在右足上,右侧三叉神经反射区在左足上。

主治:偏头痛、眼眶痛、牙痛、面神经麻痹及面颊、唇鼻诱发的神经痛等。

手法:由上向下按摩3~5次。

6. 鼻
部位:位于双足踇趾趾腹内侧延伸到踇趾趾甲的根部,第一趾间关节前。左鼻的反射区在右足上,右鼻的反射区在左足上。

主治:急、慢性鼻炎,过敏性鼻炎,鼻衄,鼻窦炎,鼻息肉,上呼吸道疾病等。

手法:由足跟端向足趾端按压3~5次,或由足外侧向足内侧方向刮压3~5次。

7. 颈项
部位:位于双足底大踇趾根部。左侧颈项反射区在右足上,右侧颈项反射区在左足上。

主治:颈部酸痛、颈部僵硬、颈部软组织损伤、高血压、落枕、颈椎病及消化道疾病。

手法:沿踇趾根部向内侧推压3~5次。

8. 眼
部位:位于双足第二趾与第三趾中部与根部(包括足底和足背两个位置)。左眼反射区在右足上,右眼反射区在左足上。

主治:结膜炎、角膜炎、近视、老花眼、青光眼、白内障等眼疾和眼底的病变。

手法:压趾根部敏感点,点压3~5次或由足外侧向足内侧方向刮压3~5次。

9. 耳

部位：位于双足第四趾与第五趾的中部和根部（包括足底和足背两个位置）。左耳反射区在右足上，右耳反射区在左足上。

主治：各种耳疾（中耳炎、耳鸣、耳聋等）及鼻咽癌、眩晕、晕车、晕船等。

手法：压趾根部敏感点，点压、按压3～5次。

10. 肩

部位：位于双足足底外侧，小趾骨与跖骨关节处，及足背的小趾骨外缘与凸起趾骨、跖骨关节处。左肩反射区在右足，右肩反射区在左足。

主治：肩周炎、肩颈综合征、手臂麻木、习惯性肩关节脱臼、髋关节疾病。

手法：由足趾向足跟方向按刮3～5次。

11. 斜方肌

部位：位于双足底眼、耳反射区下方约1指的横带状区域内。

主治：颈、肩、背疼痛，手无力、酸麻、落枕等疾病。

手法：从外向内方向刮压按摩3～5次。

12. 甲状腺

部位：位于双足底第一跖骨与第二跖骨之间。

主治：甲状腺本身的疾病（如甲状腺功能亢进、甲状腺功能减退、甲状腺炎、甲状腺肿大等），能促进小孩长高，治疗心脏病、肥胖症等。

手法：由足跟向足趾方向压推按摩3～5次（注意拐弯处为敏感点）。

13. 甲状旁腺

部位：位于双足内侧缘第一跖趾关节前方的凹陷处。

主治：甲状旁腺功能亢进或低下、佝偻病、低钙性肌肉痉挛、白内障、心悸、失眠、癫痫等疾病。

手法：在关节缝处定点按压3～5次。

14. 肺、支气管

部位：位于斜方肌反射区后方，自甲状腺反射区向外到肩反射区处约一横指宽的带状区域内。支气管敏感带位于肺反射区中部向第三趾延伸之区域内。

主治：肺与支气管的病变（如肺炎、支气管炎、肺结核、哮喘等）、鼻病、皮肤病、心脏病、便秘、腹泻等。

手法：由足外侧向足内侧方向刮压按摩3～5次。

15. 胃

部位：位于双足底第一跖趾关节后方约一横指宽处。

主治：胃部疾病（如胃炎、胃溃疡、胃胀气、胃肿瘤、胃下垂等）、胰腺炎、糖尿病、胆囊疾病等。

手法：由足趾向足跟方向按摩3～5次。

16. 十二指肠

部位：位于双足底第一跖骨近端，胃反射区之下方。

主治：十二指肠疾病（十二指肠炎、十二指肠溃疡、十二指肠憩室等）、腹部饱胀、消化不良等。

手法：由足趾向足跟方向按摩3～5次。

17. 肝

部位:位于右足底第四、五跖骨间肺反射区的下方及足背上与该区域相对应的位置。

主治:肝脏本身的疾病(如肝硬化、中毒性肝炎、肝功能不全等)、血液方面的疾病、高血脂、扭伤、眼疾、眩晕、指甲方面的疾病、肾脏疾病等。

手法:自足跟向足趾方向按摩3～5次。

18. 胆囊

部位:右足底第三、四趾间划一竖线,肩关节反射区划一横线,两线的交界处即为胆囊反射区。

主治:胆囊本身的疾病(如胆囊炎、胆石症)、肝脏疾病、失眠、惊恐不宁、肝胆湿热引起的皮肤病、痤疮等。

手法:定点按压3～5次。

19. 肾上腺

部位:位于双足底第三跖骨与趾骨关节所形成的"人"字形交叉的稍外侧。

主治:肾上腺本身的疾病(肾上腺功能亢进或低下)、各种感染、炎症、各种过敏性疾病、风湿病、心律不齐、昏厥、糖尿病、生殖系统疾病等。

手法:定点按压3～5次。

20. 肾

部位:位于双足底第二、三跖骨近端的1/2,即足底的前中央凹陷处。

主治:肾脏疾病(如肾炎、肾结石、肾肿瘤、肾功能不全等)、高血压、贫血、慢性支气管炎、斑秃、耳鸣、眩晕、水肿等。

手法:由足趾向足跟方向推3～5次。

21. 膀胱

部位:位于内踝前下方,双足内侧舟骨下方,𧿹展肌侧旁。

主治:肾、输尿管、膀胱结石,膀胱炎及其他泌尿系统的疾病。

手法:由足内侧向足外侧旋压3～5次。

22. 小肠

部位:位于双足底楔内到跟骨的凹陷处,为升结肠、横结肠、降结肠、乙状结肠、直肠反射区所包围区域。

主治:小肠炎症、肠功能紊乱、消化不良、心律失常、失眠等疾病。

手法:快速、均匀、有节奏地从足趾到足跟方向按摩3～5次。

23. 升结肠

部位:位于右足足底小肠反射区的外侧,与足外侧缘平行,从足跟前缘至第五跖骨底的带状区域内。

主治:结肠炎、便秘、腹泻、便血、腹痛、结肠肿瘤等。

手法:由足跟向足趾方向按摩3～5次。

24. 横结肠

部位:位于双足底中间第一至五跖骨底部与第一至三楔骨(即内、中、外侧楔骨)、骰骨交界处,横越足底的带状区域。

主治:便秘、腹泻、腹痛、结肠炎等。

手法:从右至左方向按摩3～5次。

25．降结肠

部位：位于左足足底第五跖骨底沿骰骨外缘至跟骨前缘外侧，与足外侧平行的竖带状区域内。

主治：便秘、腹泻、腹痛、结肠炎。

手法：由足趾至足跟方向按摩3～5次。

26．乙状结肠、直肠

部位：位于左足底跟骨前缘的带状区域内。

主治：直肠炎、直肠癌、便秘、乙状结肠炎等。

手法：由足外侧向足内侧方向按摩3～5次。

27．肛门

部位：位于左足底跟骨前缘直肠反射区的末端，约近于足底内侧姆展肌外侧缘。

主治：直肠癌、肛周围炎、痔疮、肛裂、便血、便秘、肛门脱垂。

手法：从足外侧至足内侧方向定点按压3～5次。

28．心

部位：位于左足底肺反射区下方，第四、五跖骨头之间与肩关节反射区平行。

主治：心脏疾病（如心绞痛、心律失常、急性心肌梗死和心衰恢复期的康复治疗等）及高血压、失眠、盗汗、舌炎、肺部疾病等。

手法：由足跟向足趾方向定点按摩3～5次。

29．脾

部位：位于左足底第四、五跖骨之间，距心脏反射区正下方一横指。

主治：发热、炎症、贫血、高血压、肌肉酸痛、舌炎、唇炎、食欲不振、消化不良、皮肤病等，可增强免疫力及抗癌能力。

手法：点按3～5次。

30．膝关节

部位：位于双足外侧第五跖骨与跟骨之间凹陷处，为足后跟骨之三角凹陷区域。

主治：膝关节受伤、膝关节炎、膝关节痛、半月板损伤、肘关节病变等。

手法：膝关节反射区分膝前、膝两侧和腘窝三部分。先由足跟向前上方呈弧形按压3次后，再在腘窝处，定点按压3～5次。

31．生殖腺（性腺）

部位：位置之一位于双足底跟骨的中央；另一位置在跟骨外侧踝骨后下方的直角三角形区域。女性此三角形的直角边为卵巢敏感区，此三角形的斜边为子宫附件（输卵管）敏感区。

功能：补肾益精。

主治：男女性功能低下、男女不孕不育症、月经不调（月经量少，量多，经期紊乱，闭经，痛经等）、前列腺肥大、子宫肌瘤、卵巢囊肿，并具有抗衰老的作用。

手法：卵巢敏感区和足跟中央处定点按压3～5次。

32．髋关节（外髋）、股关节（内髋）

部位：位于双足踝下之弧形区域。外踝下为髋关节，内踝下为股关节。

主治：髋关节疼痛、股关节疼痛、坐骨神经痛、肩关节疼痛、腰背痛等。

手法：沿外踝和内踝关节下缘向前、向后推压3～5次。

33．平衡器官(内耳迷路)

部位：位于双足足背第四、五跖骨间缝的远端1/2区域。

主治：头晕、晕车、晕船、美尼尔氏综合征、耳鸣、内耳功能减退、高血压、低血压、平衡障碍等。

手法：定点按3～5次。

34．胸(乳房)

部位：位于双足背第二、三、四跖骨形成的区域。

主治：心脏病、乳腺癌、乳腺炎、乳腺小叶增生、囊肿、胸闷、乳汁分泌不足、胸部受伤、重症肌无力等。

手法：由足趾向足跟方向按摩3～5次。

35．膈、横膈膜

部位：位于双足背跖骨、楔骨、骰骨关节形成的带状区域，横跨足背左右的部位。

主治：打嗝，膈肌痉挛引起的腹部胀痛、恶心、呕吐等。

手法：自横膈膜中央向两侧刮压3～5次。

36．扁桃体

部位：位于双足足背踇趾第二节。

主治：上呼吸道感染、扁桃体本身的疾病(扁桃体肿大、化脓等)。

手法：垂直按压3～5次(注意不要向趾端方向挤压)。

37．下颌

部位：位于双足踇趾第一趾骨关节横纹下方的带状区域。

主治：龋齿、牙周炎、牙龈炎、牙痛、下颌发炎、下颌关节炎、打鼾等。

手法：由足内侧向足外侧方向按摩3～5次。

38．上颌

部位：位于双足踇趾第一趾骨关节横纹上方的带状区域。

主治：龋齿、牙周炎、牙龈炎、牙痛、上腭感染、上颌关节炎、打鼾等。

手法：由足内侧向足外侧方向按摩3～5次。

39．喉、支气管

部位：位于双足背第一跖骨与第二跖骨关节靠踇趾下方区域。

主治：气管炎、咽喉炎、咳嗽、气喘、感冒等。

手法：定点按压3～5次。

40．前列腺、子宫

部位：位于双足跟骨内侧踝骨之下方的三角形区域。

主治：前列腺肥大、前列腺癌、尿频、排尿困难、尿道疼痛、子宫内膜炎、子宫肌瘤、子宫内膜异位症、子宫发育异常、痛经、子宫癌、子宫下垂、白带过多、高血压等疾病。

手法：由足跟端向上推压或刮压3～5次。

41．尿道、阴道、阴茎

部位：位于双足跟内侧，自膀胱反射区向上延伸至距骨与跟骨之间隙。

主治：尿道炎、白带增多、生殖系统疾病。

手法：由足内侧缘斜向足踝后方向，按3～5次。

42．直肠、肛门（痔疮）

部位：位于双足胫骨内侧后方与肌腱间的凹陷中，踝骨后方起约四指宽之长度带状区域。

主治：痔疮、直肠癌、便秘、直肠炎、静脉曲张等。

手法：自内踝骨后方向向上推按3～5次。

43．颈椎

部位：位于双足弓内侧，跗趾第二趾骨远端内侧1/2处。

主治：颈椎病、颈项僵硬或酸痛、落枕等疾病。

手法：从跗趾向足跟方向按压3～5次。

44．胸椎

部位：位于双足弓内侧，沿第一跖骨下方至与楔骨的交界处。

主治：背痛及背部各种病症、胸椎间盘突出及胸椎各种病变。

手法：由跗趾端紧压跖骨内缘向足跟端推压3～5次。

45．腰椎

部位：位于双足弓内侧，第一楔骨至舟骨之下方，上接胸椎反射区，下接骶骨反射区。

主治：腰背酸痛、腰肌劳损、腰椎间盘突出、腰椎骨质增生、坐骨神经痛以及腰椎之各种病变。

手法：由跗趾向足跟方向，紧压足弓骨骼内缘推压3～5次。

46．骶骨

部位：位于双足弓内侧，从距骨下方到跟骨止，前接腰椎反射区，后连尾骨反射区。

主治：坐骨神经痛、骶骨损伤（如挫伤、摔伤、跌打伤等）、便秘。

手法：由跗趾向足跟方向，紧压骨骼内缘推压3～5次。

47．肩胛骨

部位：位于双足背第四、五跖骨的近端1/2位置，与骰骨关节连成叉状。

主治：肩周炎、颈肩综合征、肩胛酸痛、肩关节活动障碍（抬举与转动困难）。

手法：由足趾向近心端按至骨突处，左右分开反复按压3～5次。

48．肘关节

部位：位于双足外侧第五跖骨和楔骨之关节凸起范围。

主治：肘关节外伤、脱臼、网球肘、肘关节酸痛等。

手法：定点按压3～5次。

49．坐骨神经

部位：位于双足内、外踝关节沿胫骨和腓骨后侧延伸近膝、腘窝位置。

主治：坐骨神经痛、坐骨神经炎、膝和小腿部疼痛、糖尿病等。

手法：自足远心端向近心端缓慢推压3～5次。

50．臀部

部位：位于双足底跟骨结节外缘区域，连接股部反射区。

主治：臀部疾病（外伤、疖肿等）、风湿病、坐骨神经痛、偏瘫等。

手法：按压3～5次。

51．上臂

部位：位于双足底外缘结节腋窝反射区的下方，第五跖骨的外侧的带状区域。

主治：颈椎病、肩周炎、臀部受伤、偏瘫等疾病。

手法:按压 3～5 次。

52．闪腰点
部位:位于双足背第二跖骨与第二楔骨关节的两侧凹陷中,肋骨反射区后方。
主治:腰肌劳损、急性腰扭伤等。
手法:定点按压 3～5 次。

53．血压点
部位:位于双足颈反射区的中部。
主治:高血压、低血压。
手法:定点按压 3～5 次。

54．食管、气管
部位:位于双足底第一跖内与趾骨关节上下方,下接胃反射区。
主治:食管肿瘤、食管炎症、梅核气、气管的疾病等。
手法:按压 3～5 次。

55．舌、口腔
部位:位于双足拇趾第一节底部内缘,靠在第一关节下方,毗邻血压点反射区的内侧。
主治:口腔溃疡、口腔唾液缺少、口干、唇裂、唇燥、口唇疱疹等。
手法:由外向内侧缘刮压 3～5 次。

56．牙齿
部位:位于双足各趾的两侧。
主治:牙痛、牙周病、牙周脓肿等。
手法:按揉 3～5 次。

57．声带
部位:位于双足背第一跖骨与第二跖骨缝间,第一跖骨近端处。
主治:声带息肉、失音、声音嘶哑、气管炎等。
手法:按揉 3～5 次。

58．子宫颈
部位:位于双足足跟内侧踝骨之后方,尿道、阴道、阴茎反射区之延伸部位。
主治:宫颈炎、宫颈糜烂、子宫脱垂、白带过多等。
手法:按揉 3～5 次。

59．失眠点
部位:位于双足底跟骨中央,在生殖腺反射区上方。
主治:失眠。
手法:定点按压 3～5 次。

三、足部按摩选穴原则

临床可以根据各种疾病的主要症状作为选穴的依据。选取对主证有治疗作用的穴位,例如头痛可选头痛点,失眠选用安眠点等。主治作用相似的穴位可以配合应用,如坐骨神经痛可同时按摩坐骨 1、2 穴进行治疗,也可将具有主治作用的穴位和对症选用的穴位配合选用,如失眠伴有头痛者,可选用安眠点配合头痛点治疗。

依据疾病部位选穴。依据疾病的发病部位选择相应的穴位按摩,如胃痛可取胃点,尿闭取膀胱点、肾点。

四、足部按摩操作注意事项

1. 足部按摩前的准备工作

（1）按摩室应注意保持适宜温度、通风，空气新鲜，切记不要用风扇直接吹受术者的双足。

（2）受术者应注意清洁双足，修剪足趾甲，以防止按摩时划破皮肤。

（3）术者应注意清洁双手，保持手温，修剪指甲，防止划破受术者皮肤。

（4）术者与受术者应选择好坐或卧的体位，以双方均感舒适为度，铺平按摩巾，将按摩的反射区均匀地涂上按摩膏，以利于手法操作。

2. 足底反射区按摩疗法的运用要求 足部反射区的按摩顺序一般为先按左脚再按右脚，在足部依次按照足底、足内侧、足外侧、足背的顺序进行按摩。其手法基本要求包括持久、有力、均匀、柔和、渗透。

按摩强度：根据受术者的性别、年龄、体质、承受力决定按摩强度，力度的把握也是按摩过程中的重要环节，敏感性较强的穴位，在按摩时力度不宜过大，在靠近骨膜的部位要适当减轻力度。按摩力度的大小是取得疗效的重要因素，力度小则无效果，反之，过大则无法忍受，所以要适度、均匀。所谓适度，是指以按摩处有酸痛感，即"得气"为原则。而所谓均匀，是指按摩力量要渐渐渗入，缓缓抬起，并有一定的节奏，不可忽快忽慢，时轻时重。快节奏的按摩一般适用于急、重症和疼痛严重的疾病，慢节奏的按摩主要适用于慢性疾病。

3. 足部按摩时间 饭前 30 min 及饭后 1 h 以内不宜做足部按摩。保健按摩每次按摩的时间，一般为 45 min～1 h，每周按摩 1～2 次为宜，但应长期坚持。医疗按摩每次按摩的时间，可酌情增减，每日或隔日 1 次，按摩 10 次为 1 个疗程。连续按摩 30 次为长期按摩，多用于慢性疾病的治疗。

4. 足部按摩后反应 足反射疗法后可能产生某些暂时性的反应，这属于正常现象，我们称之为足反射疗法过程中的正常反应，如足踝肿胀疼痛、发热，原有症状或不适感加重，睡眠增加或睡眠时间延长，分泌物和排泄物增多等，其中这些反应的绝大部分可在几小时或者 1～2 天内消失，一般不需中断治疗。

5. 足部按摩的禁忌证 足部按摩是一种易学易懂、操作方便、容易推广普及的自然保健疗法，符合现代医学发展方向，容易被人接受，但有一定的禁忌证。有下列情况者，不宜采取足部反射区疗法。

（1）足部皮肤破损或者是足部关节组织损伤者，禁用足部按摩以免加重伤势或产生感染。

（2）有出血倾向病人。如进行足部按摩会促进血液循环的作用，而这可能引起更大的出血。

（3）各种急重病病人。急性心肌梗死病情不稳定者和严重肾衰竭、心力衰竭等急重病病人。

（4）各种传染性疾病病人，如肝炎、结核、流行性脑脊髓膜炎、流行性乙型脑炎、伤寒及各种性病等。

（5）疲劳及体质非常虚弱的人群。

第五节　常见并发症或意外情况的处理和预防

一、推拿美容中的异常情况处理和预防

（1）晕厥：在推拿过程中，如果受术者突然感到头晕、恶心，继而面色苍白，四肢发凉，出现冷汗，神呆目定，甚至意识丧失而昏倒，可判断为受术者发生晕厥。

推拿时发生晕厥，主要可能是受术者过于紧张、体质虚弱、疲劳或饥饿的情况下，因推拿手法过重或时间过长而引起。一旦受术者出现晕厥，应立即停止推拿，让受术者平卧于空气流通处，头部保持低位，经过休息后，一般就会自然恢复。如果受术者严重晕厥，可采取掐人中，拿肩井、合谷，按涌泉等方法，促使其苏醒，也可配合针刺等方法。如属于低血糖引起的晕厥，可让受术者喝些糖水。

（2）皮肤破损：在使用擦法时，因操作不当有时可导致受术者皮肤破损，此时应做一些外科处理，且避免在破损处操作，并防止感染。

（3）皮下出血：按摩一般不会出现皮下出血，若受术者局部皮肤出现青紫现象，可能是由于推拿手法太重或受术者有易出血的疾病。出现皮下出血，应立即停止推拿，一般出血会自行停止，2～3天后，可在局部进行推拿，也可配合湿敷，使其逐渐消散。

（4）骨折：推拿手法过重或粗暴，受术者易发生骨折，对怀疑有骨折的受术者，就立即诊治。对小孩、老人推拿时手法不能过重。做关节活动时，手法要由轻到重，活动范围应由小到大，并要注意受术者的耐受情况，以免引起骨折。

二、推拿的禁忌证

（1）对于急性软组织损伤局部肿胀和瘀血严重的病人慎用手法治疗。

（2）某些感染性和传染性的疾病，如骨结核、丹毒、骨髓炎、化脓性关节炎、急性肝炎、肺结核的进展期等，不宜接受推拿治疗。

（3）某些急腹症，如急性腹膜炎、急性胰腺炎、胃或十二指肠溃疡引起的急性穿孔；腹部不明原因隆起、肝肾或膀胱等器官有结石，不可推拿，以免贻误病情。

（4）血液病、坏血症、出血性疾病的病人，如胃及十二指肠溃疡出血期、血友病、紫癜、动脉瘤、血栓性静脉炎、恶性贫血等的病人禁用推拿；对于一些病症，如便血、尿血、外伤出血等也禁止推拿，否则会导致局部组织内出血。

（5）手法治疗部位有严重皮肤破损或皮肤病病人禁用，如冻伤、烫伤、癌变局部、开放性创伤、烧烫伤、湿疹、癣、皮疹、疱疹、脓肿、丹毒、溃疡性皮炎的局部、蜂窝组织炎和痈疽等，手法刺激可使皮肤损伤加重。

（6）肌肉、肌腱或韧带断裂的初期和固定期，各种脊椎骨折、脱位等骨伤，骨折未愈合，体内有金属固定之疾病或神经及血管附近有骨断端或尖锐异物者，都不适宜进行推拿。截瘫初期、诊断不明确的急性脊柱损伤或伴有脊髓症状病人，摇法和扳法可能加剧脊髓损伤，因而禁用。寰枕、寰枢椎发育畸形，椎管骨性狭窄，椎体间有骨桥形成者也要慎用或禁止暴力推拿。

（7）各种恶性肿瘤或脓毒血症禁用推拿。对已确诊的骨关节肿瘤或软组织肿瘤、骨髓

炎、化脓性关节炎、严重的骨质疏松等疾病推拿可使骨破坏、感染扩散,加重原有疾病的损害;对于类风湿性关节炎和强直性脊柱炎所致的颈椎关节半脱位等改变,也不应该使用扳动或旋转等刺激性强的推拿手法。

(8) 忌按压孕妇的腰骶部、臀部及腹部。妊娠妇女不能推拿某些刺激性强的部位或穴位,强手法刺激有可能引起流产;产后恶露未净和女性的经期慎用推拿。

(9) 年老体弱、久病体虚,经不起推拿的患者,慎用推拿;剧烈运动后、极度疲劳、过饥过饱、醉酒或神志不清的病人均不宜用或慎用推拿。

(10) 精神病发作期病人、不能与医生合作的精神病病人、对推拿手法恐惧不能配合医生操作的病人,亦当列为具有推拿疗法之禁忌证者;有高热神志不清的病人慎用或禁用,待查明发热原因后再决定是否行推拿之术。

小结

本章重点讲授推拿按摩的基本手法、全身按摩的步骤以及足部按摩反射区。本章的学习旨在使学生掌握推拿按摩的基本手法,能够运用按摩手法进行全身的手法操作并熟悉全身按摩的步骤;了解足部按摩的反射区,了解对不同反射区采取不同的手法;熟悉推拿过程中出现异常情况的原因及如何处理;了解推拿的禁忌证。

能力检测

一、名词解释

1. 推拿美容法
2. 摆动类手法
3. 一指禅推法
4. 拨法
5. 振法

二、填空题

1. 手法的要求是_____。
2. 揉法可以分为_____。
3. 摩擦类手法包括_____。
4. 饭前和饭后不宜做_____。
5. 足部反射区的按摩顺序一般为_____。

三、选择题

1. 掌按法在临床上常用于( )。
   A. 上肢关节   B. 下肢关节   C. 头面部
   D. 腰背部和腹部   E. 颈部
2. 下列手法中不属于挤压类手法的有( )。
   A. 拿法   B. 按法   C. 捏法   D. 拍法   E. 捻法
3. 下列关于一指禅推法的操作要领,错误的是( )。
   A. 沉肩   B. 掌实   C. 指实   D. 紧推慢移   E. 垂肘

4. 抖法的操作频率一般在每分钟（　　）次左右。
A. 120　　　　B. 160　　　　C. 200　　　　D. 240　　　　E. 250
5. 反射位于双足弓内侧,沿第一跖骨下方至与楔骨的交界处的是（　　）。
A. 颈椎　　　B. 胸椎　　　C. 腰椎　　　D. 额部　　　E. 臀部

四、简答题
1. 什么是摆动类手法？摆动类手法包括哪几种？
2. 拨法的操作要领是什么？
3. 简述头部按摩的操作步骤。
4. 推拿中晕厥的原因及如何处理？
5. 列举几个推拿中的禁忌证。

（牛　琳）

第六章　中药外治美容技术

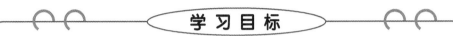

掌握：面膜、药浴、熏蒸法的操作和禁忌证及注意事项。
熟悉：美容中药常用方的作用，美容方常用剂型的分类。
了解：美容中药外用常用方及机制。

中药外治法，是将中药制成不同的剂型施用于皮肤、黏膜、毛发等局部或全身体表，是中医美容学极为重要的一部分内容。中医美容方药在驻颜却老、延长青春以及防治粉刺、皮肤干燥、毛发衰老等方面收到了良好的疗效，了解中药美容外治法机理、剂型、应用等有利于在从事中医美容工作时的临床应用。

吴师机在《理瀹骈文》提到：外治之理即内治之理；外治之药亦即内治之药。外治法以中医辨证论治为基础选择理法方药，只是采取的给药方法不同而已。外治法涉及内、外、妇、儿、五官、皮肤科等，在临床及美容保健方面运用十分广泛。

第一节　一般规程

一、中药美容外治法作用机理

外用美容中药对机体的全身调节作用有两种：一是直接作用，是指药物通过皮肤、孔窍、腧穴等部位直接吸收，进入经脉血络，输布全身以发挥药理作用；二是间接作用，是药物对局部的刺激，通过经络系统的调节而起到纠正脏腑气血阴阳盛衰的作用。

二、中药美容外治作用的途径

（一）祛污洁净

祛污洁净是指用可以祛除污垢的药物清洁皮肤、须发、牙齿的方法。如孙思邈《千金方》收载有15个"澡豆"处方，使这个汉代就有的洗涤剂得以流传。以"澡豆"洗净污血及猪胰的脂肪研磨成糊状，与豆粉、香料或皂荚等制成块状，以胰酶分解脂肪、蛋白质及淀粉等去污。这一传统方法，在现代仍有沿用。

（二）润泽肌肤

用有滋润作用的药物润泽皮肤、毛发，使之细嫩、柔软、光亮。此类药物主要含丰富的脂肪油和多种脂类物质,瓜蒌仁、柏子仁、桃仁、杏仁、冬瓜仁、白瓜子、车前子、商陆、玉屑等均含有较多脂肪油,动物药如白蜜、乳类、鸡子白、诸类脂肪、脑、髓、白蜡等,有的作为主药,有的作为辅药,配在美容药里具有使皮肤角质软化的作用,这些药物至今仍在应用。

(三)遮掩染色

中国的美容记载开始于春秋战国时代,《楚辞》说:粉白黛黑,唇施芳泽。说明古时候的妇女已用黛修饰眉毛,用芬芳光亮的颜料来美化嘴唇了。韩非子《显学篇》说:故善毛嫱西施之美,无益吾面,而用脂泽粉黛,则倍其初。这是对中药的遮掩染色的描述。天然动植物的中药色素调色自然,安全性高,一些中药色素本身具备营养和治疗作用,广泛应用于高端的化妆品及护肤品中。如姜黄提取的姜黄素,西红花提取的花红素可以作为很好的遮瑕美颜原料。

(四)芳香除臭

用芳香类药物清除身体特定部位的臭秽之气,或增加人体香气的方法。根据部位和作用的不同,可分为香口除臭、香体除臭、香衣三类。芳香药除白芷、当归、辛夷、细辛、藁本、木兰皮外,还有馥郁袭人之栀子花、甘松香、零陵香、麝香等,辅助药则有面类(白豆面、绿豆面、面粉)、水类(井华水、酸浆水、米泔水)、醋、酒类及脂膏类等。

(五)莹面美发

通过药物治疗头面部的疾病来达到美容的目的。中医药古籍记载的损容性疾病有面疱、酒渣鼻、粉刺、黑痣、纹印、湿疹、癣等。根据疗效不同分别有不同方剂,如令白发还黑方、治头发落不止方、鬓发堕落方、治头中风痒白屑方、治发落不生方、生眉毛方、治秃顶方、治眉毛鬓发火烧疮瘢毛不生发方、治鬓发黄方、治赤秃白秃不生发方、治鬼舔头方等。

三、中药外治的优缺点

(一)安全性高,副作用少,使用方便

由于中药外治作用于体表,安全性高,可以随时观察其适应和耐受情况,除了个别皮肤刺激,很少有副作用报道。中药外用药,大多经过皮肤、黏膜吸收,这些人体的天然屏障把药物各种成分做了过滤,确保进入体内的成分更安全。贴剂、泡剂加工成很多的成药产品,操作十分方便,便于推广使用。

(二)避免脾胃刺激,更容易被接受

相比口服药物,外用药更不容易受到口感的限制,病人更容易接受。此外外用药物避开了药物经过胃肠道吸收时对胃肠道的刺激,尤其有些苦寒酸涩药物对脾胃虚弱的人是一种负担,所以外用制剂更适合使用。

(三)药物多途径发挥效用

外治法作用除了体表吸收,部分疗法还兼具有对人体物理治疗的作用,通过温度、压力等的变化能够对疾病产生多重功效。美容产品应用中,使用的经络贴、脐贴、腰贴等,运用经络腧穴理论对特定部位、穴位的刺激,从而疏通经络、调理经气、调整机能,并且操作简便。

(四)外用药存在的不足

外用药直接接触皮肤或者黏膜,更容易引起皮肤的反应,如发红、瘙痒、起疹、发疱等,给病人带来暂时不适;部分外治法用到高温操作,导致烧烫伤风险增加;部分外用器具无法做到一次性使用,引起交叉感染的概率比口服药物高。因此,在中药外治法操作时应严格按照操

作疗程规范执行。

第二节 外用美容方药剂型与应用

经典外用美容方药,根据其方药性质和功效、用途不同,均调配成不同剂型使用,常用外用美容方药剂型与应用介绍如下。

一、溶液

将药物煎煮后的药液,或用开水将药粉冲烊冷却后的药液称为溶液。此外将新鲜植物中的草药捣汁,或以酒、醋等作溶剂的制剂亦可归于此类。除酒剂、醋剂外多现用现制作,不宜长期存放。溶液多数有清洁、止痒、退肿、收敛、清热解毒等作用。常用于治损容性疾病的溶液有外洗和湿敷两种用法。外洗的主要目的是清洁病损部位,湿敷有消炎、退肿、收敛的作用,可用于接触性皮炎、湿疹等渗出较多者。湿敷的具体应用分开放式和封闭式。此外,溶液还可作洗浴用。

(一) 湿敷

湿敷是熬药取汁后,用纱布浸药液做冷湿敷或湿热敷。湿敷的最大妙处是可帮助皮肤恢复娇嫩,直接补充皮肤水分,并根据施用不同的药物治疗损容性皮肤病,如痤疮等。

> **处方举例:三花除皱液**
>
> 方法:春取桃花,夏摘荷花,秋采芙蓉花,阴干,不拘多少,冬以雪水煎汤,频洗面部。
> 作用:活血散瘀,润肤除皱。

(二) 洗剂

洗剂是按照组方原则,将各种不同的药物先研成细末,然后与水溶液混合在一起而成。因加入的粉剂多系不溶性,故呈混悬状,用时须加以振荡,故也称混合振荡剂或振荡洗剂,一般用于急性、过敏性皮肤病,如酒渣鼻和粉刺等。亦有将方药煎后其溶液掺入沐浴水中沐浴或直接用溶液浸泡或湿敷肌肤。美容洗剂基础方以疏泄发散类、清热祛湿类居多,剂型渗透和吸收效果好,在面部美容尤其是面部粉刺、皮炎等美容疾病的治疗中经常应用,如《太平圣惠方》防风浴汤方、《慈禧光绪医方选议》慈禧沐浴方等。本法亦是现代桑拿足浴等疗法的借鉴来源。

> **处方举例:三黄洗剂**
>
> 方法:大黄、黄柏、黄芩、苦参,研细末煎煮,可加入1%～2%薄荷或樟脑,增强止痒之功。在应用洗剂时应充分振荡,使药液和匀,以毛笔或棉签蘸之涂于皮损处,每日3～5次。
> 作用:有清热止痒之功,用于一切急性皮肤病,如湿疮、接触性皮炎,皮损为潮红、肿胀、丘疹等。

二、粉剂

粉剂是将各种不同的药物研成粉末制成的药剂。在制备时要除净药物中的杂质泥土,干燥,研成极细粉末,过筛后密闭储存于干燥处。可直接用药粉沐浴、洗面洗手或用鸡蛋清或植物油等调敷涂面或直接作为皮肤粉底。美容散剂基础方主要有两类,一类与澡豆剂相似,以"白"字头药居多,有润白肌肤、驻颜延年等作用,如《太平圣惠方》定年方、《鲁府禁方》八白散等;另一类则为腐蚀平翳类,用于治疗面部色斑、疣痣,如前述《医宗金鉴》时珍正容散、《御药院方》藿香散、《千金要方》去面上靥子黑痣方等及《圣济总录》矾石散等。粉剂美容品除少数对干性皮肤不太适合外,可用于各种皮肤类型和不同体质的人,应用范围较广泛。

> **处方举例:金国宫女人白散**
>
> 方法:取白丁香、白僵蚕、白牵牛、白蒺藜、白及各 90g,白芷 60g,白附子、白茯苓各 150g,皂角 450g,绿豆少许。皂角去皮弦,与他药共为细末,和匀。常用于洗面。
>
> 作用:润泽肌肤,去垢腻,润肤止痒。

粉剂用于以治疗损容性疾病主要有保护、吸收、蒸发、干燥、止痒、减轻外界对皮肤摩擦的作用,适用于无渗液的急性或亚急性皮炎,如痱子、面疮等。常用制剂有青黛散、六一散、止痒扑粉等。另有洗剂,又名混悬剂、悬垂剂、水粉剂、振荡剂,是水与粉(含粉 30%~50%)混合而成的药剂,作用与适应证基本上与粉剂相同,如青黛散洗剂、颠倒散洗剂等。

三、香薰剂

香薰剂是将以天然香料植物类药物为主的具有辛散走窜、芳香化浊作用的药物碾制蜜和为丸灶或碾碎打粉,或提炼油脂挥发物,或直接用其鲜物香身薰衣。蜜和为丸灶者其性可缓释持久,便于置身纳物,可防治体气、腋臭等,应用最为广泛。如《太平圣惠方》治腋臭洗方、《肘后备急方》六味薰衣香方、《外台秘要》千金湿香方、《慈禧光绪医方选议》慈禧香发散、《外科正宗》五香散等。

> **处方举例:《慈禧光绪医方选议》慈禧香发散**
>
> 方法:零陵草 1 两、辛夷 5 钱、玫瑰花 5 钱、檀香 6 钱、川锦纹 4 钱、甘草 4 钱、粉牡丹皮 4 钱、山柰 3 钱、公丁香 3 钱、细辛 3 钱、苏合油 3 钱、白芷 3 两。上为细末,用苏合油拌匀,晾干,再研为细末。用时掺匀发上,再篦去。发有油腻,勿用水洗,将药掺上 1 篦即净。
>
> 作用:发落重生,至老不白。

四、膏剂

将药物加入适宜的基质中,制成均匀、细腻、易于涂布于皮肤、黏膜或病损面的半固体状外用制剂。它具有不易干燥，易于附着人体体表，作用持久深入，可保护皮肤，防止外界物理、化学因素影响等特点。根据制备方法，软膏可分为六类：①调膏：用动物油或植物油（现代还可用矿物油如凡士林）调和药末成糊状即成。②熬膏：以水或酒作溶媒，将生药中的可溶成分加热溶出，滤净去渣，再加热浓缩而成，也可直接用生药汁加热浓缩制备。③油蜡膏：系用植物油或动物油煎熬药料溶取其可溶成分，滤净，再加蜂蜡或白蜡溶化成膏。④捣研膏：将富含油脂的生药捣研而成。⑤醋膏：以醋为溶媒，按熬膏的方法制备而成。⑥蜜膏：以蜂蜜配合药物细末制备成的膏剂。油脂性软膏油腻性较大，不易洗除，油性皮肤的人不宜使用。用油脂类和蜜调制成软膏宜少量制备，储于阴凉处，以免发生酸败腐坏。含重金属盐如轻粉、升药的软膏，久储后易被氧化还原，降低疗效，甚至增加毒性，应临时配制，密闭储存。软膏储存一段时间后，如药物与基质分离或析出水，应重新搅拌均匀后使用。

处方举例如下。

1. 调膏列举：润肤去斑膏

方法：取乌梢蛇 60g，猪脂适量。将乌梢蛇烧灰存性为末，以猪脂调膏，储瓶备用。每晚临睡前薄涂面部，次晨温水洗去。

作用：搜风通络，滋润皮肤，治疗面部黑斑。

2. 熬膏列举：红颜方

方法：取丹参、羊脂适量。二药切碎，同煎，至丹参中心变白为止，滤去渣，候冷备用。搽面。

作用：灭瘢、润肤、红颜。

3. 油蜡膏列举：杏仁膏

方法：取杏仁 45 g，雄黄、白瓜子、白芷各 30 g，零陵香 15 g，白蜡 90 g，麻油 200 mL，杏仁开水烫去皮、尖。上药除白蜡、麻油外，并入乳钵中研细，先纳药末和油于火锅中，文火煎至油稠成膏状时，再加入白蜡，继续加热搅匀，盛瓷器中即成。涂搓面部后，扑美容粉。

作用：祛风解毒，润肤白面，可治局部黑斑。

4. 捣研膏列举：面黑令白方

方法：取瓜蒌瓤 90 g，杏仁 30 g，猪肚（洗净煮熟）1 具。同研如膏，每夜涂之。

作用：面黑令白，令人光润，冬月不皲。

5. 蜜膏列举：浮萍膏

方法：取浮萍 150 g，白蜜适量。浮萍洗净晒干，研为极细末，用蜜调为软膏，入瓷盒中储存备用。每夜睡前涂面，次晨温水洗去。

作用：祛风清热，滋润皮肤，治疗粉刺、雀斑。

五、糊剂

将药物加工捣研成细末，再用除油脂外的液体物作赋形剂，制成泥糊状之半固体状剂型。美容用糊剂多用水、酒、醋等液体或人乳、酥、唾液、胆汁等动物的体液及生药汁等液体，任取一种或数种同用，将药粉调成泥糊状而成。除了酒、醋调制的糊剂，其他种类糊剂一次制备不宜过多，并应储于阴凉处。一般可先制成粉剂，临用时调成糊剂，特别是以乳类调制者。

> **处方举例：令颜色光泽方**
>
> 方法：取白附子、白芷、密陀僧、胡粉各45 g。上捣为末，以羊乳汁和之，夜卧涂面，旦以温浆水洗。
>
> 作用：令颜色光泽。
>
> （胡粉又称水粉、宫粉，内含有毒成分，不宜长期用于面部。另，温浆水即温热的米泔水。）

六、面脂剂

面脂剂也是古代常用的一种美容剂型，它是将药物配方碾碎打粉，以动物油脂或蜡脂调和而成。常用油脂有猪脂、羊脂、鹅脂等，亦有掺入红蓝花汁调成燕脂或唇脂膏。面脂的基础方以疏泄发散类、腐蚀平翳类、行滞活血类、养颜增白类居多。由于面脂剂黏附性好，能持续给药，多用于无渗出的慢性美容疾病和养颜、护肤、美体。经典方如《外台秘要》延年面脂方、《刘涓子鬼遗方》麝香膏、《太平圣惠方》面脂方等。

> **处方举例：《医方类聚》面脂方**
>
> 方法：冬瓜仁、白芷、商陆、川芎各90 g，当归、藁本、蘼芜、土瓜根（去皮）、桃仁各30 g，葳蕤、细辛、防风各45 g，木兰皮、辛夷、甘松香、麝香、白僵蚕、白附子、栀子花、零陵香各15 g，猪胰3具（切，水渍6日，欲用时，以酒按取汁渍药）。上方二十一味药，薄切，绵裹，以猪胆汁渍1晚，平旦以煎猪脂6L，微火三上三下，白芷色黄膏成，去渣，入麝，收于瓷器中。每取涂面。
>
> 作用：悦色驻颜。

七、澡豆剂

澡豆剂是古代常用的一种美容外用剂型，现代使用上可对应清洁类洗剂。它是将药物配方碾碎打粉，然后与豆粉或面粉、糯米粉混合装罐储备。使用时或将药粉掺入沐浴水中沐浴或直接用干粉沐浴或早晚洗面洗手。澡豆剂用药因以养颜增白、行滞活血、疏泄发散类药为主，且以"白"字头药居多，有润白肌肤、驻颜延年等作用，因此被广泛应用于宫廷美容。经典方如《外台秘要》广济澡豆，《御药院方》皇后洗面药、御前洗面药，《医方类聚》桃仁澡豆方等。

> **处方举例：广济澡豆方**
>
> 方法：白术、白芷、白芨、白蔹、茯苓、葳蕤、薯蓣、土瓜根、天门冬、百部根、辛夷仁、栝蒌、藿香、零陵香、鸡舌香（各三两），香附子、阿胶（各四两）炒白面。上二十二味药捣筛，以洗面。若妇人每夜以水和浆涂面，至明，温浆水洗之，甚去面上诸疾。
>
> 作用：去风痒，令光色悦泽。

美容中药制剂中各种剂型,基于中医药理论的同样机理,故各类剂型和制作及主要的功效间有重叠和相似之处,临床根据实际使用需要选择加工。

第三节　常用中药外治法操作技术

一、外敷法

外敷法是古代美容最常用也最有效的方法,多采用药物加鸡蛋清、蜂蜜、植物油、醋等调匀后敷面及手等需要美容部位,保持一段时间后再洗去。这种方法无论是洁面、嫩肤,还是治疗都非常有效。现代的许多含中药成分的面膜应该是源于此。

中药外敷法可分为干敷和湿敷两种。干敷法主要使用中药的药粉、中药提取物或者浓煎汁,加一些能够使药物黏稠便于贴敷或者促进其吸收的辅料;湿敷法一般使用中药的液体,使用布纱等浸润后敷于患处。与美容应用关系最为紧密的是面膜、体膜的使用。

根据温度不同,又可分为热敷和冷敷法。热敷法,根据主要的介质可以分为水热敷、蜡热敷、沙热敷、砖热敷,其机理都是使局部毛细血管扩张,血液循环加速,局部肌肉放松,达到运行气血等作用。冷敷法,用温度低的物体及具有辛散挥发、清热解毒等作用的药物敷于患处,使局部毛细血管收缩,具有降温、止血、镇痛的作用,其主要运用于一些急性痛证或者炎症性皮肤疾病,如急性皮炎伴有的红肿热痛或者晒伤等。

在敷的同时将中草药用布包好,放置于病人体表特定部位进行按压或旋转移动的方法又称为熨法,熨亦可分为砖熨、盐熨、沙熨、壶熨、药熨等多种。

(一)湿敷

湿敷法是将无菌纱布用药液浸透,温度可冷可热,敷于局部,以达到疏通腠理、清热解毒、消肿散结等目的的一种外治方法。此法有抑制渗出、收敛止痒、消肿止痛、控制感染、促进皮肤愈合等作用。

本法是根据病情配方,将配方的药物加工成药散,或水煎汤,或用95%的酒精浸泡5~7天,即可使用。使用时用消毒纱布蘸药液敷在患处,1~2 h换药1次,或3~5 h换药1次。有些疾病(如痈肿)可先熏洗、后湿敷以增强疗效。

1. 操作程序
(1)遵医嘱配制药液,备齐用物,核对医嘱。
(2)合适体位,暴露湿敷部位,注意保暖。
(3)药液温度适宜并倒入容器内,敷布在药液中浸湿后,敷于患处。
(4)定时用无菌镊子夹取纱布浸药后淋药液于敷布上,保持湿润及温度。
(5)操作完毕,擦干局部药液。

2. 注意事项
(1)操作前向病人做好解释,以取得合作。注意保暖,防止受凉。
(2)消毒清洁,避免交叉感染。
(3)纱布从药液中捞出时,要拧挤得不干不湿。
(4)药液加热后防止烫伤。
(5)有创口者,应注意无菌操作,敷后按换药法处理创口。眼部热敷时嘱患者闭上眼睛。

(6) 治疗过程中观察局部皮肤反应,如出现苍白、红斑、水疱、痒痛等应停止使用并处理。

(7) 协助衣着,整理床单位。

(8) 清理用品,归还原处。

(二) 贴敷

贴敷指将含有药物的敷布、赋形的粉剂或膏贴作用于患处或穴位的治疗方法。根据不同的配方可具有通经活络、清热解毒、活血化瘀、消肿止痛等作用。适用于外科的疖、痈、疽、疔疮、流注、跌打损伤、肠痈等病。膏贴使用十分方便,以下主要介绍药布粉剂湿敷的操作步骤。

1. 操作程序

(1) 核对医嘱,将药末倒入碗内,将调和剂调制成糊状。

(2) 备齐用物,解释并取得病人配合。

(3) 协助取合适体位,暴露患处,注意保暖。

(4) 根据敷药面积,取大小合适的棉纸或薄胶纸,用油膏刀将所需药物均匀地平摊于棉纸,厚薄适中。

(5) 将摊好药物的棉纸四周反折后敷于患处,以免药物受热溢出污染衣被,加盖敷料或棉垫,以胶布或绷带固定。

(6) 敷药后,注意观察局部情况,若出现红疹、瘙痒、水疱等过敏现象,应暂停使用,并报告医生,配合处理。

(7) 协助衣着,整理床单位。

(8) 清理用物,归还原处。

2. 注意事项

(1) 皮肤过敏者禁用。

(2) 敷药的摊制厚薄要均匀,太薄药力不够,效果差;太厚则浪费药物,且受热后易溢出,污染衣被。

(3) 加入赋形剂现配药物注意现用现配或冷藏。

(三) 面膜

中药面膜疗法是将中药磨成较细的粉末,然后调成糊状覆盖于面部的一种中医外治方法。不仅广泛应用于临床的一些皮肤病,还是美容机构或个人对皮肤保养的常用方法。有大面积全身应用的,用于全身肌肤保养的又称为体膜。

1. 操作程序

(1) 核对医嘱,调膜,备齐用物,携至床旁,做好解释。

(2) 取仰卧位,部分面膜会有颜色、油渍等污染衣物,铺一次性垫巾,眼鼻口覆盖纱布。

(3) 清洁面部皮肤,将配制的药物均匀地涂面部,厚 $0.2 \sim 1$ cm。

(4) 根据说明,留足时间后去除面膜,洗净面部。

(5) 清理物品,原位放回物品,做好记录并签字。

2. 注意事项

(1) 敷面膜前需清洁局部皮肤。

(2) 敷面膜次数依病情、药物而定,水剂、酊剂用后须将瓶盖盖紧,防止挥发。

(3) 敷药不宜过厚、过多,以防毛孔闭塞。

(4) 敷面膜后观察局部皮肤,如有丘疹、奇痒或局部肿胀等过敏现象时,停止用药,并将药物拭净或清洗,遵医嘱内服或外用抗过敏药物。

(5)婴幼儿颜面部禁用,对面膜药物成分过敏者、有渗出倾向者禁用。

二、熏洗疗法

熏法是把药物加热或燃烧后,取其烟气上熏,借着药力与热力的作用,使腠理疏通、气血流畅而达到治疗目的的一种治法。古法中的熏洗操作烦琐,逐渐被现代仪器蒸汽舱所代替。

熏蒸法是将药物煎汤,趁热在患处熨烫,以达到疏通腠理、祛风除湿、清热解毒、杀虫止痒作用的一种治疗方法。适用于疮疡、筋骨疼痛、目赤肿痛、阴痒带下、肛门疾病等。

其操作程序如下。

(1)核对医嘱,备齐用物,解释并取得病人配合。

(2)根据熏洗部位协助病人取合适体位,暴露熏洗部位。

(3)熏洗药温不宜过热,一般为50~70 ℃,以防烫伤。

(4)室内烟雾弥漫时,要适当流通空气。

(5)熏洗过程中,密切观察病人病情变化。若感到不适,应立即停止,协助病人卧床休息。

(6)熏洗完毕,清洁局部皮肤,协助衣着,安置舒适卧位。

(7)所用物品须清洁消毒,归还原处,避免交叉感染。

具有芳香气味的单种药物或者多种药物提起后,通过药物的自挥发或者加热挥发的作用,释放出具有芳香气味的一种疗法。由于在美容保健方面使用十分广泛,并且其芳香类疗法有一套自用的体系,在此就不多介绍。

三、药浴

药浴是将药物制成水剂,人体浸浴其中,在一定的温度与促透剂的协助下,药物经皮肤快速吸收,从微循环进入血液,直达病所的一种治疗方法。避免了胃肠刺激,病人更容易接受。利用药浴来治病保健时,大多用水作溶媒,水能溶解大部分药物,使皮肤角质层发生水合作用而软化,并能膨胀呈现多孔状态,使皮肤对药物的通透性大大提高,以利药浴治疗疾病。

1. 操作程序

(1)准备物品,核对医嘱取得配合。

(2)溶解药物,用十倍于药包(粉)的开水浸泡5~10 min,兑入水浴容器。

(3)指引病人淋浴清洁身体,告知注意事项。

(4)调节水温,水浴水预热到39~45 ℃,根据病人喜好调节,泡浴过程中注意维持水温。

(5)对于有一定刺激的药浴,可以采用间停休息方式。

(6)结束指引,帮助离开容器,擦拭以保持干燥。

(7)消毒,整理物品。

2. 注意事项

(1)浸泡场地应注意良好通风,控制温度。

(2)饭后一小时内或者饥饿状态,禁止泡浴。

(3)起浴后皮肤表面发红、汗出时,注意防风受寒。

(4)皮肤有创口时应慎用。

(5)孕妇及女性月经期间避免使用。

(6) 心肺功能不全疾病者,禁止使用。
(7) 请专人关注泡浴者情况。

四、蒸汽舱

蒸汽舱最大的特点是可以直接蒸煮中药,免去了先将中药煎煮成液体的过程,并集中了中药蒸煮、熏蒸、泡浴、消毒、音乐等功能为一体,操作方便,安全性高,可自动温控,具有自动清洗消毒功能。

1. 操作程序

(1) 核对病人信息和医嘱,并取得配合。
(2) 接通电源,打开总开关,根据要求在控制面板上设定各参数。
(3) 温度达到37 ℃后,请病人脱去外衣,换上专用衣裤。
(4) 指引病人坐入舱内,合上盖,头部暴露于治疗舱外,颈部用毛巾围裹,以防气雾外漏。
(5) 根据病人的体质、耐受程度调整温度和时间。
(6) 治疗完毕指引病人走出熏蒸舱,并及时冲淋、清洗皮肤表面残留的药物,更换衣服。
(7) 按"清洗消毒键"对治疗舱内腔进行喷淋消毒,用清水和纱布擦去残留消毒液。
(8) 整理用物,物归原处。

2. 注意事项

(1) 严格按照说明书操作仪器。
(2) 病人初次使用应缩短熏蒸时间,进出舱时注意保暖。
(3) 应注意观察病人有无不适症状等,严防汗出虚脱或头晕。
(4) 治疗过程中应嘱病人适当饮水以保持人体水分。
(5) 水温以38～42 ℃为宜,避免烫伤。
(6) 做好消毒工作,避免交叉感染。

五、药物超声波导入

药物超声波导入疗法又称药物超声促渗透疗法,是指利用超声波促进药物经皮肤或黏膜吸收的一种新型药物促渗透技术。超声波药物导入,适用范围广泛并且操作安全简单,除了具备药物的作用,其温热的效应及机械效应可使机体组织细胞内物质运动,可引起容积变化,产生细胞质流动,细胞质粒振荡、旋转、摩擦;可刺激细胞膜的渗透性,促进新陈代谢,加强血液循环和淋巴循环,改善组织营养。随着药物超声导入技术日趋成熟,已成为传统经皮给药的一种极具潜力的替代治疗,广泛应用于皮肤科等各项疾病的治疗。

1. 方法步骤

(1) 配制药物:根据不同疾病治疗需要,组合用药。用药量为静脉滴注用药量的1/5～1/3,配制成2 mL左右的溶液,储存于注射器中待用。
(2) 撕开贴片上的粘贴纸层,贴片平放在台面上,将注射器中的药液平均注射到两片透药棉。
(3) 将贴片粘贴在需要治疗的部位。
(4) 将治疗头对准透药棉后用固定带或胶带固定在贴片上。
(5) 根据设备说明书设置治疗参数。
(6) 根据治疗需要及病人感觉舒适度,调节强度和时间。

(7) 治疗结束后,取下治疗声头,贴片留置 2~4 h。
(8) 关机,消毒,归还物品。

2. 禁忌证
(1) 经期妇女慎用,孕妇的腹部禁用。
(2) 皮肤破损区域,高度近视病人的眼部及其邻近区不用。
(3) 传染性和急重疾病病人禁止使用。
(4) 严格消毒,避免交叉感染。

小结

随着科学技术的发展,中医美容外治方法的应用效用不断提高,操作更加简便,在临床和美容保健中广泛使用。中药外治法基于中医理论为指导,讲究辨证、药性、配伍,具有与现代化妆品不同的思路,又与现代科技相结合,品类齐全、剂型多样,基本囊括了现代化妆品的品类剂型,是医学美容在生活美容领域应用的契合。中药外用的良好的功效及其天然性、无副作用的属性,在现代科技的结合下不断地被挖掘和推广。

能力检测

1. 面膜的操作步骤有哪些?
2. 药浴的操作步骤有哪些?
3. 熏蒸应注意事项有哪些?
4. 美容方常用剂型的分类有哪些?

(陈丽姝)

第七章 其他中医美容技术

第一节 穴位埋线技术

掌握：埋线、拔罐、刮痧的功效，适应证。
熟悉：埋线、拔罐、刮痧的操作步骤，操作的禁忌证及注意事项。
了解：埋线、拔罐、刮痧的作用机理。

穴位埋线疗法是将可吸收性外科缝线植入穴位内，利用线对穴位产生的持续刺激作用以防治疾病的方法。它以中医经络、气血、脏腑等理论为基础，运用传统针灸理念，使用注射针头或特制埋线针，是一种融合针灸、刺血、割治等多种疗法、多种效应于一体的复合性治疗方法。采用可吸收线体植入的方式，借助埋入线体对穴位进行持续刺激，替代传统针灸治疗，使针灸治疗从短效、反复治疗模式发展到了长效治疗模式，是针灸学理论与现代物理学相结合的产物，是传统针灸疗法在临床上的延伸和发展，是传统中医治疗与现代科技的结合，近年来在临床上的应用十分普遍。运用穴位埋线技术的穴位埋线疗法的优点如下。

一是适应证广泛，埋线可以用于各个系统的多种疾病，凡针刺能治疗的疾病几乎都可以用穴位埋线治疗；二是疗效持久，治疗频率小，穴位埋线与针灸有接近的治疗效果，治疗频率只需 1～4 周治疗 1 次，每次埋线需要 15 min 左右，可以给病人提供更多的时间便利，减少针刺次数，减轻畏惧针刺病人的紧张感，提高依从性；三是操作便捷、安全，随着埋线材料的不断更新及技术不断改进，埋线引起的排异反应大大降低，不需要麻醉、不需要手术，与普通注射一样消毒操作即可完成，十分安全便捷。

一、埋线的作用

（一）双向调节脏腑功能

穴位埋线疗法是一种具有综合效应的穴位刺激疗法，具备针灸治疗的同等效用，具有良性的双向调节功能，对各个脏腑阴阳都有调整、平衡的作用。不但可以控制临床症状，而且能促使部分病理变化恢复正常。如在足三里、中脘穴埋线，不加用任何手法，胃肠蠕动强者会减弱，蠕动弱者会加强；在上巨虚、天枢穴埋线，对肠蠕动过慢所致的便秘和肠蠕动亢进所致的腹泻均有疗效。

(二) 疏通经络、调和气血

穴位埋线疗法亦具有疏通经络、调和气血的作用。这种作用具体体现在穴位埋线疗法对疼痛性疾病的治疗上,"痛则不通,通则不痛",疼痛与经络闭塞、气血失调有关,所以疏通经络、调和气血就可达到"通则不痛"的目的。埋线用的针具多为穿刺针或埋线针,其针体粗大,刺激性强,当用埋线针从穴位刺入后,许多神经痛病人感觉从穴位处向下直达足趾的疼痛立止。故本法可通过疏通经络中壅滞的气血达到通利经络、缓解疼痛作用。

(三) 扶正祛邪、平衡阴阳

穴位埋线疗法也具有补虚泻实的作用,埋线疗法对免疫球蛋白偏低的病人有升高的作用,说明其具有提高免疫功能、补虚扶正的作用。临床疗效是通过穴位埋线对机体的多种效应,提高机体的抗病力、保持阴阳平衡。

二、穴位埋线疗法的机制

(一) 增加了针灸的长效机制

穴位埋线植入穴位的线体会长时间刺激穴位,将针刺疗法的进针、留针、行针、割治、放血等融为一体,所以埋一次线相当于多次、多种针刺疗法的功效,故穴位埋线疗法融合针刺疗法各种机制有增进针感的效用。

(二) 线体促进组织修复

埋线后,线体作为"异物"在体内分解吸收的过程,对穴位产生的生物物理及生物化学刺激。在刺激下,细胞因子启动免疫反应,对其识别、分解,激发人体免疫功能,该疗法小量、持续的刺激很少引起个体不适,却促使机体免疫吞噬功能对组织进行调整和修复,从改变局部微环境到影响整个人体大环境,最终整体提高机体免疫力,增强抗病能力。

(三) 增进血液循环,改善缺氧状态

埋线操作时往往会刺破穴位处毛细血管引起少量出血,或皮下瘀血,产生刺血效应。研究证明刺血效应能够改善微循环,缓解血管痉挛,从而改善局部组织的缺血缺氧状态,帮助机体组织的恢复,并能调动人体的免疫机能;同时能够促进病灶部位血管新生、血流量增大、血管通透性增加,从而加快炎性物质的吸收,减少渗出、粘连。埋线对微血管的血色、血流变化、瘀点、流速均具有改善作用

(四) 升高体温,提升代谢率

穴位埋线引发的炎症反应可以提高人体体温,而且可以持续较长的时间。穴位埋线后可引起病人不同程度的局部体温上升,可达 0.8 ℃ 以上,随后缓慢下降,持续时间可达 14 天。临床观察的治疗经验也发现埋线后病人可能会有体温升高现象,这是埋线注意事项中需告知病人的,要向病人说明埋线升高体温是常见现象,体温升高机体基础代谢率就能加快。穴位埋线引起的急性炎症反应、局部组织的红肿热痛、温度升高、血液流速加快,导致局部更多的免疫吞噬细胞从血管渗漏,细胞因子、化学因子等能够加快局部新陈代谢。故穴位埋线引起局部较高的体温能提高身体的基础代谢率。

三、穴位埋线材料

埋线疗法最早所用的可吸收材料是羊肠线,也是目前使用较多的埋线材料,虽然价格便

宜、取材方便,但是并不能完全符合临床需要,其可吸收性差、组织反应大,存在埋线部位压痛、红肿、硬结及机体轻度发热、过敏等不良反应,及其吸收速度、刺激强度难以控制等,给临床推广造成了一定的限制。近年来发展起来的医用高分子生物降解材料能够在体内分解,分解后的产物能够被吸收,在不影响人体代谢情况下排出体外,并且其降解速度可以根据不同的需要进行化学修饰而调节,提高了埋线的操作简单化、微创、可控性。医用高分子生物降解材料用于埋线的代表有真丝、PDS、PGLA等。PGLA不易过敏、局部排异反应小、感染风险较低、价格容易被接受等优势,可提升整体治疗疗效。从组织材料学角度分析,PGLA是目前比较理想的埋线材料,并且这些线体的柔软性也为埋线方法的改进奠定了条件基础。

关于埋线线体的粗细,多数报道采用的是2/0、3/0或4/0的手术缝合线。使用越细的线,可以选用更细的针,而针的大小很大程度上决定了进针的疼痛程度,痛阈较低的病人,选用更细小的针线能减轻疼痛不适感,以提高依从性,然而线体过细,有可能刺激量不够,所以选用什么规格的线,应根据治疗个体和临床经验做参考。不过多数的可吸收缝合线因吸收的时间随着线体粗大而代谢时间延长,如遇特殊排异体质,代谢时间长会加重病人痛苦,所以提倡用较细的线体。总之,埋线材料不断更新,其是否更满足埋线的要求,主要通过以下几点来进行判断。

(1)植入机体的线体,不管是其材料本身还是其分解产物,应不影响人体正常的新陈代谢,没有毒副作用。

(2)埋线需要埋植材料在一定时间内能够保持一定的硬度强度,对穴位有刺激作用,但随着时间的延长,材料应该可以被机体完全地分解吸收。

(3)产生的刺激是可以控制的,埋植材料在机体中的降解时间、刺激强度和硬度的可控性能够通过对材料的修改而实现。

(4)作为埋线的材料,其附带的排异性应小,感染率应低,少过敏反应和结节产生。

四、埋线的穴位选择及埋线深度

埋线取穴即基于经络学说为基础的技术应用,所以治疗时根据病人实际情况,在辨证原则指导下选穴埋线。参照针灸选穴原则其取穴原则主要有以下几点。

(一)辨证取穴

根据疾病的原因、性质、部位及邪正之间的关系,加以概括、判断为某种性质的证。根据辨证的结果,确定相应的治疗方法。根据症状取穴,如实热证选泻热常用穴大椎,哮喘肾不纳气者选肾俞、关元。

(二)循经取穴

病变发生在哪个经络分属上的,就在该病所属的经络穴位上埋线,其细分为两种,一种是病变部位经络的穴位,即"经脉所过,主治所在",如腰痛治疗选取委中穴,委中穴所在的足太阳膀胱经经过腰部;另一种是根据脏腑辨证疾病归属来取穴,如消化不良选足太阴脾经的足三里穴。

(三)随证取穴

针对某些全身症状或疾病的病因病机而选取腧穴,因在临床上有许多病症,如发热、失眠、多梦、自汗、盗汗、虚脱、抽风、昏迷等全身性疾病,往往难以辨别,不适合用上述取穴方法,此时就必须根据病症的性质,进行辨证分析,将病证归属于某一脏腑和经脉,再按照随证取穴的原则选取适当的腧穴进行治疗。个别症状,也可以结合临床经验而选穴。如发热者可取大椎、曲池;痰多者取丰隆等。

(四) 近部取穴(又称局部取穴)

在病痛的局部和邻近部位选取腧穴,它以腧穴近治作用为依据,这是任何一个穴位都具有的共同治疗作用,其应用广泛。大凡其症状在体表部位反应较为明显和较为局限的病症,均可按近部取穴原则选取腧穴,予以治疗。例如,肥胖症在脂肪堆积的部位做埋线,痛经选八髎穴等,皆属于近部取穴。

(五) 远部取穴

在距离病症较远的部位选取腧穴,它以腧穴的远治作用为依据,主要以十二经脉分布在肘、膝关节以下的穴位为主,这是针灸处方选穴的基本方法,体现了针灸辨证论治的思想。胃脘疼痛属胃的病症,可选取足阳明胃经的足三里,同时可选足太阴脾经的公孙,但因埋线针头、线体比普通针灸针粗大,部分病人难以接受大刺激,故四肢末端的穴位埋线相对少。

埋线深度应以穴位组织的局部解剖为依据,通常埋于皮下组织与肌肉之间,有些位于肌肉丰厚部位的穴位可埋入肌层,某些病种需再加强刺激的,如腹部可以埋于肌层与腹膜层之间。由于体质不同,身体较胖和较为壮硕的病人可以增加埋线深度,而较为瘦弱者则需浅埋,小儿娇嫩之体亦不宜深埋。同时埋线时还需注意避开大血管、神经与体内脏器。

五、埋线方法

早期穴位埋线的用具有手术刀埋线、缝合针埋线及麻醉穿刺针埋线,因造成的创口比较大,施术过程中病人疼痛激烈,术者操作步骤繁琐,已逐渐被改良更新的埋线套管针和注射针头加针灸平头针埋线法所代替。由于性能更好的生物材料如比较柔软的 PGLA 埋线逐渐被推广开来,因此使用套管针和平头针做穴位埋线十分普遍。然而套管针、平头针使用时"边推针芯、边退针管"的操作方式经常会出现线体滞留针管内或出针时被带出等情况,杨氏等总结经验,提出了线体对折旋转埋线法:取一段 PGA 或 PGLA 线,穿入普通注射针头的针孔中,线在孔内与孔外的长度基本保持相同,经皮刺入,线在针尖与刺入时人体组织阻力的共同作用下,线体产生对折带入皮下,退出针体,完成埋线。线体对折旋转埋线法减去了针芯穿针的过程,还避免了线体卡在空心针内的问题,依靠组织对线体的阻力成功把线体植入并顺利退出,减轻了临床施术的劳动强度及难度。线体对折旋转埋线法是针对一次性无菌微创埋线针的又一次创新,取消了针芯,节约了大量的社会成本,使操作者的动作更加简化,更适合临床推广。埋线通常用一穴一线的埋法,一个穴位分别向几个方向或深层、浅层埋入多根线的埋法亦有临床报道。

六、埋线的疗程与间隔时间

关于埋线间隔的时间,根据疾病及临床的实际情况,目前治疗间隔时间推荐 7~28 天不等。因不同材质线体吸收时间不同,所以一方面埋线间隔时间要基于不同种类的可吸收缝合线吸收规律制订,另一方面个体的内环境差异使线体的吸收代谢速率存在差异,所以在治疗时经过一到两次观察病人埋线后"感觉"持续的时间,以及局部是否出现硬结等评价后,再制订个体化埋线间隔时间。埋线疗法多用于治疗慢性疾病,治疗间隔及疗程根据病情以及所选部位对线的吸收程度而定,间隔时间可为 1 个星期至 1 个月,疗程可为 1~10 次。

七、穴位埋线的临床应用

穴位埋线是基于针灸理论及实践为基础的,理论上凡能针刺的穴位,均可埋线,然而在组织结构较薄、神经血管丰富、肌群运动频繁部位的穴位(如指、趾和眼耳外等部位的穴位),因易出血、疼痛明显,引起短暂功能障碍的概率大,便不建议埋线。穴位埋线临床应用十分广泛,治疗的疾病包括各种妇科疾病,如痛经、月经不调等;内科疾病,如慢性胃炎、肠炎、便秘、偏瘫等;与精神状况相关的疾病,如抑郁、失眠、焦虑等;皮肤科疾病,如痤疮、黄褐斑等;各种痛证均有应用,在美容中应用较为广泛的是减肥塑形。

八、操作步骤

1. 工具选择 根据病情需要和操作部位,选择不同种类和型号、一次性使用无菌注射针头及可吸收缝线。例如,7号注射器针头对应3/0可吸收线,8号针头可对应2/0可吸收线。

2. 穴位选择 根据病人病症具体情况及针灸的辨证论治原则选取穴位。

3. 体位选择 选择病人舒适、便于医者操作的治疗体位。以腹部、阴经上穴位为主则用仰卧位,以背部、阳经上穴位为主则选择俯卧位。因埋线刺激量比较大,即使是只做四肢部位的穴位也尽量选择卧位,利于病人放松。

4. 环境要求 治疗间清洁卫生,避免污染;安静温馨,有利于病人放松;治疗操作区的光线充足,可视度清晰,方便操作。

5. 消毒

(1) 器械消毒

使用一次性无菌用品或满足医疗器械消毒的要求。根据材料选择适当的消毒或灭菌方法,应达到国家规定的医疗用品卫生标准及消毒与灭菌标准,参见GB-15981,一次性使用的医疗用品还应符合GB-15980的有关规定。

(2) 术者消毒

术者双手应用肥皂水清洗、流水冲净,再用75%酒精或0.5%碘伏擦拭,然后戴无菌手套。

(3) 部位消毒

用0.5%的碘伏在施术部位由中心向外环形消毒,也可采用2%碘酒擦拭,再用75%酒精脱碘的方法。

6. 操作步骤

(1) 物品准备,核对医嘱,与病人沟通取得配合。

(2) 根据埋线部位选择合适体位,暴露所需埋线的部位。

(3) 用75%酒精或0.5%碘伏消毒局部皮肤。

(4) 准备针具和线体,采用一次性7号注射不锈钢针头,用止血钳夹取线体,置于埋线针针管的前端,将线体一半的长度推入针管内。

(5) 根据进针部位不同,迅速刺入皮下,并根据穴位解剖特点,深入到穴位适当深度。

(6) 在获得针感后,退出针头,线体便植入穴位。

(7) 出针后,用棉签按压创口。

(8) 清理物品,放回原位或消毒。

九、穴位埋线注意事项

穴位埋线发展至今,虽然安全便捷,然而毕竟是微创性的治疗方法,故在操作时应严格按照要求操作,注意排查有无相关禁忌证。

(1) 埋线所用针具等物品需要严格消毒,保证一人一针,避免了医源性交叉感染。

(2) 线体在出针后如果带出,露在皮肤外,需要夹出,防止感染。

(3) 部分病人在 2~7 天里出现酸、麻、胀、痛的针感,或体温轻度升高,可自行恢复,一般无需处理。

(4) 埋线后 6~8 h 内局部禁沾水或局部激烈的按压运动,以防皮下出血。

(5) 埋线的深度、线体的粗细、间隔时间等需要根据病人具体承受能力调整。

(6) 女性在月经期、妊娠期等特殊生理期尽量不埋线,月经调理除外。

(7) 对于感染性或传染性急危重症等病人不宜埋线。

十、不良反应及处理

埋线后的局部反应,不仅与操作的方法、施术部位有关系,而且和线体材料有关。羊肠线因为含有动物蛋白和加工过程中的杂质,容易发生感染和蛋白过敏反应,应用高分子材料合成的线体 PGLA 则很少发生。偶尔会出现以下几种情况及其处理方法。

(一) 出血和血肿

埋线操作出针后出血,应立即用干棉球压迫止血,术后出现青紫或血肿,可先给予冷敷止血,24 h 后可以热敷止血,一般 10~15 天能够吸收消散。

(二) 感染或过敏

发生感染时,可以给予局部抗感染处理,或是服用抗生素,出现化脓应排脓。若出现过敏,埋线后局部出现红肿发热、瘙痒、丘疹,甚至线体排异,给予抗过敏处理,严重的给予口服抗过敏药,并禁止继续治疗。

(三) 皮下结节

在埋线部位对线体进行"包埋",触摸时感觉皮下有颗粒状异物感,可不予处理,但是应避免该结节消散前做同一部位的埋线。

十一、埋线案例举例

肥胖症穴位埋线疗法

病历资料:何女士,38 岁,诉产后 5 年逐年肥胖,身高 162 cm,体重 87 kg,腰围 108 cm,臀围 110 cm,腹部肌肉松弛伴有膨胀纹。经常疲乏无力,肢体困重,尿少,纳差,腹满,舌淡苔薄腻,脉沉细。

(一) 评估患者肥胖程度及生理基础

1. 诊断

肥胖症诊断依据:BMI 指数为 33.1,BMI≥30 为 Ⅱ 度肥胖,腰围为 111 cm>88 cm,腰臀比为 0.98,腰臀比>0.85。

肥胖症诊断标准:诊断标准参照 2000 年 WHO 针对亚洲人发表的《对亚太地区肥胖及其治疗的重新定义》,体重指数(BMI)=体重(kg)/身高(m^2)。正常范围为 18.9~22.9,女性

BMI≥25,即可诊断为肥胖;23~24.9 为超重;25~29.9 为Ⅰ度肥胖;BMI≥30 为Ⅱ度肥胖;BMI≥40 为Ⅲ度肥胖。腰围为男>102 cm,女>88 cm;腰臀比为男>0.9,女>0.85。

2. 埋线禁忌证排查

病史及相关检查提示病人没有埋线禁忌证。辅助检查项目包括血压、血脂、血糖,肝肾功能等。

(1)是否合并有严重心血管病、脑血管病、感染性疾病、糖尿病、痛风、肝肾功能不全及造血系统等严重原发性疾病、精神病病人。

(2)是否为乳母、孕妇或有怀孕愿望者。

(3)是否为继发性肥胖病人,如下丘脑病、垂体病、甲状腺功能减退症、肾上腺皮质功能亢进症、性腺功能减退症等。

3. 辨证论治

该病人体形肥胖,腹部膨隆,肌肉松软,皮下脂肪臃垂,活动气短,容易疲劳,肢体困重,纳差,腹满,舌淡苔薄腻,脉沉细,典型的脾失健运,痰浊中满,虚实夹杂的症状。治病必求其本,抓住本虚标实,本虚以脾虚、气虚为主,标实以痰浊中满为主,故治疗上以健脾化痰、利湿通腑、攻补兼施为总则。腹部走行穴位主要由胃经、脾经、肾经、肝经和任脉、带脉所主,这些经络上的穴位具有健运脾胃、利水湿祛痰浊功能,从治疗方法需求上可选;从"阿是穴"定义上,脂肪的主要堆积部位也以腹部为主,针灸治疗原则上注重近部治疗,腹部的穴位亦是治疗肥胖的首选。在文献报道中穴位埋线减肥的选穴,除了辨证选穴会配合一些四肢部位穴位外,腹部分布的穴位几乎成了埋线减肥的必选之穴。该病人取穴可选上脘、中脘、建里、下脘、神阙、石门、曲骨、四满、中注、石关、阴都、不容、承满、梁门、关门、太乙、滑肉门、外陵、水道、归来、腹结、大横、腹哀等。痰湿较重则加下肢的足三里、阴陵泉、丰隆、条口。每次可选 20 个穴交替埋线。

关于穴位埋线的深度,一般采用得气形式描述埋线的深度,也有部分文献是埋于肌肉层,或者肌肉和脂肪交界层,亦有文献描述埋于脂肪层时容易引起脂肪液化、组织塌陷等报道。有学者通过彩色超声多普勒定位,将羊肠线埋于脂肪层、肌肉层,间隔埋于脂肪层和肌肉层,对比疗效,认为埋于脂肪层的疗效要比埋于肌肉层的效果好。因临床观察中穴位埋线的疼痛主要在针刺真皮层时产生,如果腹部针刺到肌肉或者更深的腹膜层,疼痛则更为明显,在基于埋线深度对治疗疗效并无显著差异情况下,埋线针体在脂肪层对病人的疼痛刺激是最小的,病人乐于接受,医生方便操作,故埋于脂肪层。

在穴位埋线治疗肥胖症所需总的时间和疗程的相关研究中,临床报道中最短治疗观察的时间是四周,较长的是三个月,亦有治疗一年后的远期观察,不同的治疗前疗效有差异,有学者提出穴位埋线减肥可分为快速减重期和平台期。通过临床观察,穴位埋线减肥病人在不同时段反应不一样,快速减重期存在于埋线一个月左右,该阶段病人容易出现饱胀感,接下来一到两个月或者更长点的时间体重不会出现太大变化,但通常反应是体形变小了、衣服变松了,部分病人持续治疗两个月以上开始体重下降。脂肪的缩减和脂肪的扩增都是一个慢性过程,人体从肥胖到正常体重除了脂肪体积变化,其内环境也跟着改变,这些都需要一定的时间,故该病人穴位埋线治疗肥胖症的疗程建议三个月以上。

(二)治疗方案和医患交流

(1)病人将接受穴位埋线,1 次/10 天的治疗,连续十次,在该治疗过程中,病人有任何的疑问可以与医生沟通解答。

(2) 若病人能够根据医生指引,做饮食、运动方面等生活方式的调整,将提高减肥效果。

(3) 埋线过程会有轻微的一过性疼痛,如疼痛明显告知医生,医生协助其放松缓解。

(4) 埋线后 6 h 内不洗澡,局部有轻度肿胀、痒感或体温轻度升高(低于 37.5 ℃)属正常反应,无需处理。偶尔会出现皮下血肿,7~20 天机体会吸收。

(5) 书面告知及签署相关治疗协议。

(三) 埋线治疗操作

(1) 准备物品:一次性无菌手套,无菌埋线包(含弯盘或换药碗、止血钳或镊子、剪刀),3/0 的 PGLA 可吸收线,碘伏,消毒干棉球消毒棉签等。

(2) 洗手消毒,戴无菌手套。在无菌包内把可吸收线剪成 1.5~2 cm 长度,20 余段。

(3) 右手拿止血钳取一段 PGLA 线,左手拿 0.7 号一次性注射针头,将 PGLA 线穿入针孔中后,线在孔内与孔外的长度基本保持相同,右手放回止血钳,拿消毒棉签沾碘伏。

(4) 嘱患者暴露腹部,用碘伏棉签对腹部相关穴位 3 cm 范围由内向外消毒。

(5) 针头以 45°斜角迅速刺入皮下后,根据穴位深浅调整角度和深度。腹部脂肪比较厚,进针后可直向,一般抵达脂肪层即可,若深入肌肉或者腹膜病人会有明显的疼痛感。线在针尖与刺入时人体组织阻力的共同作用下,线体产生对折带入皮下,退出针体,线体便留在组织当中,完成埋线。

(6) 出针后,用消毒干棉球按压针孔 15~30 s,以防出血。

(7) 选择适当体位完成其余穴位的埋线。

(8) 埋线结束,整理物品。

(9) 留观病人 15 min,强调注意事项。

第二节 拔罐技术

运用拔罐技术的拔罐疗法又名"火罐气""吸筒疗法",古称"角法",是以罐为工具,利用燃烧、挤压等方法排除罐内空气,造成负压,使罐吸附于体表特定部位(患处、穴位),产生广泛刺激,形成局部充血或瘀血现象,而达到防病治病、强壮身体目的的一种治疗方法。古代医家在治疗疮疡脓肿时用它来吸血排脓,后来又扩大应用于肺痨、风湿等内科疾病。拔罐疗法是物理疗法中最优秀的疗法之一,是一种古老的民间医术,儿童同样适用。建国以后,由于不断改进方法,拔罐疗法有了新的发展,进一步扩大了治疗范围,成为针灸治疗中的一种疗法。

一、罐子的种类

(1) 竹筒火罐:取坚实成熟的竹筒,一头开口,一头留节作底,罐口直径分 3、4、5 cm 三种,长短 8~10 cm。口径大的,用于面积较大的腰背及臀部;口径小的,用于四肢关节部位。至于日久不常用的竹火罐,过于干燥,容易透进空气。临用前,可用温水浸泡几分钟,使竹筒火罐质地紧密不漏空气然后再用。南方产竹,多用竹筒火罐。

(2) 陶瓷火罐:使用陶土,做成口圆肚大,再涂上黑釉或黄釉,经窑里烧制的叫陶瓷火罐。有大、中、小和特小的 4 种,陶瓷火罐,里外光滑,吸拔力大,经济实用,北方农村多喜用之。

(3) 玻璃火罐:中华传统医疗保健中医器具。

(4) 抽气罐:用青霉素、链霉素药瓶或类似的小药瓶,将瓶底切去磨平,切口须光洁,瓶口的橡皮塞须保留完整,便于抽气时应用。现有用透明塑料制成的,不易破碎,上置活塞,便于抽气。

(5) 角制罐:用牛角或羊角等加工制成,用锯在角顶尖端实心处锯去尖顶,实心部分仍需留 1~2 cm,不可锯透,作为罐底。口端用锯锯齐平,打磨光滑,长约 10 cm,罐口直径有 6 cm、5 cm、4 cm 三种。其优点是经久耐用,但因动物犄角不易收集而很少应用。

(6) 紫铜罐:紫铜罐是藏医、蒙医传统的火罐。

(7) 砭石罐:取材于天然泗水砭石,经过车床制作而成,因为原料少,加工费时,拔罐效果更好,所以成本比较高。现在大型美容院、养生连锁机构有使用。

(8) 硅胶罐:用硅胶加工制成,通过按压产生负压,使火罐吸附于体表的一种新兴火罐。由于其使用方便,不需要额外的工具,现在多见于家庭使用。

二、治疗机理

中医认为拔罐可以开泄腠理、扶正祛邪。疾病是由致病因素引起机体阴阳的偏盛偏衰,人体气机升降失常,脏腑气血功能紊乱所致。当人体受到风、寒、暑、湿、燥、火、毒、外伤的侵袭或情志内伤后,即可导致脏腑功能失调,产生病理产物,如瘀血、气郁、痰涎、宿食、水浊、邪火等,这些病理产物又是致病因子,通过经络和腧穴走窜机体,逆乱气机,滞留脏腑,瘀阻经脉,最终导致各种病症。

拔罐产生的真空负压有一种较强的吸拔之力,其吸拔力作用在经络穴位上,可将毛孔吸开并使皮肤充血,使体内的病理产物从皮肤毛孔中吸出体外,从而使经络气血得以疏通、脏腑功能得以调整,达到防治疾病的目的。中医认为拔罐可以疏通经络、调整气血。

拔罐疗法可以疏通经络、调整气血、平衡阴阳,可有效改善体弱多病、形体臃肿及脸上起斑、痘、皱、干燥等多种症状及皮肤问题。若经络不通则经气不畅,经血滞行,可出现皮、肉、筋、脉及关节失养而萎缩、不利,或血脉不荣、六腑不运等。通过火罐对皮肤、毛孔、经络、穴位的吸拔作用,可以引导营卫之气始行输布,鼓动经脉气血,濡养脏腑组织器官,温煦皮毛,同时使虚衰的脏腑机能得以振奋,畅通经络,调整机体的阴阳平衡,使气血得以调整,从而达到健身美体、祛病疗疾的目的。

现代医学认为,拔罐治疗时罐内形成的负压作用,使局部毛细血管充血甚至破裂,红细胞破裂,表皮瘀血,出现溶血现象,随即产生一种组胺和类组胺的物质随体液周流全身,刺激各个器官增强其功能活动,能提高机体的抵抗力。现代医学认为,拔罐负压的刺激,能使局部血管扩张,促进局部血液循环,改善充血状态,加强新陈代谢,改变局部组织营养状态,增强血管壁通透性及细胞吞噬活动,增强机体免疫力。现代医学认为,拔罐负压对局部部位的吸拔,能加速血液及淋巴液循环,促进胃肠蠕动,改善消化功能,促进、加快肌肉和脏器对代谢产物的消除、排泄。

三、适应证及主要穴位

1. 呼吸系统适应证

急性及慢性支气管炎、哮喘、肺水肿、肺炎、胸膜炎。主穴:大杼、风门、肺俞、膺窗。

2. 消化系统适应证

消化不良、胃酸过多。主穴:肝俞、脾俞、胃俞、膈俞、章门。

急性及慢性肠炎。主穴:脾俞、胃俞、大肠俞、天枢。

3. 循环系统适应证

高血压。主穴:肝俞、胆俞、脾俞、肾俞、委中、承山、足三里。重点多取背部及下肢穴位。

心律不齐。主穴:心俞、肾俞、膈俞、脾俞。

心脏供血不足。主穴:心俞、膈俞、膏肓俞、章门。

4. 运动系统适应证

颈椎关节痛、肩关节及肩胛痛、肘关节痛。主穴:压痛点及其关节周围拔罐。

背痛、腰椎痛、骶椎痛、髋痛。主穴:根据疼痛部位及其关节周围拔罐。

膝痛、踝部痛、足跟痛。主穴:在疼痛部位及其关节周围,用小型玻璃火罐,进行拔罐。

5. 神经系统适应证

神经性头痛、枕神经痛。主穴:大椎、大杼、天柱(加面垫)、至阳。

肋间神经痛。主穴:章门、期门及肋间痛区。

坐骨神经痛。主穴:秩边、环跳、委中。

因风湿劳损引起的四肢麻痹。主穴:大椎、膏肓俞、肾俞、风市及其麻痹部位。

颈肌痉挛。主穴:肩井、大椎、肩中俞、身柱。

腓肠肌痉挛。主穴:委中、承山及患侧腓肠肌部位。

面神经痉挛。主穴:下关、印堂、颊车,用小型火罐,只能留罐 6 s,起罐,再连续拔 10～20 次。

膈肌痉挛。主穴:膈俞、京门。

6. 妇科方面的适应证

痛经。主穴:关元、血海、阿是穴。

闭经。主穴:关元、肾俞。

月经过多。主穴:关元、子宫。

白带。主穴:关元、子宫、三阴交。

盆腔炎。主穴:秩边、腰俞、关元俞。

7. 外科疮疡方面的适应证

疖肿。主穴:身柱及疖肿部位,小型罐加面垫拔。

多发性毛囊炎。主穴:至阳,局部小型罐加面垫拔。

下肢溃疡。主穴:局部小型罐加面垫拔。

急性乳腺炎。主穴:局部温开水新毛巾热敷后,用中型或大型火罐拔,可连续拔 5～6 次。留罐法,取上面 3～5 个穴位,留罐 10～15 min。

乳腺增生。症状:乳房内有硬结,月经前、生气后疼痛加剧,伴有口苦咽干,或喉中如有物,吐之不出,咽之不下,心烦易怒,心情不畅,同时伴有月经不调。取穴:肾俞、膻中、气海、期门。

四、禁忌证

患有以下疾病的病人请勿尝试拔罐,否则可能引起问题。

(1) 重度心脏病或身上有金属物质的。

(2) 有出血倾向、出血史、开放性骨折、败血症、血友病者等。

(3) 全身水肿,急性外伤性骨折。

(4) 全身皮肤病或局部皮损(如皮肤过敏或溃疡破裂处)。

(5) 极度衰弱、消瘦,皮肤失去弹力者。
(6) 高热不退、抽搐、痉挛。
(7) 心尖区、体表大动脉搏动及静脉曲张处。
(8) 瘰疬、疝气处。
(9) 肝炎、活动性肺结核等传染病。
(10) 精神分裂症、高度神经质及不合作者。
(11) 女性经期、四个月以上孕妇、六岁以下儿童及七十岁以上老人。
(12) 前后二阴。

五、操作手法

(一) 火罐法

利用燃烧时的火焰的热力,排去空气,使火罐内形成负压,将火罐吸着在皮肤上。有下列几种方法。

(1) 投火法:将薄纸卷成纸卷,或裁成薄纸条,燃着到1/3时,投入火罐里,将火罐迅速扣在选定的部位上。投火时,不论使用纸卷和纸条,都必须高出罐口一寸多,等到燃烧一寸左右后,纸卷和纸条,都能斜立罐里一边,火焰不会烧着皮肤。初学投火法,还可在被拔地方,放一层湿纸,或涂点水,让其吸收热力,可以保护皮肤。

(2) 闪火法:用7~8号粗铁丝,一头缠绕石棉绳或线带,做好酒精棒。

使用前,将酒精棒稍蘸95%酒精,用酒精灯或蜡烛燃着,将带有火焰的酒精棒一头,往罐底一闪,迅速撤出,马上将火罐扣在应拔的部位上,此时罐内已成负压即可吸住。

闪火法的优点是:当闪动酒精棒时火焰已离开火罐,火罐内无火,可避免烫伤,优于投火法。

(3) 滴酒法:向罐子内壁中部,滴1~2滴酒精,将火罐转动一周,使酒精均匀地附着于火罐的内壁上(不要沾罐口),然后用火柴将酒精燃着,将罐口朝下,迅速将火罐扣在选定的部位上。

(4) 贴棉法:扯取大约0.5 cm的脱脂棉一小块,薄蘸酒精,紧贴在罐壁中段,用火柴燃着,马上将火罐扣在选定的部位上。

(5) 架火法:准备一个不易燃烧及传热的块状物,直径2~3 cm,放在应拔的部位上,上置小块酒精棉球,将酒精棉球燃着,马上将火罐扣上,立刻吸住,可产生较强的吸力。

(二) 水罐法

一般应用竹罐。先将罐子放在锅内加水煮沸,使用时将火罐倾倒用镊子夹出,甩去水液,或用毛巾紧扣罐口,趁热按在皮肤上,即能吸住。

(三) 抽气法

先将抽气罐紧扣在需要拔罐的部位上,用注射器从橡皮塞抽出瓶内空气,使其产生负压,即可吸住,或用抽气筒套在塑料杯火罐活塞上,将空气抽出,即可吸住。

六、操作步骤

1. 术前准备

(1) 仔细检查病人,以确定是否符合适应证,有无禁忌证。根据病情,确定处方。

（2）检查应用的药品、器材是否齐备，然后逐一擦净，按次序排列好。

（3）对病人说明施术过程，解除其恐惧心理，增强其治疗信心。

2. 病人体位　病人的体位正确与否，关系着拔罐的效果。正确体位应使病人感到舒适，肌肉能够放松，施术部位可以充分暴露。一般采用的体位有以下几种。

（1）仰卧位：适于前额、胸、腹及上下肢前面。

（2）俯卧位：适于腰、背、臀部及上下肢后面。

（3）侧卧位：适于侧头、面部、侧胸、髋部及膝部。

（4）俯伏坐位及坐位：适于项部、背部、上肢及膝部。

3. 选罐　根据部位的面积大小、患者体质强弱，以及病情而选用大小适宜的火罐或竹罐及其他罐具等。

4. 擦洗、消毒　在选好的治疗部位上，先用毛巾浸开水洗净患部，再以干纱布擦干，为防止发生烫伤，一般不用酒精或碘酒消毒。如因治疗需要，必须在有毛发的地方或毛发附近拔罐时，为防止引火烧伤皮肤或造成感染，应行剃毛。

5. 温罐　冬季或深秋、初春天气寒冷，拔罐前为避免病人有寒冷感，可预先将罐放在火上烘烤。温罐时要注意只烘烤底部，不可烤其口部，以防过热造成烫伤。温罐时间以罐子不凉和皮肤温度相等，或稍高于体温为宜。

6. 施术　首先将选好的部位显露出来，术者靠近病人身边，顺手（左手或右手）执罐按不同方法扣上。

一般有以下两种排序。

（1）密排法：罐与罐之间的距离不超过1寸，用于身体强壮且有疼痛症状者，有镇静、止痛消炎之功，又称"刺激法"。

（2）疏排法：罐与罐之间的距离相隔1~2寸，用于身体衰弱、肢体麻木、酸软无力者，又称"弱刺激法"。

7. 询问　火罐拔上后，应不断询问病人有何感觉（假如用玻璃火罐，还要观察火罐内皮肤反应情况），如果火罐吸力过大，产生疼痛即应放入少量空气。方法是用左手拿住罐体稍倾斜，以右手指按压对侧的皮肤，使之形成一微小的空隙，让空气徐徐进入，到一定程度时停止放气，重新扣好。拔罐后病人如感到吸着无力，可起下来再拔1次。

8. 拔罐时间　大罐吸力强，1次可拔5~10 min，小罐吸力弱，1次可拔10~15 min。此外，还应根据病人的年龄、体质、病情、病程以及拔罐的施术部位而灵活掌握。

9. 拔罐次数　每日或隔日1次，一般10次为1个疗程，中间休息3~5日。

七、注意事项

（1）拔罐时要选择适当体位和肌肉丰满的部位。若体位不当、移动、骨骼凸凹不平、毛发较多的部位均不适用。

（2）拔罐时要根据所拔部位的面积大小而选择大小适宜的火罐。操作时必须迅速，才能使火罐拔紧，吸附有力。

（3）用火罐时应注意勿灼伤或烫伤皮肤。若烫伤或留罐时间太长而皮肤起水疱时，小的无须处理，仅敷以消毒纱布，防止擦破即可。水疱较大时，用消毒针将水放出，涂以龙胆紫药水，或用消毒纱布包敷，以防感染。

（4）皮肤有过敏、溃疡、水肿及大血管分布部位，不宜拔罐。高热抽搐者，以及孕妇的腹部、腰骶部位,亦不宜拔罐。

(5) 身体虚弱者不适合拔罐。身体虚弱者体内阳气不足,如果再拔罐会导致阳气更加不足,破坏了自身的阴阳平衡。所以身体虚弱,阳气不足,尽量不要考虑拔罐。

(6) 有肺部基础病的病人,如慢性阻塞性肺部疾病(简称慢阻肺)、肺结核、肺脓肿、支气管扩张等,不适宜拔罐。肺部有炎症时,经常会伴随肺泡的损伤或肺部有体液潴留。如果用拔罐进行治疗,会使胸腔内压力发生急剧变化,导致肺表面肺大泡破裂,从而发生自发性气胸。

(7) 拔罐后洗澡容易着凉。拔罐后不宜洗澡,因为拔罐后,皮肤处于一种被伤害的状态下,非常的脆弱,这个时候洗澡很容易导致皮肤破损、发炎;如果洗冷水澡的话,由于皮肤处于一种毛孔张开的状态,很容易受凉,所以拔罐后一定不能马上洗澡。

(8) 长时间拔罐会导致皮肤感染。根据火罐大小、材质、负压拔罐的力度各有不同。但是一般以从点上火到起罐不超过 10 min 为宜。因为拔罐的主要原理在于负压而不在于时间,如果说在负压很大的情况下拔罐时间过长直到拔出水疱,这样不但会伤害到皮肤,还可能会引起皮肤感染。

(9) 各季节拔罐要注意以下方面。春天天气转暖,气温开始回升。但北方突然来袭的春寒,还是会让人猝不及防地患上感冒等呼吸道疾病。由风寒引起的感冒,用火罐将寒气拔出可有效缓解症状。治疗时要注意罐口的润滑。北方天气干燥,尤其是春天,又冷又干。这种环境下人的皮肤缺少水分,拔罐时容易造成皮肤破裂。

夏天气温较高,加上雨水多,人很容易有皮肤病如痱子。这时拔罐主要为了去湿气。由于夏天出汗较多,拔罐前最好洗个澡,把身体擦干,别让汗液影响火罐的吸附。拔完不要洗澡,即使身上出汗很多也不要洗,以免感染。

秋天和冬天这两个季节气温低、干燥,拔罐要选择温暖的房间,注意保温。对需要进行背、腹等部位拔罐的病人,可以适当减少拔罐时间,不要让身体暴露太久。拔完及时穿衣,可以适当喝点热水,暖暖身体。秋冬两季皮肤干燥,拔罐要润滑罐口,保护皮肤不受伤。

八、效果辨证

(1) 罐印紫黑而暗,一般表示体有血瘀,如行经不畅、痛经或心脏供血不足等,当然,若患处受寒较重,也会出现紫黑而暗的印迹。若印迹数日不退,则常表示病程已久,需要多治疗一段时间。例如,走罐出现大面积紫黑印迹时,则提示风寒所犯面积甚大,应对症处理以祛寒除邪。

(2) 罐印发紫伴有斑块,一般可表示有寒凝血瘀之证。

(3) 罐印呈散紫点,深浅不一,一般提示为气滞血瘀之证。

(4) 罐印淡紫发青伴有斑块,一般以虚证为主,兼有血瘀,如在肾俞穴处呈现,则提示肾虚,如在脾俞部位则系气虚血瘀,此点常伴有压痛。

(5) 罐印鲜红而艳,一般提示阴虚、气阴两虚。阴虚火旺也可出现此印迹。

(6) 罐印呈鲜红散点,通常在大面积走罐后出现,并不高出皮肤。若在某穴及其附近集中,则预示该穴所在脏腑存在病邪。临床上有以走罐寻找此类红点,用针刺以治疗疾病的方法。

(7) 吸拔后没有罐印或虽有但起罐后立即消失,恢复常色者,则多提示病邪尚轻。当然,若取穴不准时也会无罐印,也不能以一次为准,应该多拔几次确认是否有疾病。

(8) 罐印灰白,触之不温,多为虚寒和湿邪。
(9) 罐印表面有纹络且微痒,表示风邪和湿证。
(10) 罐体内有水汽,表示该部位有湿气。
(11) 罐印出现水疱,说明体内湿气重,如果水疱内有血水,是湿热毒邪的反映。
(12) 拔罐区出现水疱,水肿水气过多者,揭示患气证。
(13) 出现深红、紫黑或丹痧,或触之微痛兼见身体发热者,提示患热毒证;身体不发热者,提示患瘀证。
(14) 皮色不变,触之不温者,提示患虚证。

> **知识链接**
>
> ### 拔火罐减肥
>
> 目前减肥方法众多,传统的中医减肥法也很受减肥者的喜爱。根据不同的肥胖类型,选取相应的穴位进行拔罐,可以帮助抑制食量,或者调节脾胃功能,最终达到减肥目的。穴位拔罐减肥法是通过辨证取穴,利用真空负压的作用,刺激经络腧穴穴位,由表及里引起局部至全身反应,从而调整机体功能,促进新陈代谢,具有活血化瘀、消肿止痛、调整气血、祛湿化痰、减肥瘦身等作用。

一、肥胖的分型及治疗手法

(一) 中阳亢盛肥胖者

(1) 症状:体质肥胖、善食多饥、胃纳亢进、脉滑数、苔多腻、舌质红、面赤等。
(2) 取穴:胃俞、饥点、肺俞、阳池、三焦俞等穴。
(3) 功效:对阳池、三焦与胃俞等穴进行拔罐,有助于帮助食物消化吸收,调节脾胃功能;而按压耳朵的饥点穴,可帮助控制食欲。以上穴位主要用于清胃泻火。

(二) 痰湿阻滞肥胖者

(1) 症状:身形肥胖、爱睡觉、易疲倦、口淡无味、舌胖大有齿痕、脉沉或滑、女性月经少或闭经等。
(2) 取穴:体穴有脾俞、三焦俞等,再配合耳穴的内分泌、肾上腺等。
(3) 功效:按压上述耳穴,可调节内分泌。对于脾俞、三焦俞等体穴进行单罐法走罐,可起到健脾祛湿化痰的作用,每次施术 15~20 min 即可。

二、拔罐减肥注意事项

(1) 拔罐减肥比较容易调整机体的各种代谢功能,顺利促进脂肪分解,达到减肥、降脂的效果。
(2) 拔罐配合饮食效果更佳,配合控制饮食的原则是不饿不吃,饿了再吃,吃青菜及瘦肉、蛋类,吃到饱了即可,不吃甜食及肥肉、土豆、藕、粉条等。
(3) 拔罐减肥过程是通过经络系统的调整作用,调动人体内在的调节功能。用自身的调节促进新陈代谢达到平衡的过程,所以拔罐减肥停止之后很少反弹。
(4) 与众多减肥方法不同的是,在拔罐减肥的过程中,不强调过分地控制饮食,特别不主张采取"饥饿疗法"。因为过分节食后,重则可能导致厌食,造成消化器官功能障碍,产生严重后果;轻则造成人体代谢功能降低,而代谢功能降低是进一步肥胖的潜在因素,一旦恢复正常饮食,会继续增胖,甚至可能比以前更胖。

(5)拔罐减肥期间经络调节是双向的,人体减肥期间脂肪分解加速的同时,对食物的吸收也会增倍。这时吃一碗饭就等于平时吃两碗,如果不进行饮食配合,不但影响减肥效果,还容易增胖。同时,肥胖大多因为饮食失调引起的,遵守科学健康的饮食习惯,不仅有利于减肥,更有助于健康养生。在减肥期间,要尽量避免摄入脂肪类及快速转换成脂肪的食物,比如糖、零食、高脂肪、高油分、高淀粉、高热量的食物等。尤其是晚上要尽量吃蔬菜、水果,帮助体内毒素代谢,这样才能达到健康减肥的目的。

第三节 刮痧技术

刮痧疗法是中国传统的自然疗法之一,它是以中医皮部理论为基础,用牛角、玉石等工具在皮肤相关部位刮拭,通过刮痧技术以达到疏通经络、活血化瘀之目的的疗法。

本疗法是临床常用的一种简易治疗方法,流传甚久。多用于治疗夏秋季疾病,如中暑、外感、胃肠道疾病。有学者认为刮痧是推拿手法变化而来。《保赤推拿法》载:刮者,医指挨儿皮肤,略加力而下也。元、明时期,有较多的刮痧疗法记载,并称为夏法,及至清代,有关刮痧的描述更为详细。郭志邃《痧胀玉衡》曰:刮痧法,背脊颈骨上下,又胸前胁肋两背肩臂痧,用铜钱蘸香油刮之。吴尚先《理瀹骈文》载:阳痧腹痛,莫妙以瓷调羹蘸香油刮背,盖五脏之系,咸在于背,刮之则邪气随降,病自松解。《串雅外编》、《七十二种痧证救治法》等医籍中对此也有记载。由于本疗法无需药物,见效也快,故现仍在民间广泛应用,我国南方地区更为流行。

一、工具选择

(1)苎麻:较早使用的工具,选取已经成熟的苎麻,去皮和枝叶晒干,用根部较粗的纤维,捏成一团,在冷水里蘸湿即可使用。

(2)头发:取长头发,揉成一团,蘸香油,作工具使用。

(3)小蚌壳:取边缘光滑的蚌壳,多为渔民习用。

(4)铜钱:取边缘较厚而又没有缺损的铜钱。

(5)牛角药匙:通常用于挑取药粉的牛角及其他材料制成的药匙。

(6)瓷碗、瓷酒盅、瓷汤匙、嫩竹片、玻璃棍等,选取边缘光滑而没有破损的即可,为现代所习用的刮痧工具(图7-1)。

(7)准备小碗或酒盅一只,盛少许植物油或清水。

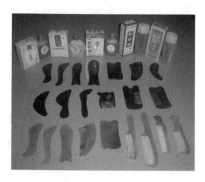

图7-1 刮痧工具

二、刮治部位

(1)背部:病人取侧卧或俯卧位,或伏坐于椅背上。先从第七颈椎起,沿着督脉由上而下刮至第五腰椎,然后从第一胸椎旁开沿肋间向外侧斜刮。此为最主要和常用的刮痧部位。

(2) 头部：取眉心、太阳穴。
(3) 颈部：项部两侧，双肩板筋部（胸锁乳突肌），或喉头两侧。
(4) 胸部：取第二、三、四肋间，从胸骨向外侧刮。乳房禁刮。
(5) 四肢：臂弯（在肘的屈侧面）、膝弯（腘窝）等处。

> **知识链接**
>
> ## 刮痧板
>
> 刮痧板可分为厚面（弧形）、薄面（直形）和棱角三种。治疗疾病多用薄面刮拭皮肤，保健多用厚面刮拭皮肤，关节附近穴位和需要点按穴位时多用棱角刮拭。除具有以上特点外，刮痧板还有两曲线状凹口，利用曲线状凹口部分对手指、脚趾、脊椎等部位进行刮痧治疗，可以获得满意的接触面积，取得很好的治疗效果。

三、治疗机理

刮痧是根据中医十二经脉及奇经八脉，遵循"急则治其标"的原则，运用手法强刺激经络，使局部皮肤发红充血，从而起到醒神救厥、解毒祛邪、清热解表、行气止痛、健脾和胃的效用。本疗法有宣通气血、发汗解表、舒筋活络、调理脾胃等功能，而五脏之俞穴皆分布于背部，刮治后可使脏腑秽浊之气通达于外，促使周身气血流畅，逐邪外出。

根据现代医学分析，本疗法首先是作用于神经系统，借助神经末梢的传导以加强人体的防御机能，其次可作用于循环系统，使血液回流加快，循环增强。淋巴液的循环加快，新陈代谢旺盛，使局部组织形成高度充血，血管神经受到刺激使血管扩张，增加汗腺分泌，促进血液循环，血流及淋巴液流动增快吞噬作用及搬运力量加强，使体内废物、毒素加速排除，组织细胞得到营养，从而使血液得到净化，增加了全身抵抗力，可以减轻病势，促使康复。据研究证明，本疗法还有明显的退热镇痛作用。

现代医学认为，刮痧出痧是一种自体溶血作用。自体溶血是一个缓和的良性弱刺激过程，其不但可以刺激免疫机能，使其得到调整，还可以通过向心性神经作用于大脑皮质，继续起到调节大脑的兴奋与抑制过程和内分泌系统的平衡。刮痧出痧的过程是一种血管扩张，渐至毛细血管破裂，血液外溢，皮肤局部形成瘀血、瘀斑的现象，此等血凝块（出痧）不久即能溃散，这种自体溶血作用形成一种新的刺激因素，能加强局部的新陈代谢，有消炎的作用。对于高血压、中暑、肌肉酸疼等所致的风寒痹证都有立竿见影之效。经常刮痧，可起到调整经气、解除疲劳、增加免疫功能的作用。用刮痧板蘸刮痧油反复刮动，摩擦病人某处皮肤，以治疗疾病。

四、操作方法

(1) 先暴露病人的刮治部位，用干净毛巾蘸肥皂，将刮治部位擦洗干净。
(2) 刮治手法：施术者用右手拿取操作工具，蘸植物油或清水后，在确定的体表部位，轻轻向下顺刮或从内向外反复刮动，逐渐加重，刮时要沿同一方向刮，力量要均匀，采用腕力，一般刮10～20次，以出现紫红色斑点或斑块为度。

刮痧疗法在人体身上可进行操作的部位很多，对不同的部位进行刮痧可带来不同的功效。如对头顶、脑后部进行刮痧，可健脑醒脑、振奋精神、延缓人体功能的衰退；刮摩额颅和太阳穴,可以安神止痛、清利头目;刮摩面部等处,能防治五官疾病,并能聪耳明目、健美皮肤、肌肉;对前颈部进行刮摩,可以通利咽喉;对后颈部进行刮摩,可以消除疲劳、祛除人体湿气、延缓衰老。

(3) 一般要求先刮颈项部,再刮脊椎两侧部,然后再刮胸部及四肢部位。

(4) 刮痧一般 20 min 左右,或以病人能耐受为度。

五、适应证

(1) 内科疾病:感受外邪引起的感冒发热、头痛、咳嗽、呕吐、腹泻及高温中暑等,急慢性支气管炎、肺部感染、哮喘、心脑血管疾病、中风后遗症、泌尿系统感染、遗尿症、急慢性胃炎、肠炎、便秘、高血压、眩晕、糖尿病、胆囊炎、肝炎、水肿,各种神经痛、脏腑痉挛性疼痛等,以及神经性头痛、血管性头痛、三叉神经痛、胆绞痛、胃肠痉挛和失眠、多梦、神经官能症等。除慎用证和禁忌证以外的各种病证,包括一些疑难杂症均可用全息经络刮痧法治疗。

(2) 外科疾病:以疼痛为主要症状的各种外科疾病,如急性扭伤,感受风寒湿邪导致的各种软组织疼痛,各种骨关节疾病如坐骨神经痛、肩周炎、落枕、慢性腰痛、风湿性关节炎、类风湿性关节炎、颈椎、腰椎、膝关节骨质增生、股骨头坏死及外科疾病如痔疮、皮肤瘙痒症、荨麻疹、痤疮、湿疹、脱发等。

(3) 儿科疾病:营养不良、食欲不振、生长发育迟缓、小儿感冒发热、腹泻、遗尿等。

(4) 五官科疾病:牙痛、鼻炎、鼻窦炎、咽喉肿痛、视力减退、弱视、青少年假性近视、急性结膜炎、耳聋、耳鸣等。

(5) 妇科疾病:痛经、闭经、月经不调、乳腺增生、产后病等。

(6) 保健:预防疾病、病后恢复、强身健体、减肥、美容等。

六、注意事项

本疗法长期为人们所使用,方便易行,副作用小,疗效亦较明显,具有独到的优势。尤其在不能及时服药或不能进行其他治疗方法时,更能发挥它的治疗效用,故值得进一步总结推广,扩大应用范围。

刮痧虽好,但在操作前后要注意以下问题,避免在刮痧防治疾病时着凉感冒,或造成新的病症。

(1) 刮痧治疗时应注意室内保暖,尤其是在冬季应避寒冷与风口;夏季刮痧时,应注意风扇不能直接吹刮拭部位。

(2) 刮痧出痧后 30 min 以内忌洗凉水澡。

(3) 前一次刮痧部位的痧斑未退之前,不宜在原处进行再次刮拭出痧,再次刮痧时间须间隔 3~6 天,以皮肤上痧斑已退为标准。

(4) 刮痧出痧后最好饮一杯温开水,并休息 15~20 min,以补充气阴。

(5) 以下人群慎用或忌用:孕妇;白血病、血小板减少者;皮肤高度过敏,或患皮肤病的人;心脏病出现心力衰竭者、肾衰竭者,肝硬化腹水,全身重度水肿者;醉酒、过饥、过饱、过渴、过度疲劳者。

七、刮痧美容操作方法

(一) 面部刮痧

面部刮痧是自从我国古代就有的养颜美容方法之一,主要是利用面部刮痧的力道沿着特定的部位进行穴位刮拭,配合不同的刮痧油和刮痧膏,利用一定手法刺激皮肤穴位从而达到血脉畅通的目的,有时候还可以起到缓解疲劳、疏通经络、排毒养颜的作用。长期刮痧可以治疗面部色斑、痘痘、皱纹、黑眼圈等。

通过特制的面部刮痧板如牛角、玉石等材料操作,这些材质共同的特点都是具有凉血解毒作用。

美容师称,通过面部刮拭的良性刺激,能达到激活潜能、平衡磁场、排毒养颜、消斑美白、去痘抗皱、补水防敏的美容功效。

步骤一:轻刮头部放松。在头部中轴线沿发际向后刮拭到百会穴。

步骤二:脸部清洁、按摩。

步骤三:面部刮痧。

美容师由内往外点按压、旋转、揉扭、直刮,动作连贯,刮痧板不离面部。每个穴位分别重复2~5次。从眼目、鼻旁、口角、两耳等处分刮,然后于脸面部合刮。

(二) 辨证刮痧

由刮痧辨亚健康。

(1) 刮痧后,额头较红,显示工作压力大、睡眠不足、心火旺。

(2) 由于印堂是心脏的反射区,印堂发红,显示心脏造血功能不佳、失眠、神经衰弱。

(3) 鼻有气结,显示脊椎不好。

(三) 常用面部刮拭穴位及美容功效

(1) 迎香穴:鼻翼旁。

美容原理:通大肠经,调节因大肠功能失调引起的黄褐斑、痤疮、肥胖症问题。

(2) 四白穴:瞳孔直下凹陷处。

美容原理:通脾胃经,调节因脾胃功能失调引起的气血生化问题,主要表现为黄褐斑、痤疮。

(3) 地仓穴:瞳孔直下与口角交汇处。

美容原理:通脾胃经,调节因脾胃功能失调引起的气血生化问题,主要表现为口角皱纹、黄褐斑、痤疮。

(4) 丝竹空穴:眉梢凹陷处。

美容原理:通三焦经,调节因代谢功能不畅引起的内热问题,主要表现为眼部皱纹。

(四) 美容刮痧注意事项

(1) 面部刮拭时美容师手法应轻柔,不必担心刮出紫血瘀点,刮完后耳热、脸部有灼热感是正常的,也才有效果。

(2) 一次时间不宜过长,因此没必要要求美容师延长刮痧的时间。

(3) 刮痧后不可以沾冷水,4 h内不可上彩妆。

(4) 根据美白、去皱、治疗暗疮等不同的要求,美容师会对应选用不同的芳香精油。

(五) 美容刮痧手法

(1) 前额:美容师先用芳香精油按压太阳穴以开穴,从前额正中线分开,经攒竹、鱼腰、丝竹空各穴,分别向左右两侧刮拭前额,止于两侧太阳穴;或从前发际自上而下进行刮拭,并点揉印堂穴、百会穴。

(2) 眼目:刮痧板边角对着两眼上眼睑,从内眼角向外眼角轻轻刮摩。经睛明穴、四白穴、迎香穴。

(3) 鼻旁：刮摩鼻翼两旁的迎香穴处。

(4) 两颧：由内侧经承泣穴、四白穴、下关穴、听宫穴、耳门穴等处轻刮。

(5) 口角：沿口角四周，轻刮上唇和下唇周围，点揉人中穴和承浆穴；或以承浆穴为中心，经地仓、大迎、颊车等穴轻轻刮摩。

(6) 两耳：用刮板边、角刮两耳之前方耳门、听宫、听会穴。自下而上点揉。

(7) 脸面：由眼目朝下，或由鼻旁、口角向外耳处用刮板平刮。由下巴承浆穴向两侧颧骨刮拭。

(8) 通淋巴：再由两耳之后向下刮拭通淋巴。

刮痧，这原本是医疗方面的方法，却可将中西美容方式合二为一。在皮肤纹理美容的同时进行穴位刮痧，从而达到美容的效果，这是其他美容方法所不能及的。刮痧疗法经过漫长的历史发展，已由原来粗浅、直观、单一经验的治疗方法发展到今天有系统中医经络理论指导，有完整手法和改良工具，适宜病种广泛，既可保健又可治疗的一种绿色生态自然疗法。中国刮痧健康疗法以其易学、易会、简便易行、疗效明显的特点必将为人类健康事业做出贡献。

小结

穴位埋线疗法是以中医经络理论为基础、可吸收线体为载体、埋线针为主导、穴位为媒介、长效针感为核心，利用线对穴位产生的持续刺激作用以防治疾病的方法，可治疗多种慢性顽固性疾病。穴位埋线大大节约了医患之间的就诊时间，随着方法的改良，医患接受程度不断提高，值得在临床上推广使用。

拔罐疗法可以疏通经络、调节气血、平衡阴阳，可有效改善体弱多病、体形臃肿、脸上起斑、痘、皱、干燥等多种症状及皮肤问题。通过火罐对皮肤、毛孔、经络、穴位的吸拔作用，可以引导营卫之气始行输布，鼓动经脉气血，濡养脏腑组织器官，温煦皮毛，同时使虚衰的脏腑机能得以振奋、畅通经络，调节机体的阴阳平衡，使气血得以调整，从而达到健身美体、祛病疗疾的目的。

刮痧，这原本是医疗方面的方法，却可将中西美容方式合二为一。在皮肤纹理美容的同时进行穴位刮痧，从而达到美容的效果，这是其他美容方法所不能及的。

能力检测

1. 简述穴位埋线出现的不良反应及处理方案。
2. 穴位埋线的注意事项有哪些？
3. 哪些人及哪些部位不适合埋线？
4. 简述拔罐的适应证和禁忌证。
5. 简述刮痧的适应证和禁忌证。

(陈丽姝　董　强)

第八章　常见损容性疾病的中医诊治

学习目标

掌握:常见损容性疾病的概念、诊断要点与鉴别诊断。
熟悉:常见损容性疾病的辨证分型和美容科治疗方法。
了解:常见损容性疾病的病因病机与预防调摄。

第一节　黧黑斑

一、概念

黧黑斑,中医又称"肝斑""面尘""面垢",俗称"蝴蝶斑",是一种后天性黑色素沉着过度损害容貌的皮肤疾病。黧黑斑相当于现代医学的黄褐斑,多在面部发生,呈对称性淡褐色至深褐色斑,形状及大小不定,表面光滑,无鳞屑,无自觉症状,日晒后加重,常对称分布,呈蝶翅状,又名"蝴蝶斑"。《外科证治全书》"面尘"记载:面色如尘垢,日久煤黑,形枯不泽,或起大小黑斑,与面肤相平。本病男女均可罹患,但以女性多见,常见于妇女,从青春期到绝经期均可发生。如发生于孕妇,称妊娠性黄褐斑,可于分娩后逐渐消失,无需治疗。

二、病因病机

黧黑斑与肝、脾、肾三脏关系密切,主要病机为气血不能上荣于面。本病多因肾气不足,肾水不能上承,或因肝郁气结,肝失条达,郁久化热,灼伤阴血,使颜面气血失和,或因肝病及脾,脾失健运,导致清阳不升,浊阴不降,痰湿内停,秽浊之气循经上熏于面,故而发病。具体如下。

(一) 肾精亏损

肾主藏精,为一身阴液之根本,若肾精充足,则颜面得以濡养,面色白而柔嫩。房室过度,久伤阴精;人到中老年,肾精亏损,颜面不得荣润而成褐斑;水亏火旺,当人体阴液不足时,水不能制火,虚火内蕴,郁结不散,以致颜面气血失和而结成黑斑。

(二) 肝气郁结

肝为魂之处,血之藏,筋之宗。肝主疏泄,可调节全身气机,而气为血之帅,气能行血,气血运行正常,颜面得到充足的营养,则容润光洁。情志失调,可使肝失疏泄,肝气郁结,则气血瘀滞不能上荣于面,则生褐斑。肝气郁结日久化火,灼伤阴血,使颜面失养,亦可致褐斑发生。

(三)脾土亏虚

脾主运化,可将饮食水谷转化为精微并上输至颜面。饮食不洁、疲劳过度,均可使脾失健运;因脾土虚弱,土不制水,水气上泛,痰湿郁结,气血不能濡养于面,发生褐斑;因脾气不足,使中焦脾土转输运化失司,水谷不能转化为精微,生化之源不足,气血不能上荣于面,导致黑斑。

(四)外感风邪

风邪倾入人体,腠理受风,致气血不和,运行不畅,不能荣于面而生褐斑。

肝、脾、肾三脏的功能失常,均会导致气血运行不畅,气血瘀滞,或气虚血亏,运行滞涩的病理变化,致使颜面失于荣养。《诸病源候论》云:面黑皯者,或脏腑有痰饮,或皮肤受风邪,皆令血气不调,致生黑皯。五脏六腑,十二经血,皆上于面。夫血之行,俱荣表生。人或痰饮渍脏,或腠理受风,致气血不和,或涩或浊,不能荣于皮肤,故变生黑皯。

三、临床表现

(1)常见于中青年女性,妊娠或伴有女性生殖疾病、肝病、甲状腺疾病者常见。因妊娠发病者,多在怀孕3~4个月开始出现,一般分娩后逐渐消失,也有皮损不褪,仅颜色稍淡,再次妊娠又出现者。

(2)多对称分布于颧、额、面颊、鼻、口及眼眶周围,亦有单侧发病。

(3)皮损为褐斑或黑斑,界限清楚,压之不褪色,大小不等,形状不规则,小者如钱币,大者满布颜面如地图,表面光滑如鳞屑,相邻皮损可融合。

(4)病程缓慢,日晒后皮损加深,秋冬季颜色变浅。

(5)自觉无痒痛感和全身症状。

四、鉴别诊断

黧黑斑和皮肤黑变病、艾迪生病、老年斑的鉴别诊断(表8-1、表8-2、表8-3)。

1. 黧黑斑与皮肤黑变病

表8-1 黧黑斑与皮肤黑变病的鉴别诊断

项目	黧黑斑	皮肤黑变病
皮肤表现	褐色斑片	褐色斑片
发病人群	多见于中青年女性	多见于中年男女
皮损部位	颧、额、面颊、鼻、口及眼眶周围	面部弥漫性分布
接触史	无特别接触	长期接触光感性、刺激性物品

2. 黧黑斑与艾迪生病

表8-2 黧黑斑与艾迪生病的鉴别诊断

项目	黧黑斑	艾迪生病
皮肤表现	可出现色素增多的斑片	可出现色素增多的斑片
发病人群	多见于中青年女性	无特殊

续表

项目	黧黑斑	艾迪生病
皮损部位	颧、额、面颊、鼻、口及眼眶周围	皮肤黏膜、皱襞处
其他症状	无特殊	有肾上腺皮质功能减退症状

3. 黧黑斑与老年斑

表 8-3　黧黑斑与老年斑的鉴别诊断

项目	黧黑斑	老年斑
皮肤表现	可出现色素增多的斑片	可出现色素增多的斑片
发病人群	多见于中青年女性	与早衰有关,多见于老年人
皮损部位	颧、额、面颊、鼻、口及眼眶周围	多长在面部边缘部位和手背
对称与否	多呈对称性分布	分布无对称性

五、辨证论治

宜根据辨证,分别采用健脾益气,疏肝解郁、活血化瘀和滋阴补肾或温补肾阳等方法,并辅以外治法。

(一)内治法

脾土亏虚型

【临床表现】　皮疹表现如上述;常伴有胃纳欠佳,食后腹胀,乏力倦怠,或见大便溏薄。舌质淡,苔白,舌边尖有齿印,脉缓。

【治法】　健脾益气。

【方药】

1. 主方　六君子汤(虞搏《医学正传》)加减

处方:党参 25 g,黄芪、茯苓、丹参各 15 g,法半夏、炙甘草各 9 g,白术、当归各 12 g,陈皮 5 g。水煎服,可复渣再煎服,每日 1 剂。

2. 中成药

(1) 陈夏六君子丸,口服,每次 6~9 g,每日 2~3 次,温开水送服。

(2) 补中益气丸,口服,每次 6~9 g,每日 2~3 次,温开水送服。

(3) 归脾丸,口服,每次 6~9 g,每日 3 次,温开水送服。

肝气郁结型

【临床表现】　皮疹表现如上述;常伴有烦躁易怒或心情抑郁,胸胁胀闷,月经不调。舌质淡红或暗红,苔薄,脉弦。

【治法】　疏肝解郁,活血化瘀。

【方药】

1. 主方　逍遥散(陈师文等《太平惠民和剂局方》)加减

处方:柴胡、赤芍、当归、白术、郁金各 12 g,茯苓、丹参各 15 g,牡丹皮 9 g,炙甘草 6 g。水煎服,每日 1 剂。

月经不调者,可加香附 12 g、益母草 15～30 g;血瘀较明显者(如舌质暗红或舌边尖有瘀点、瘀斑),加桃仁、红花各 9 g,或加三棱、莪术各 9 g。

2. 中成药

(1) 逍遥丸,口服,每次 10～15 g,每日 2 次,温开水送服。

(2) 复方丹参片,口服,每次 3～4 片,每日 3 次,温开水送服。

肾精亏损型

【临床表现】 皮疹表现如上述;面色晦暗,常伴有腰膝酸软,乏力,月经不调。肾阴虚者,常伴有头晕目眩,耳鸣,失眠多梦,烦躁不安,口干舌燥,舌质红,苔少,脉细或细数。肾阳虚者,常伴有头晕,耳鸣,形寒,尿频,舌质淡,脉沉或细弱。

【治法】 肾阴虚者,宜滋阴补肾;肾阳虚者,宜温补肾阳。

【方药】

1. 主方

(1) 六味地黄丸(钱乙《小儿药证直诀》)加减

处方:熟地黄 25 g,山茱萸、山药各 12 g,牡丹皮、茯苓、泽泻各 9 g,旱莲草 18 g,女贞子、丹参各 15 g。水煎服,可复渣再煎服,每日 1 剂。本方适用于肾阴虚者。

阴虚火旺者,熟地黄改成生地黄,加知母、黄柏各 9 g。

(2) 肾气丸(张仲景《金匮要略》)加减

处方:熟地黄 25 g,山茱萸、山药各 12 g,牡丹皮、茯苓、泽泻各 9 g,肉桂 3 g,制附子 3 g,菟丝子、丹参各 15 g。水煎服,可复渣再煎服,每日 1 剂。本方适用于肾阳虚者。

2. 中成药

(1) 六味地黄丸,口服,每次 6～9 g,每日 2 次,温开水或淡盐开水送服,适用于肾阴虚者。

(2) 知柏地黄丸,口服,每次 6～9 g,每日 2 次,温开水或淡盐开水送服,适用于阴虚火旺者。

(3) 金匮肾气丸,口服,每次 6～9 g,每日 2 次,温开水或淡盐开水送服,适用于肾阳虚者。

(二) 针灸疗法

1. 毫针刺法

【主穴】 肝俞、期门、三阴交、风池、阿是穴、合谷。

【配穴】 迎香、曲池、太阳、血海。

肝肾阴虚配足三里、三阴交;肝郁气滞配太冲、支沟;脾虚失运配足三里、关元;阴盛阳虚配气海、命门、足三里。

【治疗方法】 以上穴除脾虚、肾虚配穴用补法,其余均用泻法。每次选取 2～5 穴,留针 20 min,每日一次,10 次一个疗程。症状有所减轻后,改为隔日一次。第一个疗程结束后,间隔 2～3 日,开始第二个疗程。一般治疗 2～3 个疗程。

2. 耳针疗法

(1) 耳穴毫针疗法

【穴位】 神门、肝、脾、肾、面颊、皮质下、内分泌。

【治疗方法】 每次取一侧 4～6 个穴位,针刺入,留针 30 min,10 次为 1 个疗程,间隔 3～

5日,开始第二个疗程。一般治疗2~3个疗程。

（2）耳穴埋线疗法

【穴位】 肾上腺、内分泌、肝、脾、肾。

【治疗方法】 绷紧穴位处皮肤,右手用镊子夹住已消毒的皮内针柄,轻刺入穴位,一般刺入针体的2/3,再用胶布固定,两耳轮换。埋针后,每日自行按压3~4次,留针3~5日。

（3）耳穴压丸疗法

【穴位】 肝、脾、肾、膈、皮质下、卵巢、内分泌、肾上腺。

【治疗方法】 3日压一个丸,每日自行压5~7次,两耳交替,10次为1个疗程。疗程间隔4~5日,一般按压2~3个疗程。

（4）耳穴点刺出血疗法

【主穴】 热点、疖肿穴、皮质下。

【配穴】 内分泌、脾、胃。可根据全身症状加配穴,内分泌功能失调者加内分泌穴,脾胃不好、饮食失调者可加脾胃穴。

3. 刺络拔罐

【主穴】 腹部：中脘；背部：肝俞、脾俞、肾俞；下肢：足三里、三阴交、太溪。以大椎穴为三角形顶点,以肺俞穴为三角形两个底角,形成一个等腰三角形为刺络拔罐区。

【治疗方法】 在等腰三角形内,每次选1~2个叩刺点,用梅花针叩刺,叩刺点上形成15个左右的小出血点。隔日一次,10次为1个疗程。

4. 火针疗法

【主穴】 阿是穴（患处皮肤）。

【治疗方法】 根据褐斑范围的大小、颜色的深浅,选用不同型号的火针。患处局部常规消毒,将火针在酒精灯上烧红,在整个患处上快速浮刺,以刺破表皮为宜,不可过深,使其炭化,以防留下瘢痕。

5. 耳针加体针

【主穴】 内分泌、交感、皮质下、肝、脾、肾。

【配穴】 颞部加太阳、丝竹空,前额加上星、阳白,面颊加颊车、颧髎,鼻梁加地仓、水沟,颈部加大椎。

【治疗方法】 主穴均取,配穴据部位而加。耳穴在严密消毒后以28号毫针刺入,刺至软骨但不刺透为度,略运针,使有明显胀痛感。配穴用30号毫针以15°角平刺,进针长度依皮损部位而定,一般宜稍超过病灶区域,行捻转平补平泻法。留针30 min,其间运针3次。出针时耳穴可挤出血少许。隔日1次,15次为1个疗程。针刺期间配合服用六味地黄丸,每日2~3次,每次9 g。

6. 综合法

采用体针、耳针和穴位注射相结合的方法综合治疗。

【主穴】 (1) 大椎、曲池、血海、足三里、三阴交、风岩。

(2) 神门、交感、肾上腺、内分泌、皮质下、肺、肝、肾（均为耳穴）。

(3) 肺俞、心俞、肝俞、肾俞。

【配穴】 头痛、目眩、心烦易怒加行间；形寒肢冷、腰酸、耳鸣加太溪、命门、神门、内关；月经不调、性功能减退加乳根、中极；心悸气促、食少纳差加内关；皮肤瘙痒加夹脊穴,上下透刺。

风岩穴位置:耳垂下端与后发际中央连线的中点微前五分处。

【治疗方法】 第1组穴及配穴用于体针。主穴每次必取,配穴据症酌加。直刺得气后,行提插加小捻转之法,提插幅度3~4 mm,捻转频率60次/分,平补平泻为主,配穴可按症之虚实行补或泻法。运针1~2 min后即予取针,不留针。

第2组穴用于耳针。以5分毫针刺之,每次每侧取2穴,找到敏感点后刺入直至得气,令病人带针回家,嘱其隔半小时自行按压针柄1次以增强刺激,留针4 h后取下。

第3组穴行穴位注射。药物为当归、丹参、川芎之单味针剂。据症情选用:偏血虚用当归注射液,偏血瘀用川芎注射液,偏肝郁而兼血瘀用丹参注射液,另外虚证病人可注射胎盘注射液、维生素B_{12}。

注意每次选用二穴(均为双侧),每穴注入0.5~1 mL药液。注射时必须按肌内注射常规操作,注射针头刺入穴位后要有酸、胀、重等感觉后,始可缓缓推入药液。皮肤瘙痒明显者,可改用维丁胶性钙4 mL,分别注入于大椎、曲池、血海穴。体针、耳针及穴位注射法宜同日进行,隔日1次,10次为1个疗程。疗程间隔3~4天,5~6个疗程后停治半月,一般需坚持20~25个疗程。

7. 推拿疗法

面部按摩,在面部美容经穴按摩常规手法的基础上,加以下手法。

(1) 病人仰卧,医者坐于床头,双手掌由下向上推摩病人的双面颊,然后再用双拇指揉压承泣穴,而后再用双拇指分推鼻子两侧,搓摩面颊使面颊变得红润。

(2) 以中指点在四白穴上,大拇指点在阳白上,点好穴位后,按下,随即用大拇指和中指指腹点揉穴位,先顺时针揉50圈,后再逆时针揉50圈。然后再用中指指腹点揉颧髎穴,此穴点、按、揉三法并用,揉时由慢到快,旋时、速度要求1 s达到4圈,最后点按头维穴、太阳穴和颧髎、外关、合谷、四白等穴。

(3) 医者用左手大拇指点按病人右侧内关,用右手大拇指点按病人左侧的光明穴,然后再点按左侧内关穴和右侧光明穴,点按30 s。两侧时间一样。

(4) 用两手大拇指点按足三里,向上耸立时间在1 min左右。做完以上步骤会出现面部发热,面部表皮主动充血。由于面部表皮的温度得到改善,促进了色素的变化,原有的黑斑会变红、变浅。

8. 刮痧疗法

面部刮痧,刮痧能通经活络、美白祛斑,能准确发现经脉瘀滞的部位,并清除阳性反应(皮肤发凉,发热,有涩感,皮下发现沙砾样、结节样组织,疼痛,肌肉紧张、僵硬、萎软等都属于阳性反应),可以快速疏通头面部经脉,活血化瘀,改善肌肤深部微循环,使肌肤代谢废物从血液循环的途径迅速排出,从而改善脸色,变晦暗为红润、亮白,有效清除、淡化色斑(图8-1)。此外刮痧还能刺激表皮神经末梢,增强其传导功能,可以激活受损的细胞,促进和恢复细胞自身的分泌、再生和清洁功能,加速代谢产物从皮肤汗孔排出。

面部刮痧方法步骤如下。

(1) 面部均匀地上精油。

(2) 用刮痧板轻点面部穴位,由下往上:承浆、地仓、迎香、巨髎、颧髎、印堂、攒竹、鱼腰、丝竹空、瞳子髎、球后、承泣、四白、太阳。

(3) 开始刮痧,刮痧路线起止点及顺序如下。

承浆——听会;地仓——听会;人中——听会;迎香——听会;鼻通——耳门;睛明——耳

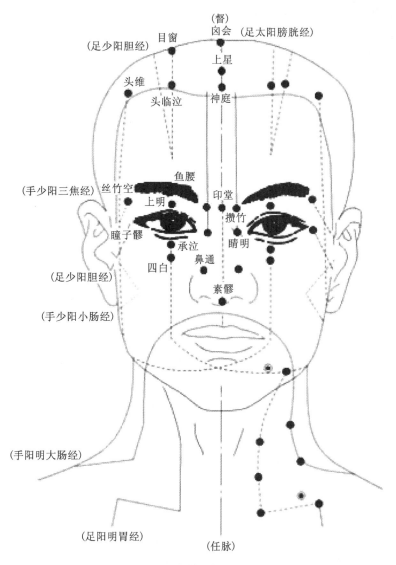

图 8-1　头面部的经络穴位(正面)

门;攒竹以下——太阳穴;额头分三段——太阳穴。

(4) 用刮痧板轻轻按抚全脸。

(5) 按步骤(3)所述刮痧路线,再由额头刮至下颌,提拉左边脸颊,提拉右边脸颊。

(6) 用刮痧板轻轻按抚全脸。

(7) 颈部路线:由神经沿着淋巴走向,从耳后至锁骨轻刮,向下排颈部淋巴液。脸部刮痧时需注意手法一定要轻柔,手持鱼形刮痧板沿经络轻盈刮拭,不可用力过猛。

(三) 食膳疗法

1. 肾精亏损

红枣黑木耳汤

基本材料:黑木耳 15 g,红枣 15 枚。

制作及服用：将黑木耳洗净，红枣去核，都用温水泡发放入小碗中，加水和适量冰糖，再将碗放置蒸锅中，蒸 1 h。每日服 2 次，食用时加蜂蜜少许调味。

2．脾土亏虚

胡桃牛乳茶

基本材料：胡桃仁 30 g，牛乳 300 g，豆浆 200 g，黑芝麻 20 g。

制作及服用：牛乳和豆浆混匀，和胡桃仁、黑芝麻一起倒入石磨中研磨。倒入锅中加热煮沸或煮沸后冲入鸡蛋。前者每日早晚各一碗，后者每日一碗，食用时可加少许白糖调味。

3．肝气郁结

牛肝粥

基本材料：牛肝 500 g，白菊花、白僵蚕、白芍各 9 g，白茯苓、茵陈各 12 g，生甘草 3 g，丝瓜 30 g，大米 100 g。

制作及服用：将白僵蚕、白芍、白茯苓、茵陈、生甘草、丝瓜装入纱布包内，然后和牛肝、白菊花、大米一起熬粥。每日早晚各一次，每个疗程 10 天，中间间隔一周，连服三个疗程。

桃仁牛奶芝麻糊

基本材料：牛乳 300 g，豆浆 200 g，核桃仁 30 g，黑芝麻 20 g。

制作及服用：先将核桃仁、黑芝麻研磨成粉，与牛奶、豆浆调匀，放入锅中煮沸，再加白糖适量。每日早晚各一碗，每个疗程 10 天，连服三个疗程。

（四）外用疗法

1．玉容丹

【来源】 《千金要方》。

【组成】 白附子、密陀僧、牡蛎、茯苓、川芎各 60 g。上 5 味末之，和以羊乳。

【用法】 每夜涂面，以手摩之，30 min 后以水洗面，早晚各 1 次。

【功效】 祛风活血，润面除斑。

2．玉容散

【来源】 《医宗金鉴》卷六十三。

【组成】 白牵牛、白蔹、细辛、甘松、白鸽粪、白及、白莲蕊、白芷、白术、白僵蚕、白茯苓各 30 g，荆芥、独活、羌活各 15 g，白附子、鹰条白、白扁豆各 30 g，防风 15 g，白丁香 30 g。

【用法】 共研细末。每用少许，放手心内，以水调浓，擦搓面上，30 min 后，再以水洗面，早晚各 1 次。

【功效】 黧黑斑，初起色如尘垢，日久黑似煤形，枯暗不泽，大小不一，小者如粟粒赤豆。

【禁忌】 服药期间，戒忧思、劳伤、忌动火之物。

3．七白膏

【来源】 《太平圣惠方》。

【组成】 白芷、白蔹、白术各 30 g，白及 15 g，细辛、白附子、白茯苓各 9 g。

【方论】 方中白术为君，补脾益胃，滋养后天，使气血生化有源，善治脾胃气弱，肌肤失养导致的面色晦暗或黧黑斑；白茯苓助白术健脾益气，为臣；白及补肺益皮毛，合白蔹敛疮生肌，可防治疮疡等皮肤疾病。另有白芍,四者佐助君臣,共为佐药。

【用法】 白芷、白蔹、白术各10份,白及5份,细辛、白附子、白茯苓各3份。将以上各药物研成细末后,用鸡蛋清调成如弹子大小的小丸,阴干。每天晚上睡前用本品温水化开涂面。涂面前先用温水将脸洗干净。涂于脸上20～30 min后洗去即可,可每日用,也可一周2～3次。

4. **淡斑滋养面膜**

【配方】 当归、桃仁、川芎、白芷、白附子、白及粉各50 g;鲜奶、蜂蜜各适量。

【功效】 活血淡斑,增白皮肤,滋润养护。适用于脸上长黑斑,皮肤粗糙、萎黄暗沉的人群。

【制作】 ①把以上六种中药各自捣成粉末,混合搅匀后装瓶备用。②然后取出1小匙中药混合粉,放入碗中。③加入鲜奶,充分搅拌调成糊状面膜。④然后再往糊状面膜中加入1 mL的蜂蜜调匀即成。

【用法】 用干净的小刷子将面膜均匀地涂于脸上,20～30 min后洗净,每周2～3次。

六、预防与调护

(1) 皮肤防护:面部应注意防晒,外出时间避免在上午十点至下午两点;外出前涂防晒霜,或者遮阳打伞。

(2) 皮肤养护:不滥用化妆品,慎用祛斑、美白、嫩肤等护肤品。

(3) 慎用药物:不可随意使用激素类软膏,以免加剧色素沉着,损害皮肤。

(4) 饮食禁忌:多摄入富含维生素A、C、E和微量元素锌的食物,如西红柿、柑橘、柠檬等新鲜的水果蔬菜;尽量少吃油腻辛辣刺激食物;忌烟酒、咖啡等。

(5) 积极治疗疾病:积极治疗和预防面部皮炎和妇科疾病。

(6) 调畅情志:注意劳逸结合,保持心情舒畅,避免疲劳、忧虑等情志刺激。

第二节 雀 斑

一、概念

雀斑是发生在颜面、颈部、手背等日晒部位皮肤上的黄褐色斑点。雀斑俗称"雀子",其由来为"面部状若芝麻散在,如雀卵之色",故称为雀斑。其民间的叫法有很多,如"苍蝇屎"、"土斑"、"蚕沙"、"蒙脸沙"、"虼蚤斑"等。雀斑虽不痛不痒,不影响健康,但影响容貌的美观。

二、病因病机

1. **肾水不足**

多因先天禀赋素弱,肾水不足,不能上荣于面。水亏则虚火郁于孙络血分,肾之本色显于外,故起淡黑色斑点。故多在"女子七岁"、"丈夫八岁"前后发病。如《外科正宗》曰:雀斑乃肾水不能荣华于上,火滞结而为斑。

2. **风热搏结**

多由素体禀赋为血热内蕴之体,或七情郁结,心绪烦忧,或过食辛辣,则血热亢盛,再触犯风邪,入侵于皮毛腠理之间,血热与风邪相搏,阻于孙络,不能荣润肌肤,则生雀斑。《医宗金鉴》里指出:内火郁于孙络之血分,风邪外搏,发生雀斑。

三、临床表现

(1) 皮肤损害特征:色素斑呈点状或圆形、卵圆形,或呈各种不规则的形态;分布在颜面部,尤其是鼻与两颊周围最为常见,大小如同针尖至米粒大,直径一般在 2 mm 以下,呈淡褐色至深褐色不等。分布数量少则几十个,多则成百,多数呈密集分布,界限清楚,互不融合,孤立散布。其发展与日晒有关,夏季日晒后颜色加深,数目增多,冬季减轻。

(2) 发病部位:严重者也可见于手背、颈、耳前后、肩臂等躯体暴露的部位。

(3) 好发人群:一般始发于 5 到 10 岁的儿童,女性明显多于男性,也可发生于青春期后的少女,到成年后多数色斑呈静止状态,停止发展。

(4) 自觉症状:多无自觉症状。

(5) 病程及预后:发病缓慢,易复发。雀斑颜色的轻重,斑点数目的多少是随遗传程度、光照强度、年龄大小、地域、种族、职业与工作环境,甚至与心情、睡眠是否充足有一定关系。但这些关系中,主要与雀斑的遗传基因密切相关。

四、鉴别诊断

雀斑与黄褐斑、黑子、颧部褐青色痣、着色性干皮病、面正中雀斑样痣的鉴别诊断(表 8-4、表 8-5)。

1. 雀斑与黄褐斑

表 8-4 雀斑与黄褐斑的鉴别诊断

项目	雀斑	黄褐斑
皮肤表现	可出现黄褐色斑点,日晒后颜色加深,数目增多,秋冬减轻	可出现黄褐色斑点,日晒后颜色加深,数目增多,秋冬减轻
发病人群	多见于女性,常于 4~5 岁发病	见于中青年女性
皮损部位	鼻背部及眼眶下等曝光部位	颧、额、面颊、鼻、口及眼眶周围

2. 雀斑与黑子

表 8-5 雀斑与黑子的鉴别诊断

项目	雀斑	黑子
皮肤表现	呈散在或聚集分布的芝麻大小色素斑疹,不融合,无自觉症状	呈散在或聚集分布的芝麻大小色素斑疹,不融合,无自觉症状
发病人群	多见于女性,常于 4~5 岁发病	多自 1~2 岁出现,无性别差异
皮损部位	鼻背部及眼眶下等曝光部位	全身可任发,并非一定是曝光部位
皮损与日晒	日晒后颜色加深,数目增多,秋冬减轻	皮疹与日晒季节无关

3. 颧部褐青色痣 颧部对称分布的黑灰色斑点,界限明显,数目 10~20 个,多见于女性,

美容院称为真皮斑或颧痣。病因不清。

4. 着色性干皮病 雀斑样色素斑点周围有毛细血管扩张,色素斑点大小不等、深浅不匀、分布不均。

5. 面正中雀斑样痣 罕见,常在一岁左右发病,褐色集中在面中央,伴有其他畸形,如癫痫、智力低下等。

五、辨证论治

宜根据辨证,分别采用滋阴补肾、降火消斑,清热凉血、祛风散火等方法,并辅以外治法。

（一）内治法

肾水不足型

【临床表现】 多有家族病史,自幼发病,皮损色泽淡黑,以鼻为中心,对称分布于颜面,互不融合,夏季加重增多,冬季减轻变浅。无自觉症状,舌脉亦如常人。

【症候分析】 本证以肾水不足,火郁孙络为主。由于先天禀赋不足,肾水亏虚,不能上荣于面。火性炎上,故好发于鼻面部。夏日阳气亢盛,易伤阴精,使肾水更亏,故夏日加重;冬日精血蛰藏于内,故暂减轻。

【治法】 滋阴补肾,降火消斑。

【方药】 (1) 知柏地黄丸(《医宗金鉴》)。

处方:熟地黄15 g,山茱萸(制)、山药各12 g,知母、黄柏、茯苓、泽泻、牡丹皮、白芷各10 g。

本方乃六味地黄丸加知母、黄柏组成。六味地黄丸滋阴补肾,补肾水不足,知母、黄柏清虚火,除孙络血分之郁热;丹参活血养血,祛滞结的色斑,甘草则调和诸药。每日一剂,水煎,分两次服用。

(2) 肾气丸(张仲景《金匮要略》)加减。

处方:熟地黄25 g,山茱萸、山药各12 g,牡丹皮、茯苓、泽泻各9 g,肉桂3克,制附子3 g,菟丝子、丹参各15 g。水煎服,可复渣再煎服,每日1剂。本方适用于肾阳虚者。

风热搏结型

【临床表现】 皮损呈针尖、粟粒大小黄褐色或咖啡色斑点,以颜面、前臂、手背等暴露部位为多,夏季或日晒后加剧。无自觉症状,舌脉亦如常人。

【症候分析】 本证以血热内盛,风邪外搏为主。由于体内阳热偏盛,久而化火而致血热;再外受风邪,与血热搏于肌肤,则发为雀斑。风热为阳邪,上先受之,故皮损多见于面部;夏季炎热,内火更盛,故皮损多加重。

【治法】 清热凉血,祛风散火。

【方药】 犀角升麻丸(《医宗金鉴》)加减。

处方:水牛角10 g,升麻、羌活、防风各12 g,川芎、红花、黄芩、当归各10 g,生甘草6 g。

本加减方以水牛角易犀角,血分清郁热,升麻、防风、羌活、川芎、红花、黄芩散风清热、活血散瘀,结风热搏结;生地黄、当归滋阴清热、养血活血以利色斑消散。

便干者加大黄,口干喜冷饮者加知母、石膏。用法用量,日一剂,水煎,分两次服用,或将各药研磨成细末,蒸熟,做成小蜜丸一次 9 g,分次温水送服,一日 2 次。

（二）外治法

1. 玉肌散（《经验良方》）

【组成】 绿豆粉 240 g,滑石、白芷各 30 g,白附子 15 g。

【功效】 祛风去斑,润肤泽颜。

【制备】 上药共研细末。

【用法】 每晚临睡前洗面后拭干,以末敷之,晨起洗去。

【说明】 本方主要用于治疗雀斑、痤疮、白屑风、皮肤瘙痒等皮肤疾病,同时起到润肤泽颜的美容效果。方中以绿豆粉为主药,其粉质细腻,性味甘寒,功能清热解毒,润肤白面;配以滑石清热利湿,爽滑疏利,可利毛腠之窍,润滑肌肤;加之白芷祛风止痒,芳香祛斑,去"肺经风热,头面皮肤风痹燥痒"（《珍珠囊》）,"长肌肤,润泽颜色"（《神农本草经》）;白附子祛风除湿,畅通经络,去"面上百病"（《名医别录》）。

2. 孙仙少女膏（《鲁府禁方》）

【组成】 黄柏皮、土瓜根各 9 g,大枣 2 枚。

【功效】 清热解毒,凉血散瘀。

【制备】 上药研细为膏。

【用法】 每日早起化汤洗面。

【说明】 本方适用于内热熏蒸头面,瘀热互结所致的粉刺、疮疖、面疱等皮肤疾病。方中黄柏皮苦寒,可清热燥湿,泻火解毒;土瓜根甘凉,专入手足阳明经而作用于面部,有泻热、凉血、消瘀之功,长于"治面黑面疱"（《本草纲目》）;大枣甘缓调和,可调营卫,补气血,生津液,以滋润皮肤。三药配伍,药简功专,可清瘀热、祛面疾、润肌肤,令颜面光滑洁净,保持容颜不老。本方亦可用于洗浴,同样起到保健护肤的效果。

3. 时珍正容散（《医宗金鉴》）

【组成】 猪牙皂角、紫背浮萍、白梅肉、甜樱桃枝各 30 g。

【功效】 除垢去斑,美化容颜。

【制备】 上药焙干,兑鹰屎白 10 g,共研为末。

【用法】 每日早晚用少许,在手心内,水调浓搓面上,良久以温水洗去。

【说明】 本方为《医宗金鉴》中所收载的李时珍治疗雀斑的有效验方。方中猪牙皂角善"疏风气"（《本草图经》）,祛风除湿,去除垢腻,清利毛窍,爽洁皮肤,药理研究提示其对某些皮肤真菌有抑制作用;紫背浮萍功能祛风发汗,清热解毒,可用治疥癣、皮肤瘙痒、粉刺、汗斑、丹毒等多种皮肤病,《本草拾遗》中记载以其末敷面可治面黶;白梅是蔷薇科植物梅的未成熟果实,经盐渍而成,酸涩,味咸,古时常以之"去死肉,黑痣"（《本草求真》）;甜樱桃枝能祛除"雀卵斑黶"（《本草纲目》）,滋润皮肤;鹰屎白可消积导滞,祛风化湿,是古方中常选的去斑药。诸药配合,专功祛除雀斑、美化容颜,其美容效果如原书所指"用至七八日,其斑皆没,神效"。

4. 养容膏（《简明医彀》）

【组成】 防风、零陵香、藁本各 60 g,白及、白附子、天花粉、绿豆粉、甘松、三奈、茅香各 15 g,皂荚适量。

【功效】 祛风通络,去斑增香。

【制备】 皂荚去皮,与其他药共研细末,白蜜和匀。

【用法】 涂面,不拘时。

【说明】 风热之邪郁结于面,经络不通,气血不畅常可导致雀斑的形成,本方是一首以祛风散郁为主治疗雀斑的代表方。方中以防风、藁本、白附子祛散头面风邪;天花粉、绿豆粉清热解毒,消肿生津;白及、皂荚去垢生肌,爽滑肌肤;零陵香、甘松、三奈、茅香辟秽增香,通络散郁;以白蜜和药则有助于对皮肤的滋养防护。本方中所选大部分药物如白及、白附子、藁本、甘松等皆为传统的祛斑增白之品,配合使用,功专力宏,加之润肤增香药物,照顾全面,是集祛斑、护肤、增香美容效果为一体的美容良方。

5. 山奈散(《本草纲目》)

【组成】 山奈子、鹰粪、密陀僧、蓖麻子各等份。

【功效】 祛除雀斑。

【制备】 上药研匀,以乳汁调之。

【用法】 每晚临卧时涂面,翌日清晨洗去。

【说明】 本方为专治面上雀斑的方剂。方中山奈子为姜科植物山奈的根茎,内含龙脑,有类似冰片的作用,但味辛性温,有辟秽化浊,祛风止痛之功,其根煎剂对 10 种常见致病真菌有不同程度的抑制作用;鹰粪和密陀僧皆为古方中用于治疗面上瘢黑的常用之品,其中鹰粪可消积导滞、祛风化湿,善于消除各种瘢痕疙瘩;密陀僧则长于消肿杀虫,收敛防腐,祛除雀斑;蓖麻子能消肿拔毒,"拔病气出外"(《本草纲目》),可拔除郁于皮表的风热毒邪,从而取得较好的祛斑效果。诸药以乳汁调和,在祛斑的同时亦能加强对皮肤的营养滋润作用,有祛疾护肤并举之效。

6. 玉容肥皂方(《女科切要》)

【组成】 白元米 150 g,肥皂角(去皮核)、枣肉各 120 g,天花粉、胡桃肉、猪牙皂角各 240 g,滑石、粉葛根、绿豆粉各 90 g,白丁香 30 g,橄榄(去核)40 个,北细辛 60 g。

【功效】 洁肤祛斑,滋肾、化源、消斑。

【用法】 用苍耳草捣汁,同圆米饭和捣为丸,如弹子大小。每于洗面后擦之。

7. 长春散(《普济方》)

【组成】 甘松、藁本、藿香、白附子、细辛、广陵香、小陵香、茅香、白檀番、山奈、川芎、白芷各 60 g,白丁香、白及、白蔹各 90 g,天花粉、楮实子、牵牛各 120 g,滑石、樟脑各 250 g,皂角 1250~1750 g,绿豆 200 g。

【功效】 洁面消斑。

【用法】 以上方药共为细末,加白面 500 g,和匀一处,后入樟脑再和匀。外用擦面。

(三)针灸疗法

1. 毫针刺法

(1) 肾水不足

【主穴】 肾俞、脾俞、血海、三阴交、足三里。

【配穴】 肝俞、太溪、曲泉、照海、合谷、阴陵泉。心悸头晕加百会、神门;五心烦热加劳宫。

【治疗方法】 每次选用 3~5 个穴位,交替使用,用补法,中度刺激。留针 30 min,每日一次,连续 10 次为 1 个疗程,一般治疗 2~3 个疗程。

肾俞补益肾气,肾气旺盛,则精血充足;脾俞健脾,配血海以滋阴养血;三阴交、足三里可调补气血;诸穴相配可滋阴补肾、滋阴养血、荣面祛斑。

(2) 风热搏结

【主穴】 阿是穴(皮损)、血海、三阴交、足三里、合谷。

【配穴】 肝俞、肾俞、肺俞、膈俞。

【治疗方法】 每次选取全部主穴及3~4个配穴,双侧交替使用,毫针针刺用泻法,中度刺激。每日一次,留针20~30 min,10次为1个疗程。

大椎为督脉与诸阳经交会穴,通阳解表,配风池、曲池疏风解热,使风热外解;膈俞为血的会穴,与血海同用,可调理营血;三阴交调补脾、肝、肾三脏,可滋阴凉血清热。诸穴共达祛风清热、凉血活血、通络祛斑之功。

本法适合用于斑点色深、分布稀疏、全身症状明显的成年人。

2. 耳针疗法

(1) 耳穴压丸疗法

【主穴】 肺、内分泌、肾上腺、皮质下、面颊。

【配穴】 肾阴虚配肾、脾;火郁孙络配心、肝。

【治疗方法】 每次主穴必选,配穴根据临床症状选用。选用王不留行籽按压,取单侧耳穴,两耳交替,3日换贴一次,10次为1个疗程。治疗期间,嘱咐病人每天须按压耳穴3~4次,每日每穴1 min。

(2) 耳穴点刺出血疗法

【主穴】 热点、疖肿穴、皮质下。

【配穴】 内分泌、脾、胃。可根据全身症状加配穴,如内分泌功能失调者加内分泌穴;脾胃不好、饮食失调者可加脾胃穴。

3. 刺络拔罐

【主穴】 大椎。

【治疗方法】 常规消毒后,三棱针点刺出血,然后拔罐10~12 min,出血1~3 mL。3日一次,10次为1个疗程。

4. 火针疗法

【主穴】 阿是穴。

【治疗方法】 以雀斑为点刺部位。嘱病人仰卧床上,先于患处常规消毒,用麻沸散液在皮肤表面局部麻醉,根据雀斑的斑点大小,选择不同大小的火针,然后将针放在酒精灯上灼烧到针头快要发红时,对斑点进行点刺,斑点变为灰白后立即将火针取开,最终结痂脱落。

注意:点刺时要根据病人年龄、皮肤之坚嫩等不同,掌握好用针的温度和下针的力度。点刺速度要快,每针均宜准确点到斑点中心,疗效最佳。针温一定要适度,温度过高烫伤皮肤过深易形成瘢痕,温度过低,点烫不到位则无效,点烫穴位要精准,用力要均匀适度,以皮肤稍有破损为宜。针后保护创口,勿沾水以及手抓,预防感染。结痂期间和痂皮刚脱落禁用化妆品。

本法适用于斑点浅表、分布稀疏、数量不多的青年病人。

5. 艾灸疗法

【主穴】 太溪、关元、合谷、四白、太阳。

【配穴】 风门、膈俞、肾俞。

【治疗方法】 将点燃的艾灸条在距离穴位2 cm处施灸,以局部有温热、舒适的感觉为度。每穴可灸10~15 min,每日灸治1次。

注意:避免阳光暴晒。不宜乱用药品或化妆品。艾灸没有固定疗程,若每天施灸,同一穴位施灸一周后可换另一穴位继续施灸,可以防止疗效降低等问题。若为保健艾灸,一周艾灸两到三次即可,以达到疗效为度。

6. 电针疗法

【主穴】 迎香、印堂或神庭、巨髎。

【配穴】 合谷、足三里、三阴交。

【治疗方法】 针与皮肤呈 30°进针,得气后施以平补平泻手法 3～5 min,然后接 G6805 型电疗仪,频率用疏密波,电量适度,逐渐递增,每次 30 min,隔日一次,10 次为 1 个疗程,一般治疗 2～3 个疗程;也可用经立通或微电脑治疗仪将电极贴于合谷、足三里、三阴交穴位上进行治疗,操作方法同上。

7. 穴位注射疗法

【主穴】 膈俞、肝俞。

【治疗方法】 用 5 mL 注射器抽取复方丹参注射液 4 mL。令病人坐位,身体向前稍倾,垂直刺入膈俞及肝俞,当得气后,抽无回血,注入药液 1 mL。隔日一次,10 次为 1 个疗程,间隔 3～5 日,开始第二个疗程,一般治疗 2～3 个疗程。

8. 刮痧疗法

刮痧可以快速疏通经脉,活血化瘀,改善肌肤深部微循环,使肌肤代谢废物从血液循环的途径迅速排出,从而改善脸色,变晦暗为红润、亮白,有效清除、淡化色斑。

【刮痧部位】 颈背部:肝俞(第九胸椎棘突下旁开 1.5 寸)、脾俞、肾俞、风池;腹部:巨阙、气海;上肢部:合谷;下肢部:血海(大腿内侧之前,股内侧肌的隆起处,距膝盖上 2 寸)、阴陵泉、足三里(小腿前外侧,犊鼻下 3 寸,距胫骨前缘一横指)。

【操作方法】 向下顺刮,从内向外反复刮,力量要均匀。采用腕力,一般刮 10～20 次,以出现紫红斑点或斑块为度。第一次刮完等 3～5 天痧退后再刮第二次。

注意:刮痧后 1 h 内,不要用冷水洗脸及手足。

(四) 推拿疗法

面部按摩对雀斑有一定的疗效。

1. 面部经络常规按摩手法 配合点揉面部穴位,穴位可选印堂、攒竹、鱼腰、丝竹空、四白、太阳、地仓、颊车、下关、颧髎、迎香、阳白等。

2. 指针疗法

(1) 第一步:按摩足太阳膀胱经,由足跟外上行,由下而上五遍。在肝俞、心俞、肾俞、脾俞等穴位处稍停留片刻,并按揉之。再用食指点按束骨穴(在足外侧,第五跖趾关节后上方,赤白肉际处),每秒钟按 1 次,共按 5～15 次。然后在督脉部位,由上而下推擦三遍,再以脊柱为中线,用手掌分别在两旁推擦 10 遍以上。

(2) 第二步:按摩足少阴肾经,用手掌由上而下轻柔地按摩 5 遍。用拇指指端按揉三阴交 20 遍。然后从脊背中线自下而上地推擦 5 遍,并在大椎、命门处稍用力按揉。

(五) 膳食疗法

1. 肾水不足

祛斑散(《美颜与减肥自然疗法》)

【组成】 冬瓜仁 250 g,莲子粉 25 g,白芷粉 15 g。

【用法】 将以上三种药合研磨成细末,储存备用。每日饭后用开水冲服一汤匙。

2. 风热搏结

清热消斑汤

【组成】 紫草 3 g,淡竹叶 10 g,莲子 10 g,灯芯草 6 g,红枣 8 枚,生姜 4 片,瘦肉 250 g,鲫鱼 100 g。

【用法】 先将前六味中药放于砂锅中加清水煮 30 min,再加鲫鱼、瘦肉同锅烧沸后,改中火煮 40 min,以盐油调味即可。此汤可增强皮肤抵抗力,不易外受风邪,常饮可清热和胃,清补祛斑。

(六)其他

1. 凉血活血汤

【组成】 丹参、鸡血藤、浮萍各 30 g,红花、川芎、荆芥穗、甘草各 10 g,生地黄 20 g,连翘 15 g。

【用法】 每日 1 剂,水煎取汁分次温服。本方有凉血活血、祛风通络之功。

2. 凉血消斑汤

【组成】 黄芩、菊花、金银花、生地黄、赤芍、牡丹皮、丹参、荆芥、防风、白鲜皮、石膏、竹叶、甘草各 10 g。每日 1 剂,水煎取汁分次温服。

【用法】 同时配合运用冷喷法,每次 3 s,共 2 次,鼻部 3 次。本方有清热凉血,解毒消斑之功。

3. 养血美容汤

【组成】 当归、生地黄、北沙参各 15 g,酒炒白芍、红花、香附、党参各 10 g,川芎、广木香、茯苓各 6 g。

【用法】 每日 1 剂,水煎取汁分次温服,连服 1 周为一个疗程,同时配合局部治疗。外洗方:鲜柿叶 30 g,紫背浮萍 15 g,苏木 10 g。水煎先熏后洗,每日 2 次。

六、预防与调摄

(1)富含维生素 E 的食物包括荔枝、龙眼、核桃、西瓜、蜂蜜、梨、大枣、韭菜、菠菜、橘子、萝卜、莲藕、冬瓜、西红柿、大葱、柿子、丝瓜、香蕉、芹菜、黄瓜等。维生素 E 同样具有氧化还原作用。忌食辛辣刺激性食物,如辣椒、葱、蒜、烟、酒、浓茶。

(2)食物方面注意饮食的搭配,含高感光物质的蔬菜,如芹菜、胡萝卜、香菜等,最好在晚餐食用,食用后不宜在强光下活动,以避免黑色素的沉着。

(3)生活中尽量"隔热",面部应注意防晒,外出时间避免在上午十点至下午两点。外出前涂防晒霜,夏日外出打太阳伞、戴遮阳帽。

(4)面部斑点多的女性,特别要注意经期中的保养。在这段时期多吃些有助于排出子宫内瘀血的食物,帮助子宫的机能运转正常,而且能增加血液,不会给肝脏增加负担,皮肤也不会出现斑点。

(5)选择适当的护肤品,不使用劣质化妆品,因其所含色素防腐剂能与汗水相混合,侵入皮肤内层,加速面部斑点的产生。

(6)保持心情舒畅,注意劳逸结合,每天要保证充足的睡眠。劳累会导致皮肤紧张疲倦,血液偏酸,新陈代谢减缓,那时皮肤将无法取得充足的养分。

第三节 白驳风

一、概念

白驳风是一种常见的多发色素性皮肤病,该病以局部或泛发性色素脱失、形成白斑为特征,周围皮肤的色素增多或正常,界限清楚,患处毛发可以变白,无自觉症状。中医又称"驳白"、"斑白"、"斑驳",西医亦称白癜风。

《诸病源候论》首次正确提出了白驳风的命名,称为"白癜":白癜者,面及颈项身体皮肉色变白,与肉色不同,亦不痒痛,谓之白癜,此亦风邪搏于皮肤,血气不和所生也。

《太平圣惠方》曰:多生于颈面,点点斑白,但无疮及不瘙痒,不能早疗,即使浸淫也。

二、病因病机

白驳风的发生与气血、肝肾、暑湿、瘀血关系密切。

(1) 气血失和:凡七情内伤,均可使气机失调,或复感风邪,搏于肌肤,使气血凝滞,毛窍闭塞发为本症。《医宗金鉴·外科心法要诀》曰:此症自面及颈项,肉色忽然变白,状类斑点,并不痒痛。若因循日久,甚至延及全身。由风邪相搏于皮肤,致令气血失和。

(2) 肝肾不足:先天禀赋不足;或久病失养,精血渐亏,损及肝肾,以致精血不能化生,皮毛失养而成。因黑色乃肾之主色,"发为肾之外候",肝藏血,发为血之余,白斑处往往伴有毛发变白,因而与肝肾密切相关。

(3) 暑湿郁肤:夏月暑气当令,湿热交蒸侵袭肌腠郁而不泄,发为白斑。《普济方》认为:白驳风乃肺脏壅热,风邪乘之,风热相并,传流营卫,壅滞肌肉,久不消散,故成此也。

(4) 瘀血阻滞:突受外伤,脉络受伤,或伤于郁怒,气失条达,或过于忧虑,思则气结,或久病缠身,耗伤正气,致脉络瘀阻,肌肤失养而致。

三、临床表现

(1) 发病部位:好发于面颈部,亦可见于手背、外生殖器、躯干等部位。

(2) 皮损特点:乳白色斑,大小和形态不一,可呈圆形、椭圆形及各种不规则形状。周围皮肤的色素增多或正常,界限清楚,患处毛发可以变白。

(3) 全身症状:病人往往伴有头晕、腰膝酸软、耳鸣、月经不调、脉细迟弱等肝肾不足表现。

(4) 好发人群:可发生于任何年龄,以年轻人多见,男女发病比例大致相等,约有半数病人在20岁前发病。有明显遗传倾向。

(5) 白驳风的两个分期:①风湿郁热证与肝郁气滞证,白斑呈粉白色,边界欠清,多见于面部及外露部位,皮肤变白前常有瘙痒感,伴有头重、肢体困倦、口苦、舌红、苔红或黄腻、脉浮数或滑数,为进展期;②肝肾不足证与瘀血阻络证,白斑色纯白,边界清,斑内毛发可变白,伴有头晕目眩、腰膝酸软、耳鸣耳聋、舌淡、脉细无力,为稳定期。

(6) 病程及预后:一般病程较长,反复发作,不易消退,少数病轻者可自行消退。

四、鉴别诊断

（1）贫血痣先天性白斑，多在出生时即存在，摩擦局部周围皮肤充血发红而白斑处不发红，因此白斑更趋明显。以玻片压之，贫血痣与周围变白的皮肤不易区别。

（2）白化病是由于络氨酸酶的遗传缺陷所致的先天性疾病。病人的毛发、眼及皮肤缺乏色素，皮肤呈乳白色或粉红色，易晒伤，瞳孔呈红色，虹膜呈粉红或淡蓝色，有畏光、流泪的症状。

（3）单纯糠疹皮损呈淡白色或灰白，上覆少量灰白色糠状鳞屑，多发生于面部，其他部位很少累及。

（4）颜面黏膜白斑皮损多呈网状、条纹状或片状的白色角化性损害，伴有剧痒。

（5）颜面花斑癣损害发生于颈、躯干和上肢等处，为淡白色圆形或卵圆形斑，表面有细小鳞屑，有时伴褐色斑，皮屑直接镜检可找到真菌。

五、辨证论治

宜根据辨证，分别采用调和气血、疏风通络、滋补肝肾、养血祛风等方法，并辅以外治法。

（一）内治法

1. 气血失和

【临床表现】 皮损初发为乳白或淡红白斑，形态不一，分布多为散在，边界欠清，皮损扩展较快，可有新发白斑。舌质淡红，苔薄，脉弦浮。

【治法】 调和气血，祛风通络。

【方药1】 四物消风饮合浮萍丸加减。

主要治疗药物：浮萍、苍耳子、荆芥、防风、蝉蜕、刺蒺藜、当归、川芎、白芍、丹参、鸡血藤等。

【方药2】 通窍活血汤。

处方：赤芍6 g，川芎5 g，桃仁、红花、鲜生姜各9 g，老葱3根，红枣7枚，麝香后下0.15 g。

用法：每日1剂，黄酒煎服。

【方药3】 消瘢汤。

处方：当归尾15 g，丹参18 g，牡丹皮15 g，赤芍12 g，姜黄12 g，红花12 g，桂枝10 g，白蒺藜30 g，郁金12 g，月季花6 g，豨莶草12 g，何首乌15 g，白鲜皮15 g，蛇床子12 g，甘草6 g。

用法：水煎服，儿童酌情减量。每日1剂，15日为一个疗程，间隔10日再服第二个疗程。

2. 肝肾不足

【临床表现】 白斑边界清楚，脱色明显，脱色斑内毛发多变白，皮损局限或泛发。病程长或有遗传倾向，疗效差。伴有头昏耳鸣，腰膝酸软，舌淡或红，苔少，脉细弱。

【治法】 滋补肝肾，养阴通络。

【方药1】 六味地黄丸合二至丸加减。

主要治疗药物：仙茅、仙灵脾、熟地黄、山茱萸肉、山药、牡丹皮、泽泻、女贞子、旱莲草、枸杞、补骨脂、菟丝子、何首乌、丝瓜络等。

【方药2】 滋补肝肾消白汤。

处方:当归、赤芍、白芍、生地黄、熟地黄、川芎各 10 g,女贞子、补骨脂、黄芪各 15 g,何首乌、白蒺藜、黑芝麻各 30 g,柴胡、防风、白术、枸杞、菟丝子、红花各 10 g。

用法:水煎服,每日 1 剂,日服 2 次,儿童用量减半。面部白斑酌加白芷 10 g 或川芎 10 g,头部白斑加羌活 10 g 或藁本 10 g,颈背部白斑加葛根 10 g,腰腹部白斑加续断 10 g,上肢白斑加桑枝 10 g 或桂枝 10 g,下肢白斑加牛膝 10 g 或独活 10 g,泛发性白斑加威灵仙 12 g,进展期白斑加乌梅 10 g、五味子 10 g。

3. 暑湿郁肤

【临床表现】 白斑粉红,边界清楚。发病之前可有痒感,可有过敏史。白斑多分布于面部与五官的周围。起病急,扩展迅速。肢体困倦,头晕纳呆,苔腻,脉濡滑。

【治法】 清热除湿、祛风润燥。

【方药】 萆薢渗湿汤合四物汤加减。

主要治疗药物:萆薢、黄柏、薏苡仁、苦参、牡丹皮、当归、川芎、苍术、秦艽、防风等。

4. 风湿外侵

【临床表现】 多发于头面或泛发全身,起病较速,蔓延快,局部常有痒感,伴肢体困重,舌质淡,苔薄白,脉浮。

【治法】 祛风除湿,活血通络。

【方药1】 九味羌活汤加减。

主要治疗药物:羌活、防风、细辛、苍术、薏苡仁、白芷、川芎、当归、白蒺藜、海风藤、丝瓜络等。

【方药2】 活血祛风汤。

处方:川芎、木香、荆芥各 5~10 g,丹参、白蒺藜、当归、赤芍、牡丹皮各 9~15 g,鸡血藤 10 g,灵磁石 30 g。

用法:每日 1 剂,煎汤内服。结合外涂酊剂,每日 2~3 次,擦药后日光照射 5~20 min,平均疗程为 4~5 个月。

【方药3】 祛风清斑汤结合外用方。

处方:黑芝麻 30 g,黑桑椹、补骨脂各 20 g,当归、丹参、白蒺藜各 15 g,何首乌 20 g,红花 10 g,防风、川芎各 15 g;外用方为金钱草 20 g,补骨脂 30 g,红花 10 g,白蒺藜 20 g,冰片 2 g。

用法:用浓度为 60% 的白酒 500 mL,浸泡一周后外用,每日早晚共两次外擦皮损部位,适当摩擦,增加日照,以出现明显红斑水疱为度。

5. 肝郁气滞

【临床表现】 白斑无固定好发部位,色泽时暗时明,皮损发展较慢,常随情绪变化而加剧,多见于女性。常伴有胸胁胀满,性急易怒,月经不调,乳中结块,舌质暗,苔薄,脉多弦细。

【治法】 疏肝理气,活血通络。

【方药】 逍遥散合四物汤加减。

主要治疗药物:柴胡、郁金、白术、当归、川芎、熟地黄、白芍、白蒺藜、防风、薄荷、香附、佛手等。

6. 瘀血阻滞

【临床表现】 大小不等的斑点或片状,边缘清楚、光滑,皮损局限或泛发,或发于外伤后的部位,病史缠绵。伴肢体困重而痛,疗效较差。舌质紫暗脉涩。

【治法】 活血化瘀,通经活络。

【方药】 桃红四物汤加减。

主要治疗药物:桃仁、红花、当归、川芎、乳香、没药、苏木、白芷、赤芍、丹参、地龙、丝瓜络、路路通、鸡血藤等。

7. 营卫不和

【症状】 白斑色淡,边缘模糊,病程短,起病突然,发展迅速,好发于头面颈部、四肢或泛发全身,无自觉症状。舌淡红,苔薄白,脉弦,相当于白癜风的寻常型进展期阶段。

【治法】 调和营卫,散寒疏风通络。

【方药1】 桂枝汤加四逆汤。

【处方】 桂枝9 g、白芍12 g、生姜9 g、大枣9 g、甘草6 g、附子15 g(先煎1 h)、干姜8 g、补骨脂8 g、白芷5 g。

【方药2】 祛风活血通络丸。

【处方】 白蒺藜80 g,苍术50 g,苦参40 g,麻黄50 g,白鲜皮80 g,旱莲草100 g,皂角刺80 g,桃仁80 g,红花80 g,檀香40 g,片姜黄80 g,生地黄、熟地黄各120 g,何首乌100 g,黑芝麻100 g,赤芍80 g,补骨脂80 g,川芎80 g,桑螵蛸80 g,当归80 g,桑椹100 g。

用法:共研细末,炼蜜为丸,内服,早晚各2丸,儿童用量减半。

(二)针灸疗法

针灸疗法可调整全身脏腑功能,疏通经脉,调和气血以达到治疗白驳风的目的。

1. 毫针刺法

【主穴】 风门、风池、大椎、曲池、太溪、阴陵泉、阿是穴。

【配穴】 三阴交、血海。

【治疗方法】 大椎、曲池均施捻转泻法1 min,太溪、阴陵泉施用补法留针20 min。面部可用围刺法。加减:体倦乏力、气血不足者加三阴交、血海。

2. 耳针疗法

【主穴】 枕穴、内分泌、肾上腺、交感。

【治疗方法】 每次选2～3个穴,单耳埋针,双耳交替,每周轮换一次。

3. 皮下埋线法

【主穴】 曲池、阴陵泉。

【配穴】 白斑处、膈俞、肺俞、胃俞、脾俞、肾俞、关元、外关、三阴交。

【治疗方法】 在局麻下术者行无菌操作,每次选2～3个穴位,先用缝皮针绕白斑外围的正常皮肤做皮下埋线一圈,在圈内区进行曲线形的皮下穿埋,结束后皮肤消毒,用无菌纱布覆盖,贴好胶布。次日去掉纱布,进行红外线局部照射,每次20 min,每日1次,15次为一个疗程。

4. 穴位注射疗法

【治疗方法】 局部白斑处,患处皮肤先做常规消毒,再取消毒注射器,抽取病人静脉血适量,在选好的白斑处,将血注入皮肤浅层,针尖在皮下转换几个方向,见皮损处呈青紫色为止,每周2次,10次为一个疗程。

5. 体针加艾灸

第1组:取地仓、印堂、合谷、百会、大椎、曲池、足三里、阳陵泉、阴陵泉等穴。

第2组:取上星、颊车、三间、陶道、手三里、上巨虚、悬钟、三阴交等穴。

【治疗方法】 两组穴位交替使用,每次针刺后于局部白斑处涂搽食用白醋,而后用艾炷直接灸,每次灸数壮,至局部皮肤发红为度,不留瘢痕。同时配合火针点刺督脉诸穴及任脉诸穴。阳虚体弱者加夹脊穴;脾胃虚寒者加背俞穴和腹募穴;肝气不疏者加用毫针针刺内关、公孙、足三里、太冲等穴,隔日 1 次,每月针刺治疗,12 次为一个疗程。

(三)推拿疗法

(1)第一步:摩腹,以缓摩、顺摩的补法,时间宜长一些,10～15 min 为宜。

(2)第二步:取背俞穴,重点以脾俞、肝俞、胆俞、肾俞,用平稳的按揉法,每穴 1 min。

(3)第三步:捏脊。自长强穴至大椎穴,反复 5～7 遍,在脾俞、肝俞、肾俞、膈俞上重复按揉 50 次。

(4)第四步:在白驳风局部,以生姜片缓摩 3～5 min。

(四)外用疗法

(1)复方祛白酊

【组成】 附子 15 g,干姜 9 g,补骨脂 30 g,白芷 30 g,乌梅 30 g,马齿苋 30 g,刺蒺藜 30 g、女贞子 30 g、沙苑子 30 g、煅自然铜 30 g、桂枝 12 g、丹参 30 g、红花 12 g、甘草 6 g。

【用法】 以上药物泡于 75％酒精即可外用,根据皮肤耐受程度每日外涂 3～6 次。

(2)当归乌梅酊

【组成】 乌梅、当归各 30 g,浸泡于 75％酒精 50 mL 中。

【用法】 2 周后过滤去渣,用以外搽。

(3)王成华等用祛白酊

【组成】 人参、黄芪、女贞子、白鲜皮各 3 g,何首乌 4 g,熟地黄、千年健各 2 g,浸泡于 100 mL 的 20％酒精中。

【用法】 用以外搽。

(4)补骨脂酊

【组成】 以补骨脂 300 g,乌梅 150 g,黄连 100 g,用 95％酒精 1000 mL 浸泡两周后,取滤液即得。

【用法】 浸泡两周后,取滤液即得。外涂患处,每日 3～4 次。

(五)膳食疗法

(1)玫瑰花粥

白玫瑰花 5 朵,糯米 100 g,白糖适量。先将糯米放入锅中,待粥快好时,放入白玫瑰花、白糖,稍煮便成。

(2)补骨脂酒

用补骨脂 60 g 泡入白酒 500 mL 中,浸泡 5～7 天。每天早、晚空腹饮补骨脂酒 15 mL。另用补骨脂 30 g,加入 75％的酒精 100 mL 中,浸泡 5～7 天,用双层纱布过滤,得暗褐色滤液。取滤液煮沸浓缩至 30 mL。用浓缩补骨脂酒涂搽白癜风处,晒太阳 10～20 min,每天 1 次,连用半月。

(3)白斑补肾汤

用黑芝麻、沙苑子、白蒺藜、女贞子各 15 g,覆盆子、枸杞、熟地黄、川芎、白芍各 10 g,水煎去渣,取滤液,当饮料饮用,每日 1 剂,连饮 3 个月。

(4)马齿苋 200 g,水煎服,每日一剂;再配合马齿苋捣烂取汁外涂,每日 5 次,10 天为 1 个疗程,1～3 个疗程显效。

(5)取白芷 9 g,鱼头 1 个,加适量水炖汤,油盐调味食用,可连续食用。

(6) 将黑豆先以水浸泡软后,用八角茴香及适量盐煮熟或炒食,每日吃 50～90 g 为宜。黑豆除含有丰富的蛋白质、卵磷脂、脂肪及维生素外,还含有黑色素原及烟酸,以常内服黑豆能促使黑色素原转变为黑色素。

六、预防及预后

(1) 坚持治疗,愈后巩固一段时期有助于防止复发。
(2) 进行期慎用刺激性药物,勿损伤皮肤,尤其面部更宜慎重。
(3) 避免机械性摩擦,衣服宜宽大适身。
(4) 适当日晒,可增加疗效,促进恢复。
(5) 注意适当调节病人的免疫功能,培补正气。
(6) 注意劳逸结合、心情舒畅,积极配合治疗。

七、饮食注意事项

(1) 多吃一些含有酪氨酸及矿物质的食物,如肉、动物肝脏、蛋、奶、新鲜蔬菜、豆类、花生、黑芝麻、核桃、葡萄干、贝壳类食物等。
(2) 忌食刺激性食物,如辣椒、酒类等。避免继续危害人体免疫功能对皮肤产生损伤性的刺激。
(3) 忌食西红柿,因西红柿含有大量维生素 C。而维生素 C 能中断黑色素的合成,从而阻止了病变处黑色素的再生。其他维生素 C 含量丰富的食物如橘子、柚子、杏、山楂、樱桃、猕猴桃、草莓、杨梅等尽量少食或不吃。
(4) 不宜吃菠菜,因菠菜含大量草酸,易使患部发痒。

第四节 睑 黡

一、概念

眼无他病,仅胞睑周围皮肤呈黧黑色的眼症,又称为"目胞黑"、"两目黧黑"、"胞睑青黑",俗称"黑眼圈"。《目经大成》首先提出此病名。

本病类似西医学的眼睑被动性(静脉性)充血或眶周色素沉着症。

二、病因病机

(1) 肝郁气滞:久病入络,或情志不畅、精神紧张导致肝气郁滞,血行不畅,致瘀血内停,胞睑滞血不散,而出现青黑之象。《眼科集成》曰:气瘀血滞,伏火邪风,挟瘀血而透于眼胞眼堂,隐隐现青黑之色气。《金匮要略》曰:内有干血,肌肤甲错,两目黧黑。
(2) 脾虚痰浊:肺主宣发肃降,通调水道,脾主运化。脾肺气虚,则津液输布失常,痰浊内停,蓄于眼胞,阻滞脉络,而致目周青黑。上下眼睑属脾,故睑黡与脾胃功能失调的关系更密切,《目经大成》曰:(睑黡)总由脾土衰急,倦于承运输送,致寒饮热痰,不下行而上走,现斯秽迹。情志抑郁,肝失疏泄,影响脾主运化之功能,可致湿浊内停,上溢于胞睑而现秽迹青黑,《目经大成》曰:人事不齐,中怀郁郁,无时悲泣,因而木胜水侮,青斑黑点玷污花容。

(3) 肝肾阴虚：肝开窍于目，在色为青，目为肝之外候。肝经直接上于目，肝血、肝阴虚，目失所养，肝之本色露于目周则为青；肾主藏精，在色为黑，主精液。《素问·上古天真论》曰：肾者主水，受五脏六腑之精而藏之。肝肾之精充则目明，肝阴血不足，肾精亏虚，均会导致睑黡。衰老、久病、性生活过度都可导致肝肾阴虚。

现代医学的认识中造成黑眼圈的原因包括下列几方面。

(1) 先天遗传：某些民族的人有眼眶下黑色素沉着增加的倾向。

(2) 眼皮老化松弛：皮肤老化后，眼周皮肤组织更薄，血液循环更差。且老化皮肤弹性差，皮肤由于重力而从眼眶区下垂，皮肤皱褶皱在一起造成外观肤色加深。

(3) 光线折射：当光线投射时，会在突出物的背凹处产生阴影，眉弓、颧骨较高的人和眼眶内下侧凹陷的人因光线折射在凹陷处进而形成阴影，造成黑眼圈更明显。

(4) 紫外线：紫外线可以造成皮肤光老化，又会使眼睑区域的黑色素增加。光化学损伤还会造成血铁素的沉积而加重黑眼圈。

三、临床表现

(1) 胞睑周围皮肤呈青黑色或褐黑色：常见下睑黑，也可见上下睑均黑；或下睑可伴见静脉血管扩张；或下睑皮肤松弛有皱褶；或上下睑水肿。

(2) 病程短、发病急者，常有过度用眼或失眠史。病程长者，常有其他全身或局部病史。

(3) 自觉无痒痛感和全身症状。

四、鉴别诊断

炎症后黑变病有急慢性炎症病史。一般发生于炎症局部，色素沉着发生的时间快，炎症时或炎症后即可发生。皮损界限明显，可伴有鳞屑、粗糙、苔藓样变、色素减退或毛细血管扩张。

五、辨证论治

宜根据辨证，分别采用疏肝解郁、祛瘀消滞和健脾益气、化痰降浊及滋养肝肾等方法，并辅以外治法。

（一）内治法

肝郁气滞型

【临床表现】 胞睑周围呈青黑色，或下睑可伴见静脉血管扩张，面色晦暗，或肌肤甲错，胸闷胁胀。妇女月经不调，痛经，经色暗，血块较多。舌有瘀点或瘀斑，脉涩而弦细。

【治法】 疏肝解郁、祛瘀消滞。

【方药1】 血府逐瘀汤（《医林改错》卷上）

处方：当归、生地黄各 9 g，桃仁 12 g，红花 9 g，枳壳、赤芍各 6 g，柴胡 3 g，甘草 3 g，桔梗 4.5 g，川芎 4.5 g，牛膝 10 g。

主治：活血祛瘀，行气止痛。上焦瘀血，头痛胸痛，胸闷呃逆，失眠不寐，心悸怔忡，瘀血发热，舌质暗红，边有瘀斑或瘀点，唇暗或两目黯黑，脉涩或弦紧；妇女血瘀闭经，痛经，肌肤甲错，日晡潮热；以及脱疽、白疕，眼科云雾移睛、青盲等目疾。

【方药2】 柴胡疏肝散(《证治准纪》引《医学统旨》方)

处方:柴胡6 g,陈皮6 g,川芎4.5 g,香附4.5 g,枳壳4.5 g,芍药4.5 g,炙甘草1.5 g。

主治:胁肋疼痛,胸闷喜太息,情志抑郁易怒,或嗳气,脘腹胀满,脉弦。

脾虚痰浊型

【临床表现】 胞睑周围皮肤黯黑,或眼睑水肿,胸痞多痰,神倦乏力,纳呆。舌淡苔腻,有瘀斑,脉涩或弦细。

【治法】 健脾益气,温运祛黑。

【方药1】 正容汤加减(《目经大成》)

处方:黄芪、茯苓、党参各15 g,白术10 g,陈皮、半夏、神曲、麦芽、泽泻、苍术各10 g,黄柏6 g,干姜3 g。水煎服,每日1剂,分2次服。

【方药2】 真武汤合二陈汤(真武汤出于《伤寒论》,二陈汤出于《太平惠民和剂局方》)

处方:茯苓15 g,白术、半夏、陈皮各10 g,赤芍15 g,生姜6 g,附子8 g,炙甘草6 g。纳呆者加山楂10 g、炒麦芽15 g。

肝肾阴虚型

【临床表现】 胞睑周围青黑,头晕目眩,失眠多梦,咽干口燥,腰膝酸软,舌红少苔,脉细数。

【治法】 补益肝肾,滋阴祛黑。

【方药】 六味地黄丸(钱乙《小儿药证直诀》)加减

处方:熟地黄30 g,山茱萸10 g,山药15 g,牡丹皮、泽泻各10 g,茯苓15 g,丹参10 g,益母草10 g,红花6 g,玄参15 g。水煎服,可复渣再煎服,每日1剂。

(二)针灸疗法

1. 毫针刺法

【主穴】 百会、承泣、睛明、攒竹、鱼腰、丝竹空、瞳子髎、太阳、四白、合谷、三阴交(均双侧)。

【配穴】 痰饮阻络配内关、水分、丰隆、中脘、脾俞、肺俞、足三里;瘀血内滞配肝俞、膈俞、曲池、血海、太冲;肝肾阴虚配肾俞、肝俞、关元、阴谷、太溪、飞扬。

【治疗方法】 每次选主穴4个,辅穴4个。眼周穴位常规浅刺,进针深度0.2～0.3 cm,一针到位,不施以任何手法,其他穴位常规进针。留针20 min,每日或两日一次,10次为一个疗程。

注意:眼周血管丰富,要选用美容针(细毫针),进针时尽量避开血管,出针后按压针孔时间长一些,以免针后瘀血。

2. 耳针疗法

【主穴】 皮质下、交感、眼、内分泌、肾上腺。

【配穴】 痰饮阻络配脾、胃、肺、三焦、肾上腺;瘀血内滞配热穴、肝。肝肾阴虚配肾俞、肝俞、三阴交。

【治疗方法】 先用点压法寻找穴位的敏感点,然后用王不留行籽贴压。每次取单侧耳穴,两耳轮换,4～5日换贴一次,10次为一个疗程。嘱病人每天自行按压耳穴3～5次。

3. 艾灸疗法

【主穴】 阿是穴(眼周黯黑处)。

【配穴】 痰饮阻络配脾俞、肺俞;瘀血内滞配肝俞、膈俞。肾阳虚配肾俞、命门。

【治疗方法】 病人取坐位,先用艾条回旋灸眼周阿是穴,距离皮肤3~4 cm,灸至皮肤温热,略红。每侧灸5 min。病人改为俯卧位,用艾灸盒灸背部俞穴20 min。每日或隔日一次,10次为一个疗程。

4. 梅花针疗法

【主穴】 下眼睑、项背部督脉、膀胱经两侧经穴。

【配穴】 痰饮阻络配百会、中脘、气海、足三里;瘀血内滞配太阳、攒竹、风池、下肢肝经穴;肝肾阴虚配肾俞、肝俞、三阴交。

【治疗方法】 眼区周围诸穴轻轻由内向外叩刺3~5次。项背部沿经脉叩刺,顺序由上至下,力度由轻到适中,以局部皮肤潮红充血为度。其他配穴在穴位点上叩刺。每日或隔日一次,15次为一个疗程。

(三) 推拿疗法

【治疗方法】 行面部美容经穴按摩常规手法第四步,切掐、点按面部穴位,然后点揉眼周穴位阳白、太阳、四白、迎香、巨髎、风池穴各10~15次。力道要轻柔且要有耐心,可令眼部的肌肤更加紧致。

功效:按摩能促进眼周肌肤的血液循环,给皮肤提供氧气,淡化黑眼圈的同时,还能让眼部肌肤更加紧致。

(四) 膳食疗法

1. 当归鸡汤粥

(1) 基本材料:当归10 g,川芎3 g,黄芪5 g,红花2 g,鸡汤1000 g,粳米100 g。

(2) 制作及服用:先将前三味药用米酒洗后,切成薄片装入布袋,加入鸡汤和清水,煎出药汁。去布袋后加入粳米,用旺火烧开,再转用文火熬煮成粥。日服1剂,分数次食用。

2. 洋参猪血豆芽汤

(1) 基本材料:西洋参15 g,新鲜猪血250 g,大豆芽(去根和豆瓣)250 g,瘦猪肉200 g,生姜2片,盐少许。

(2) 制作及服用:将所有材料用清水洗干净。西洋参和瘦猪肉切成片状,生姜去皮切片。瓦煲内放入适量清水,用猛火煲至水沸。然后放入全部材料,改用慢火继续煲1 h左右,加入盐调味,即可食用,一日一次。

3. 苹果生鱼汤

(1) 基本材料:苹果3个(约500 g),生鱼1条(约150 g),生姜2片,红枣10枚,盐少许。

(2) 制作及服用:生鱼去鳞、去鳃,用清水冲净鱼身,抹干。用姜落油锅煎至鱼身呈微黄色;苹果、生姜、红枣洗干净后,苹果去皮去蒂,切成块状;生姜去皮切片,红枣去核。瓦煲内加入适量清水,用猛火煲沸。然后加入全部材料,改用中火继续煲2 h左右。加入盐调味,即可饮用。每日2次,早晚饮用。

4. 枸杞猪肝汤

(1) 基本材料:枸杞50 g,猪肝400 g,生姜2片,盐少许。

(2) 制作及服用:清水洗净枸杞;猪肝、生姜分别用清水洗干净;猪肝切片,生姜去皮切2

片。先将枸杞、生姜加适量清水,猛火煲 30 min 左右。改用中火煲 45 min 左右,再放入猪肝。待猪肝熟透,加盐调味即可。早晚各 1 次。

(3) 功效:补虚益精,清热祛风,益血明目。预防肝肾亏虚所引起的黑眼圈。

5. 人参枸杞酒

(1) 基本材料:人参 30 g,枸杞 500 g,熟地黄 100 g,冰糖 4000 g,上等纯粮白酒 5000 mL。

(2) 制作及服用:一同装入坛内,加盖密封。每日翻动,摇动一次,泡至人参、枸杞色淡味薄为止。冰糖入锅内,用适量水加热溶化至沸,微炼至黄色时,趁热用纱布过滤去渣,加入酒内摇匀,再静置过滤、澄清,即可饮用。每日 2 次,每次饮服 15~20 mL。

(3) 功效:人参大补元气,枸杞、熟地黄补益肝肾,白酒可温通血脉,冰糖益气养阴兼调味。

六、预防与调护

(1) 避免让眼睛过于疲劳,长时间近距离阅读或从事计算机的工作者,每小时应该休息数分钟或者按摩眼部周围腧穴。

(2) 调畅情志,减轻压力,精神放松。性生活适度,不要放纵。

(3) 注重膳食调理,保证营养,切勿摄入过咸的食物和辛辣的刺激性食物,避免眼周发生水肿或炎症。注意调理肠胃。

(4) 生活有规律,不熬夜,保证充足的睡眠。

(5) 因眼周色素沉着导致的睑黡,疗程较长。

(6) 必须使用适当的眼部卸妆用品,彻底卸除所有眼部妆容,包括防水睫毛液。误用不当的卸妆用品可能会导致双眸敏感不适。

(7) 饮食不当。忌食过多富含淀粉的食物,产生过多的二氧化碳使血液暗黑。食盐过多导致眼周水肿。

第五节 粉 刺

一、概念

粉刺是发生于颜面、胸、背等处的一种以毛囊、皮脂腺为中心的皮肤病。该病多发生于青年男女,是临床最常见的损容性疾病。其特点是颜面和胸部发生大小不等的以毛囊为中心的丘疹、丘脓疱疹、结节、囊肿,或常见黑头粉刺,能挤出白色脂栓,严重者后期可发生凹陷性或增生性瘢痕。该病类似于西医的痤疮。

古代医学关于粉刺的记载,如《素问生气通天论》中的记载,《医宗金鉴外科心法》称本病为肺风粉刺,此证由肺经血热而成,每发于面鼻,起碎疙瘩,形如黍屑,色赤肿痛,破出白粉汁。

二、病因病机

1. 血热偏盛 素体阳热偏盛者,营血日渐偏热,血热外壅,体表络脉充盈,气血郁滞,因而发病。《肘后备急方》则提出了年轻人因血气方刚,气血充盈,乃生此病。

2. 肺胃积热 手太阴肺经起于中焦而上行过胸,足阳明胃经起于颜面而下行过胸,故肺胃积热,则循经上熏,血随热行,上壅于胸面,故胸、面生粟粒疹且色红。《医宗金鉴》明确指出:肺风粉刺,此证由肺经血热而生。

3. 外感风热 感受风热之邪可诱发或加重病情。《诸病源候论》云:面疱者,谓面上有风热气生疱,头如米大,亦如谷大。

4. 气血凝塞 不洁尘埃或粉脂附着肌肤,使玄府不通,气血凝塞,或冷水洗面,气血遇寒冷而郁塞,以致粟粒疹累累。

5. 血瘀痰结 病情旷日持久不愈,使气血郁滞,经脉失畅,或肺胃积热,久蕴不解,化湿生痰,痰血瘀结,可致粟粒疹日渐扩大,或局部出现结节,累累相连。总之,体内血热偏旺盛是粉刺发病的根本;饮食不规律是致病的条件;血瘀痰结使病情复杂。

三、临床表现

(1) 皮肤损害特征:初期是以毛囊为中心的白头粉刺,针头大小,与肤色相同,或同时可见黑头粉刺,两种粉刺经挤压后都有黄白色皮脂排出。白头粉刺可发展为粟米至绿豆大小的红色丘疹,少数于顶部可发生小脓疱,消退后遗留色素沉着或轻度凹陷性瘢痕。严重者可发生结节、脓肿、囊肿等多种形态的损害,甚至破溃后形成窦道和增生性瘢痕。

(2) 发病部位:多发于颜面、胸部及肩部,对称性分布。

(3) 好发人群:多发生于青春期男女。

(4) 自觉症状:自觉轻微瘙痒或疼痛。

(5) 病程及预后:病程缠绵,此起彼伏,新皮疹不断继发,有的可迁延数年或十余年,青春期后一般可逐渐痊愈。

四、鉴别诊断

粉刺需与粉花疮、酒渣鼻、颜面播散性粟粒狼疮、职业性痤疮相鉴别。

1. 粉花疮 其可见粉刺、炎性丘疹、丘脓疱疹、脓疱、结节。病因无内分泌因素,化妆品中不良成分直接刺激皮肤所致。皮疹部位仅发生于面部,面部无皮脂溢出。发病人群多为中年人。

2. 粉刺与酒渣鼻 两者都可以见到炎性丘疹、脓疱、结节,都可以伴有皮脂溢出。皮疹部位常以鼻部为中心,呈五点式分布,皮损以红斑为主,无白头和黑头粉刺,有毛细血管扩张。发病人群多为中年人。

3. 颜面播散性粟粒狼疮 其多见于成年人,损害为棕黄色或暗红色半球状或略平的丘疹,对称分布于颊部、眼睑及鼻唇沟,在下眼睑往往融合成堤状,病程缓慢。用玻片按压丘疹可显示出黄色或褐色小点。

4. 职业性痤疮 常见于经常接触焦油、机油、石油、石蜡等的工作人员,可引起痤疮样皮炎,损害较紧密,可伴毛囊炎,除局部外,尚可见于手背、前臂、肘部等接触矿油部位。

五、辨证论治

(一) 内治法

1. 肺经风热证

【证候】 皮损以粉刺和炎性丘疹为主,或夹杂少许丘脓疱疹、皮疹或有痒、痛感。舌苔薄黄,舌质红,脉滑或数。

【治法】 清肺散风。

【方药】 枇杷清肺饮加减。

枇杷叶 10 g,桑白皮 15 g,黄芩 10 g,黄连 6 g,金银花 10 g,野菊花 10 g,防风 10 g,白芷 10 g,丹参 15 g,生甘草 6 g。

枇杷清肺饮出自《外科大成》,为治疗粉刺的名方。本加减方中枇杷叶清肺和胃,《食疗本草》言其治"肺风疮,胸面上疮";桑白皮清泄肺热;黄芩、黄连、金银花、野菊花清热解毒;防风、白芷散风邪,有助消除粉刺;丹参凉血活血;生甘草清热解毒并调和诸药。

有脓疱加蒲公英 15 g、紫花地丁 10 g;热盛口渴加生石膏 20 g、知母 10 g、玄参 15 g;便秘加大青叶 10 g 或大黄 6 g;皮脂溢出多加薏苡仁 20~30 g、白术 10 g、枳壳 10 g;痒明显加白鲜皮 15 g、苦参 10 g;气虚明显加党参 10 g。

中成药可用银翘解毒片或金花消痤丸。

2. 湿热蕴结证

【证候】 较多炎性丘疹、丘脓疱疹、脓疱、红肿疼痛,或有结节,或口臭、便秘、尿黄。舌苔黄腻,舌质红,脉滑数。

【治法】 清热化湿。

【方药】 茵陈蒿汤合黄连解毒汤加减。

茵陈蒿 15 g、栀子 10 g、黄芩 10 g、黄连 6 g、大青叶 15 g、大黄 6 g、薏苡仁 20 g、蒲公英 15 g、紫花地丁 10 g、益母草 15 g、生甘草 6 g。

方中茵陈蒿清利湿热,现代研究表明其可抑制痤疮丙酸杆菌和金黄色葡萄球菌;栀子、黄芩、黄连清热利湿;大青叶、蒲公英、紫花地丁清热解毒;薏苡仁健脾渗湿,清热排脓;益母草活血利尿;生甘草清热解毒并调和诸药。

红肿明显加金银花 10 g、连翘 15 g;结节明显加夏枯草 10 g、三棱 10 g、莪术 10 g。

中成药可选茵栀黄口服液。

3. 痰瘀凝结证

【证候】 病程日久,皮损以结节、囊肿为主,或有纳呆,便溏。舌苔薄,舌质淡,舌体胖,脉滑。

【治法】 健脾化痰,活血散结。

【方药】 海藻玉壶汤合参苓白术散加减。

茯苓 15 g、白术 10 g、生薏苡仁 20 g、海藻 10 g、昆布 10 g、陈皮 10 g、制半夏 10 g、浙贝母 15 g、连翘 15 g、丹参 15 g、当归 10 g、生甘草 6 g。

茯苓、白术、生薏苡仁健脾利湿;海藻、昆布、陈皮、制半夏、浙贝母化痰散结;连翘清热解毒散结;丹参、当归活血散结;生甘草清热解毒并调和诸药。

疲乏甚加党参 10 g;纳呆加山楂 10 g、神曲 10 g;便溏加白扁豆 15 g、山药 15 g、莲子 10 g;结节坚实、色暗红加红花 6 g、三棱 10 g、莪术 10 g。急性发作皮疹红肿,可加黄芩 10g、桑白皮 15g、夏枯草 10g。

(二) 针灸疗法

1. 毫针刺

【主穴】 大椎、合谷。

【配穴】 肺经风热配曲池、肺俞、大肠俞、血海;胃肠湿热配大肠俞、足三里、丰隆、内庭、曲池、阴陵泉;肝郁气滞配肝俞、胆俞、太冲、阳陵泉、三阴交;热毒壅盛配曲池、地机、血海、三阴交、足三里;瘀血停滞配血海、膈俞、太冲、三阴交;便秘配天枢、支沟。局部取穴:四白、下关、颊车。

【方法】 中等刺激,每日针1次,留针20~30 min,10次为1个疗程,症状好转后改为隔日一次。

2. 耳针疗法

(1) 耳穴毫针疗法或耳穴埋线疗法

【主穴】 肺、肾、内分泌、皮质下、肾上腺。

【配穴】 皮脂溢出较多者加脾、神门;便秘者加大肠、直肠下段;气滞血瘀加肝;脓疱加心;月经不调加内生殖器、卵巢。

【方法】 每次取主穴2~3个,配穴2~3个,毫针刺,留针15~20 min,隔日一次,10次为1个疗程,或埋针、压籽,两耳轮换,3日1次,10次为1个疗程。

(2) 耳穴点刺出血疗法

【取穴】 耳背血管、耳尖、热穴、内分泌、神门、皮质下和相应部位。

【方法】 根据辨证和皮损处选择适当穴位,每次1~2个,用三棱针点刺放血1~2滴,隔日1次,10次为1个疗程。

3. 刺血疗法

【取穴】 脊椎两旁各旁开0.5~1.5寸处。

【方法】 充分暴露背部,摩擦数次,使反应点充分暴露,常规消毒,以三棱针挑破反应点,挤出血1~2滴,然后用消毒干棉球擦去血迹,按压片刻。每次取3~5个穴,隔日1次,10次为1个疗程。

(1) 刺络拔罐法:取大椎穴常规消毒后以三棱针或梅花针点刺出血,然后拔罐10~15 min,使出血1~3 mL,3日1次,10次为1个疗程。

(2) 自血穴位注射疗法:取双侧足三里穴。从病人静脉抽血3 mL,迅速注射到一侧足三里穴内,或取血5~6 mL,注入双侧足三里穴内,每周一次。

(三) 外治法

1. 外用药颠倒散 使用分量根据皮损面积大小决定,为6~10 g,皮脂溢出多者用凉开水或茶水调成糊状薄薄地敷于患处,油脂溢出不明显者用蜂蜜调。每次敷15~20 min,每日1~2次。本方适用于粉刺的各个证型,尤其适合肺经风热型。

颠倒散为古代外治粉刺的名方。方中大黄清热泻火,凉血解毒,活血化瘀,古代用治一切疮痈肿毒,现代研究表明其对很多细菌有抑制作用,抗炎,具有雌激素样作用,降血脂。硫黄解毒杀虫疗疮,局部外用有溶解角质、软化皮肤和杀死寄生虫的作用。

使用注意事项:(1)使用之前先用温水将患处洗干净;(2)用于丘脓疱疹和脓疱时,只能敷在皮疹周围,不能盖住脓头;(3)部分病人对硫黄敏感,要嘱咐病人第一次使用时敷患处10 min,无过敏反应则以后逐渐增加时间到20 min;(4)若过敏反应明显,即停止用本药,并按照接触性皮炎的治疗方法处理病人的皮肤。

2. 外用药黑布化毒散膏 将黑布药膏与化毒散软膏等量混匀即成黑布化毒散膏。

将药膏直接敷患处。每日一次。本方适用于痰瘀凝结型粉刺,有解毒、消炎作用,可促进结节消散。

3. 面部美容护理 大黄、硫黄、丹参各30 g,冰片10 g,全部研成细末,过140目筛,备用。先进行面部美容皮肤护理常规步骤,清洁面部,草药喷雾仪喷面,针清粉刺,经络按摩,然后以超声波导入三黄洗剂 1 min,选择 0.5 W/cm² 强度,连续波,然后洗干净脸,将上述药粉加蜂蜜调成糊剂薄涂于面部,再将硬膜粉调成糊覆盖其上,15~20 min 后揭去。也可以用保鲜膜覆盖于面膜上。7~10 日 1 次。

(四) 推拿疗法

1. 面部按摩 取穴及部位:耳门、丝竹空、听宫、瞳子髎、听会、翳风、地仓、颊车、迎香、承浆、廉泉、合谷以及手三阳、足三阳、足少阴、督脉等。

主要手法:按法、揉法、推法等。

(1) 基本操作如下。

①穴位按揉:取耳门——丝竹空;听宫——瞳子髎;翳风——地仓;颊车——迎香;承浆——廉泉;合谷。按照顺序用双手拇指和中指指腹按揉前 5 对穴位,再用拇指指腹按揉双侧合谷穴各 30 s。

②疏通经脉:用掌根由肩至指端按揉上肢外侧手三阳经 5 遍;手掌沿足阳明胃经自内庭穴至髀关做推、按、揉动作 5 遍;拇指指腹沿足少阴肾经自太溪穴至腹股沟做推、按、揉动作 5 遍;拇指指腹沿足三阳胆经自足窍阴至环跳做推、按、揉动作 5 遍;手掌沿足太阳膀胱经自昆仑穴至承扶穴做推、按、揉动作 5 遍;手掌沿督脉自尾闾至百会做推、揉、按动作 5 遍。

③辨证加减:双掌由上往下推背部足太阳膀胱经 5 遍;拇指沿膀胱经,由昆仑按压至承扶穴,再由大杼按压至小肠俞,反复 3 遍;最后按揉风池、大椎、肺俞、曲池、合谷等 30 s。

(2) 温热蕴结型:手掌沿解溪至髀关推、按、揉胃经;再在腹部沿顺时针方向摩擦 36 次;最后用食指、中指指腹点按中脘、天枢、足三里、梁丘、脾俞、胃俞、大肠俞各 30 s。

(3) 痰瘀凝结型:按揉丰隆、足三里、肝俞、膈俞各 30 s;再手掌沿解溪至髀关推、按、揉胃经 5 次。

另外,如果粉刺在月经期加重,多属冲任不调型,治用手掌按揉下肢三阴经,往返 5 遍,用拇指指腹点按三阴交、血海、气海、关元、肝俞、肾俞各 30 s。

注意:粉刺红肿化脓的炎症期不宜推拿按摩局部病变部位。

2. 足底按摩 取肾上腺、肾、输尿管、膀胱、胃、肠、肝、脾、甲状腺、甲状旁腺、垂体、生殖腺、头面部以及病变部位相应的反射区。用指推法或者按法,刺激 10~15 次,最后重复推按肾上腺、肾、输尿管、膀胱、病变部位相应的反射区 5 次。

(五) 饮食疗法

1. 麻油泡使君子 使君子、麻油适量。将去壳使君子放在铁锅内,以文火炒至微香,待凉,放麻油浸泡 3 天后食用,成人每次服 3~5 枚,每晚临睡前服下,7~10 天为 1 个疗程。本品使君子为主药,能消导胃肠积滞,麻油润肠通便,合而为用,具有消积导滞之效,用于治疗粉刺。

2. 痤疮汤 海带 15 g,绿豆 15 g,甜杏仁 9 g,玫瑰花 6 g,红糖适量。将以上各种同置锅内煮后,去玫瑰花,调味,喝汤吃海带、绿豆、甜杏仁。每天 1 剂,连服 20~30 剂。本品海带软坚散结;绿豆清热解毒消痈;杏仁对肺和胃润肠;玫瑰花疏肝活血化瘀,合而为用,具有活血化瘀、消痰软坚之功。痤疮汤常用于痰瘀凝结型粉刺。

六、预防与护理

(1) 少吃油脂型或油炸食物及糖类、辛辣刺激性食物,如可乐、茶、咖啡和含酒精饮料,多食青菜、水果,多饮水,保持大便通畅。

(2) 常用温水和硼酸皂或硫黄皂洗患处和面部油脂分泌多的部位。根据面部除油脂的多少,1日洗 2～3 次。

(3) 不要用手挤捏粉刺,可使用痤疮针压出。

(4) 不要擅自使用外用药物,尤其是不要用皮质类固醇激素等药物。

(5) 治疗期间,不要用油性化妆品及含有粉质的化妆品,如粉底霜等,以免堵塞毛孔加重病情。面部护肤品选择"水包油"型的膏霜,有助于本病的康复。

(6) 工作注意劳逸结合,避免长期精神紧张。保证每天 8 h 的睡眠,放松面部肌肉和给予皮肤自我修复的时间。

七、预后

寻常痤疮只要不挤压、乱用药、积极治疗,一般预后较好。结节性、囊肿型、聚合型预后欠佳,治疗比较棘手,因而对此类病人应尽早采取积极正确的治疗方法,以免瘢痕形成,影响容貌美观。

第六节 酒 渣 鼻

一、概念

酒渣鼻是一种以鼻部为中心,鼻色紫红如酒渣而得名。常伴发丘疹、脓疱和毛细血管扩张为特征的皮肤病。酒渣鼻这一病名最早见于《黄帝内经》。《素问·热论》中指出:脾热病者,鼻先赤。《素问·生气通天论》中指出:劳汗当风,寒薄为渣,郁乃痤。《医宗金鉴外科心法》记载:此次剩余鼻准头及鼻两边。其又作"酒糟鼻"、"赤鼻",本病中西医均称为"酒渣鼻"。

二、病因病机

《景岳全书》曰:酒渣鼻由肺经血热内蒸,次遇风寒外束,血瘀凝滞而成。

(1) 肺经积热:有人时值中年,肺经阳气偏盛,郁而化热,热与血搏,血热入肺窍,使鼻渐红而生病。

(2) 脾胃积热:若脾胃素有积热,因嗜食辛辣之品,生热化火,火热循环熏蒸,亦会使鼻部潮红,络脉充盈。

(3) 寒凝血瘀:风寒客于皮肤,或冷水洗面,以致血瘀凝结,鼻部先红后紫,久则变为暗红。

三、临床表现

(1) 皮损损害特征:局部皮肤起初为弥漫性红斑,以后鼻头红赤,并有血丝显露,在红斑上出现散在的小丘疹、脓疱;病情严重至晚期,鼻部肤色渐变成紫红或紫斑,局部增生肥厚,最后呈瘤状隆起,形成鼻赘。

(2) 发病部位:好发于鼻头、鼻翼两侧,个别延至两颊及前额。

(3) 好发人群:大多数为中年人,女性较多。

(4) 自觉症状:多无自觉症状。

(5) 病程及预后：发病缓慢，经久难愈。

四、鉴别诊断

酒渣鼻与面游风、面部激素依赖性皮炎、痤疮、脂溢性皮炎的鉴别诊断。

1. 酒渣鼻与面游风 两者都可以见到皮脂分泌旺盛，鼻部尤为明显，在遇热或寒冷刺激后鼻部也常出现红斑。面游风好发部位为除面部外，可见于头皮、躯干、腋窝、腹股沟皱襞处。其皮损为无毛细血管扩张，鳞屑较多，严重者腋窝、腹股沟皱襞处常可糜烂而似湿疹，常伴有不同程度的瘙痒和热感。好发于青年人和婴儿。

2. 酒渣鼻与面部激素依赖性皮炎 两者都可以见到面部红斑、毛细血管扩张产生的红血丝，遇刺激后红斑加重。后者除面部外，长期外用高效皮质激素的其他部位也都可发生。其皮损特点为红斑遇热加重、遇冷减轻。还可见皮肤萎缩、变薄，色素沉着或脱失，汗毛增多并且变粗变黑等。自觉症状为皮肤除灼热感外，还伴有不同程度的瘙痒、疼痛和紧胀感。好发于长期外用高效皮质激素者。

3. 酒渣鼻与痤疮 痤疮好发于青春期男女，皮损除面部以外，多见于胸背部，鼻部不易受侵犯，但有典型的黑头粉刺，一般不会有毛细血管扩张。

4. 酒渣鼻与脂溢性皮炎 脂溢性皮炎皮损分布较为广泛，不止局限于面部，皮脂腺丰富区最多，常有油腻状鳞屑，不同程度的瘙痒，但不发生毛细血管扩张。

五、辨证论治

本病以全身调治为主。早期多从肺胃血热入手，后期治疗以化瘀散结。酒渣鼻的发病与病人日常生活及胃肠功能障碍有关。在辨证的基础上，适当加入调理脾胃、理气消导的药物可以提高疗效。

1. 肺胃积热证

【证候】 红斑多发生于鼻尖或两翼，压之褪色，常嗜酒，便秘，饮食不节，口干口渴，舌质红、苔薄黄、脉弦滑。多见于红斑期。

【治则】 清泻肺胃积热。

(1) 内治法

①药物法：枇杷清肺饮加减（《医宗金鉴》）。生石膏 30 g，知母 15 g，枇杷叶 15 g，桑白皮 15 g，党参 9 g，甘草 9 g，黄柏 9 g，黄芩 9 g，益母草 9 g。水煎服，日 1 剂，分 2 次服。

②饮食法如下。

茭白饮：茭白（鲜）30～60 g，煎水饮服，每天 1 剂，连服 8～10 剂。

绿豆汤：绿豆 30 g，荷花瓣（晒干）9 g，生石膏 15 g，枇杷叶 9 g，白糖适量。将枇杷叶背绒毛刷净，与荷花瓣、生石膏加水 900 mL 煎成 600 mL，去渣留汁，再加入绿豆煮熟，白糖调味后食用。每天 1 剂，连服 7～10 剂。

(2) 外治法

①药物法：颠倒散外用，见于粉刺肺经风热型。

②祛斑膏：大枫子仁、杏仁、核桃仁、红粉、樟脑各 30 g。先将三仁同捣极细，再加红粉、樟脑，一同研细如泥，如太干，加麻油少许调匀。用于酒渣鼻红斑丘疹者，每日擦药 1 次（先涂小片，观察有无过敏反应）。

③针灸法如下。

毫针：主穴取印堂、迎香、承浆。配穴取大迎、合谷、曲池。手法：取坐位，轻度捻转，留针20～30 min，每2～3日针刺1次。印堂、迎香、地仓、承浆。操作：取坐位，各穴轻度捻转，留针20～30 min，出针放血4～5滴，每2～3日针刺1次。

耳针：取穴外鼻、肺、内分泌、肾上腺。用耳穴压豆法，每日1次，每次取2～3穴，留针20～30 min。

水针：取迎香。方法：取0.25%～0.5%普鲁卡因注射，在双侧迎香分别注射0.5～1 mL，每周2～3次，10次为1个疗程。效果不显时加印堂穴。

梅花针法：患处可用七星针轻刺，每日1次。

④推拿法如下。

穴位按摩法：以一手食指或中指轻揉素髎穴约1 min，然后以两手拇指背部在两鼻翼上下摩擦。按揉合谷、外关、列缺各2～3 min，以有酸胀感为佳。沿足阳明胃经在下肢循经部位进行推擦，并按揉足三里2～3 min。

推抹法：病人仰卧，术者立于其头后，用两手拇指指腹从睛明穴开始，沿鼻梁向下推抹至迎香穴，反复推抹10次左右，以拇指点按印堂约1 min。

2. 血热壅盛证

【证候】 在红斑上出现痤疮样丘疹、脓疱，毛细血管扩张明显，局部灼热，口干便秘，舌质红，苔黄，脉数。多见于丘疹期。

【治则】 凉血清热，活血祛瘀。

（1）内治法

①药物：凉血四物汤加减。生地黄30 g、当归9 g、川芎6 g、赤芍9 g、陈皮9 g、红花9 g、黄芩9 g、赤茯苓9 g、连翘15 g、山栀9 g、生甘草6 g。水煎服，日1剂，分2次服。

②饮食法：银花知母粥。金银花9 g、知母15 g、生石膏30 g、粳米60 g。将前3味药同煮20～30 min，弃渣取汁，再与粳米一起煮成稀粥即可食用。每日服1次，7天为1个疗程。

（2）外治法

①药物法：四黄膏。黄连、黄柏、黄芩、大黄、乳香、没药各等量。共为细末，加凡士林调为膏。外涂或将膏摊于纱布上敷患处。每日1～2次。

②敷脸法：白石脂、杏仁、银杏、白芷、绿豆粉各10 g。上药研极细末，鸡蛋清调涂，夜晚敷脸，次日早晨洗去。

③针灸法：毫针，处方取合谷，鼻部选局部络脉显露处。操作：络脉显露处挑刺出血，2～3天挑刺1次，余穴用捻转手法，间歇行针30 min，每日1次。加减：伴有肝气不适者可加肝俞、阳陵泉。

④三棱针疗法：取鼻环穴（在鼻翼半月形纹的中间）。操作：先用2%碘酒消毒，再以75%酒精棉球脱碘。针刺时，对准穴位，刺入0.1～0.2寸深，退针挤压针孔周围，使出血3～5滴，隔日1次。

⑤耳根注射：取穴耳根部。操作：将维生素B_6或生理盐水2～4 mL从耳前皮下开始，自前向后沿耳根行环状注射一圈，两耳交替进行，隔日1次或每周2次，5～10次为1个疗程。本法对面、颈部大片潮红和面部毛细血管扩张等症状疗效较好。

3. 寒凝血瘀证

【证候】 鼻部组织增生，呈结节状，毛孔扩张。舌略红，脉沉缓，多见于鼻赘期。

【治则】 活血化瘀。

(1) 内治法

①药物法:川芎 15 g、赤芍 15 g、桃仁 9 g、红花 9 g、生姜 3 片、老葱 3 根、红枣 7 枚,黄酒半斤兑水煎两次,分服,每日一剂。

②饮食法:治酒渣鼻次方。橘子核、胡桃肉。橘子核炒为末,每用 1 g,研胡桃肉 3 g,同以黄酒调服。

(2) 外治法

三棱针放血后,用脱色拔膏棍贴敷。每 2～3 天换药 1 次。

六、预防与调摄

(1) 饮食宜忌:在红斑、丘疹期注意忌辛辣、酒类等刺激食物,少饮浓茶,多食清淡食物及蔬菜、水果,保持大便通畅。

(2) 皮肤防护:冬季外出注意口鼻的保暖,避免局部受到冷、热刺激。高温潮湿的季节和环境下应暂时停止剧烈运动。避免不洁之物接触鼻部。

(3) 皮肤养护:经常用温水、肥皂或洗面奶洗涤。

(4) 预后:一般早期治疗预后较好,可不留痕迹。进入鼻赘期,治疗比较棘手,预后欠佳。

第七节　面　游　风

一、概念

面游风是发生于头部、面部、眉间等皮脂分泌较多部位的一种慢性炎症性皮肤病,临床常伴有不同程度的瘙痒。中医古籍中对此病多有记述。《医宗金鉴》云:此证生于面上,初发面目水肿,痒若虫行,肌肤干燥,时起白屑。次后极痒,抓破,湿热盛者津黄水,风燥盛者津血,痛楚难堪。由平素血燥,过食辛辣浓味,以致阳明胃经湿热受风而成。清代《外科证治全书面游风》记载:初起面目浮肿,燥痒起皮,如白屑风状;次渐痒极,延及耳项,有时痛如针刺。湿热盛者浸黄水,风燥盛者干裂,或浸血水,日夜难堪。因皮损发生的部位和临床表现不同,又称发生于头皮的为"白屑风",发生于眉间的为"眉屑风",发生于胸腋间的称为"钮扣风"等。本病类似于西医的"脂溢性皮炎"、"头皮糠疹"。

二、病因病机

1. 风热血燥　血分有热加之风热之邪外袭,或营血不足以生内风,致风热燥邪蕴阻肌肤,肌肤失去濡养,而致皮肤粗糙,起疹脱屑,以干性表现为主。

2. 胃肠湿热　饮食不节,过食肥甘厚味、辛辣酒类,致脾胃湿热蕴积于肌肤而成。

3. 脾虚湿困　素体脾虚,饮食不节,饥饱失常,皆会损伤脾脏,导致运化功能失常,湿浊而生,又因脾土,外犯肌肤而成。

三、临床表现

(1) 皮损损害特征:可分为油性、干性两类。油性的特点为黄红色斑片,或间有小丘疹,皮肤、毛发油腻,表面覆油腻性鳞屑,严重时可有淡黄色渗液;干性的特点是淡红色斑片,表面覆干燥的灰白色糠皮状鳞屑，毛发干枯。婴儿多在头皮、前额、双颊部出现渗出性红斑片，覆有厚的黄色油腻性痂皮。

（2）发病部位：头面、鼻旁、眉间、耳项、胸前、背后以及腋胯之间，常自头部开始，向下延及以上皮脂腺丰富部位的皮肤。

（3）好发人群：以青壮年为主，男性较多，或 1 月龄左右的婴儿。

（4）自觉症状：有不同程度的瘙痒，有些伴有局部灼热感、刺痛感。

（5）病程及预后：呈慢性病程，易反复发生，对外界刺激敏感，如日晒、冷热刺激、化妆品刺激等，常伴痤疮及脂溢性脱发。

四、鉴别诊断

面游风与银屑病、头白癣、玫瑰糠疹样脂溢性皮炎、石棉状糠疹的鉴别诊断。

1. 银屑病 与面游风都可见有红斑、鳞屑，均伴有不同程度的瘙痒，容易反复发作。

银屑病可泛发于全身，皮疹特点为红斑边界清楚，具有浸润性；表面覆盖有干燥的大片银白色鳞屑，刮除鳞屑基底可见薄膜和点状出血；头皮红斑处头发呈束状，不伴有脱发。其他症状表现为对外界刺激敏感性不高，皮损常由季节变化、感染等因素诱发加重。

2. 头白癣 与面游风都可在头皮间有红斑、鳞屑，均伴有不同程度的瘙痒。

头白癣因皮肤感染浅部致病真菌所致，常发于学龄儿童，尤其男孩多数。头白癣只发生于头皮毛发处，皮疹特点为皮损一般呈圆形，边界清楚，患处毛发周围有菌，在距头皮 2～5 mm 折断，可见参差不齐的断发。其特点是有传染性，通过接触传染，常在儿童集体单位流行，但青春期后可自愈。

3. 玫瑰糠疹样脂溢性皮炎 其好发于躯干部，皮损为圆形、椭圆形或不规则形的红色斑片，上有油腻性鳞屑，边界清楚，可融合，中心皮肤有时正常，而形成环状。

4. 石棉状糠疹 石棉状糠疹又称石棉状癣，可发生于任何年龄，但多见于儿童及青壮年，仅发生于头皮。皮损为局限于头皮的银白色鳞屑，松散重叠，堆积如板，状如石棉，黏附于头皮和头发，使头发呈束状，偶有形成暂时性脱发，一般无自觉症状，少数有轻度瘙痒。

五、辨证论治

（一）内治法

1. 风热血燥证

【证候】 皮肤干燥有糠皮状鳞屑，瘙痒或不痒，头发干燥无光泽，常伴有头发变细或脱发。舌质红或淡，苔薄白，脉弦细。

【治法】 养血润肤，祛风止痒。

【药物】 当归饮子加减。

黄芪 15 g、当归 10 g、熟地黄 10 g、川芎 10 g、白芍 20 g、丹参 15 g、首乌藤 15 g、白蒺藜 15 g、荆芥 10 g、防风 10 g。

全方以黄芪益气，以当归、熟地黄、川芎、白芍、丹参养血，使气血充盛、肌肤湿润；防风、荆芥发散风邪以祛邪外出；配首乌藤、白蒺藜散风止痒。

【食膳】 养颜饮。

黑芝麻、何首乌各 25 g，杭菊花 15 g。

将各味用水煎服，当茶饮，每日一次。黑芝麻、何首乌养血润燥，菊花疏风止痒。

2. 胃肠湿热证

【证候】 急性发病,皮损色红或黄红色,皮肤干燥,叠起鳞屑,瘙痒明显,严重的有灼热感、刺痛感。伴心烦口渴,大便秘结。舌质红,苔薄黄,脉数。

【治法】 清热凉血,消风止痒。

【药物】 消风散加减。

生石膏 30 g、荆芥 10 g、防风 0 g、苦参 10 g、胡麻仁 10 g、牛蒡子 10 g、知母 10 g、生地黄 15 g、甘草 6 g。

生石膏、知母、牛蒡子清体内火热;荆芥、防风散风邪;生地黄、胡麻仁滋阴凉血;苦参除湿止痒,甘草调和诸药。全方清热凉血、散风止痒而不伤阴。

中成药可服用防风通圣丸,每次 6 g,每日 2 次。

【食膳】 梨芹汁。

芹菜 100 g、雪梨 50 g、小番茄 1 枚、柠檬 1 枚。

芹菜、雪梨、小番茄、柠檬榨取鲜汁。每日一剂,连服 3~4 周。

本品有清热凉血滋阴之效。

3. 脾虚湿困证

【证候】 皮损潮红明显,有淡黄色液体渗出,轻度糜烂,结黄厚痂,瘙痒难忍,伴随口渴,皮质分泌旺盛,头发稀疏、脱落,大便不通或便秘。舌质红,苔白腻或黄腻,脉弦滑或滑数。

【治法】 清热利湿,消风止痒。

【药物】 清热除湿汤加减。

龙胆草 10 g、黄芩 10 g、白茅根 30 g、生地黄 15 g、车前草 30 g、六一散 30 g、生石膏 30 g、白鲜皮 30 g、苦参 10 g。

龙胆草苦能胜湿,寒能清热,为清热利湿的要药;辅以黄芩、生石膏清气分热,白茅根、生地黄凉血;车前草、六一散共同清热利湿,白鲜皮、苦参散风除湿止痒。

【食膳1】 凉拌三苋。

鲜苋菜、鲜马齿苋、鲜冬苋菜各 100 g。

分别用水煮至八成熟,捞出后浸入冷水中 5~10 min,取出控水,切断,加入适量调料后拌匀即可。

苋菜、冬苋菜、马齿苋清热利湿,且滑肠通便。本品尤适宜于大便便秘者。

【食膳2】 冬瓜粥。

新鲜连皮冬瓜 80~100 g(或冬瓜仁,干的 10~15 g,新鲜的 30 g)、粳米 100 g。

二者同煮或先用冬瓜仁煎水,去渣,再加粳米煮粥。每日分为早晚 2 次服,有清热利湿之效。

(二)外治法和其他治疗

1. 外用药

(1)马齿苋 30 g、黄柏 10 g、黄芩 10 g,煎水 100 mL,放凉后湿敷患处 20 min,每日 2 次。适用于热盛受风或湿热上蒸证面部皮损。

(2)大枫子油外擦,每日 1~2 次,可润肤祛风止痒,适用于血虚风燥证皮疹。

2. 毫针刺法

【主穴】 风池、百会、四神聪、曲池、合谷、血海、三阴交。

【配穴】 热盛受风配大椎、风府、肺俞、外关;湿热上蒸配中脘、上巨虚、阴陵泉、丰隆、内庭；血虚风燥配肝俞、膈俞、太溪、足三里。

【操作】 病人取卧位，常规毫针刺法，背俞穴、百会、四神聪、足三里、三阴交、血海、太溪针用补法，其他穴位用泻法，留针 20～30 min。每日 1 次，10 次为 1 个疗程。

本法适用于病程较短的病人。

3. 耳针刺法

【主穴】 神门、交感、肺、肾上腺、皮质下、内分泌。

【配穴】 热盛受风型配肝、肾、心、风溪；湿热上蒸型配脾、胃、三焦、大肠；血虚风燥型配脾、肝、肾、心。

【操作】 每次选择 6～7 穴治疗。王不留行籽贴压，3～4 天换贴 1 次，两耳交替，10 次为 1 个疗程；或选用毫针刺法，每日或隔日 1 次，每次留针 20～30 min，10 次为 1 个疗程。

4. 梅花针疗法

【主穴】 病变部位、督脉经脊中至神庭、华佗夹脊穴胸 1～12、足太阳膀胱经大杼至三焦俞。

【配穴】 热盛受风配大椎、肺俞；湿热上蒸配胃俞、三焦俞；血虚风燥配肝俞、太溪。

【操作】 病变部位为皮脂溢出最明显的部位，根据情况每次选择 1～3 穴，每次选用的病变局部最好与上次不同，而且在一个疗程内，尽量将皮脂溢出明显的部位全部治疗完毕，中度刺激。经脉针刺，按照从内向外、从上向下的原则，依次针刺，中度或重度刺激强度。配穴针刺至出血，刺后拔火罐，留罐 10～15 min，隔日 1 次，10 次为 1 个疗程。

5. 穴位注射法

【取穴】 阴陵泉、膈俞。

【药物】 当归注射液或川芎注射液。

【操作】 每次选 1 穴（双侧），两穴交替。常规穴位注射法，每穴注入药液 1 mL，每日或隔日 1 次，10 次为 1 个疗程。

六、预防和调护

(1) 限制甜食，少食甘肥厚腻之品，少饮酒及咖啡等刺激性饮料，多食蔬菜、水果。

(2) 洗头不宜过勤，秋冬季每周 1～2 次，春夏季每周 2～3 次，不宜用过热的水及碱性大的洗发水洗头，应取性质温和者。

(3) 生活规律，不宜熬夜或过度操劳。

七、预后

本病疗效较差，需要长期坚持治疗。

第八节　口　吻　疮

一、概念

口吻疮是一种以口周皮肤迭起红斑、丘疹、丘疱疹及鳞屑并伴强烈瘙痒为特征的皮肤病。多见于青年女性，因其好发于口周得名，中医文献又称本病为"燕口"、"肥疮"，类似于西医的

"口周皮炎"。

二、病因病机

口周乃足太阴脾经、足阳明胃经和手阳明大肠经所循行之处,因此本病多因脾胃虚弱,或饮食不节,过食肥甘厚味,致脾胃运化不利,湿热内蕴,循经上犯;或脾胃积热,复受风邪、外毒(光毒、虫毒),内热与风邪、毒邪搏于口周。湿热循经上犯而局部红斑灼痒,外受风邪、热毒搏于肌肤,而迭起鳞屑,湿热不解而起水疱(图8-2)。

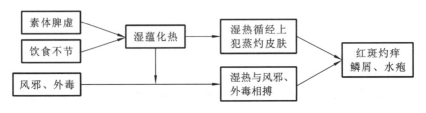

图8-2　口吻疮病因病机示意图

> **知识链接**
>
> 1957年,Frumess和Lewis首先描述了本病的症状,并命名为"光感性皮脂溢出"。直到1964年Mihan和Ayres首次提出"口周皮炎"的病名。本病与日晒有关,还与皮脂溢出、继发性感染(如毛囊虫、痤疮丙酸杆菌、白色念珠菌等)和长期接触含氟药物及牙膏、化妆品有关。

三、诊断

(1) 90%以上的病人为20~35岁青年女性,男性及儿童偶见。

(2) 好发部位:口周、鼻侧、颊部。

(3) 皮疹特点:在淡红的炎性红斑上,可见红色或肉色粟粒大小丘疹,表面光滑,质地坚实,或稀疏散在,或簇集成片,对称分布。日久可见丘疱疹、脓疱。唇红周边约5 mm宽的一圈皮肤不受累为其特征。

(4) 伴随症状:自觉症状有轻到中度瘙痒及烧灼感,常在日晒、饮酒、进食热的饮食、情绪激动或局部受到冷、热刺激后加重。

(5) 病程:慢性,呈周期性发作。皮损缓解时丘疹平复,仅留有红斑、脱屑,酷似脂溢性皮炎。

四、鉴别诊断

1. 面游风　本病和面游风均可见有红斑、鳞屑,均伴有不同程度灼热、瘙痒感,容易反复发作。不同点在于面游风好发于头皮、面部(尤其是鼻旁和眉间)、耳后、项部,红斑呈黄红色,边界不清,一般不发生丘疹,发病人群多为成年人和婴儿。

2. 酒渣鼻　本病和酒渣鼻均可以见到红斑、丘疹、脓疱反复发作,遇冷、热刺激后红斑加重。不同点在于酒渣鼻红斑多发生于鼻尖或两翼,可延及前额两眉之间、两颊、下颌,呈五点式分布,红斑基础上可见毛细血管扩张的红血丝,常伴有皮脂溢出,有轻微灼热感,发病人群多为中年及以上女性。

五、辨证论治

1. 脾胃积热,外受风邪

【证候】 患处发红作痒,迭生粟疹,针尖大小,互不融合,自觉灼热、刺痒,伴大便秘结,小便黄赤,舌红苔黄,脉弦数。

【治法】 清泄脾胃,疏风清热。

【方药】 泻黄散加减。

生石膏 30 g(先煎)、生甘草 10 g、防风 10 g、栀子 10 g、藿香 10 g、知母 10 g、竹叶 6 g、野菊花 15 g、金银花 10 g、地骨皮 15 g、赤芍 15 g。

泻黄散是《小儿药证直诀》中的方剂,是临床常用的泻脾胃积热的方剂。生石膏、知母甘寒清热,泄阳明实火;栀子、竹叶、藿香清热祛湿。金银花、野菊花清热解毒,配防风祛除外风、邪毒;地骨皮、赤芍清血分热以消红斑;生甘草清热解毒兼调和诸药。

2. 脾胃湿热,循经上犯

【证候】 病程日久,红斑基底潮红,迭起丘疹、丘疱疹或脓疱,黄白相间,自觉灼热、瘙痒。伴有腹胀便结,小便黄赤,舌质红,苔黄腻,脉滑数。

【治法】 清热除湿,凉血消斑。

【方药】 清脾除湿饮加减。

生白术 10 g、生枳壳 10 g、生薏苡仁 30 g、黄芩 10 g、淡竹叶 6 g、茵陈 6 g、灯心草 3 g、赤苓皮 15 g、干生地黄 15 g、赤芍 10 g、生甘草 10 g。

清脾除湿饮是著名中医专家赵炳南先生的经验方。白术、枳壳、薏苡仁一般不用炒制的,而用生药,意在健脾除湿又清脾热;黄芩、淡竹叶、茵陈、灯心草、赤苓皮清热利湿,消上蒸的湿热;生地黄、赤芍清血热、滋阴以防热盛或苦寒药物伤阴;生甘草清热解毒兼调和诸药。

六、外治法和其他疗法

1. 马齿苋水剂 马齿苋 60 g(如果用鲜品 150 g),加水 2000 mL 煎 20 min 后,去渣取汁,待冷却后使用。

用法:用 6~8 层的纱布垫或软毛巾对折后,浸满药汁后微微拧干至不滴水为度,湿敷于患处,每 3~5 min 更换敷垫或毛巾 1 次,连续湿敷约 30 min。每日湿敷 2 次,适用于各证型。

2. 清凉膏 当归 30 g、紫草 6 g、大黄面 4.5 g、香油 500 mL、黄蜡 120~180 g。

香油浸泡当归、紫草 3 日后,用微火熬至焦黄,离火将油滤净去渣,再入黄蜡,加水熔匀,待冷后加大黄面,搅匀成膏。

用法:将药膏均匀地涂擦于患处,每日 2 次。适用于脾胃积热、外受风邪证。

3. 祛湿散 黄连 24 g、黄柏 240 g、黄芩 145 g、槟榔 95 g。

上药共研细末,过 120 目筛待用。

用法:直接撒扑或用鲜芦荟蘸药粉外搽;植物油或甘草油调祛湿散外敷患处。适用于脾胃湿热、循经上蒸证中丘疱疹、脓疱较多者。

4. 毫针刺法

【主穴】 印堂、人中、承浆、地仓、合谷、内庭。

【配穴】 脾胃积热、外受风邪证配脾俞、胃俞、足三里、风池、尺泽、少商;脾胃积热、循经上蒸证配脾俞、大肠俞、中脘、手三里、厉兑。

【操作】 面部穴位常规针刺,不施用手法,若穴处有皮损则不宜针刺。配穴常规刺法,背俞穴用平补平泻法,其他穴位用泻法。热象明显者井穴放血。留针 20 min,每日或隔日 1 次。

5. 放血疗法

【主穴】 耳尖。

【配穴】 脾胃积热、外受风邪配大椎、尺泽、少商;脾胃湿热、循经上蒸配商阳、厉兑、隐白。

【操作】 耳尖每侧放血 10 滴左右。大椎穴点刺处可配合拔罐,每次留罐 5 min,少商和隐白是经穴,每次放血数滴,其他穴位平补平泻。

6. 耳针疗法

【主穴】 口、面颊、外鼻、上颌、下颌、肾上腺、神门。

【配穴】 脾胃积热、外受风邪配风溪、肺、脾;脾胃湿热、循经上蒸配脾、胃、三焦。

【操作】 采用耳穴压豆法,将王不留行籽贴压在所选的耳穴敏感点,然后用胶布固定,每次取单侧耳穴,3~4 天换贴 1 次,两耳交替,10 次为 1 个疗程。

> **知识链接**
>
> 对于本病病人首先停用含氟的皮质激素制剂,停用之初以 1% 氢化可的松霜代替,防止骤然停药引起的局部严重的潮红反应。红斑丘疹、灼热、瘙痒明显时,外用炉甘石洗剂、硼酸溶液湿敷等。局部查到蠕形螨时,用硫黄霜、复方硫黄洗剂、过氧化苯甲酰洗剂。发现较多丘疱疹、脓疱,感染明显时,用甲硝唑霜。丘疹、脓疱明显者,除了外用药物,还需加服抗生素治疗。

小结

本病的主要病机是脾胃湿热,循经上犯或与外风、热毒搏于肌肤。在治疗上主要采用健脾除湿、清热凉血的方法。病人饮食宜清淡,忌食肥甘厚味及辛辣刺激食物。停用含氟牙膏,慎用化妆品,不滥用药物。注意对局部皮肤的保护,避光防晒。避免局部冷热刺激,涂搽药物治疗时,以缓和无刺激为首要原则,先小面积试用 1~2 天,无不良反应再全面应用。

第九节 须发早白

一、概念

须发早白是未到头发变白的年龄而出现的头发全部或部分变白,中医又称"发白",俗称"少白头"。老年时头发变白是一种生理现象,《素问·上古天真论》云:女子七岁肾气盛,齿更发长……六七三阳脉衰于上,面皆焦,发始白……;丈夫八岁肾气实,齿更发长……六八阳气衰竭于上,面焦,发鬓斑白。本病相当于西医的早老性白发病。

二、病因病机

（1）肾阴亏损：先天禀赋不足、后天精气易亏均可导致肾中精气亏损、阴液不足而头发过早变白。

（2）营血虚热：青壮年病人肝气旺盛，邪热入血，煎耗阴液，则须发失荣而早白。

（3）情志抑郁：忧思过度，既可以引起心脾两虚，阴血不足，又可以导致肝失疏泄、气机郁结，血气运行不畅或郁热化火、灼烧营血均可致须发早白（图8-3）。

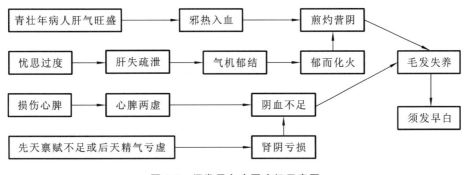

图 8-3　须发早白病因病机示意图

> **知识链接**
>
> 　　决定头发颜色的是头发中色素颗粒的多少，后者与发根乳头色素细胞的发育生长情况有关。头发由黑变白，一般是毛发的色素细胞功能衰退，当衰退到完全不能产生色素颗粒时，头发就完全变白了。青壮年病人，多因忧虑过度、精神过度紧张等，导致营养毛发的血管发生痉挛，使毛母色素细胞分泌黑色素的功能减退，从而影响色素颗粒的合成，致使头发变白。

三、诊断

（1）渐进性出现头发变白或白发增多，以两鬓部最常见。可发生于任何年龄和性别。

（2）好发部位：多数是从头顶或前额开始，逐渐蔓延扩大，亦有白发从两侧鬓角开始，向头顶和其他部位延伸。青年人或中年人的早老性白发，初起只有少数白发，散在分布于全头各处，以后逐渐或突然增多，一般是分散存在，亦有部分是成束变白。老年性白发，其白发常从两鬓角开始，慢性向头顶发展。

（3）先天遗传性：白发通常出生时就有，或在儿童期迅速出现，往往有家族史。青春时期骤然出现的白发，可与营养障碍、精神因素的影响有关。

四、鉴别诊断

1. 白驳风　有白发的相应头皮也变白，全身有皮肤变白的斑片。

2. 油风　头发突然呈片状脱发，在逐渐恢复的过程中，初生白色毳毛，稀疏细软，逐渐变黑，变粗，乃至恢复如常。

五、辨证论治

1. 营血虚热证

【证候】 青壮年多见,由焦黄渐变为花白或早白,或静止数年不再发展,或迅速发展而变白,伴随烦躁易怒,时有头部烘热。舌红少苔,脉细数。

【治法】 滋阴清热,凉血乌发。

【方药】 草还丹加减。

地骨皮 10 g、菟丝子 10 g、牛膝 10 g、远志 6 g、石菖蒲 10 g、黑芝麻 10 g、牡丹皮 10 g、生地黄 30 g。

草还丹是《圣济总录》中的方剂,是临床常用的营血虚热的方剂。生地黄、牡丹皮、地骨皮养阴清热凉血,活血化瘀;菟丝子、牛膝、黑芝麻滋补肝肾,益精髓,强筋骨,养血乌发;远志、石菖蒲安神益智解郁、开窍理气活血,诸药合用,共奏滋阴凉血、乌发之效。

2. 肝郁气滞证

【证候】 情志不遂,或思虑太过,头发在较短的时间里花白,甚至全白,伴精神忧郁,纳谷不香,口干咽燥,胸闷腹胀等。舌红微绛,苔薄黄或微腻,脉弦数。

【治法】 疏肝解郁,补益心脾。

【方药】 归脾汤和越鞠丸加减。

香附 9 g、栀子 9 g、川芎 9 g、当归 9 g、黄芪 12 g、党参 12 g、白术 12 g、龙眼肉 12 g、远志 6 g、茯神 6 g、熟地黄 15 g、制何首乌 15 g、生姜 9 g。

本方中以香附行气解郁治气郁,栀子清热除烦治火郁,川芎活血行气治血郁,当归补血活血,黄芪、党参、白术补中健脾益气,龙眼肉补益心脾、养血安神,远志、茯神安神益智、宁心安神,熟地黄配何首乌滋养肝肾、补益精血,生姜辛散以助黄芪升阳、引药上行于头部。诸药合用,共奏行气解郁、补养心脾之效。

3. 肾阴亏虚证

【证候】 多见于中老年人,白发从鬓角开始,继而花白乃至银发,亦可见于少数青少年,伴有头晕眼花,视物不明,健忘,腰膝酸软,舌淡红或有裂纹,苔少,脉细弱。

【治法】 补肾益精,养血乌发。

【方药】 七宝美髯丹加减。

制何首乌 15 g、熟地黄 15 g、枸杞 12 g、菟丝子 12 g、牛膝 10 g、补骨脂 10 g、当归 10 g、白芍 10 g、茯苓 10 g。

本方中制何首乌配熟地黄能滋养肝肾、补益精血、乌发,枸杞、菟丝子、牛膝均入肝肾,填精补肾、固精止遗,当归、白芍补血,补骨脂补命门,茯苓健脾宁心、淡渗泄浊。诸药合用,共奏补肾益精、乌发之效。

六、外治法和其他疗法

1. 外治法

(1) 用浓度为 60% 的酒精 100 mL,浸泡 40 g 侧柏叶 7 日,此后用其药液擦头皮,每日 2~3 次,连用 2~3 个月。

(2) 把切好晒干的橄榄果泡在水中一个晚上,次日早上筛一筛,等洗过头发后,用这种溶液作为冲洗剂冲洗头发。

(3) 糯米泔水发酵搓洗法:将淘糯米滤下的泔水,沥取基底层存放3日,待其发酵变酸后,用其擦搓头发,后清洗净,每日1次。长期坚持,能促使白发变黑,而且有润发、使头发乌黑发亮的功效。

2. 食疗

(1) 枸杞烧海参:海参300 g,枸杞15 g,桑椹10 g。先将海参切条,热油加调料翻炒,汤沸后小火煨烤,至热时加入蒸熟的枸杞、桑椹,淀粉勾汁即可。

(2) 枸杞煎汤、炖食均可,每次9～15 g,长期服用。

(3) 枸杞可以洗净后,直接放到45°～50°的白酒中浸泡半个月以后即可。

(4) 枸杞可以每天嚼服(每天嚼服15～20 g),嚼服的时间越长越好,嚼得越细越好。

(5) 黑芝麻、桑椹各250 g捣烂,再加入蜂蜜少许调匀置瓶中,每次1汤匙,用白开水送服,每日3次。

(6) 黑芝麻30 g,粳米60 g。将黑芝麻洗净(可以买炒熟后研末的),用时与粳米兑水煮粥,每天一剂,分2次食用。

(7) 黑芝麻、花生、杏仁、松子、核桃仁、熟绿豆各半斤,用石磨碾成末之后,装入消过毒的瓶子中,每日早、晚各冲服50 g。

(8) 黑芝麻(炒熟的黑芝麻末)、何首乌粉各150 g。将药加糖适量,煮成浆状,开水冲服,每晚1碗。

(9) 核桃仁1000 g,放冷水中浸泡3日,取出后去掉皮尖,然后将适量白糖放入锅中,待溶化后倒入核桃仁中搅匀,冷后即可食用,每日吃2次,每次10 g。

(10) 大核桃12个,剥去外壳及肉上衣膜,将核桃肉炒香切碎备用,另取枸杞、何首乌各60 g,小豆或黑大豆240 g。先将枸杞与何首乌加适量水同煎,至汁浓后滤去渣,然后将炒香切碎的核桃肉和黑豆一起投入汁中,再同煎至核桃肉稀烂、汁液全部被黑豆吸收为度。最后取出晾干或低温烘干即可服用,每日服2次,每次6～9 g,早晚空腹或饥饿时随时服用。

(11) 何首乌30～60 g,红枣5枚,红糖10 g,粳米60 g。先将何首乌放入小砂锅内,煎取汁液,去渣后放入淘洗干净的粳米和红枣,加水适量煮粥,粥熟后加入红糖即成。每天一剂,分两次食用,连食7～10日为一个疗程,间隔5日再进行下一个疗程。大便溏泄者不宜食用。

(12) 何首乌40 g、枸杞20 g、野菊花40 g、红枣100 g、冰糖20 g、生地黄20 g,放入壶中,用开水冲好,每天饮用代替茶水,长期坚持饮用。

(13) 何首乌150 g、鸡蛋3个、红枣6枚、葱、姜、食盐、白糖、动物油等。将何首乌洗干净,切成长条,与鸡蛋一起放入锅内,加入适量的水,再放入葱、姜、食盐、动物油等。将锅放在武火上煮沸后转用小火慢煮10 min,取出后去蛋皮,再放入小锅内小火煮3 min即可。每日早饭前食用鸡蛋和汤。

3. 按摩

按摩头皮能够促进头发的血液循环,而良好的血液循环将保证头皮中的毛囊获得所需的营养物质,促使头发更好地、更快地生长,并且能延长头发的寿命。坚持对头皮按摩,就能够保证对头发的养护,对少白头、头发稀少、头皮出油过多或过少,以及掉发等,有相当好的效果。用手指梳理头发,按摩头皮,每日2～3次,每次5～10 min,长期坚持也有一定治疗作用。

每天早晚各梳头 100 次,长期的坚持,对少白头有很好的效果(梳子要选优质的木梳或牛角梳,不能用塑料梳子,梳齿不能过尖,会伤及发根)。

> **知识链接**
>
> 西医对于本病尚无有效疗法,某些传染病和慢性局灶性炎症,如龋齿、扁桃体炎、化脓性鼻窦炎等,通过细菌作用和神经反射,也能引起白发,应该积极治疗原发病。

小结

本病的主要病机是心脾两虚、肝气郁滞、肾阴不足,在治疗上主要采用疏肝解郁、补益肝肾的方法。病人宜多食含有 B 族维生素和铜、铁等微量元素的食物,饮食清淡,忌食肥甘厚味及辛辣刺激食物。本病治疗多数进展缓慢,故医生在治疗中要守法守方,不可朝令夕改,而病人则应坚持治疗,不可急于求成,只有坚持一段时间的正规治疗,才能见效。

第十节 发蛀脱发

一、概念

发蛀脱发是以额部和头发逐渐脱落为特征的一种较难治愈的损容性疾病,多发于青壮年,又叫"柱发癣"。本病相当于西医的脂溢性脱发。

二、病因病机

(1) 脾胃湿热:素体脾胃虚弱又嗜食肥甘厚味,致使脾胃湿热内生,湿热循经上蒸至巅顶,引起头皮潮湿、头发油腻而逐渐脱落。

(2) 血热风燥:血热生风,化燥伤阴,耗伤阴血,阴血不足,毛发失养,毛根干涸,故见发焦脱落(图 8-4)。

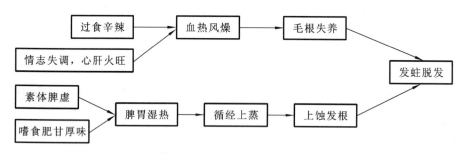

图 8-4 发蛀脱发病因病机示意图

> **知识链接**
>
> 脂溢性脱发以往称早秃、男性型秃发、雄性秃发、弥漫性秃发、普通性脱发等,本病与遗传、雄性激素、皮脂溢出相关。症状为头皮部油脂分泌过多,头发有油腻感。临床表现为病人头皮脂肪过量溢出,导致头皮油腻潮湿,加上尘埃与皮屑混杂,几天不洗头就很脏,并散发臭味,尤其在气温高时更是如此;有时还伴有头皮瘙痒,主要是由于头皮潮湿、细菌繁殖感染引起脂溢性皮炎。

三、诊断

(1) 多发生于青壮年男性,亦可见于部分女性。

(2) 皮损特点:头皮潮湿,状如油擦,甚则数根头发彼此粘连在一起,鳞屑油腻呈橘黄色,固着很紧,难以涤除。或者头发干燥变细,无光泽,略有焦枯,稀疏脱落,挠之则有白屑叠飞,落之又生,自觉头部烘热,头皮瘙痒。在头顶部或前额两侧呈均匀性或对称性脱发,患处皮肤滑且亮。

(3) 可能伴有瘙痒。

(4) 病程特点:呈进行性加重,迁延日久。

四、鉴别诊断

油风:在无任何征兆的情况下头发突然呈斑片状脱落,脱发区呈圆形、椭圆形或不规则形,表面光滑,略有光泽。头发及全身毛发均可发生脱落,头面部常无皮脂溢出,任何年龄均可发病。

五、辨证论治

1. 脾胃湿热证

【证候】 头皮潮湿,状如油擦,甚则数根头发彼此粘连在一起,鳞屑油腻呈橘黄色,固着很紧,难以涤除,伴有口干口苦,舌红苔黄腻,脉滑数。

【治法】 健脾祛湿。

【方药】 祛湿健发汤加减。

茯苓 15 g、炒白术 15 g、泽泻 12 g、猪苓 10 g、萆薢 10 g、车前子(包)10 g、茵陈 10 g、黄芩 10 g、川芎 10 g、赤石脂 10 g、白鲜皮 10 g、桑椹 10 g、生地黄 15 g、熟地黄 15 g、首乌藤 12 g。

祛湿健发汤是赵炳南先生的方剂,本方中茯苓、炒白术、泽泻、猪苓、萆薢、车前子可健脾祛湿、利水而不伤其阴;茵陈、黄芩清热利湿;生地黄、熟地黄、桑椹、首乌藤补肾养血,以助生发;川芎活血,且能引药上行;白鲜皮除湿散风止痒,以治其标;赤石脂能收敛,旨在减少油脂的分泌。

2. 血热风燥证

【证候】 头发干燥变细,无光泽,略有焦枯,稀疏脱落,挠之则有白屑叠飞,落之又生,自觉头部烘热,头皮瘙痒。常伴有烦躁易怒,舌红,苔微黄或微干,脉细数。

【治法】 清热凉血,消风止痒。

【方药】 凉血消风散加减。

生地黄 12 g、当归 9 g、荆芥 9 g、白蒺藜 9 g、知母 9 g、蝉衣 6 g、甘草 6 g、苦参 6 g、生石膏 20 g、侧柏叶 10 g。

本方中生地黄、当归凉血养血润燥；知母、石膏清肌热；荆芥、蝉衣、苦参、白蒺藜祛风止痒；甘草清热兼调和诸药；侧柏叶加强凉血生发之功。

六、外治法和其他疗法

1. 外治法

（1）透骨草 60 g，加水 2000 mL 煎 20 min 后取汁，待温度适宜时外洗头发，每日 1 次，连洗 7 日为 1 个疗程。本方适合于皮脂溢出较多者。

（2）当归 15 g、川芎 15 g、生姜 20 g、灵芝 15 g、蜂王浆 15 g、仙灵脾 15 g、女贞子 15 g、辣椒 20 g，将上述生药浸泡在 75% 酒精中，制成酊剂，经过 15 天后可用，外搽局部，适用于血热风燥证病人。

2. 食疗

（1）祛脂茶：枸杞、山楂、菊花、荷叶各 1 份，乌龙茶 2 份，每次取 10 g，用开水泡饮，每日 3 次。

（2）黑芝麻桑叶汤：黑芝麻 30 g、桑叶 10 g、生地黄 15 g、何首乌 20 g，上药以水 250 mL 煎汤服用，每日 2 次。

3. 毫针刺法

【主穴】 脱发区、百会、头维、风池、生发穴（风池与风府连线的中点）。

脾胃湿热证配中脘、脾俞、胃俞、阴陵泉、足三里、丰隆；血热风燥证配大椎、曲池、血海、水泉、太溪、太冲。

> **知识链接**
>
> 西医用维生素 B_6 和胱氨酸、抗雄激素作用的药物治疗，手术法有毛发移植术。嘱病人保持心情开朗舒畅、情绪稳定，每天焦虑不安会导致脱发，生活作息规律，避免过度用脑、熬夜，保证充足的睡眠，调整膳食结构，饮食清淡而富有营养。

小结

本病的主要病机是脾胃湿热和血热风燥，在治疗上主要采用健脾祛湿、清热凉血的方法。本病病程较长，对病人造成较大的心理压力，因此应鼓励病人坚持治疗。

第十一节 扁 瘊

一、概念

扁瘊是皮肤发生粟米至豆粒大小良性赘生物的疣类病，因皮疹扁平而称为扁瘊。本病好发于面部和手背，是较常见的损容性疾病。本病类似于西医的"扁平疣"，好发于青少年的颜面、手背及前臂,又称"青年扁平疣"。

二、病因病机

(1) 腠理不密,风热毒邪外袭,搏于肌肤,凝聚成结。腠理不密、卫外不固是其主要内因,正如内经《灵枢·经脉》中所说:虚则生疣;外感风热毒邪是其主要外因。

(2) 气血失和,运行失其顺畅条达而导致局部气血凝滞(图8-5)。

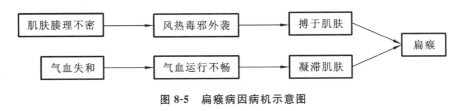

图 8-5 扁瘊病因病机示意图

知识链接

现代医学的认识表明本病致病原为人类乳头瘤病毒,主要是直接接触传染,但也有报道经接触污染物而间接传染。免疫功能低下及外伤者易患此病。典型皮损为粟粒至黄豆大小的扁平隆起丘疹,圆形或椭圆形,表面光滑,质硬,搔抓后皮损可呈线状排列即自体接种反应,又称同形反应。

三、诊断

(1) 以年轻人尤以少女多见,好发于面部和双手背。

(2) 皮损为表面光滑的扁平丘疹,如针头、米粒至黄豆大小,淡红、褐色或正常皮色。散在分布或簇集成群,数目可较多。邻近的皮疹可相互融合,由于搔抓接种传染可见皮疹排列成串。

(3) 一般无自觉症状,偶有瘙痒感。

(4) 病程缓慢。常骤然出现,迅速增多,能自然痊愈,亦可复发。

(5) 具有传染性。可通过直接或间接接触传染,也可通过搔抓自体接种传染。

四、鉴别诊断

汗管瘤:本病和汗管瘤均在面部可以见到米粒大小的皮肤色扁平丘疹,不同之处在于汗管瘤见于中年以上人群,常对称分布于下眼睑,亦见于前额、两颊、颈部、腹部和女性阴部,皮疹特点为皮肤色、淡黄色或褐黄色半球形或扁平,无自觉症状,慢性病程,很少自行消退。

五、辨证论治

1. 热毒蕴结证

【证候】 皮疹初起,形如粟米,颜色淡红、淡黄或近皮肤色,表面光滑,散在分布,常感轻微瘙痒。舌质红,苔薄白,脉滑数。

【治法】 解毒清热,活血散结。

【方药】 紫蓝方加减。

板蓝根 15 g、大青叶 15 g、马齿苋 30 g、紫草 10 g、赤芍 15 g、红花 10 g、生薏苡仁 30 g、木贼 10 g、香附 10 g、磁石 30 g(先煎)。

紫蓝方系现代治疗各种疣的经验方。板蓝根、大青叶、紫草清热解毒；马齿苋、生薏苡仁除湿解毒；木贼疏风清热；赤芍、红花活血化瘀；香附疏肝理气；磁石软坚散结。

2. 毒蕴络瘀证

【证候】 病程较长，皮疹暗红或黄褐色，表面晦暗无光泽，质地较硬，无明显痒感，舌质暗红，苔薄白，脉弦或涩。

【治法】 解毒散结，活血软坚。

【方药】 治疣汤加减。

山慈菇 10 g、夏枯草 15 g、桃仁 10 g、红花 10 g、白芍 10 g、灵磁石 30 g(先煎)、生牡蛎 30 g(先煎)。

本方中山慈菇、夏枯草清热解毒散结；灵磁石、生牡蛎软坚；桃仁、红花、白芍活血化瘀。

六、外治法和其他疗法

1. 外治法

（1）雄黄解毒散、百部酒：雄黄解毒散 20 g 浸入百部酒中，用时摇匀外搽患处。每日 3 次。

（2）疣洗方：板蓝根 30 g、木贼 30 g、香附 30 g、狗脊 30 g、地肤子 30 g，上药浓煎取汁，每日擦洗患处 2 次。

2. 食疗

（1）生薏苡仁每日 60 g，加少许糖，水煮食用。

（2）白花蛇舌草 30 g、黄芪 10 g、薏苡仁 30 g、粳米 60 g，白花蛇舌草和黄芪取汁，去渣，加薏苡仁、粳米煮食，每日 1 次，7 日为 1 个疗程。

3. 电针疗法

【主穴】 手大骨空(拇指指骨关节背侧中央)。

【操作】 针刺得气后，接上电针仪，取锯齿波，频率为 20 次/分，以后每分钟加 1 次，逐渐增加其刺激强度，25 min 后起针。针刺时针尖宜向上，使针感向上传。

4. 穴位注射疗法

【主穴】 阿是穴。

【配穴】 血海、合谷、足三里、曲池。

【药物】 板蓝根注射液、柴胡注射液(每次选一种)、维生素 B_{12} 注射液。

【操作】 选择母疣及较大的疣体 1~3 个，疣体周围常规消毒后，用 5 mL 注射器抽取板蓝根或柴胡中任一种注射液 4 mL，用 5 号注射针头，从疣体边缘进针，针尖到达基底部时回抽无血即可缓慢注入药液，根据疣体大小注入药液 0.3~0.5 mL，致疣体发白隆起为止，出针后用棉球压迫针孔至无药液流出。配穴每次选用 1 对，轮流使用，每穴注入维生素 B_{12} 注射液 0.5 mL，垂直进针，得气后回抽无血再缓慢注入药液。本法每周治疗 1 次，4 次为 1 个疗程。疗程间隔一个月。

5. 穴位贴敷法

【主穴】 阿是穴

【药物】 五妙水仙膏或水晶膏。水晶膏由氢氧化钾与糯米按 10∶9 的比例(糯米用温水浸泡至饱和)和匀捣膏。

【操作】 用时穴位皮肤常规消毒,用棉签蘸药膏少许均匀点涂疣体表面,不要接触正常皮肤,24 h 内忌洗擦,注意预防感染。一般点药后局部即充血水肿,1～2 h 消退,24 h 内疣体平塌,3～5 日结痂,7～10 日痂皮脱落,创面愈合,恢复正常肤色。注意操作时不要腐蚀肌肤过深,以免遗留瘢痕。

> **知识链接**
>
> 西医主要使用具有抗病毒和免疫调节作用的药物,如口服左旋咪唑、氧化镁,皮下注射转移因子,肌内注射聚肌胞、维生素 B_{12}。常用的外用药物有:5-氟尿嘧啶软膏、酞丁安霜、维 A 酸霜,局部外涂。对皮损数目较少者,采用冷冻、激光、电灼等手术治疗。

小结

本病的主要病机是气血凝滞,在治疗上主要采用解毒散结的方法,嘱病人不要随意搔抓皮疹,以免传染健康肌肤。外治法应避免过度摩擦,患处避免做皮肤按摩,以免造成自体接种传染。

第十二节 日 晒 疮

一、概念

日晒疮是由于日光曝晒引起的急性炎症性皮肤病。其病情轻重因日光强度、照射时间和范围、环境因素、皮色深浅和体质的不同而不同。本病炎症期间的红斑、水疱和愈后遗留的色素沉着,均有损容貌。本病相当于西医的"日晒伤"或"日光性皮炎"。中医古籍中对日晒疮的记述比较丰富,对发病季节、主要症状、好发人群等均有阐述,其很早就认识到日光曝晒是主要的致病因素。明《外科启玄·日晒疮》云:三伏炎天,勤苦之人,劳于工作,不惜身体,受酷日晒曝,先疼后破而成疮者,非血气所生也。

二、病因病机

日光曝晒,光毒直灼肌肤,若不得躲避、凉散,光毒侵入体表、蕴郁肌肤,燔灼气血而致皮肤焮热漫肿、灼热、瘙痒或有刺痛。若光毒侵入素体湿盛之人,或盛夏之际,光毒夹暑湿浸淫肌肤,则红热起疱。因此光毒炽烈,侵入体表,蕴郁肌肤是发病的主要病因和机制(图 8-6)。

> **知识链接**
>
> 现代医学的认识表明日光性皮炎主要病因是日光中的紫外线,特别是其中的中波紫外线(UVB)。紫外线对血管有直接而短暂的扩张作用,并且表皮细胞在受到紫外线的损伤后可能产生或放出各种炎症介质扩散到真皮中,引起皮肤红斑反应和炎症。

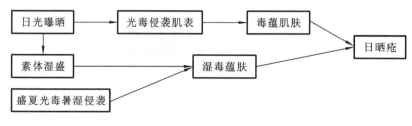

图 8-6 日晒疮病因病机示意图

三、诊断

（1）春末夏初季节，儿童、妇女和在雪地或水面作业的人高发。皮损仅见于皮肤暴露部位，如面部、颈部、胸前 V 形区、前臂伸侧及小腿等，在衣物遮盖处与暴露处形成鲜明的界限。

（2）过度日晒后，日晒部位皮肤出现界限清楚的鲜红色红斑、水肿，严重者出现淡黄色浆液性的水疱、大疱及糜烂。以后红斑逐渐变为暗红色、红褐色，局部开始落屑，逐渐消退，遗留褐色色素沉着。

（3）轻者局部伴有灼热、瘙痒感；严重者可伴有刺痛，触摸时更痛，可出现全身症状，如发热、畏寒、头痛、乏力、恶心等。

（4）病程为急性经过。一般于过度日晒后 2～6 h 出现皮损，至 24 h 后达到高峰，轻者 2～3 天后消退；严重者约需 1 周才能恢复。

四、鉴别诊断

漆疮：本病和漆疮均呈急性经过，都可以见到边界清楚的红斑、水肿、水疱、糜烂等损害，不同之处在于漆疮多见于过敏体质的人群，皮肤有接触致敏物质史，皮疹部位仅限于接触致敏物质部位，即使是非曝光部位只要接触了致敏物质也会发生，发病时间在接触致敏物质后 24～48 h。

五、辨证论治

1. 毒热侵袭证

【证候】 身体裸露之皮肤焮红漫肿，表面光亮，或见红色丘疹集簇，局部灼热、刺痛或瘙痒，兼见身热、头痛、口渴、小便短赤，舌红苔薄，脉滑数。

【治法】 清热解毒、凉血消肿。

【方药】 皮炎汤加减。

生石膏 20 g、黄芩 10 g、牡丹皮 15 g、赤芍 15 g、生地黄 15 g、金银花 15 g、连翘 15 g、竹叶 10 g、野菊花 15 g、紫花地丁 10 g。

皮炎汤是中医皮外科专家朱仁康的经验方。本方以生石膏、黄芩清气分火热之邪；以牡丹皮、赤芍、生地黄凉血分郁热，达到清热凉血、消退红斑的目的；以金银花、连翘、野菊花、紫花地丁清热邪、解光毒；以竹叶清热利湿而消肿。

2. 湿热搏结证

【证候】 曝晒部位出现弥漫性红斑，肿胀明显，可见集簇水疱或大疱，疱壁紧张，破后淡黄色脂水流溢，局部糜烂结痂，自觉瘙痒、灼热，口不渴，舌红，苔黄或腻，脉滑数或弦滑。

【治法】 清热除湿、解毒凉血。
【方药】 清热除湿汤加减。

龙胆草 10 g、黄芩 10 g、车前草 15 g、六一散(包煎)15 g、白茅根 30 g、紫草 10 g、赤芍 15 g、金银花 15 g、连翘 15 g、冬瓜皮 30 g。

本方是根据龙胆泻肝汤化裁而来的处方,用于治疗各种急性皮炎湿热并重之证。龙胆草配黄芩,苦胜湿、寒清热,是清热利湿的要药;辅以白茅根、紫草、赤芍凉血热、消红斑;车前草、六一散清热利湿重在利水,配冬瓜皮"以皮达皮"消皮肤水肿;金银花、连翘清热解毒、解光毒,防止感染。

六、外治法和其他疗法

1. 外治法

(1) 皮损焮红肿胀者,外搽三黄洗剂,每日 3 次。

(2) 皮损见水疱或大疱未破者,用玉露膏涂患处,每日 3 次。

(3) 疱破渗出或糜烂者,用生地榆、马齿苋等分水煎,冷湿敷患处,每次 15 min,每日 2 次。

2. 食疗

马齿苋薏米粥:薏苡仁 30 g、马齿苋 30 g,加水煮熟,加红糖调味,每日 1 次,7 日为 1 个疗程。

3. 针刺疗法

【主穴】 头维、印堂、太阳、风池、肺俞、足三里、合谷、内庭。

【配穴】 毒热侵袭配曲池、孔最、支沟、尺泽;湿毒蕴结配膈俞、血海、委中、三阴交、阴陵泉、中脘、上巨虚。

【操作】 常规针刺,风池、合谷、内庭、曲池、孔最、支沟、委中针刺用泻法,其他穴位用平补平泻法,中度刺激,留针 30 min,每日 1 次,10 次为 1 个疗程。

> **知识链接**
>
> 西医主要外用炉甘石洗剂,对于红斑肿胀明显的病人局部用硼酸溶液,水疱糜烂渗液者局部外涂氧化锌。伴有全身症状者,口服抗组胺药。

小结

本病的主要病机是光毒和湿毒蕴于肌肤,在治疗上主要采用清热解毒的方法,嘱病人外出打伞,避免日光曝晒,尽量选用既能够防中波紫外线又能够防长波紫外线的防晒霜,经常参加户外锻炼以提高皮肤对日光的耐受性。

第十三节 粉 花 疮

一、概念

粉花疮是一种因外涂化妆油彩或其他化妆品而引起的过敏性皮肤病,类似于西医的"化妆品皮炎"、"油彩皮炎"。中医古籍中对本病多有记述,并认识到发病与化妆品的使用有关,以及多发生于女性的特点。清代《疡医大全》云:粉花疮多生于室女,火浮于上,面生粟累,或痛或痒,旋灭旋起,亦有妇人好搽铅粉,铅毒所致。

二、病因病机

多因先天禀赋不耐,或腠理不密,又因外涂胭脂油彩,彩毒侵袭体肤,则发本病。毒邪蕴结肌肤,玄府失和,发生丘疹、疖肿;日久阴血耗伤,气血瘀滞,而产生黑斑,形若面尘。总之禀赋不耐、腠理不密是发病的内在因素,外触油彩之毒是本病发生的外在诱因(图8-7)。

图8-7 粉花疮病因病机示意图

> **知识链接**
>
> 现代医学的认识表明本病一方面是由于化妆油彩或其他化妆品的化学或物理性原发刺激因素导致皮肤产生炎症,另一方面是由于有机颜料致敏作用引起的变态反应性皮肤病。有的病人两方面因素同时存在。在戏剧油彩中以大红、朱红、肉色、棕色和黄色最易诱发本病。因为油彩由颜料(各种无机性或有机性颜料)、基油(各种型号白油、凡士林、茶油等)、填充剂(锌氧粉、白陶土等)及香精4个部分组成,这4个部分中都可能含有铅、砷、汞等有毒物;某些质量低劣的化妆品,亦可塞滞皮毛,使毛孔闭塞。再经风吹日晒,或灯光久照,或卸妆未净,使彩毒之邪蕴结于皮肤,诱发致病。

三、诊断

(1)好发于从事演艺、公关工作,或经常使用化妆品的人,女性多见。皮损多见于面颊、两颧、前额等部位。

(2)皮损初起时为与外涂化妆品范围一致、轮廓清晰的红斑;或在前额、颊颏部发生针尖至粟米大小丘疹、疖肿,亦可出现黑头粉刺,状似粉刺病。反复发作日久(约一年以上)则眼周、鼻侧、颊、颧、颏、额等部位出现红褐、青褐、灰褐或黧黑色色素沉着,斑纹形若面尘,或见血丝。

(3) 初起时自觉灼热剧痒,严重的搔抓后浸渍湿烂,痒痛相兼,结成黄痂。日久生斑后则无症状。

(4) 急性发作,反复不愈,病程缠绵。

四、鉴别诊断

1. 面游风　本病和面游风均可以见到炎性丘疹、渗液、结痂,均有瘙痒、灼热感,不同之处在于面游风与内分泌、精神、饮食等有关,除化妆品外,日晒、冷热刺激和饮食常是病情加重的诱因。面游风见于成年人或一个月大的婴儿,皮疹部位可见于面部、头皮、胸背、腋下等皮脂腺分布丰富的部位。

2. 黧黑斑　本病的阴伤血瘀型和黧黑斑均多见于女性,面部可见深浅不一的褐色斑,不同之处在于黧黑斑常有内分泌失调病史,日晒加重,缓慢起病,在外观正常的皮肤上逐渐产生黑色素斑。皮疹常呈对称分布,色素斑的颜色秋冬减轻、春夏加重,局部无灼热、瘙痒感。

五、辨证论治

1. 肺热壅盛证

【证候】　多见于中青年女性,好发于颊、额部,表现为炎性红斑,伴黑头粉刺,或红丘疹,焮热作痒。舌质红,苔白或黄,脉滑。多见于病之早期。

【治法】　清肺凉血。

【方药】　枇杷清肺饮加减。

枇杷叶 15 g、桑白皮 15 g、金银花 15 g、连翘 15 g、白茅根 30 g、地骨皮 15 g、黄连 9 g、黄芩 9 g、赤芍 15 g、甘草 9 g。

本方中枇杷叶、桑白皮清肺经风热;白茅根、地骨皮、赤芍清血分之热;黄连、黄芩苦寒,清气分实火而燥湿;金银花、连翘清热解毒;甘草调和诸药。全方清肺热、凉血分、解热毒。

2. 湿热内蕴证

【证候】　上妆不久局部出现瘙痒、灼热感;卸妆后在眼周、颊、颧、鼻部出现水肿性红斑,或密集小丘疹、水疱,痒痛相兼。搔抓后渗液、湿烂,结黄痂。舌质略红,苔微黄或腻,脉弦滑。多见于病之早期。

【治法】　清热除湿。

【方药】　清热除湿汤加减。

龙胆草 10 g、黄芩 10 g、生石膏 20 g(先煎)、白茅根 30 g、生地黄 15 g、牡丹皮 10 g、大青叶 15 g、车前草 15 g、六一散 15 g(包煎)、金银花 15 g、苦参 15 g。

本方中龙胆草、黄芩苦寒清热燥湿,为清热利湿的要药;白茅根、生地黄、牡丹皮清热凉血,利于红斑消退;生石膏味甘性寒,清肺胃之热而不伤阴,与生地黄配伍可防苦寒太过的伤阴之弊;车前草、六一散清热利水,可消皮肤水肿;金银花、大青叶清热解毒;苦参燥湿止痒。

六、外治法和其他疗法

1. 外治法

(1) 马齿苋水剂:马齿苋 30 g 煎水 1000 mL,放凉后湿敷于患处。适用于肺热壅盛证,皮损以红或湿热内蕴证中有渗液糜烂的皮损多见。

(2) 化毒散软膏:将药膏直接薄涂在患处即可,每天 2～3 次。适用于肺热壅盛证的炎性丘疹损害。

2. 食疗

车前茅根鸭粥：雄鸭肉 100 g、鲜白茅根 50 g、鲜车前草 50 g、糯米 200 g、葱白 4 节，将青头雄鸭杀后放尽血，在清水中浸泡 30 min 左右，再入开水中氽一下，切成细粒煮烂。用 1000 mL 水煮车前草、白茅根 20 min，去渣取汁，加入糯米和鸭肉煮成粥，加入葱白。分 5 天食完，为 1 个疗程。雄鸭肉性寒、味甘、咸，可滋阴清热，健脾行水；白茅根清热凉血；车前草清热利湿；葱白调味。

3. 针刺疗法

（1）肺热壅盛证

【主穴】 大椎、尺泽、鱼际、曲池、合谷、内庭。

【配穴】 瘙痒甚者加风池，灼热感明显者加少商。

【操作】 常规针刺，急性期以泻法为主，慢性期以平补平泻为主，留针 20~30 min；少商可用三棱针点刺，放血 3~4 滴。每日 1 次，10 次为 1 个疗程，症状好转后改为隔日 1 次。

（2）湿热内蕴证

【主穴】 风池、百会、孔最、合谷、中脘、足三里、支沟。

【配穴】 热重加大椎，湿重加阴陵泉，腹胀便溏加天枢。

【操作】 用毫针刺法，风池穴针刺用泻法，不留针，急性期以泻法为主，慢性期以平补平泻为主，留针 20~30 min，每日 1 次，10 次为 1 个疗程。

4. 穴位注射

【主穴】 心俞、膈俞。

【配穴】 皮损粗糙肥厚者配肺俞、足三里；皮损褐色色素沉着者配肝俞、血海；皮损黧黑色素沉着者配肾俞、复溜。

【药物】 丹参注射液。

【操作】 主、配穴每次各选用 1 对，相关穴位交替使用，病人取卧位，每穴注入药物 1 mL，隔 1~2 日 1 次，10 次为 1 个疗程。本法适用于皮损反复发作，以皮损粗糙肥厚或色素沉着为主，病程较长、病情顽固的病人。

> **知识链接**
>
> 西医治疗：在早期瘙痒明显时服用抗组胺药物，如氯苯那敏、特非那定、氯雷他定等；色素沉着形成时，服用维生素 C；在红斑肿胀时期，外用炉甘石洗剂；红肿、渗出时期，用硼酸溶液或醋酸铝溶液做冷湿敷；黑头粉刺、疖肿，外用氯柳酊、过氧化苯甲酰软膏、环丙沙星凝胶等；色素沉着时期，外用过氧化氢溶液、氢醌霜、壬二酸霜等。

小结

本病的主要病机是禀赋不耐、腠理不密、外涂油彩，在治疗上主要采用清热除湿的方法。嘱病人上妆前使用防护霜打底，卸妆后注意皮肤养护；尽可能少用或不用芳香味较浓或油腻性较大的化妆品，以减少发病机会；已发病者尽量避免用各种化妆品。

第十四节 唇 风

一、概念

唇风是发生于口唇部位的炎症性疾病。临床特点是口唇黏膜红肿明显、干燥皲裂、脱屑,甚者溃烂渗液,自觉痒痛感,好发于秋冬季节。本病相当于西医的剥脱性唇炎。《医宗金鉴》记载:此症多生于下唇,由阳明胃经风火凝结而成。初时发痒,色红作肿,日久破裂流水,疼如火燎,又似无皮,故风盛则唇不时瞤动。

二、病因病机

(1) 胃火偏盛:火盛风动,风火上攻,致唇干焦燥,发为唇风。

(2) 脾胃湿热:多因过食肥甘辛辣厚味,损伤脾胃,蕴生湿热,湿热毒邪循经上蒸,致唇肿糜烂,发为唇风。

(3) 阴虚血燥:素体阴虚加之劳伤心脾,生化不足而致阴虚血燥,气血不能上荣于唇(图8-8)。

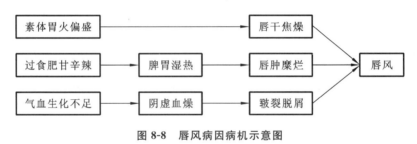

图8-8 唇风病因病机示意图

> **知识链接**
>
> 现代医学的认识表明本病病因尚不清楚,常继发于脂溢性皮炎、特异性皮炎、银屑病、口服维A酸治疗后,或有习惯性咬唇、舐唇的病人。日光照射、局部化学因素的刺激(如唇膏、牙膏、嗜食辛辣食物等)也可导致本病。

三、诊断

(1) 好发于儿童及青年女性。唇红区特别是下唇常见,也可扩展至唇红区外。

(2) 初起口唇红肿,时轻时重,久不消退;继之唇色变深,皲裂出血,甚至糜烂流脓血;表面常有结痂及鳞屑,脱落后露出鲜红嫩肉,之后又结成痂皮,反复发作不已,因干裂不适,口唇不时瞤动,或以舌舔舐,反复舔舐以致唇红边界不清。

(3) 初起自觉灼热、瘙痒,继之裂痛、刺痛或痛痒相兼。

(4) 病程缓慢,常持续数月至数年。

四、鉴别诊断

茧唇：本病和茧唇均可以见到唇红部位的肿胀、干裂和疼痛、流血等症状，不同之处在于茧唇局部硬结，初如豆粒后如茧壳，局部白皮皲裂，溃破如菜花，进行性加重，自觉症状初起不痛，晚期坚硬作痛，多见于50岁以上男性。

五、辨证论治

1. 风火上攻证

【证候】 口唇瞤动，肿胀而红，层层鳞屑剥脱，灼热痒痛，口干口苦，大便秘结，小便黄赤，舌质红，苔黄而干，脉弦数。

【治法】 祛风清热解毒。

【方药】 四物消风饮加减。

荆芥 10 g、薄荷（后下）10 g、蝉蜕 5 g、连翘 10 g、黄芩 10 g、生地黄 20 g、当归 20 g、川芎 10 g、赤芍 15 g、甘草 10 g。

本方中荆芥、薄荷、蝉蜕清热散风，祛除上攻的风热，配黄芩、连翘苦寒清热解毒；重用生地黄、当归与赤芍、川芎配伍，意在滋阴凉血、养血润燥；甘草调和诸药。

2. 脾胃湿热证

【证候】 口唇肿胀微红、皲裂、疼痛、糜烂、渗液，甚至流脓血，表面有痂皮，伴口臭，不欲饮食，便秘或便溏，舌红，苔黄厚腻，脉滑数。

【治法】 清热除湿。

【方药】 清脾除湿饮加减。

茯苓 10 g、生白术 10 g、生枳壳 20 g（先煎）、生薏苡仁 15 g、黄芩 10 g、茵陈 15 g、竹叶 3 g、生地黄 30 g、栀子 10 g、连翘 15 g。

本方中茯苓、生白术、生枳壳、生薏苡仁均是健脾利湿的常用药，用生药而不用炒制的，是恐温燥之性会助毒热邪气；茵陈、竹叶清热利湿；重用生地黄滋阴清热，防苦寒药物的伤阴之弊；连翘、栀子、黄芩苦寒清热解毒。

3. 血虚化燥证

【证候】 口唇皲裂、渗血、燥痒、脱屑、疼痛不甚。面白无华，甚则头晕目眩，纳呆口渴，便秘，舌淡苔薄白，脉细弦或沉细。

【治法】 滋阴养血润燥。

【方药】 四物汤加减。

生地黄 10 g、当归 10 g、赤芍 10 g、川芎 10 g、茯苓 15 g、白术 10 g、丹参 30 g、知母 10 g、地骨皮 15 g、麦冬 10 g。

本方中生地黄滋阴而不腻，补血而清热，与麦冬、知母相配，滋阴润燥的同时，兼有清热之功；重用丹参增强养血活血之功；白术、茯苓健脾，助脾胃运化，使气血生化有源；佐以地骨皮，清血虚阴亏所致的虚热。

六、外治法和其他疗法

1. 外治法

（1）用蛋黄油或甘草油局部涂抹，适用于唇红皲裂、脱屑、干燥症状较轻者。

（2）五倍子膏或清凉膏局部涂抹，适用于口唇皲裂、瘙痒、脱屑症状较重者。

（3）用化毒散软膏或黄连膏局部涂抹，适用于红肿、干裂、脓血干燥后结厚痂，刺痛、裂痛较重者。

（4）马齿苋 20 g，黄芩、黄柏、大黄、紫草各 10 g，用 1000 mL 水煎煮中药 20 min，凉后用 5 层纱布浸透药水于唇部做冷湿敷。适用于脾胃湿热型唇风。

2. 食疗

（1）五鲜汁：荸荠 50 g、鲜莲藕 50 g、梨 50 g、西瓜 50 g、绿豆芽 50 g，榨取鲜汁取用。每日 1 次，每次 1 剂，连服 2 周，有清热凉血、滋阴润燥之效。

（2）冬瓜汤：车前子 15 g、冬瓜皮 30 g、生薏苡仁 30 g，将车前子（布包）、冬瓜皮、生薏苡仁加水 300 mL 煮 30 min 后，去车前子、冬瓜皮，饮汤食薏苡仁。每日 1 次，连服 2 周。

3. 针刺疗法

【主穴】 人中、承浆、颊车、地仓、合谷、内庭、中脘、足三里。

【配穴】 风火上攻配风池、大椎、商阳、曲池；脾胃湿热配阴陵泉、三焦俞、血海、上巨虚；血虚化燥配脾俞、胃俞、三阴交、太溪。

【操作】 口周穴位常规针刺后，提插捻转强刺激，行泻法，至局部酸胀，其他穴位常规针刺。每日 1 次，10 次为 1 个疗程，肿胀明显者可点刺厉兑放血。

4. 放血疗法

【主穴】 大椎、厉兑、商阳。

【操作】 病人取坐位，先用三棱针在大椎穴点刺后拔火罐，留罐 5 min，再在 2 个井穴点刺放血，每个穴位放血 0.5 mL，隔日 1 次，5 次为 1 个疗程，适用于急性发作时口唇红肿疼痛，症状较重者。

> **知识链接**
>
> 西医治疗：可服用氨苯砜 50 mg，每日 2 次；氯喹 250 mg，每日 1～2 次；维生素类药物和抗组胺药物均可服用。外搽皮质激素软膏或抗生素软膏。对顽固性病例可用醋酸泼尼松龙及普鲁卡因等量局部封闭，每周 2 次，8 次为 1 个疗程；也可试用浅层 X 线或激光照射。

小结

本病的主要病机是素体胃火偏盛、脾胃湿热、血虚化燥，在治疗上主要采用清热解毒滋阴的方法。嘱病人忌烟忌酒及辛辣之品，注意口唇卫生，积极治疗局部感染病灶，禁止用手掀皮屑、挤水、搔抓等，纠正舔、咬嘴唇的不良习惯。

第十五节 面部潮红

一、概念

面部经常在遇热或情绪激动时阵发性变红称为面部潮红（简称面红），一般好发于45～55岁妇女，伴有一系列围绝经期症状。临床特点：面部会出现阵发性红，自我感觉热，无明显瘙痒，安静下来红热很快就会消失。本病相当于西医围绝经期综合征中的一种症状。

二、病因病机

（1）肝肾阴虚：素为阴虚之体，或有失血病史，致围绝经期冲任空虚，肾水不足。肾水亏虚不能涵木、制约心火，故出现水亏火旺的面部潮红。

（2）肝阳上亢：七情所伤，肝郁日久化火，肝阳上亢而致面部潮红（图8-9）。

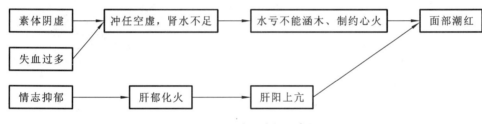

图8-9　面红病因病机示意图

> **知识链接**
>
> 现代医学的认识表明本病出现的根本原因是生理性、病理性或手术而引起的卵巢功能衰竭。女性特征和生理功能都与卵巢所分泌的雌激素有密切关系，卵巢功能一旦衰竭或被切除和破坏，卵巢分泌的雌激素就会显著减少。现代医学研究发现，女性全身有400多种雌激素受体，这些受体几乎分布在女性全身所有的组织和器官中接受雌激素的控制和支配，一旦体内分泌的雌激素减少，就会引发器官和组织的退行性变化，出现一系列症状。

三、诊断

（1）好发部位：全面部或两颧部。

（2）皮损特点：情绪激动或遇热时会出现阵发性面部潮红，自觉灼热感，部分病人同时伴有出汗、心烦，安静后潮红会逐渐减退乃至消失。

（3）病程特点：反复发作，可为几个月、几年乃至10余年，一般为2～5年。

四、鉴别诊断

1. 毛细血管扩张症　面部毛细血管持续扩张导致面红。可见面部有条状或网状扩张的毛细血管，不易消退。多发于居住在高原地区的人，无任何自觉症状。

2. 粉花疮 好发于春、秋季。面部出现潮红斑片,上附细小鳞屑,自觉瘙痒感。有外出或化妆品接触史。

五、辨证论治

1. 肝肾阴虚证

【证候】 面部经常出现阵发性潮红,与情绪有关。伴有两手心热,头晕目眩,健忘失眠,耳鸣,咽干口燥,腰膝酸软,夜间盗汗。舌红少苔,脉细数。

【治法】 凉血清热,滋补肝肾。

【方药】 凉血地黄汤合六味地黄汤加减。

生地黄 20 g、熟地黄 15 g、山药 10 g、山茱萸 10 g、茯苓 10 g、牡丹皮 6 g、泽泻 10 g、黄柏 10 g、黄芩 10 g、青皮 10 g、甘草 10 g。

本方中熟地黄、山药、山茱萸健脾滋补肝肾,为六味地黄丸中的"三补";为使补而不滞,故加"三泻",即茯苓、牡丹皮、泽泻;重用生地黄滋阴清热凉血;黄柏、黄芩苦寒清热;甘草调和诸药。面部潮红明显者,加白茅根、冬桑叶;两手心热者,加地骨皮、青蒿;腰膝酸软者,加桑寄生、狗脊;也可嘱病人口服六味地黄丸或二至丸。

2. 肝阳上亢证

【证候】 情绪容易激动,易出现面部潮红,安静后潮红渐退。伴急躁易怒,口苦咽干,眩晕耳鸣,头痛且胀,失眠多梦,便干尿赤。舌质红绛,苔薄黄,脉弦细数。

【治法】 滋阴清热,平肝潜阳。

【方药】 杞菊地黄汤加减。

熟地黄 15 g、山药 10 g、山茱萸 10 g、茯苓 10 g、牡丹皮 6 g、泽泻 10 g、枸杞 10 g、菊花 15 g、竹叶 3 g、生地黄 30 g、栀子 10 g、连翘 15 g。

本方是由六味地黄汤加上枸杞和菊花,方中枸杞补肾益精,养肝明目;菊花善清利头目,宣散肝经之热。情绪波动明显者,加广郁金、绿萼梅、玫瑰花;口苦咽干者,加龙胆草、焦山栀。

六、外治法和其他疗法

1. 外治法

(1) 退红面膜:绿豆细粉 100 g,生地黄细粉 10 g,牡丹皮细粉 5 g,用鸡蛋清调成软膜,均匀敷于面部 15 min,然后去除洗净即可。每周 2 次。

(2) 中药冷湿敷:冬桑叶 30 g,金银花 30 g,煎汤,过滤待凉。洁面后,用 6 层纱布浸透药液后湿敷于面部 20 min。

(3) 离子喷雾器冷喷:洁面后,用 6 层纱布浸透生理盐水,湿敷于面部潮红处,然后用离子喷雾器冷喷面部,每次 15 min,每周 2 次。适用于各型面部潮红。

(4) 涂面法:绿豆细粉,每日用鸡蛋清调成糊状涂于面部,15 min 后洗净。每周 2 次,8 次为 1 个疗程。适用于各型面部潮红。

2. 食疗

(1) 生地枸杞桑椹汤:生地黄 50 g,枸杞 20 g,桑椹 50 g。将以上三味均洗净放入炖锅中,加水 250 mL 武火烧沸,文火炖煮 25 min 即可。食用时加适量蜂蜜,适用于肝肾阴虚型面红。

(2) 西洋参白菊乌鸡汤:西洋参 10 g、白菊花 5 g、乌鸡 1 只,适量黄酒、生姜、大葱、精盐、胡椒粉,将西洋参切成薄片,白菊花泡开,乌鸡去毛及内脏洗净放入炖锅中,加水 2800 mL 同时加上佐料,置武火上烧沸,再文火炖煮 35 min,再加入调料即可。

3. 针刺疗法

【主穴】 百会、血海、三阴交、肝俞、肾俞、曲池、内庭、太冲。

【配穴】 肝肾阴虚配太溪、关元、水泉;肝阳上亢配行间、率谷、侠溪。

【操作】 常规针刺后提插捻转平补平泻法,至局部酸胀,每日 1 次,10 次为 1 个疗程。

> **知识链接**
>
> 西医治疗:主要采用激素替代疗法,常用药物有雌激素(天然甾体类雌激素制剂如雌二醇、戊酸雌二醇、结合雌激素、雌三醇、雌酮;部分合成雌激素如炔雌醇、炔雌醇三甲醚;合成雌激素如尼尔雌醇)、孕激素(对抗雌激素促进子宫内膜生长的作用,有 3 类:19-去甲基睾酮衍生物,如炔诺酮;17-羟孕酮衍生物,如甲羟孕酮;天然孕酮,如微粉化黄体酮)、雌、孕、雄激素复方药物(7-甲基异炔诺酮,进入体内的分解产物具有孕激素、雄激素和弱的雌激素活性,不刺激子宫内膜增生)。心理治疗也是围绝经期综合征治疗的重要组成部分,可辅助使用自主神经功能调节药物,如谷维素、地西泮(安定),有助于调节自主神经功能;还可以服用维生素 B_6、复合维生素 B、维生素 E 及维生素 A 等,给予病人精神鼓励,帮助她们建立信心,促使其健康恢复。

小结

本病的主要病机是肝肾阴虚、肝阳上亢,在治疗上主要采用滋阴清热的方法,嘱病人保持生活规律,禁食辛辣、酒类等刺激食品,尽量避免日晒及高温刺激,保持心态平和,避免情绪波动,禁做面部按摩。

第十六节 肥 胖 症

一、概念

肥胖症是指人体摄食过多,消耗减少,摄入能量超过消耗能量,过多的能量在体内转变为脂肪蓄积,超过标准体重 20%,影响人体健康的一种损容性疾病。肥胖症的发病率近年来有不断上升的趋势。肥胖不仅导致形体臃肿,损害人体形体美,还会导致一系列的并发症,严重影响健康。

中医对肥胖很早就有认识,古籍中就有"肥人""膏人"和"高粱之疾"等记载,很早就注意到肥胖有害健康。从《神农本草经》起就把"轻身"与延年益寿并列为养生大要。历代医家有不少论述中药减肥的记载,如《太平圣惠方》和《肘后备急方》均记载了桃花能令人"细腰身"和具有"悦泽人面的美容效果",《本草求真》《本草拾遗》均记载茶叶"久服去人脂,令人瘦"。诸如此类,不胜枚举。其实,中医研究健美轻身,强调的是肌肉结实,动作灵活,轻劲有力,反应敏捷,更注重健康,然后才是美。

本节讨论的肥胖症,只限于现代医学中无明显疾病原因引起的单纯性肥胖症。

二、病因病机

（1）禀赋体丰：自幼肥胖，或有明显家族史，多与先天禀赋有关，先天之精与后天之精的充盛和濡养过度，导致肥胖。

（2）脾胃积热：嗜食肥甘厚味，胃腑生热，胃热炽盛，食欲亢进，消谷善饥，饮食过量，形体充养有余，化为膏脂，引起肥胖。

（3）脾虚湿困：少劳少动，嗜睡多坐，"久卧伤气"，久卧则气机不畅，血行迟缓，气虚而运化不健；"久坐伤肉"，久坐不动则影响脾胃运化水谷功能，致中气不足，四肢肌肉无所主，则形弛肉松，肢倦乏力，加之脾胃中气健运失职，脾不运化水湿，水湿内停化为痰湿浊脂，蓄积形体而致肥胖。

（4）肝失疏泄：情志失调导致肝的疏泄功能失常，肝气郁结，肝气横逆，犯脾克胃，脾胃运化失职，导致水湿内停，或肝胆气机不畅使胆汁分泌与排泄异常，浊脂不化，蓄积体内，导致肥胖。

（5）脾肾阳虚：脾阳虚则水谷精微运化失职，聚而变生痰湿浊脂而成肥胖；肾阳虚则化气行水功能失职，不能温煦脾阳，脾不运化水湿，聚湿生痰而肥胖。

（6）肝肾阴虚：中老年后脏腑机能衰退，肝肾精气不足，水谷不能化为精微，聚而成痰湿浊脂，导致肥胖。

总之，中医学认为肥胖多与饮食肥甘厚味、静卧少动、情志内伤等因素有关。发病机理主要是脾、胃、肝、肾等脏腑功能失调，导致水湿内停化为痰湿浊脂而为肥胖。现代医学认为肥胖的发生多与遗传、饮食、运动、心理、药物等因素有关。

三、诊断依据

目前常用诊断肥胖症的方法有标准体重测定法、体重指数测定法、皮下脂肪厚度测量法、腰围测量法、脂肪百分率等。

1. 标准体重测定法

标准体重测定法是根据成人标准体重公式计算出的标准体重判定肥胖的一种方法。

$$成人标准体重(kg)=[身高(cm)-100]\times 0.9（男性）$$
$$成人标准体重(kg)=[身高(cm)-100]\times 0.85（女性）$$

实测体重在标准体重±10%为正常，超过20%以上者，即可诊断为肥胖症，按照肥胖程度分级为：超过标准体重的20%～29%为轻度肥胖，超过标准体重的30%～49%为中度肥胖，超过标准体重的50%以上为重度肥胖。

2. 体重指数测定法

体重指数（BMI）是根据身高体重之比来判定是否肥胖的一种方法，也是目前诊断肥胖症最普遍、最常用的方法。适用于体格发育基本稳定以后的成年人。

$$体重指数(BMI)=体重(kg)/[身高(cm)]^2$$

BMI的正常值为18.5～24。BMI男性＞25，女性＞24即可诊断为肥胖症。但要注意的是在诊断肥胖症时要排除由于肌肉发达和水肿所引起的体重增加。

超重，BMI为24～27.9；轻度肥胖，BMI为28～29.9；中度肥胖，BMI为30～34.9；重度肥胖，BMI≥35。

3. 腰臀比值法

腰臀比值法是以腰围与臀围的比值来判定是否肥胖并分型的一种方法，是描述脂肪分布类型的一个指标,对表示上下身脂肪分布情况及腹腔内脂肪分布有意义。

$$腰臀围比值(WHR)=腰围/臀围$$

腰围是指平十二肋下缘的水平周径,臀围是指腹部最高点的水平周径。WHR 女子＞0.9,男子＞1.0 即为肥胖。

4. 腰围测量法

腰围测量法是测量肥胖的一种简便方法,腰围是中心性肥胖的重要标志之一。男性正常腰围在 85 cm 以内,超重为大于 85 cm,肥胖为大于 95 cm;女性正常腰围在 80 cm 以内,超重为大于 80 cm,肥胖为大于 90 cm。腰围是指十二肋下缘与左右腋中线胯骨上缘连线中点的水平围径。测量方法:被测者直立双手自然下垂,两脚分开,空腹裸腰,在呼气状态下读取测量数值。

四、辨证论治

(一) 脾胃积热证

【证候】 体肥健壮,食欲亢进,多食善饥,怕热多汗,口干舌燥,口臭,面色红润,小便短赤,大便秘结,舌红苔黄,脉数有力。

【治则】 清热通腑,凉血润肠。

1. 内治法

(1) 方药:清通饮加减。

(2) 食疗:①减肥食膳:荷叶(鲜品 20 g,干品 10 g),煎沸 10 min 滤渣取汁,加适量薏苡仁,同煮成粥,调味食用。②减肥饮料:桑白皮 30 g,轻刮去其表皮,切成短段,加入草决明 20 g,煮沸几分钟后,加盖焖煮片刻,滤渣取汁,随意饮用,每日一剂。③绿豆薏米粥:绿豆 50 g,薏苡仁 50 g,洗净一同放入锅内蒸煮,沸腾后,即可食用。

2. 外治法

(1) 针灸。①毫针刺法:取中脘、合谷、曲池、天枢、足三里、丰隆、内庭、上巨虚。针刺时采用捻转泻法,留针 30 min,隔日 1 次,10 次为 1 个疗程,疗程间隔 3～5 天。②耳针:取饥点(外鼻)、内分泌、脾、胃、大肠。用王不留行籽压法或磁珠贴压法,将王不留行籽放入 8 mm×8 mm 胶布中央,贴在穴位上,每次取一侧的耳穴,两耳交替。每周 2 次,10 次为 1 个疗程。嘱病人每日于饭前饭后分别按压耳穴 3 min,以局部酸痛为度。③皮肤针:取合谷、大椎、胃俞、大肠俞、风池、三阴交。皮肤针轻叩穴位,以皮肤潮红为度,2～3 天 1 次,10 次为 1 个疗程,疗程间隔 12 天。④三棱针:取耳尖、曲池、商阳、大椎、内庭、中冲。每次选择 2～3 个穴位,用三棱针点刺出血,每次出血数滴,2～3 天 1 次,10 次为 1 个疗程,疗程间隔 10 天。⑤灸法:取中脘、丰隆、足三里、三阴交。针刺捻转泻法后,再将艾条点燃施温针灸,每日 1 次,10 次为 1 个疗程,疗程间隔 3～5 天。

(2) 推拿。①腹部按摩法:病人仰卧位,医生站在其左侧,单掌或叠掌置于脐上。以中脘、神阙、关元为核心,先上腹、脐周,再小腹,按顺时针方向摩腹 5 min,以发热为度;用拇指点按中脘、神阙、天枢、关元各 1 min;双手提捏腹部脂肪隆起处,提捏时面积宜大,力量深沉,提捏停留片刻,反复操作 20～30 次,初次治疗时稍感疼痛,以能耐受为度。最后按顺时针方向再摩腹 5 min。每日按摩 1 次,3 个月为 1 个疗程,疗程间隔 3 天。②肩背腰臀下肢部按摩法:病人俯卧位,医生站在其左侧,在背部足太阳膀胱经施用滚法,以背部皮肤微红为度,反复 5～6 次;拇指按压脾俞、胃俞、肾俞、大肠俞各 1 min;自下而上在背部足太阳膀胱经施捏法 5 次;先双手掌在肩胛骨之间横擦至发热,再双手在腰骶部横擦至发热,而后在臀部或下肢施用揉法 5～6 次,或肘按环跳、秩边、殷门、承山各 1 min,拿捏臀部及下肢肌肉 20～25 次。每日按摩 1 次,3 个月为 1 个疗程,疗程间隔 3 天。

(二) 脾虚湿困证

【证候】 形体肥胖,四肢困重,喜卧少动,神疲乏力,嗜睡,脘腹胀满,食少纳呆,大便溏薄,舌淡胖,舌边有齿痕,苔薄腻,脉沉细或缓或滑。

【治则】 健脾益气,和胃化湿。

1. 内治法

(1) 方药:二陈汤加减。

(2)食疗:①薏米赤小豆粥:薏苡仁 50 g,泽泻 10 g,玉米 30 g,赤小豆 50 g,先将薏苡仁放入水中,煎煮取汁,用汁和赤小豆、泽泻、玉米同煮成粥。②四豆粥:扁豆 30 g,豌豆 30 g,绿豆 30 g,赤小豆 30 g,薏苡仁 50 g,先将薏苡仁放入水中,煎煮取汁,用汁和赤小豆、绿豆、扁豆、豌豆同煮成粥。③茯苓饼:茯苓 200 g,面粉 100 g。将茯苓研成粉末,与面粉和水混合后做成饼,烙熟即成。

2. 外治法

(1) 针灸。①毫针刺法:取中脘、足三里、阴陵泉、丰隆、气海、关元。中脘、气海不可深刺,采用平补平泻法,留针 30 min,隔日 1 次,10 次为 1 个疗程,疗程间隔 3～5 天。②耳针:取内分泌、脾、胃、肾、三焦、膀胱。用王不留行籽压法或磁珠贴压法,将王不留行籽放入 8 mm×8 mm 胶布中央,贴在穴位上,每次取一侧的耳穴,两耳交替。每周 2 次,10 次为 1 个疗程。嘱病人每日于饭前饭后分别按压耳穴 3 min,以局部酸痛为度。③皮肤针:取关元、气海、太溪、脾俞、三焦俞。皮肤针中度叩刺穴位,以皮肤出血为度,2～3 天 1 次,10 次为 1 个疗程,疗程间隔 12 天。④灸法:取中脘、足三里、阴陵泉、丰隆、气海、关元。将艾条点燃,对准穴位,距离皮肤 3 cm 左右进行熏灸,以局部有温热感为宜。每穴灸 3～7 min,每日 1 次,10 次为 1 个疗程,疗程间隔 3～5 天。

(2) 推拿:同脾胃积热型。

(三) 肝郁气滞证

【证候】 形体肥胖,心情急躁易怒,胁肋胀满疼痛,经前乳房胀痛,口苦咽干,头晕目眩,失眠多梦,女子月经不调,或月经量少,或闭经,舌质暗红,或有瘀斑瘀点,脉弦。

【治则】 疏肝解郁。

1. 内治法

(1) 方药:逍遥散加减。

(2) 食疗:①山楂内金粥:山楂 15g,粳米 50g,鸡内金 1 个。将山楂切片用文火烧至棕黄色,然后与粳米同锅煮烂。鸡内金用温水洗净,并用 37 ℃烘干,研磨成细末,倒入煮沸的粥中,熄火,即可食用。②山楂银菊茶:山楂 10 g,金银花 10 g,菊花 10 g。将山楂拍碎,再把菊花、金银花一起加水熬汤,取其汁,每日 1 次。

2. 外治法

(1) 针灸。①毫针刺法:取血海、足三里、太冲、合谷、中脘、膻中、阳陵泉。中脘不可深刺,膻中向下斜刺,采用提插捻转泻法或平补平泻法,留针 30 min,隔日 1 次,10 次为 1 个疗程,疗程间隔 3～5 天。②耳针:取内分泌、脾、胃、肝、胆、心、神门、交感。用王不留行籽压法或磁珠贴压法,将王不留行籽放入 8 mm×8 mm 胶布中央,贴在穴位上,每次取一侧的耳穴,两耳交替。每周2次,10次为1个疗程。嘱病人每日于饭前饭后分别按压耳穴3 min,以局部酸痛为度。③皮肤针:取期门、曲池、合谷、肝俞、膈俞、足三里、血海、太冲。皮肤针中度叩刺穴位出血,加拔火罐,2～3天1次,10次为1个疗程,疗程间隔12天。

(2) 推拿:同脾胃积热证。

(四) 脾肾阳虚证

【证候】 形体肥胖,颜面虚浮,头晕耳鸣,腰膝酸软,神疲乏力,食少纳呆,腹胀便溏或五更泻,形寒肢冷,男子阳痿,女子宫寒,舌质淡胖,苔薄白,脉沉细或濡缓无力。

【治则】 温肾健脾壮阳。

1. 内治法

(1) 方药:右归丸加减。

(2) 食疗:①肉苁蓉陈皮羊肉汤:肉苁蓉15 g,羊肉500 g,陈皮10 g,三者洗干净后,放入砂锅中,加姜,文火炖熟,放少许食盐,味道宜清淡。②补脾粥:山药、赤小豆各50 g,芡实、薏苡仁、莲心各25 g,大枣10枚,入粳米适量煮粥食用。③普洱茶:取普洱茶10～15 g,以沸水冲泡,1日1～2次,饭后饮用。

2. 外治法

(1) 针灸。①毫针刺法:取肾俞、脾俞、阴陵泉、关元、三阴交、气海、中脘、足三里、丰隆。气海、关元、中脘不可深刺,肾俞、脾俞不可直刺或深刺,采用提插捻转补法或平补平泻法,留针30 min,隔日1次,10次为1个疗程,疗程间隔3～5天。②耳针:取内分泌、肾上腺、皮质下、脾、肾。用王不留行籽压法或磁珠贴压法,将王不留行籽放入8 mm×8 mm胶布中央,贴在穴位上,每次取一侧的耳穴,两耳交替。每周2次,10次为1个疗程。嘱病人每日于饭前饭后分别按压耳穴3 min,以局部酸痛为度。③灸法:取足三里、三阴交、脾俞、肾俞、神阙、气海、命门、关元。将艾条点燃,对准穴位,距离皮肤3 cm左右进行熏灸,以皮肤潮红为度。每穴灸3～7 min,每日1次,10次为1个疗程,疗程间隔3～5天。

(2) 推拿:同脾胃积热证。

(五) 肝肾阴虚证

【证候】 形体肥胖,头晕眼花,腰膝酸软,五心烦热,失眠多梦,潮热盗汗,男子遗精、早泄,女子月经不调或闭经,口燥咽干,舌红少苔,脉细数。

【治则】 滋补肝肾,养阴清热。

1. 内治法

(1) 方药:知柏地黄丸加减。

(2) 食疗:①麦冬百合粥:麦冬15 g,百合50～100 g,入粳米适量煮粥,调味食用。②芍药甘草茶:芍药、甘草煎汤代茶,温热服用。③山楂茶:取山楂15～20枚,去籽切片或捣碎,水煎代茶饮。

2. 外治法

(1) 针灸。①毫针刺法:取肝俞、肾俞、风池、神门、太溪、行间、涌泉、太冲。肝俞、肾俞不可深刺,风池宜浅刺,针刺朝鼻尖方向,肝俞、肾俞采用补法,其余穴位采用平补平泻法,留针30 min。隔日1次,10次为1个疗程,疗程间隔3～5天。②耳针:取肝、肾、内分泌、交感、皮质下、神门、内生殖器。用王不留行籽压法或磁珠贴压法,将王不留行籽放入8 mm×8 mm胶布中央,贴在穴位上,每次取一侧的耳穴,两耳交替。每周2次,10次为1个疗程。嘱病人每日于饭前饭后分别按压耳穴 3 min,以局部酸痛为度。③三棱针:取太冲、大椎、中冲、膈俞。每次选择 2~3 个穴位,用三棱针点刺出血,每次出血数滴,2~3 天 1 次,10 次为 1 个疗程,疗程间隔 10 天。

(2) 推拿:同脾胃积热证。

五、预防与调摄

(1) 合理的饮食结构。食物多样,谷物为主;多食水果、蔬菜和薯类;常吃奶类、豆类食品;清淡、少盐膳食。

(2) 适宜的体育运动。经常参加慢跑、爬山、打球、游泳、骑车等活动。

(3) 良好的生活习惯。生活规律,劳逸结合,保持良好的睡眠状态。

(4) 保持良好的心态。心情舒畅、良好的情绪可使身体各系统功能正常。

本章小结

本章内容主要讲述了各种面部常见病的病因病机、诊断要点与鉴别要点、辨证分型及美容科治疗方法等,深入探讨中医美容技术在面部常见病中的方式、方法及规律,是中医美容学的重要组成部分。其内容包括面部常见病的中医美容诊断要点与鉴别要点、辨证分型及美容科治疗方法等的传统理论与最新研究成果。

能力检测

1. 黧黑斑的诊断要点有哪些?
2. 什么叫雀斑?与黧黑斑的鉴别诊断有哪些?
3. 简述酒渣鼻的皮损特点及发展过程。
4. 面游风的概念及诊断要点有哪些?
5. 面红的主要病因是什么?
6. 口吻疮是一种以迭起红斑、丘疹、丘疱疹及鳞屑并伴强烈瘙痒为特征的皮肤病,多见于_____。
7. 口吻疮多因_____或_____,导致湿热内蕴,循经上犯。
8. 泻黄散治疗_____型口吻疮。
9. 病人,女,25 岁,病程六月余,红斑基底潮红,迭起丘疹、丘疱疹或脓疱,黄白相间,自觉灼热瘙痒。伴有腹胀便结,小便黄赤,舌质红,苔黄腻,脉滑数。中医诊断为_____,治法为_____,方药为_____。
10. 须发早白病因多和_____、_____、_____有关。
11. 营血虚热型须发早白的治法是_____,方药是_____。
12. 病人,女,35 岁,平素善叹息,因工作原因导致情志不遂,失眠多梦一月余,舌质红,苔微黄,脉弦数。十天前发现鬓角出现很多白发故来就诊。中医诊断为_____,治法为_____,方药为_____。
13. 发蛀脱发是以为_____特征的一种较难治愈的损容性疾病,多发于_____,又叫"柱发癣"。本病相当于西医的_____。

14. 发蛀脱发病因多和_____、_____有关。
15. 脾胃湿热型脱发的治法为_____,方药为_____;血热风燥型脱发的治法为_____,方药为_____。
16. 扁瘊好发于_____和_____。
17. 扁瘊病因多和_____、_____有关。
18. 热毒蕴结型扁瘊的治法为_____,方药为_____;毒蕴络瘀型扁瘊的治法为_____,方药为_____。
19. 日晒疮的主要病因病机是_____、_____、_____。
20. 日晒疮相当于西医的_____或_____。
21. 毒热侵袭型日晒疮的治法为_____,方药为_____;湿热搏结型日晒疮的治法为_____,方药为_____。
22. 粉花疮的主要内因是_____、_____,外因是_____。
23. 粉花疮相当于西医的_____或_____。
24. 肺热壅盛型粉花疮的治法为_____,方药为_____;湿热内蕴型粉花疮的治法为_____,方药为_____。
25. 唇风的主要病因是_____、_____、_____。
26. 唇风是发生于_____的炎症性疾病,相当于西医的_____。
27. 风火上攻型唇风的治法为_____,方药为_____;脾胃湿热型唇风的治法为_____,方药为_____;血虚化燥型唇风的治法为_____,方药为_____。
28. 面红的主要病因是_____。
29. 面红的好发部位是发生于_____和_____。
30. 肝肾阴虚型面红的治法为_____,方药为_____;肝阳上亢型面红的治法为_____,方药为_____。

(邱子津 陈丽超 赵 丽 刘 波)

主要参考文献

[1] 聂莉,肖敬民.中医美容技术[M].北京:高等教育出版社,2006.
[2] 刘宁.中医美容学[M].北京:中国中医药出版社,2006.
[3] 徐景和,徐德生.中药学综合知识与技能[M].北京:中国医药科技出版社,2015.
[4] 李德新.中医基础理论[M].北京:人民卫生出版社,2001.
[5] 孙广仁.中医基础理论[M].北京:中国中医药出版社,2007.
[6] 何晓晖.中医基础理论[M].北京:人民卫生出版社,2010.
[7] 刘宁,聂莉.美容中医技术[M].北京:人民卫生出版社,2010.
[8] 黄丽萍.美容中药方剂学[M].北京:人民卫生出版社,2014.
[9] 彭红华,王德敬.中医美容技术[M].西安:西安交通大学出版社,2013.
[10] 吴俊荣,马波.中药方剂学[M].北京:人民卫生出版社,2014.
[11] 聂莉,闫润虎,郑爱义.美容中医技术[M].2版.北京:科学出版社,2015.
[12] 沈雪勇.经络腧穴学[M].北京:中国中医药出版社,2003.
[13] 王向义,姚敏.针灸推拿与美容[M].北京:北京出版社,2014.
[14] 李红阳.针灸推拿美容学[M].北京:中国中医药出版社,2006.
[15] 汪安宁.针灸学[M].北京:人民卫生出版社,2014.
[16] 徐三文,梁延平,唐岛.皮肤病中医经验集成[M].武汉:湖北科学技术出版社,2010.
[17] 陈丽姝.中药美容外治法述略[J].中国美容医学,2011,20(z2):356.
[18] 吴宁.中药外用法在治疗美容上的历史与现状研究概况[J].江苏中医药,2006,27(11):79-81.
[19] 朱成兰.美容中药的临床作用[C].中华中医药学会2008临床中药学学术研讨会论文集,2008:294-297.
[20] 刘爱玲,周光.中医外用美容方药研究[J].辽宁中医杂志,2004,31(2):169-170.
[21] 李凌霞,李季委,逄居龙.谈"外治之理即内治之理,外治之药即内治之药,所异者法耳"对美容中药化妆品开发的影响[J].职业技术,2007,(4):69.
[22] 龙勇.皮肤美容中西医治疗技术[M].武汉:湖北科学技术出版社,2007.
[23] 高希言,邵素菊.针灸临床学[M].郑州:河南科学技术出版社,2014.
[24] 梁繁荣.针灸学[M].2版.上海:上海科学技术出版社,2012.
[25] 任树森.中医穴位埋线疗法[M].北京:中国中医药出版社,2011.
[26] 张选平,贾春生,王建岭,等.穴位埋线疗法的优势病种及应用规律[J].中国针灸,2012,32(10):947-951.

[27] 闫润虎,白洁,张怡,等.穴位埋线疗法治疗单纯性肥胖症远期疗效观察[J].中国美容医学,2010,19(3):422-424.

[28] 谢长才,孙健,于涛,等.针刺对单纯性肥胖临床治疗探析[J].新中医,2012,44(1):97-99.

[29] 刘延明,苏和平,等.穴位埋线治疗单纯性肥胖症临床疗效观察[J].辽宁中医杂志,2008,35(4):599-600.

[30] 金慧芳,金亚蓓,施萌,等.穴位埋线治疗腹型肥胖患者的时效关系[J].中华中医药学刊,2013,31(3):579-581.

[31] 葛宝和,王晓燕,周清辰,等.不同治疗周期穴位埋线治疗单纯性肥胖症的疗效观察[J].针灸临床杂志,2015,31(3):53-56.

[32] 刘洁石,臧敬,乔彩虹.穴位埋线技术的发展暨与传统针刺对比[J].中国实用医药,2009,4(31):216-217.

[33] 杨才德,包金莲,李玉琴,等.中国穴位埋线疗法系列讲座(四)线体对折旋转埋线法——穴位埋线的新方法[J].中国中医药现代远程教育,2015,13(4):67-68.

[34] 张学军.皮肤性病学[M].8版.北京:人民卫生出版社,2013.

[35] 黄霏莉,佘靖.中医美容学[M].3版.北京:人民卫生出版社,2011.